Oracle 12c 中文版

数据库管理、应用与开发

实践教程

◎ 程朝斌 张水波 编著

清华大学出版社

北 京

内 容 简 介

    本书详细介绍了 Oracle 12c 技术的有关知识。全书共分为 16 章，包括 Oracle 架构；Oracle 管理工具、创建和管理表、更新表数据；Oracle 查询；PL/SQL 编程基础、内置函数、记录与集合、子程序和包；触发器、游标、视图等数据库对象。另外还介绍了数据库安全管理、数据库空间管理和数据库文件管理。本书最后通过一个综合案例，系统介绍一个完整数据库系统的分析、设计、创建和测试。

    本书读者对象广泛，可以是学习 Oracle 技术的初学者，还可以是专门从事 Oracle 数据库管理的技术人员等。

图书在版编目（CIP）数据

Oracle 12c 中文版数据库管理、应用与开发实践教程/程朝斌，张水波编著. —北京：清华大学出版社，2016

（清华电脑学堂）

ISBN 978-7-302-41803-0

  Ⅰ.①O…   Ⅱ.①程… ②张…   Ⅲ.①关系数据库系统-教材   Ⅳ.①TP311.138

中国版本图书馆 CIP 数据核字（2015）第 247993 号

责任编辑：夏兆彦 薛 阳
封面设计：张 阳
责任校对：胡伟民
责任印制：刘海龙

出版发行：清华大学出版社
      网   址：http://www.tup.com.cn, http://www.wqbook.com
      地   址：北京清华大学学研大厦 A 座   邮   编：100084
      社 总 机：010-62770175   邮   购：010-62786544
      投稿与读者服务：010-62776969, c-service@tup.tsinghua.edu.cn
      质量反馈：010-62772015, zhiliang@tup.tsinghua.edu.cn
印 刷 者：北京富博印刷有限公司
装 订 者：北京市密云县京文制本装订厂
经   销：全国新华书店
开   本：185mm×260mm   印 张：26.5   字   数：665 千字
版   次：2016 年 6 月第 1 版   印   次：2016 年 6 月第 1 次印刷
印   数：1～2000
定   价：59.00 元

产品编号：060060-01

Oracle 数据库作为世界范围内性能优异的主流数据库系统之一，在国内数据库市场的占有率远远超过其对手，始终处于数据库领域的领先位置。Oracle 12c 版本是 Oracle 产品历经 30 年的产物，也是当前企业级开发的首选。Oracle 12c 解决了很多人们关心的问题，提供了一个能帮助企业不断前进的数据库，可以为企业解决数据爆炸和数据驱动应用提供有力的技术支撑。

本书以 Oracle 12c 为例，以简明易懂的编写风格介绍了 Oracle 中常用的知识点，非常适合作为学习 Oracle 的入门书籍，也可以作为培训学校的参考教材。

1. 本书内容

本书以目前主流的 Oracle 12c 版本为例进行介绍。全书共分为 16 章，主要内容如下。

第 1 章　Oracle 12c 简介。本章主要介绍 Oracle 12c 的基础知识，包括它的产生背景、发展历史、新版本中的新特性、Oracle 体系结构等内容。

第 2 章　Oracle 数据库管理工具。本章将详细介绍随 Oracle 12c 安装程序一起安装的附带管理工具和程序。包括 Oracle 配置工具、SQL Plus 管理工具、SQL Developer 图形工具等。

第 3 章　创建和管理表。本章介绍表的创建和管理，包括表的构成、表的类型、Oracle 中的数据类型、如何创建表、如何修改表和列，以及表的完整性维护等。

第 4 章　单表查询。本章重点介绍 Oracle 数据库中的单表查询，包括所有列和指定列的获取、WHERE 子句的使用以及如何对查询结果进行分组和排序等内容。

第 5 章　多表查询和子查询。多表查询在开发中是一种较为常用的查询方式，本章将介绍 Oracle 中的多表查询和子查询。

第 6 章　更新数据。本章主要介绍如何使用 Oracle 中的 DML 对数据表的数据进行更新。包括数据的插入、修改和删除这三种操作；以及如何清空表数据、如何合并表数据。

第 7 章　PL/SQL 编程基础。本章介绍 PL/SQL 编程基础，包括 PL/SQL 的优缺点、语法结构、变量和常量的声明与使用、字符集、运算符以及流程结构和事务等。

第 8 章　内置函数。本章对 Oracle 中的一些常用函数进行介绍，如字符函数、数字函数和日期函数等。除了介绍常用的内置函数外，还会介绍如何使用自定义函数。

第 9 章　PL/SQL 记录与集合。本章介绍 PL/SQL 中记录的应用（包括记录的定义、添加和删除，记录在游标中的应用）；PL/SQL 中集合的类型（包括选择集合类型的方法，嵌套表、变长数组和关联数组的使用）；PL/SQL 中集合的方法和异常等内容。

第 10 章　存储过程和包。本章首先讲解存储过程的创建、调用、参数的使用以及管理方法，然后介绍包的创建和管理，像创建包声明、包体和调用包中的成员等。

第 11 章　触发器和游标。本章将对触发器和游标的使用做详细介绍，包括触发器的作用、类型、创建和测试方法；游标的使用步骤、遍历方法、属性和变量的用法。

第 12 章　其他的数据库对象。本章重点介绍 Oracle 数据库中其他的数据库对象，包括视图、索引、序列、同义词以及伪列等多个内容。

第 13 章　数据库安全性管理。本章介绍 Oracle 数据库的安全性管理，着重介绍用户管理、权限管理和角色管理三部分内容。

第 14 章　数据库空间管理。Oracle 数据库的存储管理实际上是对数据库逻辑结构的管理，管理对象主要包括表空间、数据文件、段、区和数据库。对数据库空间的管理主要表现在表空间的管理，本章详细介绍数据库表空间的管理。

第 15 章　数据库文件管理。文件系统在 Oracle 数据库中占有重要地位，本章介绍 Oracle 中的文件管理，主要介绍控制文件、重做日志文件和数据文件的管理。

第 16 章　医药销售管理系统。作为本书的最后一章，本章以医药销售管理系统为背景进行需求分析，然后绘制出流程图和 E-R 图，并最终在 Oracle 中实现。具体实现包括表空间和用户的创建、创建表和视图、编写存储过程和触发器，并在最后对数据进行测试。

2．本书特色

这本书主要是针对初学者或中级读者量身订做的，全书以课堂课程学习的方式，由浅入深地讲解 Oracle 12c 数据库。并且全书突出了开发时的重要知识点，并配以案例讲解，充分体现了理论与实践相结合。

1）结构独特

全书以章为学习单元，每章安排基础知识讲解、典型范例、实验指导和课后练习 4 个部分讲解 Oracle 12c 技术相关的数据库知识。

2）知识全面

本书紧紧围绕 Oracle 12c 数据库展开讲解，具有很强的逻辑性和系统性。

3）实例丰富

书中各实例均经过作者的精心设计和挑选，它们都是根据作者在实际开发中的经验总结而来，涵盖了在实际开发中所遇到的各种场景。

4）网站技术支持

读者在学习或者工作的过程中，如果遇到实际问题，可以直接登录 www.ztydata.com.cn 与我们取得联系，作者会在第一时间给予帮助。

3．读者对象

本书适合作为软件开发入门者的自学用书，也适合作为高等院校相关专业的教学参考书，也可供开发人员查阅和参考。

除了封面署名人员之外，参与本书编写的人员还有李海庆、王咏梅、康显丽、王黎、汤莉、倪宝童、赵俊昌、方宁、郭晓俊、杨宁宁、王健、连彩霞、丁国庆、牛红惠、石磊、王慧、李卫平、张丽莉、王丹花、王超英、王新伟等。在编写过程中难免会有疏漏，欢迎读者通过清华大学出版社网站 www.tup.tsinghua.edu.cn 与我们联系，帮助我们改正提高。

编　者

目录

IV

VII

第 1 章　Oracle 12c 简介

　　在现在的软件开发中，数据库已经成为一项必不可少的技术，使用数据库可以对大量的数据进行有效的管理。目前使用的数据库有很多，Oracle 便是其中之一。Oracle 数据库是目前世界上使用最为广泛的数据库管理系统，作为一个通用的数据库系统，它具有完整的数据管理功能；作为一个关系数据库，它是一个完备关系的产品；作为分布式数据库，它实现了分布式处理功能。本书重点介绍 Oracle 数据库，但是在本章中仅对 Oracle 数据库的基础知识进行介绍，关于其功能会在后面章节中进行介绍。

本章学习要点：

- ❑　了解 Oracle 12c 的发展历史
- ❑　熟悉 Oracle 12c 的数据库版本
- ❑　熟悉 Oracle 12c 的新增特性
- ❑　掌握 Oracle 12c 数据的安装过程
- ❑　掌握如何登录到 Oracle 12c 数据库
- ❑　熟悉 Oracle 12c 的体系结构

1.1　Oracle 12c 概述

　　Oracle 数据库系统是美国 Oracle 公司提供的以分布式数据库为核心的一组软件产品，是目前最流行的 C/S 或 B/S 体系结构的数据库之一。目前 Oracle 12c 是最新版本，本节首先介绍该版本的基础知识。

1.1.1　发展历史

　　Oracle 公司是全球最大的信息管理软件及服务供应商，它的创建来源于一篇技术型论文。这篇论文是 1970 年 6 月，IBM 公司的研究员德加·考特（Edgar Frank Codd）在 *Communications of ACM* 上发表的《大型共享数据库数据的关系模型》。

　　随后，在 1977 年 6 月，Larry Ellison 与 Bob Miner 和 Ed Oates 在硅谷共同创办了一家名为软件开发实验室（Software Development Laboratories，SDL）的计算机公司（Oracle 公司的前身），该公司开始策划构建可商用的关系型数据库系统。根据 Ellison 和 Miner 在前一家公司从事的一个由中央情报局投资的项目代码，他们把这个产品命名为 Oracle。因为他们相信 Oracle（字典里的解释有"神谕，预言"之意）是一切智慧的源泉。

　　1979 年，SDL 更名为关系软件有限公司（Relational Software，Inc.，RSI），毕竟"软件开发实验室"不太像一个大公司的名字。

　　1983 年，为了突出公司的核心产品，RSI 再次更名为 Oracle。Oracle 从此正式走入人们的视野。RSI 在 1979 年的夏季发布了可用于 DEC 公司的 PDP-11 计算机上的商用 Oracle 产品，这个数据库产品整合了比较完整的 SQL 实现，其中包括子查询、连接及其他特性。出于市场策略，公司宣称这是该产品的第 2 版，但实际上却是第 1 版。同年 3 月，RSI 发布了 Oracle 第 3 版。

1984 年 10 月，Oracle 发布了第 4 版产品，该版本的产品稳定性得到了增强。

1985 年，Oracle 发布了第 5 版。有些用户说，这个版本算得上是 Oracle 数据库的稳定版本。这也是首批可以在 C/S 模式下运行的 RDBMS 产品，在技术趋势上，Oracle 数据库始终没有落后。

1986 年 3 月 12 日，Oracle 公司以每股 15 美元公开上市。两年后，Oracle 发布了第 7 版，它是 Oracle 真正出色的产品，它的发布取得了巨大的成功。

1997 年 6 月，Oracle 发布第 8 版，它支持面向对象的开发及新的多媒体应用，这个版本也为支持 Internet、网络计算等奠定了基础。1998 年 9 月，Oracle 公司正式发布 Oracle 8i，"i"代表 Internet。Oracle 8i 成为第一个完全整合了本地 Java 运行时环境的数据库。

在 2001 年 6 月的 Oracle Open World 大会中，Oracle 发布了 Oracle 9i，它是一个更加完善的数据库版本。

2007 年 11 月，Oracle 11g 正式发布。Oracle 11g 是 Oracle 公司 30 年来发布的最重要的数据库版本，根据用户的需求实现了信息生命周期管理等多项创新。

2013 年 6 月 26 日，Oracle 12c 版本正式发布，其中"c"代表云计算，首先发布的版本号是 12.1.0.1.0，目前最新的版本号是 12.1.0.2.0。Oracle 12c 数据库引入了一个新的多承租方架构，使用该架构可以轻松部署和管理数据库云。另外，一些创新特性可最大限度地提高资源使用率和灵活性，如 Oracle Multitenant 可快速整合多个数据库，而 Automatic Data Optimization 和 Heat Map 能以更高的密度压缩数据和对数据分层。这些独一无二的技术进步再加上在可用性、安全性和大数据支持方面的增强，使得 Oracle 12c 成为私有云和公有云部署的理想平台。

1.1.2 数据库版本

Oracle 12c 为适合不同规模的组织需要提供了多个量身定制的版本，并为满足特定的业务和 IT 需求提供了几个企业版专有选件。Oracle 12c 数据库有 4 个版本，即企业版、标准版、标准版 1 和个人版。

1. 企业版

Oracle 12c 企业版将对正在部署私有数据库云的客户和正在寻求以安全、隔离的多租户模型发挥 Oracle 数据库强大功能的 SaaS（Software-as-a-Service，软件即服务）供应商有极大帮助。而且企业版提供综合功能来管理要求最严苛的事务处理、大数据以及数据仓库负载。客户可以选择各种 Oracle 数据库企业版选件来满足业务用户对性能、安全性、大数据、云和可用性服务级别的期望。

Oracle 12c 企业版数据库具有以下优势。

（1）使用新的多租户架构，无须更改现有应用即可在云上实现更高级别的整合。

（2）自动数据优化特性可高效地管理更多数据、降低存储成本和提升数据库性能。

（3）深度防御的数据库安全性可应对不断变化的威胁和符合越来越严格的数据隐私法规。

（4）通过防止发生服务器故障、站点故障、人为错误以及减少计划内停机时间和提升应用连续性，获得最高可用性。

（5）可扩展的业务事件顺序发现和增强的数据库中大数据分析功能。

（6）与 Oracle Enterprise Manager Cloud Control 12c 无缝集成，使管理员能够轻松管理整个数据库生命周期。

2．标准版

Oracle 12c 标准版是面向中型企业的一个经济实惠、功能全面的数据管理解决方案。该版本中包含一个可插拔数据库用于插入云端，还包含 Oracle 真正应用集群用于实现企业级可用性，并且可随用户的业务增长而轻松扩展。

使用 Oracle 12c 数据库具有以下优势。

（1）每用户 350 美元（最少 5 个用户），可以只购买目前需要的许可，然后使用 Oracle 真正应用集成随需扩展，从而节省成本。

（2）提高服务质量，实现企业级性能、安全性和可用性。

（3）可运行于 Windows、Linux 和 UNIX 操作系统。

（4）通过自动化的自我管理功能轻松管理。

（5）借助 Oracle Application Express、Oracle SQL Developer 和 Oracle 面向 Windows 的数据访问组件简化应用开发。

3．标准版 1

Oracle 12c 标准版 1 经过了优化，适用于部署在小型企业、各类业务部门和分散的分支机构环境中。该版本可在单个服务器上运行，最多支持两个插槽。Oracle 12c 标准版可以在包括 Windows、Linux 和 UNIX 在内的所有 Oracle 支持的操作系统上使用。

使用 Oracle 12c 标准版 1 数据库具有以下优势。

（1）以极低的每用户 180 美元起步（最少 5 个用户）。

（2）以企业级性能、安全性、可用性和可扩展性支持所有业务应用。

（3）可运行于 Windows、Linux 和 UNIX 操作系统。

（4）通过自动化的自我管理功能轻松管理。

（5）借助 Oracle Application Express、Oracle SQL Developer 和 Oracle 面向 Windows 的数据访问组件简化应用开发。

4．个人版

个人版数据库只提供 Oracle 作为数据库管理系统的基本数据库管理服务，它适用于单用户开发环境，其对系统配置的要求也比较低，主要面向开发技术人员使用。

Oracle 12c 的所有版本均使用同一个代码库构建而成，彼此之间完全兼容。Oracle 12c 可用于多种操作系统中，并且包含一组通用的应用程序开发工具和编程接口。客户可以从标准版 1 开始使用，而后随着业务的发展或根据需求的变化，轻松升级到标准版或企业版。升级过程非常简单，只需安装下一个版本的软件，无须对数据库或应用程序进行任何更改，便可在一个易于管理的环境中获得 Oracle 举世公认的性能、可伸缩性、可靠性和安全性。

1.1.3 新特性

Oracle 12c 企业版包含五百多个新特性，如数据库管理、RMAN、Data Guard 以及性能调优等方面的改进。其中包括一种新的架构，可简化数据库整合到云的过程，客户无须更改其应用即可将多个数据库作为一个进行管理。本节只介绍对开发人员有用的 Oracle 12c 数据库的部分新特性。

1. WITH 语句的改善

在 Oracle 12c 中，开发人员可以用 SQL 语句更快地运行 PL/SQL 函数或过程，这些是由 SQL 语句的 WITH 语句加以定义和声明的。尽管不能在 PL/SQL 块中直接使用 WITH 语句，但是可以在 PL/SQL 中通过一个动态 SQL 加以引用。

2. 改善默认值

改善默认值包括将序列作为默认值；自增列；当明确插入 NULL 时指定默认值；METADATA-ONLY default 值指的是增加一个新列时指定的默认值，和 11g 中的区别在于，11g 的 default 值要求 NOT NULL 约束。

3. 放宽多种数据类型长度限制

增加了 VARCHAR2、NVARCHAR2 和 RAW 类型的长度到 32KB，要求兼容性设置为 12.0.0.0 以上，且设置初始化参数 MAX_SQL_STRING_SIZE 的值为 EXTENDED，这个功能不支持 CLUSTER 表和索引组织表，最后这个功能并不是真正改变了 VARCHAR2 的限制，而是通过 OUT OF LINE 的 CLOB 实现。

4. TOP N 的语句实现

在之前的版本中有许多间接手段来获取顶部或底部记录 TOP N 查询结果的限制（如 ROWNUM 伪列），而在 Oracle 12c 中，通过新的 FETCH 语句（如 FETCH FIRST|NEXT|PERCENT）简化这一过程并使其变得更为直接。

【范例 1】

查询 dba_users 数据字典中 user_id 列的值最大的前 10 位的用户信息。语句如下：

```
SELECT * FROM dba_users ORDER BY user_id DESC FETCH FIRST 10 ROWS ONLY;
```

5. 行模式匹配

类似分析函数的功能，可以在行间进行匹配判断并进行计算。在 SQL 中新的模式匹配语句是 match_recognize。

6. 分区改进

Oracle 12c 中对分区功能做了较多的调整，共分为 6 部分，简单说明如下。

（1）INTERVAL 和 REFERENCE 分区

把 11g 的 INTERVAL 分区和 REFERENCE 分区结合，这样主表自动增加一个分区后，所有的子表、孙子表、重孙子表、重重重孙子表等都可以自动随着外接列新数据增加，自动创建新的分区。

（2）TRUNCATE 和 EXCHANGE 分区及子分区

无论是 TRUNCATE 分区还是 EXCHANGE 分区，在主表上执行时，都可以级联地作用在子表、孙子表、重孙子表、重重重孙子表上同时运行。对于 TRUNCATE 而言，所有表的 TRUNCATE 操作在同一个事务中，如果中途失败，会回滚到命令执行之前的状态。这两个功能通过关键字 CASCADE 实现。

（3）在线移动分区

通过 MOVE ONLINE 关键字实现在线分区移动。在移动的过程中，对表和被移动的分区可以执行查询、DML 语句以及分区的创建和维护操作。整个移动过程对应用透明。这个功能极大地提高了整体可用性，缩短了分区维护窗口。

（4）多个分区同时操作

可以对多个分区同时进行维护操作，例如，将一年的 12 个分区 MERGE 到一个新的分区中，又如将一个分区 SPLIT 成多个分区。可以通过 FOR 语句指定操作的每个分区，对于 RANGE 分区而言，也可以通过 TO 来指定处理分区的范围。多个分区同时操作自动并行完成。

（5）异步全局索引维护（UPDATE GLOBAL INDEX）

对于非常大的分区表而言，异步全局索引不再痛苦。Oracle 可以实现异步全局索引异步维护的功能，即使是几亿条记录的全局索引，在分区维护操作，例如 DROP 或者 TRUNCATE 后，仍然是 VALID 状态，索引不会失效，不过索引的状态是包含 OBSOLETE 数据，当维护操作完成，索引状态恢复。

（6）部分本地和全局索引

Oracle 的索引可以在分区级别定义。无论全局索引还是本地索引都可以在分区表的部分分区上建立，其他分区上则没有索引。当通过索引列访问全表数据时，Oracle 通过 UNION ALL 实现，一部分通过索引扫描，另一部分通过全分区扫描。这可以减少对历史数据的索引量，极大地增加了灵活性。

7. Adaptive 执行计划

拥有学习功能的执行计划，Oracle 会把实际运行过程中读取到的返回结果作为进一步执行计划判断的输入，因此统计信息不准确或查询真正结果与计算结果不准时，可以得到更好的执行计划。

8. 统计信息增强

动态统计信息收集增加第 11 层，使得动态统计信息收集的功能更强；增加了混合统计信息用以支持包含大量不同值，且个别值数据倾斜的情况；添加了数据加载过程收集统计信息的能力；对于临时表增加了会话私有统计信息。

9．临时 UNDO

将临时段的 UNDO 独立出来，放到 TEMP 表空间中，这样做有以下三个优点。

（1）减少 UNDO 产生的数量。

（2）减少 REDO 产生的数量。

（3）在 ACTIVE DATA GUARD 上允许对临时表进行 DML 操作。

10．数据优化

新增数据生命周期管理（Information Lifecycle Management，ILM）的功能，添加"数据库热图（Database Heat Map）"，在视图中直接看到数据的利用率，找到哪些数据是最"热"的数据。可以自动实现数据的在线压缩和数据分级，其中，数据分级可以在线将定义时间内的数据文件转移到归档存储，也可以将数据表定时转移至归档文件，也可以实现在线的数据压缩。

11．应用连接性

Oracle 12c 之前 RAC 的 FAILOVER 只做到 SESSION 和 SELECT 级别，对于 DML 操作无能为力，当设置为 SESSION，进行到一半的 DML 自动回滚；而对于 SELECT，虽然 FAILOVER 可以不中断查询，但是对于 DML 的问题更甚之，必须要手工回滚。但是在 Oracle 12c 版本中，Oracle 数据库终于支持了事务的 FAILOVER 操作。

12．Oracle Pluggable Database

Oracle PDB 由一个容器数据库（CDB）和多个可组装式数据库（PDB）构成，PDB 包含独立的系统表空间和 SYSAUX 表空间等，但是所有 PDB 共享 CDB 的控制文件、日志文件和 UNDO 表空间。

Oracle Pulggable Databases 特性可以带来以下好处。

（1）加速重新部署现有的数据库到新的平台的速度。

（2）加速现有数据库打补丁和升级的速度。

（3）从原有的 DBA 的职责中分离部分责任到应用管理员。

（4）集中式管理多个数据库。

（5）提升 RAC 的扩展性和故障隔离。

（6）与 Oracle SQL Developer 和 Oracle Enterprise Manager 高度融合。

1.2 实验指导——安装 Oracle 12c 数据库

Oracle 12c 是 2013 年发布的数据库最新版本，同时在 Oracle 12c 中也支持大数据的处理能力。本节以 Windows 7 平台安装 Oracle 12c 数据库为例进行介绍。

Oracle 12c 简介 ——

1. 安装前的准备工作

在安装之前需要在 http://www.oracle.com 网站上进行下载，如图 1-1 所示。

图 1-1　下载 Oracle 数据库

单击图 1-1 中的下载链接跳转到下载页面，如图 1-2 所示。

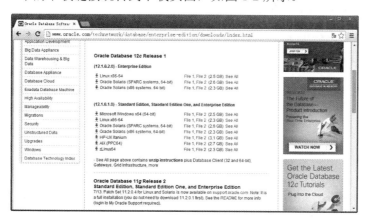

图 1-2　Oracle 下载页面

开发人员可以选择相应的 Oracle 数据库版本进行下载，这里选择 Oracle 12c 版本。当下载完成之后，直接将下载的压缩文件进行解压缩，解压后的目录如图 1-3 所示。

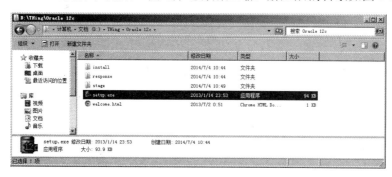

图 1-3　Oracle 12c 解压后的目录

2．安装 Oracle 12c 的步骤

解压缩完成后，根据以下步骤开始安装 Oracle 12c 数据库。

（1）直接双击图 1-3 中的 setup.exe 就可以启用 Oracle 安装程序，出现如图 1-4 所示的界面。

（2）之后会进入 Oracle 的安装对话框，该对话框询问用户是否接收邮件信息，如图 1-5 所示。

图 1-4　　**Oracle 安装启动界面**　　　　图 1-5　　询问用户是否接收邮件信息

（3）如果不接收 Oracle 的相关邮件，直接单击【下一步】按钮会弹出如图 1-6 所示的询问对话框。

（4）直接单击【是】按钮进入下一步操作，如图 1-7 所示。该对话框询问用户是否需要接收 Oracle 的软件更新，如果需要接收更新信息，则需要提供用户的 Oracle 账户。

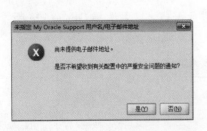

图 1-6　　不接收电子邮件的提示　　　　图 1-7　　不接收软件信息的更新

（5）单击【下一步】按钮弹出如图 1-8 所示的对话框，默认情况下选中【创建和配置数据库】单选按钮。

（6）单击【下一步】按钮弹出如图 1-9 所示的对话框，在该对话框中选择要创建的数据库类型，这里选中【桌面类】单选按钮。

图 1-8　创建和配置数据库

图 1-9　创建桌面类数据库

（7）单击【下一步】按钮弹出如图 1-10 所示的对话框，在该对话框中配置 Oracle 安全认证模式，为了方便管理，这里将创建一个新 Windows 用户，用户名为 oracle，口令为 123456。

（8）单击【下一步】按钮弹出如图 1-11 所示的对话框，在该对话框中选择 Oracle 的安装路径，这里将数据库安装在 G:\app\oracle 目录下，其中 oracle 表示上个步骤创建的用户名。

图 1-10　选择数据库的认证模式

图 1-11　配置数据库的安装路径

试一试

　　在图 1-11 中，除了可以设置安装路径外，还可以选择数据库版本、字符集，并且需要用户输入全局数据库名和管理口令，读者在安装时可以进行尝试，这里不再显示效果图。

（9）单击【下一步】按钮弹出如图 1-12 所示的对话框，该对话框是安装前的检查，确保目标环境所选产品的最低安装和配置要求。

（10）当安装环境检查完成后会进入如图 1-13 所示的对话框，该对话框显示安装程序的各个属性，右下角可以保存响应文件，以备日后查看。

图 1-12　安装检查

图 1-13　安装确认

（11）单击【安装】按钮启动安装程序正式进入安装界面，如图 1-14 所示。

（12）在 Oracle 数据库安装完成后，会自动进入 orcl 数据库的安装对话框，如图 1-15 所示。

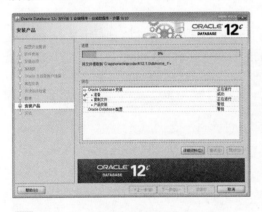

图 1-14　安装程序启动

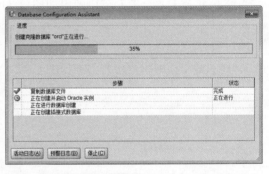

图 1-15　数据库安装

（13）在进行 orcl 数据库安装时会出现口令管理对话框，如图 1-16 所示。

（14）单击【口令管理】按钮弹出如图 1-17 所示的对话框，在该对话框中将一些主要的用户解锁并进行密码设置。

图 1-16　口令管理

图 1-17　锁定/解锁用户或更改口令

（15）配置口令管理完成后单击【确定】按钮，如图 1-18 所示。这时 Oracle 12c 数据库已经安装完成，此时单击【关闭】按钮关闭对话框。

图 1-18   安装完成   图 1-19   数据库服务

Oracle 数据库安装完成后，会在 Windows 中出现如图 1-19 所示的服务选项。其中，OracleOraDB12Home1TNSListener 和 OracleServiceORCL 服务最为重要，也是在程序开发中必须启动的两个服务。

① OracleOraDB12Home1TNSListener 服务数据库监听服务，当需要通过程序进行数据库访问时，必须启动该服务，否则将无法进行数据库的连接。

② OracleServiceORCL 服务数据库主服务，命名格式为 OracleServer 数据库名称。

1.3 实验指导——登录 Oracle 数据库

Oracle 12c 数据库安装完成后，开发人员可以执行登录语句登录到 MySQL 界面。开发人员可以通过以下任意一种方式登录 Oracle 数据库，登录成功后可以进行其他操作。

1. SQL Plus 登录

SQL Plus 是最常用的 Oracle 管理工具，它是一个 Oracle 数据库与用户之间的命令行交互工具。使用 SQL Plus 登录 Oracle 数据库的步骤如下。

（1）执行【开始】|【程序】| Oracle - OraDB12Home1 |【应用程序开发】| SQL Plus 命令，打开 SQL Plus 窗口显示登录界面。

（2）在登录界面中将提示输入用户名，根据提示输入相应的用户名和口令后按 Enter 键，SQL Plus 将连接到默认数据库。

（3）连接到数据库之后将显示提示符 "SQL>"，此时便可以输入 SQL 命令。例如，可以输入语句查看系统的当前日期，执行结果如图 1-20 所示。

（4）如果要退出 SQL Plus，可以输入 EXIT 或者 QUIT 命令。

2. SQL Developer 工具登录

SQL Developer 是一个免费的、针对 Oracle 数据库的交互式图形开发环境。使用 SQL

Developer 登录 Oracle 数据库的步骤如下。

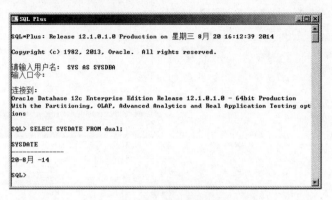

图 1-20   SQL Plus 登录 Oracle 数据库

（1）选择【开始】|【程序】| Oracle - OraDB12Home1 |【应用程序开发】| SQL Developer 命令。如果是第一次打开，还需要指定随 Oracle 一起安装的 JDK 的位置。

（2）在 SQL Developer 主界面左侧的【连接】窗格下右击【连接】节点选择【新建连接】命令弹出【新建/选择数据库连接】对话框，如图 1-21 所示。

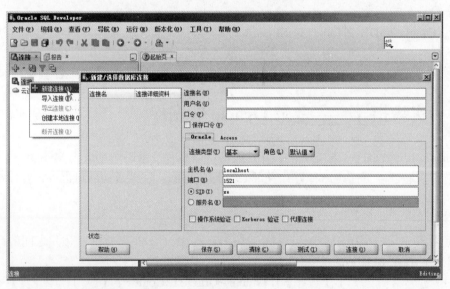

图 1-21   在 SQL Developer 中创建连接

（3）在图 1-21 中，开发人员可以在【连接名】、【用户名】和【口令】等输入框中输入相应的内容，输入完毕后可以单击【测试】按钮进行连接测试，如果连接失败则会显示错误信息，可根据提示进行修改。

（4）如果确定连接，直接单击【连接】按钮即可，连接成功后可以在打开的窗口中执行语句，如图 1-22 所示。

（5）如果要断开连接，选中创建的连接后右击，在弹出的快捷菜单中选择【断开连接】命令即可。

图 1-22 连接成功

3. cmd 命令窗口

除了上述两种方法外，开发人员还可以利用 cmd 命令窗口进行登录。在【开始】|
【运行】文本框中输入"cmd"后按 Enter 键打开命令窗口，在该命令窗口中可以执行连
接操作，下面介绍不同的连接方式。

（1）执行 sqlplus 命令打开 SQL Plus 工具，然后输入用户名和口令进行登录，如图
1-23 所示。

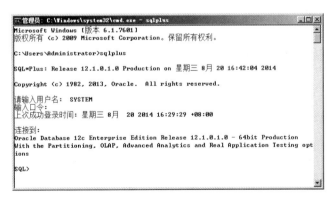

图 1-23 在命令窗口运行 SQL Plus 工具

（2）直接在命令窗口中执行 sqlplus/nolog 命令进入 SQL Plus 的命令提示符"SQL>"，
然后执行 connect 命令进行登录，如图 1-24 所示。

（3）直接利用 sqlplus 命令登录到 Oracle 数据库，如图 1-25 所示。

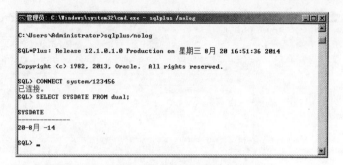

图 1-24　进入 SQL Plus 的命令提示符

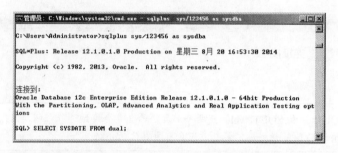

图 1-25　利用 sqlplus 登录到 Oracle 数据库

1.4　Oracle 12c 体系架构

一个完整的数据库体系结构包括数据库的组成、工作过程与原理，以及数据在数据库中的组织与管理机制。Oracle 12c 数据库的体系结构相当庞大，开发人员可以从 Oracle 的官方网站下载相应的体系结构图。从开发及管理的角度来讲，本节简单介绍内存结构、进程结构和物理结构。

1.4.1　内存结构

Oracle 内存由 SGA（System Global Area，系统全局区）和 PGA（Process Global Area，程序全局区）构成。

SGA 中存储数据库信息，由多个数据库进行共享，包括共享池、数据缓冲区、日志缓冲区、大池、Java 池、Streams 池和数据库字典缓冲区等。

1．共享池

共享池是对 SQL、PL/SQL 程序进行语法分析、编译和执行的内存区域。共享池的大小直接影响数据库的性能，它由库高度缓冲区和数据字典缓冲区组成，其中，库高度缓冲区又包括共享 SQL 区、私有 SQL 区（只在共享服务器内存）、共享 PL/SQL 区和控制结构区。

2. 数据库缓冲区

数据库缓冲区是 SGA 中的一个高速缓冲区域,用来存储最近从数据库中读出的数据块(如表)。数据库缓冲区的大小对数据库的读取速度有直接的影响。当用户处理查询时,服务器进程会先从数据库缓冲区查找所需要的数据库,当缓冲区中没有时才会访问磁盘数据。

3. 日志缓冲区

当用户通过 INSERT、SELECT 和 DELETE 等语句更改数据库时,服务器进程会将这些修改记录到重做日志缓冲区内,这些修改记录也叫重做记录。相对来说,日志缓冲区对数据库的性能影响较小。当数据库发生意外时,可以从日志缓冲区内读取修改记录来恢复数据库。

4. 大池

为了进行大的后台操作而分配的内存空间,主要指备份恢复、大型 I/O 操作和并行查询等。

5. Java 池

Java 池内存储了 Java 语句的文本和语法分析表等信息,如果要安装 Java 虚拟机,就必须启用 Java 池。

6. Streams 池

Streams 池是高级复制技术的一部分,其功能是存放消息,这些消息是共享的。

7. 数据字典缓冲区

数据字典缓冲区是共享池的一部分,又称为数据字典区或行缓冲区,包含数据库的结构、用户信息和数据表、视图等信息。数据字典缓冲区存储数据库的所有表和视图的名称、数据库基表的列名和列数据类型以及所有 Oracle 用户的权限等。

PGA 包括会话信息、堆栈空间、排序分区以及游标状态。会话信息存放会话的权限、角色和会话性能统计信息等;堆栈空间存放的是变量、数组和属于会话的其他信息;排序区则是用于排序的一段专用空间;游标状态存放当前使用的各种游标的处理阶段。

1.4.2 进程结构

Oracle 数据库的进程结构包括用户进程、服务器进程和后台进程这三种类型。用户进程位于客户端,服务器进程和后台进程位于服务器端。

1. 用户进程

用户进程是一个需要与 Oracle 服务器进行交互的程序。当用户运行一个应用程序准备向数据库服务器发送请求时，即创建了用户进程。对于专用连接来说，用户在客户端启用一个应用程序，就是在客户端启用一个用户进程。

2. 服务器进程

服务器进程用于处理连接到该实例的用户进程的请求。当用户连接到 Oracle 数据库实例创建会话时，即产生服务器进程。当用户与 Oracle 服务器端连接成功后，会在服务器端生成一个服务器进程，该服务器进程作为用户进程的代理进程，代替客户端执行各种命令并把结果返回给客户端。用户进程一旦中止，服务器进程立刻中止。

3. 后台进程

后台进程是 Oracle 数据库为了保持最佳系统性能和协调多个用户请求而设置的。Oracle 实例启动时即创建一系列后台进程，如 PMON 监视用户进程运行是否正常，SMON 实时监控整个 Oracle 状况，其他进程这里不再说明。

【范例 2】

执行以下语句可以查询启动的后台进程信息：

```
SELECT * FROM v$process;
```

执行以下语句查看启动 DBWR 进程个数：

```
SHOW PARAMETER db_wr;
```

1.4.3 物理结构

物理结构就是 Oracle 数据库所使用的操作系统的物理文件，在数据库中的所有数据都保存在物理文件中，它是存放在磁盘上的结构文件。主要的物理文件包括数据文件、控制文件、重做日志文件和参数文件 4 类。

1. 数据文件

数据文件用于存储数据库的全部数据（如表和索引的数据），每一个 Oracle 数据库都有一个或多个物理的数据文件。

2. 控制文件

控制文件用于控制数据库的物理结构，它记录数据库中所有文件的控制信息，包含数据库名称、数据库建立日期、数据库中数据文件与日志文件的名称和位置、表空间信息、归档日志信息、当前的日志序列号以及检查点信息等。

3. 重做日志文件

Oracle 用重做日志文件保存所有数据库事务的日志。当数据库被破坏时，用该文件恢复数据库。

4．参数文件

参数文件保存与 Oracle 配置有关的信息，一般有以下三种参数文件。

（1）初始化参数文件用于在数据库启动实例时配置数据库，该文件主要设置数据库实例名称、主要使用文件的位置和实例所需要的内存区域大小等。

（2）配置参数文件一般被命名为 config.ora，由初始化参数文件调用。在数据库对应多个实例的时候才会存在，如果一个数据库只对应一个实例则不会产生此文件。

（3）二进制参数文件 pfile（Parameter File，参数文件）和 spfile（Server Parameter File，服务器参数文件）都属于二进制文件。pfile 包含数据库的配置信息，是基于文本格式化的参数文件；spfile 包含数据库及例程的参数和数值，是基于二进制格式的参数文件。

思考与练习

一、填空题

1．Oracle 12c 的数据库版本包括企业版、标准版、_____和个人版。

2．Oracle 程序开发中必须启动的两个服务是数据库监听服务和_____。

3．Oracle 内存由 SGA 和_____构成。

4．_____的大小对数据库的读取速度有直接的影响。

5．Oracle 数据库的进程结构包括用户进程、_____和后台进程三种。

6．_____一般被命名为 config.ora，由初始化参数文件调用。

二、选择题

1．Oracle 12c 是在_____年发布的。

A．2006

B．2007

C．2013

D．2014

2．Oracle 12c 的新特性不包括_____。

A．放宽多种数据类型长度限制

B．SELECT 语句的改善

C．使用 FETCH 实现 TOP N 的查询

D．WITH 语句的改善

3．SGA 中的内容不包括_____。

A．Java 池

B．程序全局区

C．数据库字典缓冲区

D．数据缓冲区

4．_____记录数据库中所有文件的信息，包括数据库的名称、数据库建立日期、表空间信息、归档日志信息以及检查点信息等。

A．参数文件

B．数据文件

C．重做日志文件

D．控制文件

三、简答题

1．简单描述 Oracle 12c 数据库的各个版本。

2．请说出 Oracle 12c 数据库的新增特性（至少三点）。

3．登录到 Oracle 12c 数据库的方法有哪些？

第2章 Oracle 数据库管理工具

一门技术的发展和应用，很重要的一个因素就是与它相关的工具是否好用。对于数据库管理人员来说，管理数据库的工具软件是日常工作中不可缺少的部分。数据库管理人员使用功能强大的工具可以减少开发过程的工作量，提高工作效率。

在安装好 Oracle 12c 后，系统已经自动为我们安装了所有相关的管理工具和程序，了解并掌握管理工具的使用将有助于读者更好地学习后面的知识。

本章将详细介绍随 Oracle 12c 安装程序一起安装的附带管理工具和程序。例如，Oracle 网络配置与管理助手、Web 管理工具 OEM、用于开发和管理 Oracle 数据库的命令行管理工具 SQL Plus 以及图形管理工具 SQL Developer 等。

本章学习要点：

❑ 掌握 Oracle 监听程序的配置
❑ 了解 Oracle 中可用的命名方法
❑ 了解 OEM 工具的打开与应用
❑ 掌握 SQL Plus 连接 Oracle 的方法
❑ 熟悉 SQL Plus 的常用命令
❑ 了解 SQL Plus 中使用参数的几种方式
❑ 掌握 SQL Developer 工具的使用

2.1 Net Configuration Assistant 工具

Net Configuration Assistant 工具简称为网络配置助手，主要为用户提供 Oracle 数据库的监听程序、命名方法、本地 NET 服务名和目录配置。该工具为每一种操作都提供了向导，使配置过程更加简单。下面介绍该工具的具体应用。

2.1.1 配置监听程序

监听程序是 Oracle 基于服务器端的一种网络服务。监听程序创建在数据库服务器端，主要作用是监听来自客户端的连接请求，将请求转发给服务器。Oracle 监听程序总是存在于数据库服务器端，因此在客户端创建监听程序毫无意义。另外，每一个 Oracle 监听程序都会占用一个端口，默认端口是 1521。

【范例 1】

使用网络配置助手配置监听程序的步骤如下。

（1）选择【开始】|【程序】| Oracle - OraDB12Home1 |【配置和移植工具】| Net Configuration Assistant 命令打开 Oracle 网络配置助手，如图 2-1 所示为主界面。

Oracle 数据库管理工具

（2）这里选择【监听程序配置】单选按钮，单击【下一步】按钮进入监听程序的操作选择界面，如图 2-2 所示。

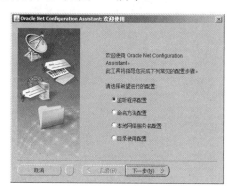

图 2-1　网络配置助手主界面

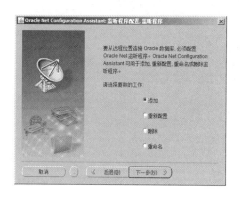

图 2-2　选择监听操作

（3）这里选择【添加】单选按钮，单击【下一步】按钮在进入的界面中为监听程序指定一个名称，默认值为 LISTENER，这里输入"myLISTENER"。并且要求输入 Oracle 主目录的口令，如图 2-3 所示。

（4）单击【下一步】按钮为监听程序选择可用的协议，可以是 TCP、TCPS、IPC 或者 NMP。这里使用默认的 TCP，如图 2-4 所示。

图 2-3　指定监听程序名称和口令

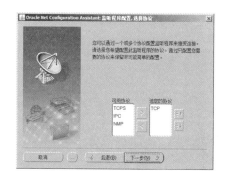

图 2-4　选择监听使用协议

提示

　　监听程序将协议地址保存在 listener.ora 文件中，该协议用于接收客户机的请求以及向客户机发送数据。根据所选协议的不同，所需的协议参数信息也会不同。

（5）单击【下一步】按钮为监听程序指定监听的端口，可以是标准的 1521，也可以指定其他端口号，如图 2-5 所示。

（6）使用标准端口单击【下一步】按钮提示用户是否还需要配置另外一个监听程序。这里选择【否】单选按钮，如图 2-6 所示。

（7）最后会显示监听程序配置完成，单击【下一步】按钮返回主界面继续其他操作。

（8）上面对监听程序的设置最终会写入 Oracle 的监听文件 listener.ora 中，如下所示为上面操作生成的内容。

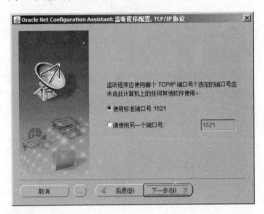

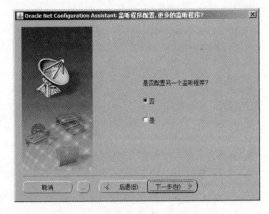

图 2-5　指定监听端口

图 2-6　是否配置另一外监听程序

```
# listener.ora Network Configuration File: G:\app\oracle\product\12.1.0\
dbhome_1\NETWORK\ADMIN\listener.ora
# Generated by Oracle configuration tools.
SID_LIST_LISTENER =
  (SID_LIST =
   (SID_DESC =
     (SID_NAME = CLRExtProc)
     (ORACLE_HOME = G:\app\oracle\product\12.1.0\dbhome_1)
     (PROGRAM = extproc)
     (ENVS = "EXTPROC_DLLS=ONLY:G:\app\oracle\product\12.1.0\dbhome_1\
      bin\oraclr12.dll")
   )
  )
MYLISTENER =
  (DESCRIPTION_LIST =
   (DESCRIPTION =
     (ADDRESS = (PROTOCOL = TCP)(HOST = hzkj)(PORT = 1521))
     (ADDRESS = (PROTOCOL = IPC)(KEY = EXTPROC1521))
   )
  )
```

该文件由网络助手自动生成，其中存储了各监听程序的配置参数，重要参数含义如下。

① MYLISTENER 为监听程序的名称。

② PROTOCOL＝TCP 表示监听程序使用的是 TCP。

③ HOST＝hzkj 表示监听的 Oracle 服务器所在主机名称，也可以是 IP 地址。

④ PORT＝1521 表示监听程序使用的端口号。

2.1.2　配置命名方法

Oracle 客户端在连接 Oracle 数据库服务器时，并不会直接使用数据库名等信息，而是使用连接标识符。连接标识符存储了连接的详细信息。定义连接标识符一般有如下几种方法。

（1）主机命名：客户端利用 TCP/IP、Oracle Net Services 和 TCP/IP 协议适配器，仅凭主机地址即可建立与 Oracle 数据库服务器的连接。

（2）本地命名：使用在每个 Oracle 客户端的 tnsnames.ora 文件中的配置和存储的信息来获取 Oracle 数据库服务器的连接标识符，从而实现与数据库的连接。

（3）目录命名：将 Oracle 数据库服务器或网络服务名称解析为连接描述符，该描述符存储在中山目录服务器中。

（4）Oracle Names：这是由 Oracle Names 服务器系统构成的 Oracle 目录服务，这些服务器可以为网络上的每个服务提供由名称到地址的解析。

（5）外部命名：使用受支持的第三方命名服务。

上述 5 种命名方法中最常用的是本地命名方法，它的配置步骤如下所示。

【范例 2】

（1）选择【开始】|【程序】| Oracle - OraDB12Home1 |【配置和移植工具】| Net Configuration Assistant 命令打开 Oracle 网络配置助手的主界面。

（2）这里选择【命名方法配置】单选按钮，单击【下一步】按钮进入命名方法的选择界面，如图 2-7 所示。

在【选定的命名方法】列表中显示了当前使用的命名方法，也可以从【可用命名方法】列表中添加其他方法。默认情况下，Oracle 推荐使用本地命名方法和轻松连接命名方法。这两种方法的使用顺序为：首先搜索本地命名方法，如果不能获得连接标识符，接着搜索轻松连接命名。当然在【选定的命名方法】列表中也可以调整 Oracle 的搜索顺序。

（3）这里使用默认值，单击【下一步】按钮进入命名方法配置完成界面，如图 2-8 所示。

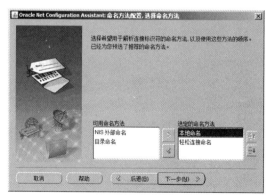

图 2-7　选择可用的命名方法

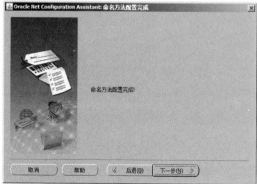

图 2-8　命名方法配置完成

在成功配置命名方法之后，可以打开 Oracle 安装目录\NETWORK\ADMIN 下的 sqlnet.ora 文件，查看文件内容。这里生成的内容如下。

```
# sqlnet.ora Network Configuration File: G:\app\oracle\product\12.1.0\
```

```
dbhome_1\network\admin\sqlnet.ora
# Generated by Oracle configuration tools.

SQLNET.AUTHENTICATION_SERVICES= (NTS)
NAMES.DIRECTORY_PATH= (TNSNAMES, EZCONNECT)
```

2.1.3 配置本地 NET 服务名

本地 NET 服务名也是属于 Oracle 的连接标识符，使用网络配置助手可以对它进行各种配置。

【范例3】

使用网络配置助手配置 Oracle 本地 NET 服务名的具体步骤如下。

（1）选择【开始】|【程序】| Oracle - OraDB12Home1 |【配置和移植工具】| Net Configuration Assistant 命令打开 Oracle 网络配置助手的主界面。

（2）这里选择【本地网络服务名配置】单选按钮，单击【下一步】按钮进入本地网络服务名的操作选择界面。在该界面中提供了添加、重新配置、删除、重命名和测试操作选项，如图 2-9 所示。

（3）这里要创建一个新的本地网络服务名，选择【添加】单选按钮。再单击【下一步】按钮在进入的界面中为服务名输入一个名称，默认的是 ORCL，这里输入"myORCL"，如图 2-10 所示。

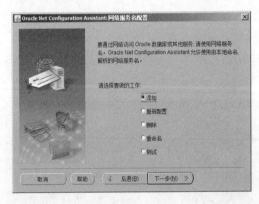
图 2-9 选择操作

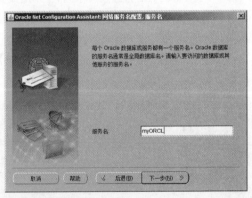
图 2-10 输入服务名称

（4）单击【下一步】按钮在进入的网络协议界面中使用默认值，即选择 TCP，如图 2-11 所示。

（5）单击【下一步】按钮为 TCP 所需的主机名和端口进行指定。在这里输入本机名称"HZKJ"，也可以是 IP 地址，并保持默认端口 1521，如图 2-12 所示。

（6）单击【下一步】按钮将提示是否对刚才的配置进行测试，如图 2-13 所示。

（7）在测试界面中选择【是，进行测试】单击按钮，并单击【下一步】按钮开始进行测试。无论成功与否都会显示测试结果，如果出现如图 2-14 所示说明连接建立成功。

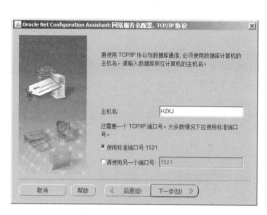

图 2-11　选择网络协议　　　　　　　图 2-12　设置主机名和端口

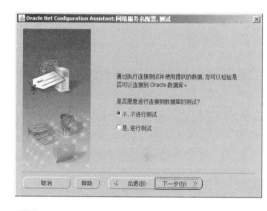
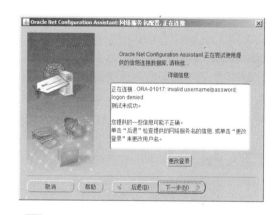

图 2-13　是否进行测试　　　　　　　图 2-14　测试结果显示界面

（8）在如图 2-14 所示界面中单击【更改登录】按钮从弹出的对话框中修改登录的用户名和密码。测试成功会出现如图 2-15 所示界面。

（9）最后单击【下一步】按钮出现网络服务配置完毕界面，如图 2-16 所示。

图 2-15　测试成功　　　　　　　　　图 2-16　网络服务名配置完毕

上述配置过程完成之后，Oracle 会将配置信息写入 Oracle 安装目录\NETWORK\ADMIN 下的 tnsnames.ora 文件中。如下所示为上述操作生成的内容。

```
# tnsnames.ora Network Configuration File: G:\app\oracle\product\12.1.0\
dbhome_1\network\admin\tnsnames.ora
# Generated by Oracle configuration tools.
MYORCL =
  (DESCRIPTION =
   (ADDRESS = (PROTOCOL = TCP)(HOST = HZKJ)(PORT = 1521))
   (CONNECT_DATA =
     (SERVER = DEDICATED)
     (SERVICE_NAME = orcl)
   )
  )
```

2.2 Net Manager 工具

Oracle Net Manager 简称 Oracle 网络管理器，与 Oracle 网络配置助手具有类似的功能。Oracle 网络配置助手总是以向导的模式出现，引导用户一步一步进行配置，非常适合初学者。而 Oracle 网络管理器将所有配置步骤结合到一个界面，更适合熟练用户进行快速操作。

选择【开始】|【程序】| Oracle - OraDB12Home1 |【配置和移植工具】| Net Manager 命令打开 Oracle 网络管理器的主界面，如图 2-17 所示。在该界面可以完成概要文件、服务命名和监听程序三个方面的配置。

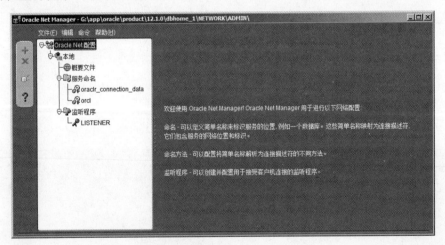

图 2-17　Oracle 网络管理器的主界面

1. 概要文件

使用 Oracle 网络管理器可以创建或修改概要文件，它是确定客户机如何连接到 Oracle 网络的参数集合。概要文件对应的是 sqlnet.ora 文件，里面包含命名方法、事件记录、跟踪、外部命名参数以及 Oracle Advanced Security 的客户机参数。

如图 2-18 所示为概要文件一般信息的配置界面。

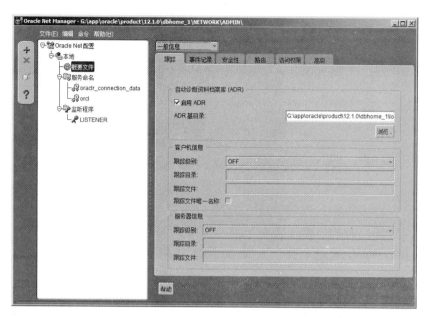

图 2-18　配置概要文件的一般信息

如图 2-19 所示为概要文件命名的配置界面。

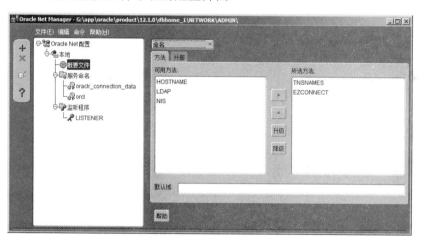

图 2-19　配置概要文件的命名

2．服务命名

使用 Oracle 网络管理器可以对 tnsnames.ora 文件的连接标识符进行修改。如图 2-20 所示为服务命名的配置界面。

3．监听程序

使用 Oracle 网络管理器可以在 listener.ora 文件中的监听程序进行添加、修改和删除。如图 2-21 所示为监听程序的配置界面。

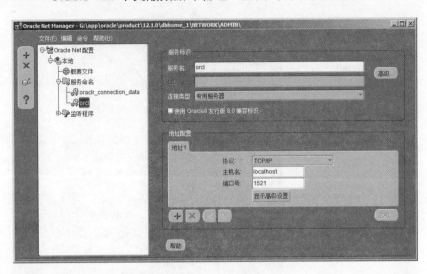

图 2-20   配置服务命名

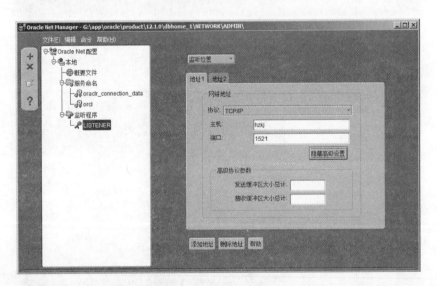

图 2-21   配置监听程序

2.3 实验指导——OEM 工具

OEM 全称为 Oracle Enterprise Manager（Oracle 企业管理器），它提供了一个基于
Web 的管理界面，可以管理单个 Oracle 数据库实例。下面详细介绍 Oracle 12c 中 OEM
工具的使用。

2.3.1 查看 OEM 端口

与 Oracle 11g 的 OEM 相比，Oracle 12c 的 OEM 在功能上进行了大量精简。例如，

不支持在线查看 AWR，不支持在线操作备份，不支持对 SCHEDULER 的操作等。减少了功能的同时也大大地降低了其使用难度，例如，不像旧版本还需要启动 dbconsole 服务，需要配置数据库等一些烦琐的操作，还经常出现一些莫名其妙的问题不得不重建 OEM。

在 Oracle 12c 中默认情况下只需要在对应的 pdb 用户下执行如下操作即可启用 OEM。设置 HTTP 端口的命令如下：

```
exec DBMS_XDB_CONFIG.SETHTTPPORT(端口号);
```

设置 HTTPS 端口的命令如下：

```
exec DBMS_XDB_CONFIG.SETHTTPSPORT(端口号);
```

在这里要注意，端口号必须是唯一的，而且该操作是使用 xdb 组件开启对应端口用来通过浏览器 HTTP/HTTPS 访问 OEM。

【范例 4】

监听的端口可以通过 lsnrctl status 命令查看，如图 2-22 所示为该命令的执行结果。

图 2-22　执行结果

从如图 2-22 所示执行结果中可以看到开启了使用 TCPS 位于 HZKJ 主机上的 5500 端口。因此要访问 OEM 可以使用 HTTPS://hzkj:5500 进行访问。

OEM 的首页地址是 HTTPS://hzkj:5500/em，在浏览器中访问该地址将会弹出登录界面，如图 2-23 所示。

图 2-23　OEM 登录界面

2.3.2　使用 OEM

在如图 2-23 所示的 OEM 登录界面中输入用户名及口令，再单击【登录】按钮即可进入 OEM。这里使用 sys 用户以 sysdba 身份进行登录，如图 2-24 所示为登录之后的 OEM 管理主界面。

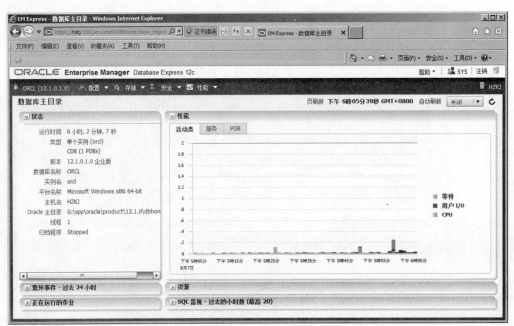

图 2-24　OEM 管理主界面

注意

如果要使用普通用户登录 OEM，则该用户必须具有两个角色 EM_EXPRESS_BASIC
（view 权限）和 EM_EXPRESS_ALL（all 权限）。

新版的 OEM 界面非常简洁，解决了之前 OEM 对于简单应用的臃肿冗余问题。新版
OEM 将功能集中在 4 个方面，分别是配置、存储、安全和性能。在配置方面包含 4 项，
分别是初始化参数、内存、数据库功能使用情况和当前数据库属性，每一方面 OEM 都
提供了直观的查看方式，如图 2-25 所示为配置内存时的界面。

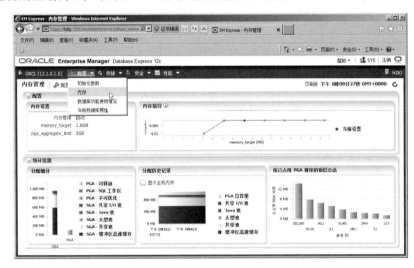

图 2-25 内存配置

存储的配置包含还原管理、重做日志组、归档日志和控制文件，如图 2-26 所示为配
置控制文档时的管理界面。

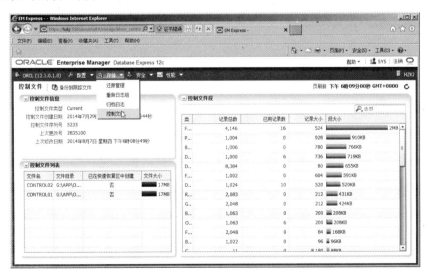

图 2-26 控制文件配置

安全方面包含 Oracle 中的用户和角色，如图 2-27 所示为查看用户时的界面。

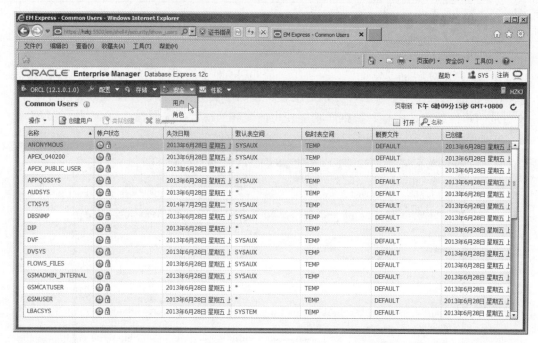

图 2-27　查看用户

最后一个选项是性能，包含性能中心和 SQL 优化指导，如图 2-28 所示为 Oracle 性能中心的查看界面。

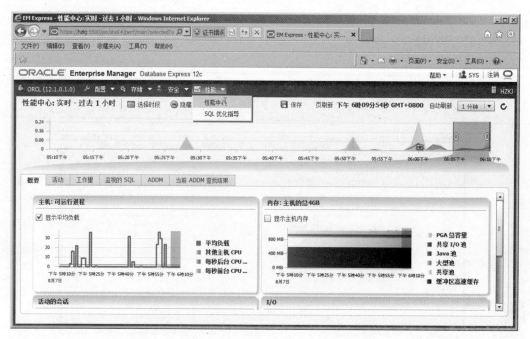

图 2-28　查看性能中心

2.4 SQL Plus 工具

SQL Plus 是最常用的 Oracle 管理工具。它类似于操作系统的命令行，用户可以通过在 SQL Plus 中输入命令来向 Oracle 数据库发送命令，而 Oracle 数据库也将处理结果通过 SQL Plus 呈现给用户。也就是说，SQL Plus 是一个 Oracle 数据库与用户之间的命令行交互工具。

下面详细介绍 SQL Plus 的具体应用，如使用 SQL Plus 连接 Oracle、断开连接、查看表的结构，以及对内容的修改和保存等。

2.4.1 连接 Oracle

SQL Plus 工具不能够单独使用，只能连接到 Oracle 才能使用。SQL Plus 有两种连接Oracle 的方式，一种是通过【开始】菜单直接连接，另一种是通过命令行启动连接，下面详细介绍这两种方式。

【范例 5】

首先介绍如何通过【开始】菜单直接连接 Oracle，具体步骤如下。

（1）执行【开始】|【程序】|Oracle - OraDB12Home1 |【应用程序开发】| SQL Plus 命令，打开 SQL Plus 窗口显示登录界面。

（2）在登录界面中将提示输入用户名，根据提示输入相应的用户名和口令（例如SYSTEM 和 123456）后按 Enter 键，SQL Plus 将连接到默认数据库。

（3）连接到数据库之后将显示提示符 "SQL>"，此时便可以输入 SQL 命令。例如，可以输入如下语句来查看当前 Oracle 数据库实例的名称，执行结果如图 2-29 所示。

```
SELECT name FROM V$DATABASE;
```

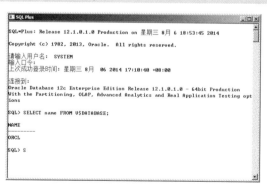

图 2-29　连接到默认数据库

技巧

图 2-29 中输入的口令信息被隐藏。也可以在 "请输入用户名:" 后一次性输入用户名与口令，格式为：用户名/口令，例如 "SYSTEM/123456"，只是这种方式会显示出口令信息。

要从命令行启动 SQL Plus，可以使用 SQLPLUS 命令。SQLPLUS 命令的一般用法形式如下：

```
SQLPLUS [ user_name[ / password ][ @connect_identifier ] ]
    [AS { SYSOPER | SYSDBA | SYSASM } ] | / NOLOG ]
```

语法说明如下。

① user_name：指定数据库的用户名。

② password：指定该数据库用户的口令。

③ @connect_identifier：指定要连接的数据库。

④ AS：用来指定管理权限，权限的可选值有 SYSDBA、SYSOPER 和 SYSASM。

⑤ SYSDBA：具有 SYSOPER 权限的管理员可以启动和关闭数据库，执行联机和脱机备份，归档当前重做日志文件，连接数据库。

⑥ SYSOPER：SYSDBA 权限包含 SYSOPER 的所有权限，另外还能够创建数据库，并且授权 SYSDBA 或 SYSOPER 给其他数据库用户。

⑦ SYSASM：SYSASM 权限是 Oracle Database 11g 的新增特性，是 ASM 实例所特有的，用来管理数据库存储。

⑧ NOLOG：表示不记入日志文件。

【范例 6】

在 DOS 窗口中输入 "sqlplus system/123" 命令可以用 system 用户连接数据库，如图 2-30 所示。

为了安全起见，连接到数据库时可以隐藏口令。例如，可以输入 "sqlplus system@orcl" 命令连接数据库，此时输入的口令会隐藏起来，如图 2-31 所示。

图 2-30 显示口令的连接效果

图 2-31 隐藏口令的连接效果

> **提示**
> 图 2-31 中在用户名后面添加了主机字符串 "@orcl"，这样可以明确指定要连接的 Oracle 数据库。

2.4.2 断开连接

通过输入 DISCONNECT 命令（简写为 DISCONN）可以断开数据库连接，并保持

SQL Plus 运行。可以通过输入 CONNECT 命令重新连接到数据库。要退出 SQL Plus，可以输入 EXIT 或者 QUIT 命令。

如图 2-32 所示，在 SQL Plus 连接到 Oracle 之后执行了一条 SELECT 语句，可以看到有结果返回。然后运行 DISCONNECT 断开连接之后，再次执行 SELECT 语句会提示未连接。此时又使用 CONNECT 命令建立并执行 SELECT 语句，最后运行 EXIT 命令退出 SQL Plus，如图 2-33 所示。

图 2-32　断开数据库连接

图 2-33　重新连接数据库

2.4.3　使用 SQL Plus 重启 Oracle

在实际应用系统中，一旦出现数据库无法连接，很难从应用系统的日志中获取错误原因。此时，可以使用 SQL Plus 尝试重启 Oracle 数据库。在重启过程中错误信息会详细地打印到 SQL Plus 控制台。

重启数据库的步骤如下。

（1）使用 SQL Plus 以 SYSDBA 的身份登录到 Oracle 数据库。命令如下。

```
SQLPLUS sys@orcl as sysdba
```

（2）输入如下命令来关闭 Oracle 数据库。

```
SQL>shutdown immediate;
```

执行后的输出如图 2-34 所示。从中可以看到 Oracle 数据库关闭的过程为：关闭数据库→卸载数据库→实例关闭。

图 2-34　关闭数据库

（3）输入如下命令来重启 Oracle 数据库。

```
SQL>startup;
```

执行后的输出如图 2-35 所示。

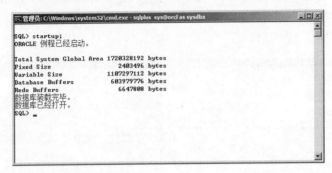

管理员：C:\Windows\system32\cmd.exe - sqlplus sys@orcl as sysdba

```
SQL> startup;
ORACLE 例程已经启动。

Total System Global Area 1720328192 bytes
Fixed Size                 2403496 bytes
Variable Size           1107297112 bytes
Database Buffers         603979776 bytes
Redo Buffers               6647808 bytes
数据库装载完毕。
数据库已经打开。
SQL>
```

图 2-35　启动数据库

注意

　　在启动数据库的过程中，如果出现异常，Oracle 将会给出错误信息。例如，常见的 ORA-32004 是由于数据库启动参数设置不当引起的。对于严重错误导致的数据库启动失败，用户也可以根据具体的错误进行处理。

2.4.4　常用命令

　　SQL Plus 为操作 Oracle 数据库提供了许多命令，例如 HELP、DESCRIBE 以及 SHOW 命令等。这些命令主要用来查看数据库信息，以及数据库中已经存在的对象信息，但不能对其执行修改等操作，常用命令如表 2-1 所示。

表 2-1　SQL Plus 常用命令

命令	说明
HELP [topic]	查看命令的使用方法，topic 表示需要查看的命令名称。例如 HELP DESC
HOST	使用该命令可以从 SQL Plus 环境切换到操作系统环境，以便执行操作系统命令
HOST [系统命令]	执行系统命令，例如 HOST notepad.exe 将打开一个记事本文件
CLEAR SCR[EEN]	清除屏幕内容
SHOW ALL	查看 SQL Plus 的所有系统变量值信息
SHOW USER	查看当前正在使用 SQL Plus 的用户
SHOW SGA	显示 SGA 大小
SHOW REL[EASE]	显示数据库版本信息
SHOW ERRORS	查看详细的错误信息
SHOW PARAMETERS	查看系统初始化参数信息
DESC	查看对象的结构，这里的对象可以是表、视图、存储过程、函数和包等

下面以 DESC 命令为例介绍它的用法。该命令可以返回数据库中所存储的对象的描述。对于表和视图等对象来说，DESC 命令可以列出各个列以及各个列的属性。除此之外，该命令还可以输出过程、函数和程序包的规范。

DESC 命令语法如下：

```
DESC { [ schema. ] object [ @connect_identifier ] }
```

语法说明如下。

（1）schema：指定对象所属的用户名或者所属的用户模式名称。

（2）object：表示对象的名称，如表名或视图名等。

（3）@connect_identifier：表示数据库连接字符串。

使用 DESCRIBE 命令查看表的结构时，如果指定的表存在，则显示该表的结构。在显示表结构时，将按照"名称"、"是否为空"和"类型"这三列进行显示。

（1）名称：表示列的名称。

（2）是否为空：表示对应列的值是否可以为空。如果不可以为空，则显示 NOT NULL；否则不显示任何内容。

（3）类型：表示列的数据类型，并且显示其精度。

【范例 7】

假设要查看 sys 用户下 user$ 表的结构，可用如下命令。

```
SQL> DESC user$;
```

执行后的结果如图 2-36 所示。

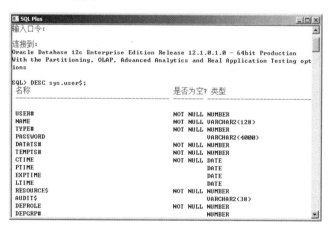

图 2-36   查看 user$ 表结构

2.4.5 编辑内容

SQL Plus 可以在缓冲区中保存前面输入的 SQL 语句，所以可以编辑缓冲区中保存的内容来构建自己的 SQL 语句，这样就不需要重复输入相似的 SQL 语句了。表 2-2 列出了常用的编辑命令。

表 2-2 常用编辑命令

命令	说明
A[PPEND] text	将 text 附加到当前行之后
C[HANGE]/old/new	将当前行中的 old 替换为 new
CL[EAR] BUFF[ER]	清除缓存区中的所有行
DEL	删除当前行
DEL x	删除第 x 行（行号从 1 开始）
L[IST]	列出缓冲区中所有的行
L[IST] x	列出第 x 行
R[UN]或/	运行缓冲区中保存的语句，也可以使用 / 来运行缓冲区中保存的语句
x	将第 x 行作为当前行

【范例 8】

假设要查看 sys 用户下 user$ 表中用户名包含 SYS 的用户信息，语句如下。

```
SQL> SELECT name
  2  FROM user$
  3  WHERE NAME like '%SYS';


NAME
--------------------------------------------
APPQOSSYS
AUDSYS
CTXSYS
DVSYS
LBACSYS
MDSYS
OJVMSYS
OLAPSYS
ORDSYS
SYS
WMSYS
已选择 11 行。
```

使用 SQL Plus 编辑命令时，如果输入超过一行的 SQL 语句，SQL Plus 会自动增加行号，并在屏幕上显示行号。根据行号就可以对指定的行使用编辑命令进行操作。

如果在"SQL>"提示符后直接输入行号将显示对应行的信息。例如，这里输入"3"按回车键后，SQL Plus 将显示第三行的内容，如图 2-37 所示。

【范例 9】

在范例 8 的基础上，现在希望 user$ 表的 user# 列和 type# 列也出现在查询结果中，可以使用 APPEND 命令将这两列追加到第一行，语句如下。

```
SQL> 1
  1* SELECT name
SQL> APPEND ,user#,type#
  1* SELECT name,user#,type#
```

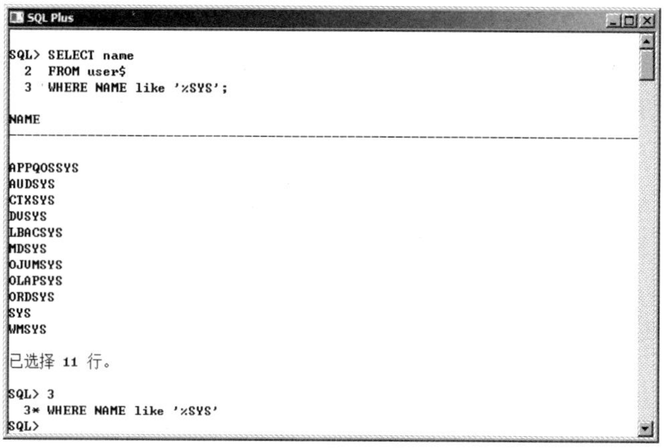

图 2-37　输入数字查看行内容

从上面的例子可以看出，user#列和 type#列已经追加到第一行中。然后，使用 LIST 命令显示缓冲区中所有的行，如下所示。

```
SQL> LIST
  1  SELECT name,user#,type#
  2  FROM user$
  3* WHERE NAME like '%SYS'
```

下面使用 RUN 命令来执行该查询。

```
SQL> RUN
  1  SELECT name,user#,type#
  2  FROM user$
  3* WHERE NAME like '%SYS'


NAME            USER#       TYPE#
------------    ---------   --------
SYS             0           1
AUDSYS          7           1
APPQOSSYS       48          1
MDSYS           79          1
WMSYS           61          1
OJVMSYS         69          1
CTXSYS          73          1
ORDSYS          75          1
DVSYS           1279990     1
OLAPSYS         82          1
LBACSYS         92          1
```

【范例 10】

在范例 9 的基础上对查询条件进行修改，现在希望查询出编号小于 9 的 user#列、name 列和 type#列。

下面使用 CHANGE 命令对范例 9 中的 WHERE 条件进行修改。首先切换到要修改语句所在的行号：

```
SQL> 3
 3* WHERE NAME like '%SYS'
```

使用 CHANGE 命令修改条件：

```
SQL> CHANGE/NAME like '%SYS'/user#<9
 3* WHERE user#<9
```

运行 LIST 命令查看修改后的语句：

```
SQL> LIST
 1  SELECT name,user#,type#
 2  FROM user$
 3* WHERE user#<9
```

执行语句查看结果：

```
SQL> /

NAME             USER#    TYPE#
--------------   -------  -----------------
SYS               0        1
PUBLIC            1        0
CONNECT           2        0
RESOURCE          3        0
DBA               4        0
AUDIT_ADMIN       5        0
AUDIT_VIEWER      6        0
AUDSYS            7        1
SYSTEM            8        1
```

 技巧

可以使用斜扛（/）代替 R[UN]命令，来运行缓冲区中保存的 SQL 语句。

2.4.6　保存缓冲区内容

在 SQL Plus 中执行 SQL 语句时，Oracle 会把这些刚执行过的语句存放到一个称为"缓冲区"的地方。每执行一次 SQL 语句，该语句就会存入缓冲区而且会把以前存放的语句覆盖。也就是说，缓冲区中存放的是上次执行过的 SQL 语句。

使用 SAVE 命令可以将当前缓冲区的内容保存到文件中，这样，即使缓冲区中的内容被覆盖，也保留有前面的执行语句。SAVE 命令的语法如下：

```
SAV[E] [ FILE ] file_name [ CRE[ATE] | REP[LACE] | APP[END] ]
```

语法说明如下。

（1）file_name　表示将 SQL Plus 缓冲区的内容保存到由 file_name 指定的文件中。

（2）CREATE：表示创建一个 file_name 文件，并将缓冲区中的内容保存到该文件。该选项为默认值。

（3）APPEND：如果 file_name 文件已经存在，则将缓冲区中的内容，追加到 file_name 文件的内容之后；如果该文件不存在则创建。

（4）REPLACE：如果 file_name 文件已经存在，则覆盖 file_name 文件的内容；如果该文件不存在则创建。

【范例 11】

使用 SAVE 命令将 SQL Plus 缓冲区中的 SQL 语句保存到一个名称为 result.sql 的文件中。

```
SQL> SAVE result.sql
已创建 file result.sql
```

如果该文件已经存在，且没有指定 REPLACE 或 APPEND 选项，将会显示错误提示信息。如下：

```
SQL> SAVE result.sql
SP2-0540: 文件 " result.sql " 已经存在。
使用 "SAVE filename[.ext] REPLACE"。
```

提 示

在 SAVE 命令中，file_name 的默认后缀名为.sql；默认保存路径为 Oracle 安装路径 \product\12.1.0\dbhome_1\BIN 目录下。

2.4.7　实验指导——使用参数

在 SQL Plus 中输入 SQL 语句时如果在某个字符串前面使用了"&"符号，那么就表示定义了一个临时变量。例如，&v_deptno 表示定义了一个名为 v_deptno 的变量。临时变量可以使用在 WHERE 子句、ORDER BY 子句、列表达式或表名中，甚至可以表示整个 SELECT 语句。在执行 SQL 语句时，系统会提示用户为该变量提供一个具体的数据。

假设以 sys 用户连接到 Oracle 数据库，编写 SELECT 语句对 user$ 表进行查询，查询出编号小于某个数字的用户信息。该数字的具体值由临时变量&userno 决定。

查询语句如下：

```
SELECT user#,name,type#
FROM user$
WHERE user#<=&userno;
```

由于上述语句中有一个临时变量&userno，因此在执行时 SQL Plus 会提示用户为该变量指定一个具体的值。然后输出替换后的语句，再执行查询。例如这里输入 8，执行结果如下。

```
SQL> SELECT user#,name,type#
```

```
  2  FROM user$
  3  WHERE user#<=&userno;
输入 userno 的值：  8
原值    3: WHERE user#<=&userno
新值    3: WHERE user#<=8


USER#    NAME            TYPE#
------   -----------     ----------
0        SYS             1
1        PUBLIC          0
2        CONNECT         0
3        RESOURCE        0
4        DBA             0
5        AUDIT_ADMIN     0
6        AUDIT_VIEWER    0
7        AUDSYS          1
8        SYSTEM          1
```

从上述查询结果可以看出，当输入 8 后查询语句变成了如下最终形式。

```
SELECT user#,name,type# FROM user$ WHERE user#<=8;
```

技巧

　　在 SQL 语句中如果希望重新使用某个变量并且不希望重新提示输入值，那么可以使用 "&&" 符号来定义临时变量。使用 "&&" 符号替代 "&" 符号，可以避免为同一个变量提供两个不同的值，而且使得系统为同一个变量值只提示一次信息。

　　除了在 SQL 语句中直接使用临时变量之外，还可以先对变量进行定义，然后在同一个 SQL 语句中可以多次使用这个变量。已定义变量的值会一直保留到被显式地删除、重定义或退出 SQL Plus 为止。

　　DEFINE 命令既可以用来创建一个数据类型为 CHAR 的变量，也可以用来查看已经定义好的变量。该命令的语法形式有如下三种。

　　（1）DEF[INE]：显示所有的已定义变量。

　　（2）DEF[INE] variable：显示指定变量的名称、值和其数据类型。

　　（3）DEF[INE] variable = value：创建一个 CHAR 类型的用户变量，并且为该变量赋初始值。

　　下面的例子定义了一个名称为 var_deptno 的变量，并将其值设置为 20。

```
SQL> DEFINE var_deptno=20
```

　　使用 DEFINE 命令和变量名就可以用来查看该变量的定义。下面这个例子就显示了变量 var_deptno 的定义。

```
SQL> DEFINE var_deptno
DEFINE VAR_DEPTNO    = "20" (CHAR)
```

　　使用 DEFINE 命令实现上述临时变量相同的功能，具体语句如下。

```
SQL> DEFIN userno=8
SQL> SELECT user#,name,type#
  2  FROM user$
  3  WHERE user#<=&userno;
原值    3: WHERE user#<=&userno
新值    3: WHERE user#<=8
```

输出结果相同，这里就不再显示。使用 UNDEFINE 命令可以删除已定义的变量，例如执行"UNDEFINE userno"命令之后定义的 userno 变量将不再起作用。

除了 DEFINE 命令，也可以使用 ACCEPT 命令定义变量。ACCEPT 命令还允许定义一个用户提示，用于提示用户输入指定变量的数据。ACCEPT 命令既可以为现有的变量设置一个新值，也可以定义一个新变量并初始化。

ACCEPT 命令的语法如下：

```
ACC[EPT] variable [ data_type ] [ FOR[MAT] format ] [ DEF[AULT] default ]
[ PROMPT text | NOPR[OMPT] ] [ HIDE ]
```

下面从 USER$ 表中查询出编号在某个范围的用户信息，包括 user#列、name 列和 type#列。要求使用 ACCEPT 命令提示用户输入查询范围的最小值和最大值。

具体语句如下：

```
SQL> ACCEPT minNo NUMBER FORMAT 9999 PROMPT '请输入最小编号: '
请输入最小编号: 5
SQL> ACCEPT maxNo NUMBER FORMAT 9999 PROMPT '请输入最大编号: '
请输入最大编号: 9
SQL> SELECT user#,name,type#
  2  FROM user$
  3  WHERE user#>&minNo and user#<&maxNo
  4  ;
原值    3: WHERE user#>&minNo and user#<&maxNo
新值    3: WHERE user#>         5 and user#<          9

USER#   NAME          TYPE#
------  -----------   -------------------
6       AUDIT_VIEWER  0
7       AUDSYS        1
8       SYSTEM        1
```

2.5 SQL Developer 工具

SQL Plus 是初学者的首选工具，而对于商业应用的开发则需要一款高效率的生产工具。Oracle SQL Developer（简称 SQL Developer）是基于 Oracle 环境的一款功能强大、界面直观且容易使用的开发工具。SQL Developer 的目的就是提高开发人员和数据库用户的工作效率，单击一下鼠标就可以显示有用的信息，从而消除了输入一长串名字的烦恼，也无须费尽周折地去研究整个应用程序中究竟用到了哪些列。

2.5.1 SQL Developer 简介

SQL Developer 是一个免费的、针对 Oracle 数据库的交互式图形开发环境。通过 SQL Developer 可以浏览数据库对象、运行 SQL 语句和 SQL 脚本，并且还可以编辑和调试 PL/SQL 语句，另外还可以创建、执行和保存报表。SQL Developer 工具可以连接 Oracle 9.2.0.1 及以上所有版本数据库，支持 Windows、Linux 和 Mac OS X 操作系统。

【范例 12】

在 Oracle 12c 中安装的是 SQL Developer 3.2。打开方法是选择【开始】|【程序】| Oracle - OraDB12Home1 |【应用程序开发】| SQL Developer 命令。第一次打开时还需要指定随 Oracle 一起安装的 JDK 的位置。如图 2-38 所示为查看 SQL Developer 版本时的工作界面。

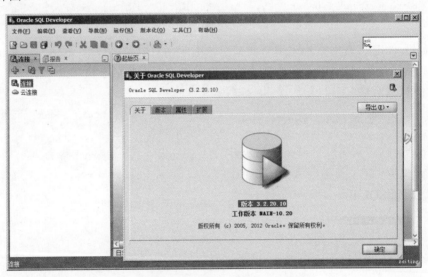

图 2-38　查看 SQL Developer 版本

2.5.2 连接 Oracle

使用 SQL Developer 管理 Oracle 数据库时首先需要连接到 Oracle，连接时需要指定登录账户、登录密码、端口和实例名等信息。具体步骤如下。

【范例 13】

（1）在 SQL Developer 主界面左侧的【连接】窗格下右击【连接】节点选择【新建连接】命令弹出【新建/选择数据库连接】对话框。

（2）在【连接名】文本框中为连接指定一个别名，并在【用户名】和【口令】文本框中指定该连接使用的登录名和密码，再启用【保存口令】复选框来记住密码。这里指定连接名为 oracle，并以 sys 用户进行登录。

（3）在【角色】下拉列表中可以指定连接时的身份为【默认值】或者 SYSDBA，这里选择 SYSDBA。

（4）在【主机名】文本框指定 Oracle 数据库所在的计算机名称，本机可以输入"localhost"；在【端口】文本框指定 Oracle 数据库的端口，默认为 1521。

（5）选择【服务名】单选按钮并在后面的文本框中输入 Oracle 的服务名称，例如"orcl"。

（6）以上信息设置完成后单击【测试】按钮进行连接测试，如图 2-39 所示。如果连接失败则会显示错误信息，可根据提示进行修改。

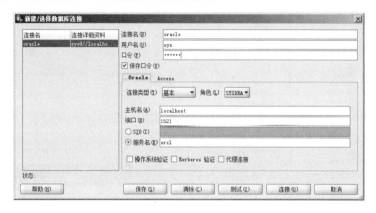

图 2-39　设置连接信息

（7）单击【保存】按钮保存连接，再单击【连接】按钮连接到 Oracle。此时【连接】窗格中显示刚才创建的连接名称，展开该连接可以查看 Oracle 中的各种数据库对象。在右侧可以编辑 SQL 语句，如图 2-40 所示为执行 SQL 语句查看 Oracle 版本时的查询结果。

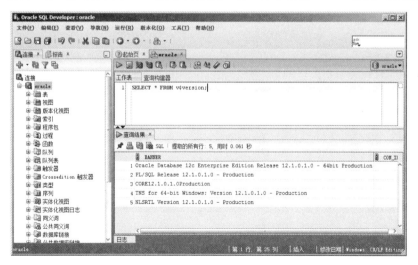

图 2-40　查看 emp 表内容

提 示

单击【执行】按钮▷可以运行输入的 SQL 语句。

（8）从左侧展开 Oracle 连接下的【表】节点查看属于当前用户的表。从列表中选择一个表可查看表的定义，包括列名、数据类型、数据长度以及是否主键等，如图 2-41 所示为查看 USER$表定义时的窗口。

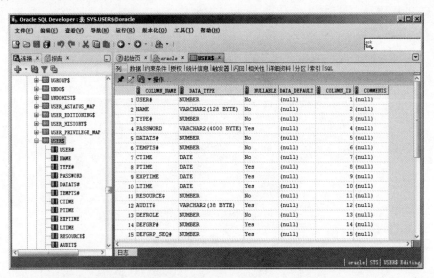

图 2-41　查看 USER$表定义

（9）选择【数据】选项卡可查看 USER$表的数据，如图 2-42 所示。

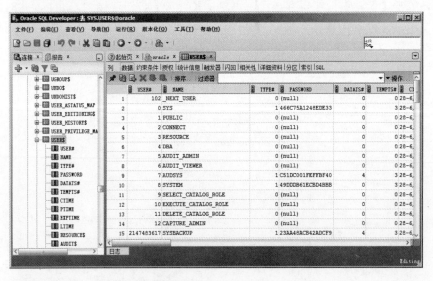

图 2-42　查看 USER$表数据

2.5.3　执行存储过程

存储过程是保存在数据库服务器上的程序单元，这些程序单元在完成对数据库的重复操作时非常有用。有关存储过程的更多内容在本书后面介绍。下面重点介绍如何在 SQL

Developer 中创建和执行存储过程。

【范例 14】

创建一个带有一些参数的存储过程，该参数用于指定返回结果的行数，其中每行的数据来自 USER$表，包括 user#列、name 列和 type#列。具体步骤如下。

（1）在 SQL Developer 主界面【连接】窗格中右击 Procedures 节点选择 New Procedure 命令。

（2）在弹出的对话框中指定存储过程名称为 "proc_getUsers"。

（3）单击【添加】按钮 ➕ 创建一个名为 param1 的参数，类型为 NUMBER，如图 2-43 所示。

图 2-43　创建存储过程

（4）单击【确定】按钮进入存储过程的创建模板，此时会看到如图 2-44 所示的代码。

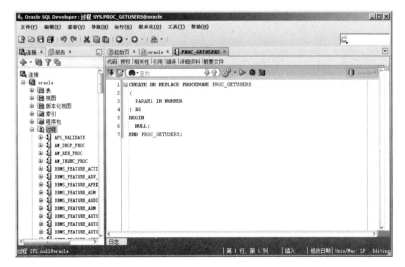

图 2-44　存储过程创建模板

（5）使用如下代码替换模板中 AS 关键字往后的内容。

```
CURSOR cursor1 IS
SELECT user#,name,type# FROM user$;
  record1 cursor1%ROWTYPE;
  TYPE user_tab_type IS TABLE OF cursor1%ROWTYPE INDEX BY BINARY_INTEGER;
  user_tab user_tab_type;
i NUMBER := 1;
BEGIN
  OPEN cursor1;
  FETCH cursor1 INTO record1;
  user_tab(i) := record1;
  WHILE ((cursor1%FOUND) AND (i < param1) LOOP
    i := i + 1;
    FETCH cursor1 INTO record1;
    user_tab(i) := record1;
  END LOOP;
  CLOSE cursor1;
  FOR j IN REVERSE 1..i LOOP
    DBMS_OUTPUT.PUT_LINE('编号:'||user_tab(j).user# ||' 姓
    名:'||user_tab(j).name ||' 类型:'||user_tab(j).type#);
  END LOOP;
END;
```

（6）单击工具栏上的【保存】按钮 保存存储过程的语句。

（7）以上步骤就完成了存储过程的创建。在使用之前先需要对其进行编译并检测语法错误。单击工具栏上的【编译】按钮 进行编译，当检测到无效的 PL/SQL 语句时会在底部的日志窗格中显示错误列表，如图 2-45 所示。

图 2-45　编译时的错误

在日志窗格中双击错误即可导航到错误中报告的对应行。SQL Developer 还在右侧边列中显示错误和提示。如果将鼠标放在边列中每个红色方块上，将显示错误消息。

（8）经过检查在本示例中 WHILE 后多出了一个左小括号，删除后再次编译将不再有错误出现，如图 2-46 所示。

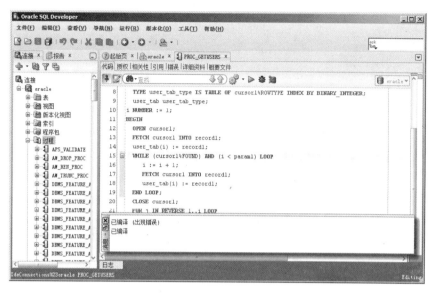

图 2-46　编译通过

（9）下面执行 proc_getUsers 存储过程。方法是展开【过程】节点右击 proc_getUsers 并选择【运行】命令。由于该存储过程有一个参数，会打开参数指定对话框，在这里设置 PARAM1 参数的值为 5，如图 2-47 所示。

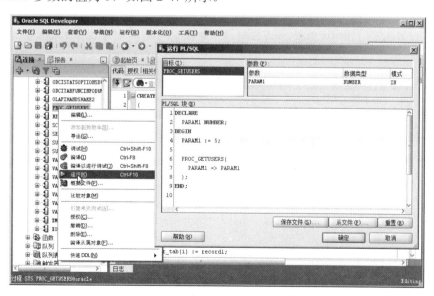

图 2-47　为参数指定值

（10）单击【确定】按钮开始执行，然后会在下方的【运行】窗格中看到输出结果。

这里会显示 5 行用户信息，如图 2-48 所示。

图 2-48 存储过程运行结果

2.5.4 实验指导——导出数据

SQL Developer 能够将用户数据导出为各种格式，包括 CSV、XML、HTML 以及 TEXT 等。

假设要将 USER$ 表中的数据导出为 INSERT 语句，可使用如下步骤。

（1）打开查看 USER$ 表数据的界面，在空白处右击选择【导出】命令，如图 2-49 所示。

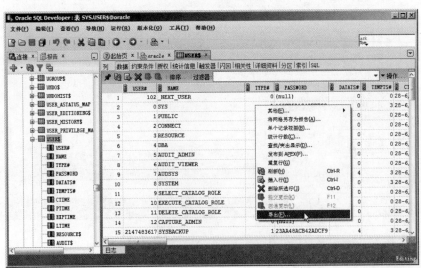

图 2-49 选择【导出】命令

（2）打开【导出向导】对话框，从【格式】下拉列表中选择 insert 作为导出数据的
格式，【行终止符】下拉列表中选择【环境默认值】选项。再单击【浏览】按钮为导出的
数据指定一个目录和文件名，如图 2-50 所示。

（3）单击【下一步】按钮查看导出的概要信息，如图 2-51 所示。

图 2-50 设置导出目标信息　　　　　图 2-51 查看导出概要

（4）确认导出信息无误之后单击【完成】按钮开始导出。导出完成之后会在 SQL
Developer 中自动打开导出文件。如图 2-52 所示为用记事本查看导出数据文件的效果，
可以看到很多 INSERT 语句。

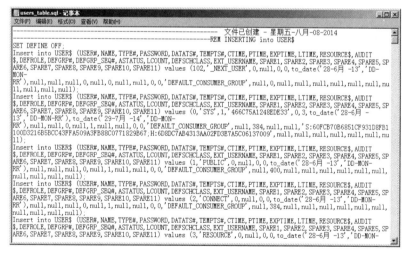

图 2-52 导出为 INSERT

上面的方法仅能够导出表中的数据，假设要导出数据表、视图、存储过程及其他数
据库对象可通过如下方法。这里以导出 USER$表的定义以及其数据为例，具体步骤如下。

（1）打开 SQL Developer 从主菜单中选择【工具】|【数据库导出】命令打开【导出
向导】对话框。

（2）在【导出向导】对话框的第一个界面中设置要导出的 DDL、导出数据的格式以
及导出文件的保存位置和编码格式，如图 2-53 所示。

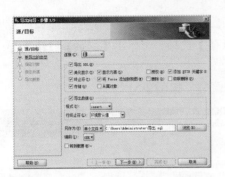 

图 2-53　【导出向导】对话框　　　　图 2-54　选择导出对象类型

（3）单击【下一步】按钮在进入的界面中选择要导出的对象类型。这里只希望导出 USER$表，所以启用【表】复选框即可，如图 2-54 所示。

（4）单击【下一步】按钮在进入的界面中选择要导出的表。首先单击【更多】按钮，再从【类型】下拉列表中选择 TABLE 选项。然后单击【查找】按钮将会罗列所有可用的表，从列表中选择 USER$并单击 ➡ 按钮移动至目标列表，如图 2-55 所示。

（5）单击【下一步】按钮在进入的界面中对数据的导出范围进行限制，这里使用默认值，即导出表的所有数据，如图 2-56 所示。

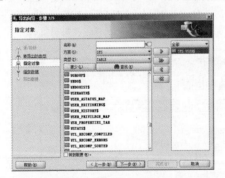 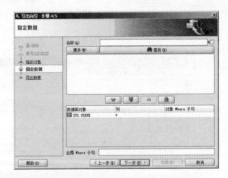

图 2-55　选择要导出的表　　　　图 2-56　指定要导出的数据

（6）单击【下一步】按钮在进入的界面中查看导出概要信息，如图 2-57 所示。

图 2-57　查看导出概要

Oracle 数据库管理工具

（7）确认导出信息无误之后单击【完成】按钮开始导出。导出完成之后会在 SQL Developer 中自动打开导出文件。如图 2-58 所示为导出文件的内容，可以看到其中的语句首先是创建 USER$表，然后向表中插入数据。

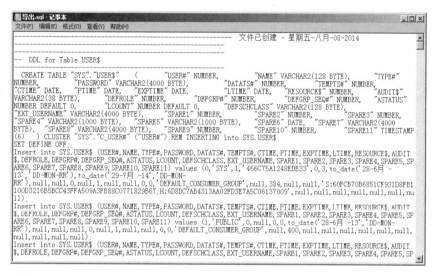

图 2-58 查看导出后的文件内容

提 示

SQL Developer 工具的功能还有很多，限于篇幅这里就不再逐一介绍。

思考与练习

一、填空题

1. Oracle 监听程序的默认端口是＿＿＿＿＿。

2. Oracle 的本地 NET 服务名信息保存在＿＿＿＿＿文件中。

3. Oracle 监听的端口可以通过＿＿＿＿＿命令查看。

4. 在 SQL Plus 中查看表结构时可以使用＿＿＿＿＿命令。

5. 在 SQL Plus 中可以使用＿＿＿＿＿或 ACCEPT 命令来定义变量。

6. 如果需要断开与数据库的连接可以使用＿＿＿＿＿命令。

二、选择题

1. 对于监听程序不可用的协议是＿＿＿＿＿。

A. TCP

B. TCPS

C. IPC

D. UDP

2. 假设计算机名为 test，下列打开 OEM 的 URL 不正确的是＿＿＿＿＿。

A. http:// test:5500/em

B. http://localhost:5500/em

C. http://127.0.0.1:5500/em

D. http:// test/em

3. 假设用户名为 scott，密码为 tiger，数据库名为 orcl。下面的 4 个选项中连接错误的是＿＿＿＿＿。

A. CONNECT scott/tiger ;

B. CONNECT tiger/scott ;

C. CONN scott/tiger as sysdba ;

D. CONN scott/tiger@orcl as sysdba ;

4. 在 SQL Plus 工具中要删除变量可以使用
   _____命令。
   A. UNDEFINE
   B. DELETE
   C. REMOVE
   D. SET

三、简答题

1. 简述 Oracle 网络配置助手和网络管理员这两个工具的关系。

2. Oracle 监听程序配置的主要参数有哪几个？

3. 简述监听程序与 NET 服务名之间的关系。

4. 简述使用 OEM 管理 Oracle 的步骤。

5. 简述 SQL Plus 连接和断开数据库连接的方法。

6. 简述在 SQL Plus 中使用变量的方法。

7. 简述 SQL Developer 管理 Oracle 的步骤。

第3章 创建和管理表

表是存储数据的容器，数据按照合理的存储方式存放在表中，有利于数据的查询、修改、删除和增加等操作。本章介绍表的创建和管理，包括表的构成、表的类型、Oracle中的数据类型、如何创建表、如何修改表和列，以及表的完整性维护等。

本章学习要点：

- ❏ 了解表的构成
- ❏ 理解表的类型
- ❏ 掌握 Oracle 中的数据类型
- ❏ 掌握表的创建
- ❏ 理解虚拟列的功能和使用
- ❏ 了解不可见列的使用
- ❏ 掌握表和列的修改
- ❏ 掌握表和列的删除
- ❏ 理解表的完整性和约束
- ❏ 掌握常用的几种约束
- ❏ 掌握约束的禁止和激活

3.1 表和列

Oracle 中的表与生活中的表很像，有着表头和数据。不过数据库中的表，表头被定义为字段，是表的列；每一行存储一条记录。本节介绍表和列的基础知识。

3.1.1 表的构成

表是数据库最基本的逻辑结构，一切数据都存放在表中，一个 Oracle 数据库就是由若干个数据表组成。其他数据库对象都是为了用户很好地操作表中的数据。表是关系模型中反映实体与属性关系的二维表格，它由列和行组成，通过行与列的关系，表达出了实体与属性的关系，常见的数据库对象有 5 种，如表 3-1 所示。

表 3-1　常见的数据库对象

对象	描述
表	基本的数据存储集合，由行和列组成
视图	从表中抽出的逻辑上相关的数据集合
序列	提供有规律的数值
索引	提高查询效率
同义词	给对象起别名

在 Oracle 数据库中，表是最基本的数据存储结构，表是由行和列组合而成的表格。其中，行表示表中数据记录信息。

列又可以称作字段，每个字段都要设置其类型和长度，可以根据需要设置字段的约束属性。表的创建是 Oracle 数据库最基本，也是不可缺少的操作之一。在创建表的时候，可以为表指定存储空间，还可以对表的存储参数等属性进行设置。

在 Oracle 的数据库操作中，表的创建过程并不难。但是，作为一个合格的数据管理者或者开发者，在创建数据表之前首先必须要确定当前项目需要创建哪些表，表中要包含哪些列，以及这些列所要使用的数据类型等。这就是所谓的表的策略，是需要在创建表之前确定的。一般情况下，创建表所依据的策略主要有以下几个方面。

1．数据库设计理论

在设计表的时候，首先要根据系统需求和数据库分析提取所需要的表，以及每个表所包含的字段。然后根据数据库的特性，对表的结构进行分析设计。表的设计通常要遵循以下几点。

（1）表的类型，如堆表、临时表或者索引等。

（2）表中每个字段的数据类型，如 NUMBER、VARCHAR2 和 DATE 等。

（3）表中字段的数据类型长度大小。

（4）表中每个字段的完整性约束条件，如 PRIMARY KEY、UNIQUE 以及 NOT NULL 约束等。

2．数据表存储位置

在 Oracle 数据库中，需要将表放在表空间（TABLE SPACE）中进行管理，在定义表和表空间时，需要注意以下三点。

（1）设计数据表时，应该设计存放数据表的表空间，不要将表随意分散地创建到不同的表空间中去，这样对以后数据库的管理和维护将增加难度。

（2）如果将表创建在特定的表空间上，用户必须在表空间中具有相应的系统权限信息。

（3）在为表指定表空间的时候，最好不要将表指定在 Oracle 的系统表空间 SYSTEM 中，否则会影响数据库性能。

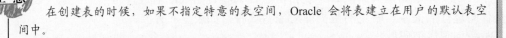

注意 在创建表的时候，如果不指定特意的表空间，Oracle 会将表建立在用户的默认表空间中。

3．常用的 NOLOGGING 语句

在创建表空间的过程中，为了避免过多的重复记录而指定 NOLOGGING 子句，以节省重做日志文件的存储空间，提高数据库的性能，加快数据表的创建。一般来说，NOLOGGING 适合在创建大表的时候使用。

4．预计和规划表的大小

对索引、回退段和日志文件进行大小估计，从而预计所需磁盘的空间大小。通过这个预计，就可以对硬件和其他方面做出规划。

3.1.2 表的类型

Oracle 中的表有多种类型，不同类型的表有着不同的限制和数据处理方式。本节介绍 Oracle 中表的类型及其应用。

1．堆组织表

堆组织表是普通的标准数据库表，数据以堆的方式管理。堆其实就是一个很大的空间，会以一种随机的方式管理数据，数据会放在合适的地方。

当增加数据时，将使用在段中找到的第一个适合数据人小的空闲空间。当数据从表中删除时，留下的空间允许随后的 INSERT 和 UPDATE 重用。

2．索引组织表

索引组织表（IOT 表）存储在索引结构中，利用行进行物理排序。表中的数据按主键存储和排序，以排序顺序来存储数据。

如果只通过主键访问一个表，就可以考虑使用 IOT 表。父子关系表中，如果是一对多关系，经常根据父表查找子表，子表可以考虑使用 IOT 表。

3．索引聚簇表

聚簇是指一个或多个表的组。有相同聚簇值的行有着相邻的物理存储。Oracle 数据字典大量使用这种表，这样可以将表、字典信息存储在一起，提高访问效率。

如果数据只用于读，需要频繁地把一些表的信息连接在一起访问，可以考虑索引聚簇表。但聚簇会导致 dml、全表扫描的效率低下，而且索引聚簇表是不能分区的。

对于索引聚簇表，来自许多张表的数据可能被存储在同一个块上；包含相同聚簇码值的所有数据将物理上存储在一起。数据聚集在聚簇码值周围，聚簇码用 B 树索引构建。

4．散列聚簇表

散列聚簇表类似索引聚簇表，不使用 B 树索引定位数据，而使用内部函数或者自定义函数进行散列，然后使用这个散列值得到数据在磁盘上的位置。

散列聚簇把码散列到簇中，来到达数据所在的数据库块。在散列聚簇中，数据本身相当于索引。这适合用于经常通过码等式来读取的数据。

散列聚簇是一个高 CPU、低 IO 操作，如果经常按 hashkey 查找数据，可以考虑散列聚簇表。

5．有序散列聚簇表

有序散列聚簇表和索引聚簇表在概念上很相似，主要区别是散列函数代替了聚簇码索引。有序散列聚簇表同时兼有索引聚簇表、散列聚簇表的一些特性。

有序散列聚簇表中的数据就是索引，却没有物理索引。Oracle 采用行码值，使用内部函数或用户函数对它进行散列运算，利用这些来指定数据应放在硬盘的哪个位置。

使用散列算法来定位数据的副作用是没有在表中增加传统的索引，因此不能区域扫描散列聚簇中的表。

6．嵌套表

嵌套表与传统的父子表模型很相似，但其里面的数据元素是一个无序集，所有数据类型必须相同，很少用嵌套表来存储实体数据，大多数在 PL/SQL 代码中使用。

7．临时表

临时表用来保存事务、会话中间结果集。临时表值对当前会话可见，可以创建基于会话的临时表，也可以创建基于事务的临时表。

创建基于会话的临时表格式如下：

```
CREATE GLOBAL TEMPORARY TABLE 表名(字段列表) ON COMMIT PRESERVE ROWS;
```

创建基于事务的临时表格式如下：

```
CREATE GLOBAL TEMPORARY TABLE 表名(字段列表) ON COMMIT DELETE ROWS;
```

如果应用中需要临时存储一个行集合供其他表处理，可以考虑临时表。

8．对象表

对象表用于实现对象关系模型，很少用来存储数据，可以在 PL/SQL 中用来得到对象关系组件。

9．外部表

外部表可以把一个操作系统文件当作一个只读的数据库表。

3.1.3　数据类型

Oracle 中的数据有多种数据类型，本节将 Oracle 数据类型分为字符类型、数字类型、日期类型和图片类型来介绍。这几种类型下又有多种 Oracle 数据类型来细化地区分数据，如字符类型下有两种类型：VARCHAR2 类型和 CLOB 类型。

1．字符类型

字符类型有定长（固定长度，长度不可变）和变长（长度可变，可设置长度最大值）两种。

VARCHAR2()数据类型是变长类型，括号里面可以定义字段的最大长度，可设置的最大值为 4000。VARCHAR2 字符查询速度相对慢。以该数据类型字段为查询条件，将会根据数据中的一个字符一个字符进行比较。

CLOB 数据类型是长度最大的字符型数据类型，通常可用于存储新闻之类的大型对象。其最大长度为 4GB。

2．数字型

数字类型使用 NUMBER 关键字来表示，可以表示整数或小数。其范围是$-10^{38}\sim10^{38}$，可通过在 NUMBER 后面添加括号和数据的方式定义字段的具体范围。有以下几种表示方法。

（1）直接使用 NUMBER 表示整数或小数。

（2）使用 NUMBER(n)表示一个 n 位的整数，如 NUMBER(6)的数值范围是$-999\ 999\sim999\ 999$。

（3）使用 NUMBER(m,n)表示小数有 m 位有效数字，包含 n 位小数。如 NUMBER(6,3)表示一个小数有 6 位有效数，其中 3 位小数，数值范围是$-999.999\sim999.999$。

3．日期类型

日期类型表示时间，使用 DATE 关键字表示年月日时分秒。

4．图片

图片和视频文件通过二进制数据的方式存储在数据库中，使用 BLOB 二进制数据类型管理。BLOB 数据类型最大为 4GB，这样可以通过数据机制起到安全作用，限制用户访问量。

3.2 创建表

创建表是数据库管理的基础操作，包括表和列的定义，列数据类型的定义、虚拟列和不可见列的使用等。

3.2.1 表和列的命名规则

创建表和列需要用户为表和列命名，Oracle 数据库对表和列的命名有着一定的规则限制。好的命名能够有利于提高表和列的可读性，方便用户使用。本节介绍表和列的命名规则。

Oracle 数据库对表和列的命名要求如下。

（1）必须以字母开头。

（2）长度不能超过 30 字符。

（3）不能使用 Oracle 保留字。

（4）只能使用如下字符：A～Z,a～z,0～9,$,#等。

（5）不能和已经存在的其他对象重名。

另外，为了增加表和列的可读性，通常表以名词或名词短语命名，确定表名是采用复数还是单数形式。为了区分系统的对象，也可对表、视图、列等对象添加不同的前缀来区分，如对表添加 TB 前缀。

3.2.2 使用设计器建表

使用设计器创建新表的步骤比较简单。首先打开 Oracle SQL Developer 并创建对数据库的连接，展开连接，找到表节点右击，选择【新建表】选项即可打开如图 3-1 所示的对话框。

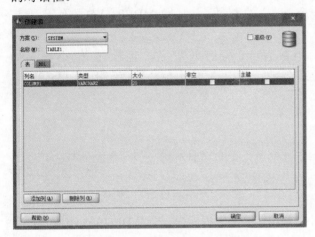

图 3-1 【创建表】对话框

图 3-2 表的定义语句

如图 3-1 所示，可直接修改表的名称，单击右下方的【添加列】按钮可添加新的列，图 3-1 中有默认的一个列，可直接修改列的名称、类型、大小，是否为空和是否为主键。单击图 3-1 中的 DDL 标签可打开表的定义语句，如图 3-2 所示。

为空属性和主键属性是列的约束，将在 3.4 节详细介绍。图 3-1 可创建一个简单的表。若想详细定义列的属性，可选择右上角的【高级】复选框，打开表的高级设置对话框如图 3-3 所示。

图 3-3 表的高级设置

如图 3-3 所示，在该对话框中可详细设置列的属性，包括主键设置、唯一约束条件设置、外键设置、检查约束条件设置、索引设置、列序列设置、表属性设置等。如选择【表属性】选项，可打开表的属性如图 3-4 所示。单击【存储选项】可打开【表存储选项】对话框，如图 3-5 所示。

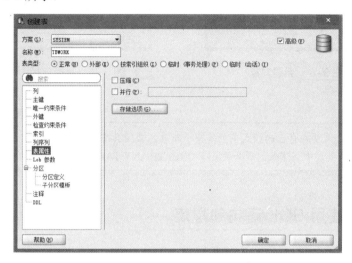

图 3-4　表的属性

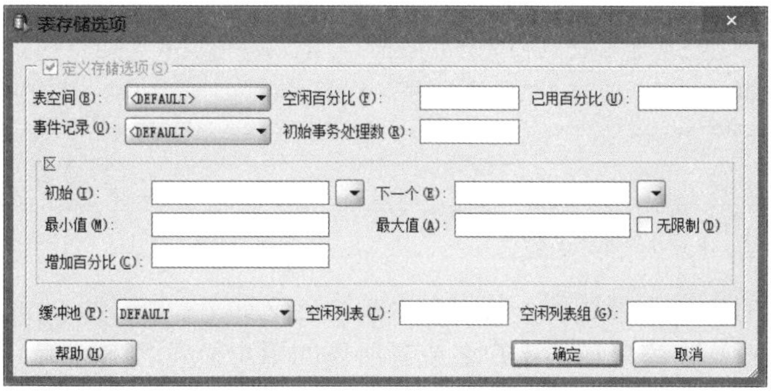

图 3-5　表存储选项

如图 3-5 所示，在该对话框下可设置表的存储选项，如表的初始、最大值、最小值等。设置完成后单击【确定】按钮回到图 3-4 对话框，再单击【确定】按钮回到图 3-3 所示的对话框，单击【确定】按钮即可实现表的创建。

新建表的时候除了可以在表节点下右击，选择【新建表】选项，还可以使用另外两种方式打开【创建表】对话框，如下所示。

（1）在 Oracle SQL Developer 下找到工具栏中的【文件】，单击并选择【新建】选项打开如图 3-6 所示的对话框，选择【表】并单击【确定】按钮打开【选择连接】对话框，如图 3-7 所示。选择表所在的连接，单击【确定】按钮即可打开【创建表】对话框。

（2）在 Oracle SQL Developer 下找到 图标并单击，可打开如图 3-6 所示的对话框，使用上述（1）中的步骤可打开【创建表】对话框。

图 3-6 新建对象

图 3-7 选择连接

注意

如果用户需要在自己的模式下创建一个新表，必须具有 CREATE TABLE 权限；如果需要在其他用户模式中创建表，则必须具有 CREATE ANY TABLE 的系统权限。

3.2.3　使用 SQL 语句创建表

虽然使用设计器创建表步骤简单，但很多地方不允许使用设计器，此时只能使用 SQL 语句创建表。使用 SQL 语句创建表需要使用 CREATE 关键字，语法格式如下：

```
CREATE TABLE [schema.]table_name(
column_name data_type [DEFAULT expression] [constraint]
[,column_name data_type [DEFAULT expression] [constraint]]
[,column_name data_type [DEFAULT expression] [constraint]]
[,…]
)[TABLESPACE    tablespace_name]|[STORAGE    (INITIAL    nk|M    NEXT    nk|M
PCTINCREASE n)]|[ CACHE];
```

中括号包括的内容为可选项。其中各个参数含义如下。

（1）schema：指定表所属的用户名或者所属的用户模式名称。

（2）table_name：所要创建的表的名称。

（3）column_name：表中包含的列的名称，列名在一个表中必须具有唯一性。

（4）data_type：列的数据类型。

（5）DEFAULT expression：列的默认值。

（6）constraint：为列添加的约束，表示该列的值必须满足的规则。

（7）TABLESPACE：指定将创建在哪个表空间。

（8）STORAGE：指定存储参数信息。

存储参数信息中各个参数的含义如下所示。

（1）INITIAL：用来指定表中的数据分配的第一个盘区的大小，以 KB 或者 MB 作为单位，默认值是 5 个 Oracle 数据块的大小。

（2）NEXT：用来指定表中的数据分配的第二个盘区的大小。该参数只有在字典管理的表空间中起作用，在本地化管理表空间中，该盘区大小将由 Oracle 自动决定。

（3）PCTINCREASE：用来指定表中的数据分配的第三个以及其后的盘区的大小，同样，在本地化管理表空间中，该参数不起作用。

使用 CACHE 关键字来对缓存块进行换入、换出调度操作，这样在查询已经查询过的数据时就不用再次查询数据库，加快了查询时间。

重做日志用来存储对表的一些操作记录信息。LOGGING 子句将对表的所有操作都记录到重做日志中。

重做日志文件的主要目的是，万一实例或者介质失败，重做日志文件就能派上用场，或者可以作为一种维护备用数据库的方法来完成故障恢复。如果数据库所在主机掉电，导致实例失败，Oracle 会使用在线重做日志将系统恢复到掉电前的那个时刻。如果包含数据文件的磁盘驱动器出现永久性故障，Oracle 会使用归档重做日志以及在线重做日志，将磁盘驱动器的备份恢复到适当的时间点。

在创建表的时候，如果使用 NOLOGGING 子句，则对该表的操作不会保存到日志文件中去。使用这种方式可以节省重做日志文件的存储空间。但是某些情况下将无法使用数据库的恢复操作，从而无法防止数据信息的丢失。

在创建表的时候，如果没有使用 LOGGING 或者 NOLOGGING 子句的时候，则 Oracle 会默认使用 LOGGING 子句。

根据表中要添加的数据长度大小，在创建表的时候选择合适的数据类型以及数据类型精度，能够避免使用最大精度，减少了 Oracle 数据库占用的不必要的资源空间。

【范例 1】

创建有一个主键的图书信息表 TBBOOK，有数字类型表示标号的 B_ID 字段、长度可变的字符串类型表示书名的 B_TITLE 字段、长度可变的字符串类型表示图书类型的 B_TYPE 字段和长度可变的字符串类型表示图书出版社的 B_PUBLISHER 字段，其中将 B_ID 字段设置为主键，代码如下。

```
CREATE TABLE TBBOOK
(
  B_ID NUMBER NOT NULL ,
  B_TITLE VARCHAR2(20) ,
  B_TYPE VARCHAR2(20) ,
  B_PUBLISHER VARCHAR2(20) ,
  CONSTRAINT TBBOOK_PK PRIMARY KEY(B_ID)
  ENABLE
);
```

3.2.4 虚拟列

在 Oracle 11g 中，Oracle 以不可见索引和虚拟列的形式引入了一些增强特性；Oracle 12c 继承前者并发扬光大，引入了不可见列的思想，来隐藏重要的数据列。这里先介绍虚拟列的创建和使用，在 3.2.5 节介绍不可见列的知识。

在老的 Oracle 版本中，需要使用表达式或者一些计算公式来计算列的值时，通常会创建数据库视图；如果需要在这个视图上使用索引，通常会创建基于函数的索引。Oracle

11g 允许用户直接在表上使用虚拟列来存储表达式。

虚拟列的值是不存储在磁盘上的，它们是在查询时根据定义的表达式临时计算的。用户不能往虚拟列中插入数据；也不能隐式地添加数据到虚拟列。虚拟列的数据并没有存储在数据文件中，而是 Oracle 通过列数据的生成放到了数据字典中。

创建表的时候可以创建虚拟列，其完整定义包括列名、数据类型、GENERATED ALWAYS 关键字、AS(列表达式)和 VIRTUAL 关键字，如下所示。

```
列名 数据类型 GENERATED ALWAYS AS (列表达式) VIRTUAL
```

其中，GENERATED ALWAYS 和 VIRTUAL 为可选关键字，主要用于描述虚拟列的特性。如果忽略列的数据类型，那么 Oracle 会根据 AS 后面的表达式最终结果的数据类型来确定虚拟列的数据类型。

虚拟列的数值是通过真实列中的数据计算而来的，虚拟列的位置可以放在它参考的列的前面，也可以包括多个实际列的值，但是不能引用其他的虚拟列。一个表中不能只有虚拟列。

虚拟列可以使用 Oracle 自带的函数，也可以使用用户定义的函数，不过对于用户定义的函数要求必须声明函数的确定性。Oracle 虽然在创建表的时候会检查函数的确定性，在表建立之后，却可以将函数替换为非确定性函数。

建立虚拟列可以有效地减少数据的存储，简化查询语句中对列进行的处理，而且还可以利用虚拟列进行分区。不过虚拟列还会带来其他问题，如下所示。

（1）包含虚拟列的表在 INSERT INTO 语句中不能省略字段列表。

（2）由于虚拟列的值是由其他列的值计算得出的，且 Oracle 并不存储虚拟列的值，因此无论是 INSERT 还是 UPDATE 都不能对虚拟列进行修改。

（3）如果程序选择使用了一些工具来自动生成表的 INSERT、UPDATE 语句，那么遇到包含虚拟列的表时就会报错。

（4）无法使用 CREATE TABLE AS SELECT 创建一个包含虚拟列的表。但可以在创建表之后通过 ALTER TABLE 添加虚拟列。

（5）当虚拟列的值被实体化，那么虚拟列表达式发生变化会造成实体化结果与虚拟列不一致。因为虚拟列的结果是在查询的时候确定的，如果修改了虚拟列的表达式，下次执行查询时，虚拟列的值就会发生变化。

（6）一旦对虚拟列建立了索引，或者对包含虚拟列的表建立了物化视图，那么虚拟列的数值就被实际地存储下来，当虚拟列的表达式发生修改后，会导致索引或物化视图中已有的数据与目前虚拟列结果不一致。

【范例 2】

创建职工信息表，有职工编号 W_ID 字段，职工姓名 W_NAME 字段，职工出生年份 W_BIRTHYEAR 字段和入职年份 W_INTIME 字段，另外有虚拟列 W_INAGE 表示职工入职时的年龄，由职工出生年份和入职年份计算得出。创建职工信息表代码如下。

```
CREATE TABLE TBWORK
(
  W_ID NUMBER,
```

```
W_NAME VARCHAR2(20),
W_BIRTHYEAR NUMBER,
W_INTIME NUMBER,
W_INAGE NUMBER GENERATED ALWAYS AS (W_INTIME-W_BIRTHYEAR) VIRTUAL
);
```

可向表中添加一条记录，查看虚拟列的效果。添加一条数据，包含职工编号、姓名、出生年份和入职年份，代码如下。

```
INSERT INTO TBWORK(W_ID,W_NAME,W_BIRTHYEAR,W_INTIME) VALUES(1,'何明
',1984,2007);
COMMIT;
```

上述代码执行后查看表中的数据，代码如下。

```
SELECT * FROM TBWORK;
```

上述代码的执行效果如下所示。从上面的执行效果可以看出，虚拟列在查询时被系统默认添加了数据。

```
W_ID     W_NAME      W_BIRTHYEAR     W_INTIME     W_INAGE
----     ---------   -------------   -----        --------
1        何明         1984            2007         23
```

3.2.5 不可见列

在之前的版本中，为了隐藏重要的数据列，用户往往会创建一个视图来隐藏所需信息或应用某些安全条件。在 Oracle 12c 中，用户可以在表中创建不可见列。当一个列定义为不可见时，这一列就不会出现在通用查询中，除非在 SQL 语句或条件中有显式地提及这一列，或是在表定义中有 DESCRIBED。

虚拟列和分区列同样也可以定义为不可见类型。但临时表、外部表和集群表并不支持不可见列。对于不可见列添加数据，必须在 INSERT 语句中显式提及不可见列名，将不可见列插入到数据库中。

列的可见和不可见属性可通过 INVISIBLE（不可见）和 VISIBLE（可见）两个关键字来设置，如在创建表的时候创建不可见列，代码如下。

```
列名 数据类型 INVISIBLE
```

也可使用 ALTER TABLE 语句修改数据列的可见和不可见属性，代码如下。

```
ALTER TABLE 表名 MODIFY (列名 INVISIBLE|VISIBLE);
```

【范例 3】

创建学生成绩表，有学生学号、姓名、语文成绩、数学成绩和总成绩字段，为保护学生隐私，将学生姓名设置为不可见列，在查询成绩时仅显示学生学号和成绩信息。另外，将总成绩字段设置为虚拟列，值为语文成绩和数学成绩的和，代码如下。

```
CREATE TABLE TBREPORT
```

```
(
  R_ID NUMBER NOT NULL ,
  R_NAME VARCHAR2(20) INVISIBLE ,
  R_CHINESE NUMBER ,
  R_MATHS NUMBER ,
  R_TOTAL NUMBER GENERATED ALWAYS AS (R_CHINESE + R_MATHS) VIRTUAL
);
```

向表中添加数据，包含学生编号、姓名、语文成绩和数学成绩，代码如下。

```
INSERT INTO TBREPORT (R_ID,R_NAME,R_ CHINESE, R_MATHS) VALUES(1,'梁红
',88,72);
COMMIT;
```

上述代码执行后查询表中的数据，代码如下。

```
SELECT * FROM TBREPORT;
```

上述代码查询表中的所有数据，其执行效果如下所示。

```
R_ID  R_CHINESE  R_MATHS   R_TOTAL
----  ---------  -------   -------
1     88         72        160
```

由上述执行效果可以看出，默认的查询没有提供学生的姓名信息。使用查询语句查询表中指定列的数据，包括学生姓名、语文成绩、数学成绩和总成绩信息，代码如下：

```
SELECT R_NAME,R_CHINESE,R_MATHS,R_TOTAL FROM TBREPORT;
```

上述代码的执行效果如下所示。

```
R_NAME          R_CHINESE   R_MATHS   R_TOTAL
--------        ----------- --------- ----------
梁红            88          72        160
```

由上述执行效果可以看出，不可见列只有在指定查询时才能够看到。

3.3 修改表和列

　　表和列在创建之后是可以修改的，如修改表的名称、修改列的名称、修改列的数据类型、向表中添加新的列、删除表中指定的列等。本节详细介绍表和列的修改。

3.3.1 修改表

　　修改表的前提是这个表已经存在，可使用 ALTER TABLE 语句修改表。表的修改包括修改表的名称和存储选项，可以使用设计器修改，也可以使用 SQL 语句修改。

1. 使用 SQL 语句修改表的名称

　　修改表的名称可以使用 ALTER TABLE…RENAME TO 关键字，语法格式如下：

```
ALTER TABLE table_name RENAME TO new_table_name;
```

各个参数含义如下。

（1）table_name：要修改的表名。

（2）new_table_name：表示修改之后的表名称。

【范例4】

将 TBBOOK 表的名称修改为 TBBOOKS，代码如下。

```
ALTER TABLE TBBOOK RENAME TO TBBOOKS;
```

2．使用设计器修改表的名称

使用设计器不只可以修改表的名称，还可修改列的属性。找到需要修改的表的节点，右击并选择【编辑】选项打开【编辑表】对话框，如图 3-8 所示。

图 3-8　编辑表

如图 3-8 所示，对话框中包括表的名称、列的名称、数据类型和约束等内容，可直接进行修改。在修改完成后单击【确定】按钮即可实现表的修改。

3.3.2　添加列

表在一开始的设计并不是完美的，在后期使用时可能存在添加和删除列的情况。列可以使用设计器添加，也可以使用 SQL 语句添加。

1．使用设计器添加列

使用设计器修改列，在如图 3-8 所示的对话框中，单击![加号]按钮即可在【列】列表中添加新的列，如图 3-9 所示。可直接在界面中设置新建列的属性，单击【确定】按钮保存设置，实现列的添加。

图 3-9　添加列

2．使用 SQL 语句添加列

添加列使用 ALTER TABLE…ADD 语句，语法如下：

```
ALTER TABLE table_name ADD list_name date_type;
```

各个含义如下。

（1）table_name：指定要修改的表名。

（2）list_name：指定要添加的列名。

（3）date_type：列的数据类型以及大小。

【范例 5】

向 TBBOOKS 表中添加 B_WRITER 列表示图书作者，代码如下。

```
ALTER TABLE TBBOOKS ADD B_WRITER VARCHAR2(20);
```

上述代码执行后，查询表的结构，代码如下。

```
DESC TBBOOKS;
```

上述代码的执行结果如下所示。

名称	是否为空？	类型
B_ID	NOT NULL	NUMBER
B_TITLE		VARCHAR2(20)
B_TYPE		VARCHAR2(20)
B_PUBLISHER		VARCHAR2(20)
B_WRITER		VARCHAR2(20)

3.3.3　修改列

修改列包括对列名称的修改、数据类型的修改、数据精度的修改和默认值的修改等，可以使用设计器修改，也可以使用 SQL 语句修改。

使用设计器修改列的属性，可以参考修改表的方法，在如图 3-8 所示的对话框进行修改，保存修改的方法与表的修改一样。

使用 SQL 语句修改表的属性，不同的 SQL 语法格式进行不同的修改。以下分别介绍列名称的修改、数据类型和精度的修改、默认值的修改格式。

1．修改列名

修改列名称是在更新列操作中经常使用的，修改表中已经存在的列名称语法如下：

```
ALTER TABLE table_name RENAME COLUMN oldcolumn_name TO newcolumn_name;
```

各个参数含义如下。

（1）table_name：表示被修改的列所属的表名称。

（2）oldcolumn_name：表示要修改的列的名称。

（3）newcolumn_name：表示修改之后的列的名称。

【范例 6】

修改 TBBOOK 表中 B_PUBLISHER 列的名称为 B_PUB，代码如下。

```
ALTER TABLE TBBOOKS RENAME COLUMN B_PUBLISHER TO B_PUB;
```

2．修改列数据类型以及数据精度

在修改数据类型的时候，要注意如果表中存在数据，那么修改的数据的长度是不可逆的，也就是说，只能比修改前的长度大，而不能比修改之前的长度小。如果该表中没有数据，则可以将数据的长度由大值修改为小值。语法格式如下：

```
ALTER TABLE table_name MODIFY column_name new_datatype;
```

其中，new_datatype 表示修改之后的数据类型。

3．修改列的默认值

列的默认值就是当对列对象不赋值时所使用的字母或者符号。列的默认值在没有设置的情况下为 NULL。修改默认值的语法如下：

```
ALTER TABLE table_name MODIFY(column_name DEFAULT default_value);
```

其中，各个参数含义如下。

（1）table_name：表示被修改数据列所属的表名称。

（2）column_name：表示要修改的列名。

（3）default_value：表示修改之后的列的默认值。

3.3.4 删除列

删除列可使用设计器，也可以使用 SQL 语句。使用设计器删除列与添加列的步骤一样，在如图 3-9 所示的对话框中，选中需要删除的列（主键除外），接着单击 ✖ 按钮即可删除指定的列，接着单击【确定】按钮保存表的修改。

使用 SQL 语句删除列要使用 ALTER…DROP 语句，语法如下：

```
ALTER TABLE table_name DROP COLUMN list_name;
```

各个参数的含义如下。

（1）table_name：指定要修改的表名。

（2）list_name：指定要删除的列名。

【范例 7】

删除 TBBOOKS 表中的 B_WRITER 列，代码如下。

```
ALTER TABLE TBBOOKS DROP COLUMN B_WRITER;
```

3.3.5 删除数据表

数据表内存有大量的数据，这些数据长期占用着存储空间。然而生活中，很多表是有一定的期限的，在不再需要时将会成为系统的累赘，因此需要对表进行删除操作。

表的删除包括表的定义和表中的数据，使用 DROP 语句格式如下：

```
DROP TABLE table_name [CASCADE CONSTRAINTS] [PURGE];
```

其中，各个参数含义如下。

（1）table_name：表示要删除的表的名称，是不可缺少的参数。

（2）CASCADE CONSTRAINTS：是可选择参数。表示删除表的同时也删除该表的视图、索引、约束和触发器等。

（3）PURGE：可选择参数，表示表删除成功后释放占用的资源。

若表的定义仍然需要使用，而表中的数据已经过期，那么可以使用 TRUNCATE 关键字清空表中数据，语法如下：

```
TRUNCATE TABLE table_name;
```

TRUNCATE 语句删除表中所有的数据，释放表的存储空间，而且 TRUNCATE 语句不能回滚。

3.4 数据完整性

数据有着多种数据类型用来满足不同的需求。实际应用中的数据也有着一定取值范围，如年龄不小于 0、性别只能是男或女等。表之间的联系使相连接的字段要保持一致和完整。

维护数据完整性归根到底就是要确保数据的准确性和一致性，表内的数据不相矛盾，表之间的数据不相矛盾，关联性不被破坏。本节介绍如何通过约束来维护数据完整性。

3.4.1 约束简介

约束是作用在列的，对列数据进行限制的一种机制，不同的约束可监管列数据的不同方面。如非空约束限制向表中添加数据时，列的值不能为空；唯一约束限制列中的数据不能重复等。

根据约束的作用域，可以将约束分为以下两类。

（1）表级别的约束：定义在一个表中，可以用于表中的多个列。

（2）列级别的约束：对表中的一列进行约束，只能够应用于一个列。

根据约束的用途，可以将约束分为以下 5 类。

（1）PRIMARY KEY：主键约束。

（2）FOREIGN KEY：外键约束。

（3）UNIQUE：唯一性约束。

（4）NOT NULL：非空约束。

（5）CHECK：检查约束。

下面对这些常用约束以及其他类型进行总结说明，如表 3-2 所示。

表 3-2 约束的类型及其使用说明

约束	约束类型	说明
NOT NULL	C	指定一列不允许存储空值。这实际就是一种强制的 CHECK 约束
PRIMAPY KEY	P	指定表的主键。主键由一列或多列组成，唯一标识表中的一行
UNIQUE	U	指定一列或一组只能存储唯一的值
CHECK	C	指定一列或一组列的值必须满足某种条件
FOREIGN KEY	R	指定表的外键，外键引用另外一个表中的一列，在自引用的情况中，则引用本表中的一列

在 Oracle 系统中定义约束时，使用 CONSTRAINT 关键字为约束命名。如果用户没有为约束指定名称，Oracle 将自动为约束建立默认名称。

约束可以在创建表的时候设置，也可在现有表中添加约束，还可以在有约束的表中修改或删除约束。后面几节将详细介绍各类约束的使用。

3.4.2 主键约束

主键约束又称作 PRIMARY KEY 约束，是表中最重要的约束，一个表可以没有其他约束，但一定要有主键；这也是主键列不能够被直接删除的原因。

主键是主关键字，用来限制列的数据唯一且不为空，即这一字段的数据没有重复数据值并且不能有空值。每个表只能有一个主键，一般用来作标识。

表中列的数据大多会有重复，例如描述会员信息的表，会员的用户名、密码、注册时间和会员等级等字段值都会有重复，能确定身份的身份证在大多数网站上也不方便使用。那么如何确定是某一个会员而不和其他会员搞混，这就用到了主键。一个不重复并且不能有空值的列，就可以确定具体是哪一个会员。主键约束具有以下三个特点。

（1）在一个表中，只能定义一个 PRIMARY KEY 约束。

（2）定义为 PRIMARY KEY 的列或者列组合中，不能包含任何重复值，并且不能包含 NULL 值。

（3）Oracle 数据库会自动为具有 PRIMARY KEY 约束的表建立一个唯一索引，以及一个 NOT NULL 约束。

在定义 PRIMARY KEY 约束时，可以在列级别和表级别上分别进行定义，如下所示。

（1）如果主键约束是由一列组成，那么该主键约束被称为列级别上的约束。

（2）如果主键约束定义在两个或两个以上的列上，则该主键约束被称为表级别约束。

> **注 意**
>
> PRIMARY KEY 约束既可以在类级别上定义，也可以在表级别定义，但是不允许在两个级别上都进行定义。

主键约束可以在设计器中进行设置，也可以使用 SQL 语句进行设置。可以在创建表的时候设置，也可以在现有表中添加主键。

1．在设计器中设置主键约束

在设计器中设置主键可以使用创建表的方法，在如图 3-3 所示的高级设置对话框中选择【主键】，如图 3-10 所示。

图 3-10　设置主键

如图 3-10 所示，主键需要在已经添加的列上面进行设置，在选择了【主键】节点后，对话框中列举了已经添加的列。选择需要设置主键的列，单击 按钮可将选中的列移到右侧；单击 按钮可将左侧所有列移到右侧；单击 按钮可将右侧被选择的列移回左侧；单击 按钮可将右侧所有列移回左侧。

右侧的列是被选择要设置为主键的列，在 Oracle 中支持主键组的使用，即将多个字段作为一个主键来使用。这一组字段中的每个字段，作为主键的构成缺一不可。对主键的操作即对这一组字段的操作。

设置完成后单击【确定】按钮即可，保存设置的操作与创建表的操作一样。

也可在设计器中为没有主键的列设置主键，其操作与修改表的操作一样，在如图 3-8 所示的对话框中选择【主键】打开主键的设置，操作步骤与图 3-10 的操作步骤一样。

2．使用 SQL 语句设置主键约束

创建表时设置主键使用 CONSTRAINT…PRIMAPY KEY 语句，可以为主键约束定义一个名称，格式如下：

```
CONSTRAINT 约束名 PRIMARY KEY (主键字段)
```

本章范例 1 所创建的表中，就有 B_ID 列的主键约束。为已经创建的表添加主键约束时，需要使用 ADD CONSTRAINT 语句，格式如下：

```
ALTER TABLE 表名 ADD CONSTRAINT 约束名 PRIMARY KEY (主键字段)
```

如果表中已经存在主键约束，则向该表中再添加主键约束时，系统将出现错误。若要修改现有的主键约束，则需要先删除表中原有主键，再添加新的主键。删除主键使用 ALTER TABLE…DROP 语句，格式如下：

```
ALTER TABLE 表名 DROP CONSTRAINT 约束名;
```

3.4.3 唯一约束

唯一约束又称作 UNIQUE 约束，用来限制列中的数据不能重复，如通过邮箱注册微博时，会要求邮箱不能重复。Oracle 中的唯一约束是用来保证表中的某一列，或者是表中的某几列组合起来不重复的约束。Oracle 唯一约束具有以下 4 个特点。

（1）如果为列定义 UNIQUE 约束，那么该列中不能包括重复的值。

（2）在同一个表中，可以为某一列定义 UNIQUE 约束，也可以为多个列定义 UNIQUE 约束。

（3）Oracle 将会自动为 UNIQUE 约束的列建立一个唯一索引。

（4）可以在同一个列上建立 NOT NULL 约束和 UNIQUE 约束。

唯一约束可以在设计器中进行设置，也可以使用 SQL 语句进行设置。可以在创建表的时候设置，也可以在现有表中添加主键。

1．在设计器中设置唯一约束

在设计器中设置主键可以使用创建表的方法，在如图 3-3 所示的高级设置对话框中选择【唯一约束条件】，如图 3-11 所示。

如图 3-11 所示，唯一约束列也是需要在已经添加的列上面进行设置，在选择了【唯一约束条件】节点后，对话框中列举了已经添加的列。选择需要设置唯一约束的列，单击 按钮可将选中的列移到右侧；单击 按钮可将左侧所有列移到右侧；单击 按钮可将右侧被选择的列移回左侧；单击 按钮可将右侧所有列移回左侧。

图 3-11　设置唯一约束

需要注意的是，唯一约束与之前的约束不同，一个表中可设置任意多个唯一约束，一个唯一约束可包括一个或多个列。

若一个唯一约束只作用于一个列，那么该列不能有重复的数据；如果一个唯一约束作用于多个列，那么这几个列的值组合起来不能重复。

图 3-11 中，对右边所选列设置唯一约束，一次只能设置一个唯一约束。可以设置单列或多列。若需要为表中的多个列分别设置唯一约束，需要单击右上角的【添加】按钮添加多个约束，并分别进行设置。设置完成后单击【确定】按钮即可，保存设置的操作与创建表的操作一样。

也可在设计器中为没有唯一约束的列设置唯一约束、修改唯一约束或取消唯一约束，其操作与修改表的操作一样。在如图 3-8 所示的对话框中选择【唯一约束条件】打开唯一约束的设置，选中已经存在的约束进行列的选取，或单击【删除】按钮删除约束。

2．使用 SQL 语句设置唯一约束

使用 SQL 语句可以在创建表的时候创建唯一约束，可以对现有表添加唯一约束，可以修改唯一约束或删除唯一约束。

在创建表时，可以为相对应的列使用 CONSTRAINT UNIQUE 语句添加指定 UNIQUE 约束，如下所示：

```
字段名 字段类型 CONSTRAINT 约束名 UNIQUE
```

【范例8】

创建职工信息表 WORKERS，有编号、姓名、性别和年龄字段，设置姓名字段的唯一约束，代码如下。

```
CREATE TABLE WORKERS
(
  W_ID NUMBER NOT NULL ,
  W_NAME VARCHAR2(20) CONSTRAINT NAME_PK UNIQUE ,
```

```
  W_SEX VARCHAR2(20),
  W_AGE NUMBER
);
```

注 意

> 如果为一个列添加了 UNIQUE 约束，却并没有添加 NOT NULL 约束，那么该列的数据可以包含多个 NULL 值。也就是说多个 NULL 值不算重复值。

在现有的表中添加 UNIQUE 约束，使用 ADD UNIQUE 语句，语法如下：

```
ALTER TABLE 表名 ADD UNIQUE(列名)
```

可以使用 CONSTRAINT 语句在添加约束的同时为唯一约束命名，语法如下：

```
ALTER TABLE 表名 ADD CONSTRAINT 约束名 UNIQUE(列名)
```

【范例 9】

使用范例 8 中创建的职工信息表 WORKERS，为职工编号 W_ID 列添加唯一约束，代码如下。

```
ALTER TABLE WORKERS ADD UNIQUE(W_ID);
```

如果需要将表中指定列的 UNIQUE 约束删除，可以使用 ALTER TABLE···DROP UNIQUE 语句，语法如下：

```
ALTER TABLE 表名 DROP UNIQUE(列名);
```

上述代码只能够删除单列的唯一约束。若要删除有着多个列的唯一约束，需要使用如下格式语句：

```
ALTER TABLE 表名 DROP CONSTRAINT 约束名;
```

【范例 10】

分别删除 WORKERS 表中 W_ID 列的约束和名为 NAME_PK 的约束，代码如下。

```
ALTER TABLE WORKERS DROP UNIQUE(W_ID);
ALTER TABLE WORKERS DROP CONSTRAINT NAME_PK;
```

3.4.4 非空约束

表中一些列在实际生活中是不能够没有数据的，如用户注册时是不能够没有用户名的。非空约束用于限制列中的数据不能是空的，但可以是 0 或空字符串。非空约束又称作 NOT NULL 约束，具有以下 4 个特点。

（1）NOT NULL 约束只能在类级别上定义。

（2）在一个表中可以定义多个 NOT NULL 约束。

（3）在类定义 NOT NULL 约束后，该列中不能包含 NULL 值。

（4）如果表中数据已经存在空值 NULL，添加 NOT NULL 约束就会失败。

非空约束与其他约束不同，一个字段只能有允许为空和不允许为空这两种情况。允许为空可使用 NULL 设置；不允许为空使用 NOT NULL 设置。因此对非空约束的修改相当于对字段在 NULL 和 NOT NULL 之间进行切换，而不需要对字段进行约束的添加和删除。

非空约束可以在设计器中进行设置，也可以使用 SQL 语句进行设置。可以在创建表的时候设置，也可以在现有表中修改。

1. 使用设计器设置 NOT NULL 约束

在 3.2.2 节介绍了表的创建，在图 3-1 中有字段的设置，可以看非空复选框。选中即可设置字段的 NOT NULL 约束，取消则恢复字段为 NULL。若要在设计器中修改字段的非空约束，找到需要修改的表的节点，右击并选择【编辑】选项打开【编辑表】对话框，如图 3-12 所示。

图 3-12　非空设置

如图 3-12 所示，除了不可见列，其他列都可以通过对话框右侧【不能为 NULL】复选框进行非空约束的修改。修改之后使用修改表的步骤进行保存。

2. 使用 SQL 语句设置 NOT NULL 约束

使用 SQL 语句可在创建表的时候设置列为 NULL 或 NOT NULL，直接在列的数据类型后面添加 NULL 或 NOT NULL 即可。

【范例 11】

创建 WORKERS 表有编号、姓名、性别和年龄字段，设置其编号和姓名字段不能为空，性别和年龄字段可以为空，代码如下。

```
CREATE TABLE WORKERS
(
  W_ID NUMBER NOT NULL ,
  W_NAME VARCHAR2(20) NOT NULL ,
```

74

```
    W_SEX VARCHAR2(20) NULL,
    W_AGE NUMBER
);
```

上述代码中，性别字段使用 NULL 关键字来设置，而年龄字段没有使用 NULL 或 NOT NULL，但这两个字段的约束效果一样，再添加数据时可以为空。

若要修改现有表中字段的 NOT NULL 属性，可以修改 NULL 为 NOT NULL，或修改 NOT NULL 为 NULL，使用 ALTER TABLE…MODIFY 语句格式如下：

```
ALTER TABLE 表名 MODIFY 列名 NOT NULL|[NULL];
```

上述代码可修改 NULL 为 NOT NULL，或修改 NOT NULL 为 NULL。但是为列添加 NOT NULL 约束时，Oracle 将检查表中的所有数据行，以保证所有行对应的该列都不能存在 NULL 值。若列中存在 NULL 值则无法设置列的 NOT NULL 属性，因为修改列为 NOT NULL 将与表中已有的 NULL 数据冲突。

【范例 12】
修改 WORKERS 表中 W_NAME 字段为 NOT NULL，代码如下。

```
ALTER TABLE WORKERS MODIFY W_NAME NOT NULL;
```

3.4.5 外键约束

外键约束又称作 FOREIGN KEY 约束，它的作用是将不同表的字段关联起来，这些字段在修改数据、删除时有着关联。

外键除了关联表，还将在数据操作时维护数据完整性。以学生选课表为例，学生选课表有学生编号、所选科目等数据，而没有记录学生的详细信息，学生的详细信息在学生信息表中。那么，选课表学生编号字段中的值必须在学生表的学生编号字段中有记录；而且学生表在删除学生信息时，需要确保选课表中没有该学生的记录。

在使用 FOREIGN KEY 约束时，被引用的列应该具有主键约束，或者具有唯一性约束。要使用 FOREIGN KEY 约束，就应该具有以下 4 个条件。

（1）如果为某列定义 FOREIGN KEY 约束，则该列的取值只能为相关表中引用列的值或者 NULL 值。

（2）可以为一个字段定义 FOREIGN KEY 约束，也可以为多个字段的组合定义 FOREIGN KEY 约束。因此，FOREIGN KEY 约束既可以在列级别定义，也可以在表级别定义。

（3）定义了 FOREIGN KEY 约束的外键列，与被引用的主键列可以存在于同一个表中，这种情况称为"自引用"。

（4）对于同一个字段，可以同时定义 FOREIGN KEY 约束和 NOT NULL 约束。

外键的设置涉及两个表，设置方法相对于其他约束较为麻烦。外键约束可以在设计器中进行设置，也可以使用 SQL 语句进行设置。可以在创建表的时候设置，也可以在现有表中设置。

1. 使用设计器设置外键约束

Oracle 外键的设置要求对应的表中要有主键或唯一约束，而且该表的外键列与对应表的主键或唯一约束设置关联，因此在创建时需要确保对应的表中有主键或唯一约束。

如果表中定义了外键约束，那么该表就被称为"子表"；如果表中包含引用键，那么该表称为"父表"。

在创建表的时候设计外键，需要确保相关联的表已经存在，并且有主键或唯一约束。外键约束需要在已经添加的列上面进行设置，打开【创建表】对话框并选择【外键】节点，如图 3-13 所示。首先需要单击【添加】按钮添加新的外键，接着选择引用表并选择引用约束条件。约束条件的选择直接影响了父表关联的列。此时右下方的【引用列】一栏中将出现引用表的列处于不可编辑状态，而【本地列】有下拉框可选择新建表中需要设置外键的列。

图 3-13　设置外键

如图 3-13 所示，右下角的【删除时】下拉框用于选择当前表中外键列数据修改时将执行的操作，有以下三个选项。

（1）RESTRICT 表示拒绝删除或者更新父表。

（2）CASCADE 表示父表中被引用列的数据被删除时，子表中对应的数据也将被删除。

（3）SET NULL 表示当父表被引用的列的数据被删除时，子表中对应的数据被设置为 NULL。要使这个选项起作用，子表中对应的列必须要支持 NULL 值。

外键设置完成之后，可根据创建表的步骤执行表的创建。

若所引用的表中没有主键或唯一约束，那么【引用约束条件】将处于空白状态，同时下方的【本地列】和【引用列】处于不可编辑状态，如图 3-14 所示。

对于现有表，若修改表的外键约束，可打开【编辑表】对话框如图 3-8 所示，选择【外键】节点并进行外键的设置，设置方法与图 3-13 的设置方法一样。接着保存表的修改即可。

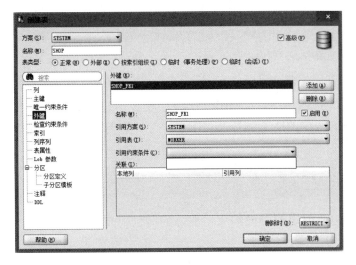

图 3-14　外键限制

删除外键约束，可直接选中外键约束的名称，单击【删除】按钮，保存表的修改即可。

2．使用 SQL 语句设置外键约束

使用 SQL 语句设置外键包括创建表的时候设置外键；在现有表中添加、修改或删除外键等。

创建表的时候设置外键，只需在列的定义中添加 REFERENCES 关键字并指出相关联的表和列，语法如下：

列名 数据类型 REFERENCES 父表名 (关联列)

【范例 13】

创建水果信息表 FRUIT，有编号、名称、性味类型、价格和负责人编号字段，其中负责人编号字段关联 WORKERS 表中的职工编号 W_ID 列，代码如下。

```
CREATE TABLE FRUIT
(
  F_ID NUMBER NOT NULL ,
  F_NAME VARCHAR2(20) NOT NULL ,
  F_TYPE VARCHAR2(20) NULL,
  F_PRICE NUMBER ,
  F_WORKER REFERENCES WORKERS(W_ID)
);
```

注 意

外键列和被引用列的列名可以不同，但是数据类型必须完全相同。

创建好的表，可以使用 ALTER CONSTRAINT FOREIGN KEY REFERENCES 子句添加外键，格式如下：

```
ALTER TABLE 子表名 ADD CONSTRAINT 约束名 FOREIGN KEY （子表的外键列）
REFERENCES 父表名(关联列)
```

【范例 14】

修改 TBBOOKS 表，添加 NUMBER 类型字段 B_WRITER 并设置唯一约束，为其外键关联 WORKERS 表中的职工编号 W_ID 列。省略 B_WRITER 字段的添加，设置外键代码如下：

```
ALTER TABLE TBBOOKS ADD CONSTRAINT WRITER_PK FOREIGN KEY (B_WRITER)
REFERENCES WORKERS(W_ID);
```

对于一些不需要使用的外键约束，删除的时候需要使用 ALTER TABLE…DROP CONSTRAINT 语句，如下所示：

```
ALTER TABLE 表名 DROP CONSTRAINT 约束名;
```

3.4.6 检查约束

检查约束又称作 CHECK 约束，它的作用就是查询用户向该列插入的数据是否满足了约束中指定的条件，如果满足则将数据插入到数据库内，否则就返回异常。CHECK 约束具有以下几个特点。

（1）在 CHECK 约束的表达式中，必须引用表中的一个或者多个列，表达式的运算结果是一个布尔值，且每列可以添加多个 CHECK 约束。

（2）对于同一列，可以同时定义 CHECK 约束和 NOT NULL 约束。

（3）CHECK 约束既可以定义在列级别中，也可以定义在表级别中。

（4）约束条件必须返回布尔值，这样插入数据时 Oracle 将会自动检查数据是否满足条件。

检查约束可以在设计器中进行设置，也可以使用 SQL 语句进行设置。可以在创建表的时候设置，也可以在现有表中设置。

1．使用设计器设置检查约束

在设计器中设置检查约束可以使用创建表的方法，在如图 3-3 所示的高级设置对话框中选择【检查约束条件】，如图 3-15 所示。

如图 3-15 所示，首先单击右侧的【添加】按钮添加新的检查约束，接着编辑约束的名称和检查条件。检查约束在设置时不需要针对具体的列，但若对列数据进行限制，需要在条件中有表示。如图 3-15 创建的约束限制了 S_AGE 的值要在 0～20 之间，虽然没有显式地设置列，但在条件中表示了出来。

检查约束设置完成之后，可根据创建表的步骤执行表的创建。

对于现有表，若修改表的检查约束，可打开【编辑表】对话框，选择【检查约束条件】节点并进行检查约束的设置,设置方法与图 3-15 的设置方法一样。接着保存表的修改即可。

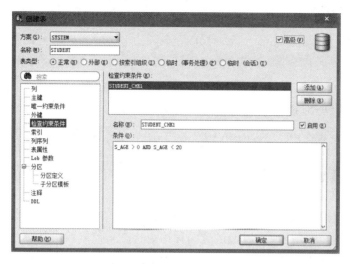

图 3-15　设置检查约束

删除检查约束,可直接选中检查约束的名称,单击【删除】按钮,保存表的修改即可。

2. 使用 SQL 语句设置检查约束

使用 SQL 语句设置检查约束包括创建表的时候设置检查约束;在现有表中添加、修改或删除检查约束等。

在创建表的时候设置检查约束,需要在检查约束所作用的列后面使用 CONSTRAINT…CHECK 语句创建,语法如下:

```
列名 数据类型 CONSTRAINT 约束名 CHECK(约束条件)
```

【范例 15】

创建 STUDENT 表,有学生编号、姓名、性别和年龄字段,其中年龄字段添加检查约束限制字段的值在 0~20 之间,代码如下。

```
CREATE TABLE STUDENT
(
  S_ID NUMBER NOT NULL ,
  S_NAME VARCHAR2(20) ,
  S_SEX VARCHAR2(20) ,
  S_AGE NUMBER CONSTRAINT STUDENT_CHK1 CHECK(S_AGE > 0 AND S_AGE < 20)
);
```

为已经创建好的表中已经存在的列添加 CHECK 约束,需要使用 ALTER TABLE…ADD CHECK 语句,格式如下:

```
ALTER TABLE 表名 ADD CONSTRAINT 约束名 CHECK(约束条件);
```

【范例 16】

为 STUDENT 表的性别字段添加检查约束，要求 S_SEX 字段的值为"男性"或"女性"，代码如下。

```
ALTER TABLE STUDENT ADD CONSTRAINT SEX_CHECK CHECK(S_SEX='男性' OR S_SEX='
女性');
```

如果要删除已经创建好的表中已经存在的列 CHECK 约束，需要使用 ALTER TABLE…DROP CONSTRAINT 语句，语法如下：

```
ALTER TABLE 表名 DROP CONSTRAINT 约束名;
```

3.4.7 禁止和激活约束

在 Oracle 数据库中根据对表的操作与约束规则之间的关系，将约束分为 DISABLE 和 ENABLE 两种，也就是说可以通过这两种约束状态来控制约束是禁用还是激活。

当约束状态处于激活状态时，如果对表的操作与约束规则相冲突，则操作就会被取消。在默认的情况下，新添加的约束，默认状态是激活的。只有在手动配置的情况下约束才能被禁止。

（1）禁止约束：DISABLE 关键字用来设置约束的状态为禁止状态。也就是说约束状态禁止的时候，即使对表的操作与约束规则相冲突，操作也会被执行。

（2）激活约束：ENABLE 关键字用来设置约束的状态为激活状态。也就是说约束状态激活的时候，如果对表的操作与约束规则相冲突，操作就会被取消。

禁止和激活约束可以在设计器中进行设置，也可以使用 SQL 语句进行设置。可以在创建表的时候设置，也可以在现有表中设置。

在设计器中设置约束的禁止和激活状态，可以在创建表的时候设置，也可在现有表中设置。如设置主键约束的状态，可在如图 3-10 所示的对话框中选择【启用】复选框激活约束，或取消【启用】复选框禁止约束。

其他约束的状态设置与主键约束一样，在约束的设置对话框中选择【启用】复选框激活约束，或取消【启用】复选框禁止约束。在现有的表中修改约束状态，也是对【启用】复选框的设置，这里不再介绍。

使用 SQL 设置约束的状态，分为在创建表的时候设置和在现有表中修改。

在创建表的时候设置时，需要在约束语句的后面添加 DISABLE 关键字禁止约束（默认是激活状态，不需要显式地定义）。

【范例 17】

创建 TEACHER 表，有编号、姓名、性别和年龄字段，其中年龄字段添加检查约束限制字段的值在 20～60 之间，禁用该约束，代码如下。

```
CREATE TABLE TEACHER
(
  T_ID NUMBER NOT NULL ,
  T_NAME VARCHAR2(20) ,
```

创建和管理表

```
T_SEX VARCHAR2(20) ,
T_AGE NUMBER CONSTRAINT TAGE_CHK1 CHECK(T_AGE > 20 AND T_AGE < 60) DISABLE
);
```

在现有的表中修改约束的状态分为：将约束状态修改为禁止状态；将约束状态修改为激活状态。

将约束状态修改为激活状态有两种方法，如下所示。

（1）使用 ALTER TABLE…ENABLE 语句语法如下：

```
ALTER TABLE 表名 ENABLE CONSTRAINT 约束名;
```

（2）使用 ALTER TABLE…MODIFY…ENABLE 语句语法如下：

```
ALTER TABLE 表名 MODIFY ENABLE CONSTRAINT 约束名;
```

将约束状态修改为禁止状态使用 DISABLE 关键字，语法如下：

```
ALTER TABLE 表名 DISABLE CONSTRAINT 约束名;
```

约束的状态可以通过一些 Oracle 数据库提供的数据字典视图和动态性能视图来查询，例如，使用 USER_CONSTRAINTS 和 USER_CONS_COLUMNS 等来查询。

通过这些视图可以查询表和列中的约束信息，包括约束的所有者、约束名、约束类型、所属的表和约束状态等。如数据字典视图 USER_CONSTRAINTS 中常用的字段及其含义如表3-3所示。

表3-3　USER_CONSTRAINTS 视图常用字段及其说明

字段名	类型	说明
owner	VARCHAR2(30)	约束的所有者
constraint_name	VARCHAR2(30)	约束名
constraint_type	VARCHAR2(1)	约束类型（P、R、C、U、V、O）
table_name	VARCHAR2(30)	约束所属的表
status	VARCHAR2(8)	约束状态（ENABLE、DISABLE）
deferrable	VARCHAR2(14)	约束是否延迟（DEFERRABLE、NOTDEFERRABLE）
deferred	VARCHAR2(9)	约束是立即执行还是延迟执行（IMMEDIATE、DEFERRED）

表3-3中，约束类型的含义如下所示。

（1）C 代表 CHECK 或 NOT NULL 约束。

（2）P 代表 PRIMARY KEY 约束。

（3）R 代表 FOREIGN KEY 约束。

（4）U 代表 UNIQUE 约束。

（5）V 代表 CHECK OPTION 约束。

（6）O 代表 READONLY 只读约束。

【范例18】

利用范例17中的 TEACHER 表，添加编号字段的唯一约束，查询表中约束的信息，修改其检查约束为激活状态，再次检查表中的约束信息，步骤如下。

（1）添加 T_ID 字段的唯一约束代码如下。

```
ALTER TABLE TEACHER ADD CONSTRAINT TID_PK UNIQUE(T_ID);
```

（2）首先查询 TEACHER 表中的约束信息，代码如下。

```
SELECT CONSTRAINT_NAME ,CONSTRAINT_TYPE ,STATUS FROM USER_CONSTRAINTS
WHERE TABLE_NAME='TEACHER';
```

上述代码的执行效果如下所示。

```
CONSTRAINT_NAME C    STATUS
--------------- -    ------
TAGE_CHK1       C    DISABLED
TID_PK          U    ENABLED
SYS_C009878     C    ENABLED
```

（3）修改检查约束为激活状态，代码如下。

```
ALTER TABLE TEACHER ENABLE CONSTRAINT TAGE_CHK1;
```

（4）再次查询 TEACHER 表中的约束信息，参考步骤（2）中的代码，其效果如下
所示。

```
CONSTRAINT_NAME  C STATUS
--------------- - ------
TID_PK          U ENABLED
SYS_C009878     C ENABLED
TAGE_CHK1       C ENABLED
```

通过查询数据字典 USER_CONS_COLUMNS，可以了解定义约束的列。下面是
USER_CONS_COLUMNS 视图中部分列的说明，如表 3-4 所示。

表 3-4　USER_CONS_COLUMNS 视图常用字段及其说明

字段名	类型	说明
owner	VARCHAR2(30)	约束的所有者
constraint_name	VARCHAR2(30)	约束名
table_name	VARCHAR2(30)	约束所属的表
column_name	VARCHAR2(4000)	约束所定义的列

【范例 19】

查询 TEACHER 表中的约束定义在哪个列上，代码如下。

```
SELECT   CONSTRAINT_NAME,COLUMN_NAME   FROM   USER_CONS_COLUMNS   WHERE
TABLE_NAME='TEACHER';
```

上述代码的执行效果如下所示。

```
CONSTRAINT_NAME  COLUMN_NAME
--------------- -----------
TID_PK           T_ID
```

创建和管理表

```
TAGE_CHK1           T_AGE
SYS_C009878         T_ID
```

  激活和禁用两种约束状态是对表进行更新和插入操作时是否验证操作符合约束规则。在 Oracle 中，除了激活和禁用两种约束状态，还有另外两种约束状态，用来决定是否对表中已经存在的数据进行约束规则检查。

  通常约束的验证状态有两种，一种是验证约束状态，如果约束处于验证状态，则在定义或者激活约束时，Oracle 将对表中所有已经存在的记录进行验证，检验是否满足约束限制；另外一种是非验证约束，如果约束处于非验证状态，则在定义或者激活约束时，Oracle 将对表中已经存在的记录不执行验证操作。

  将禁止、激活、验证和非验证状态相互结合，则可以将约束分为 4 种状态，如表 3-5 所示。

表 3-5　约束的状态

状态	说明
激活验证状态 （ENABLE VALIDATE）	激活验证状态是默认状态，这种状态下，Oracle 数据库不仅对以后添加和更新数据进行约束检查，也会对表中已经存在的数据进行检查，从而保证表中的所有记录都满足约束限制
激活非验证状态 （ENABLE NOVALIDATE）	这种状态下，Oracle 数据库只对以后添加和更新的数据进行约束检查，而不检查表中已经存在的数据
禁止验证状态 （DISABLE VALIDATE）	这种状态下，Oracle 数据库对表中已经存在的记录执行约束检查，但是不允许对表执行添加和更新操作，因为这些操作无法得到约束检查
禁止非验证状态 （DISABLE NOVALIDATE）	这种状态下，无论是表中已经存在的记录，还是以后添加和更新的数据，Oracle 都不进行约束检查

技巧

  在非验证状态下激活约束比在验证状态下激活约束节省时间。所以，在某些情况下，可以选择使用激活非验证状态。例如，当需要从外部数据源引入大量数据时。

3.4.8　延迟约束

  由表 3-3 可以看出，约束有着延迟属性。在 Oracle 程序中，如果使用了延迟约束，那么当执行增加和修改等操作时，Oracle 将不会像以前一样立即做出回应和处理，而是在规定条件下才会被执行。这样用户可以自定义何时验证约束，例如将约束检查放在失误结束后进行。

  默认情况下，新添加的 Oracle 约束延迟操作时没有开启的，也就是说在执行 INSERT 和 UPDATE 操作语句时，Oracle 程序将会马上做出对应的处理和操作，如果语句违反了约束，则相应的操作无效。要想对约束进行延迟，那么就使用关键字 DEFERRABLE 创建延迟约束。延迟约束还有以下两种初始状态，

  （1）INITIALLY DEFERRED：约束的初始状态是延迟检查。

  （2）INITIALLY IMMEDIATE：约束的初始状态是立即检查。

修改约束的延迟状态使用 ALTER TABLE…MODIFY CONSTRAINT 语句，语法如下：

```
ALTER TABLE 表名 MODIFY CONSTRAINT 约束名 INITIALLY DEFERRED| INITIALLY
IMMEDIATE;
```

如果约束的延迟已经存在，则可以使用 SET CONSTRAINTS ALL 语句将所有约束切换为延迟状态，表现如下。

（1）如果设置为 SET CONSTRAINTS ALL DEFERRED，则延迟检查。

（2）如果设置为 SET CONSTRAINTS ALL IMMEDIATE，则立即检查。

延迟约束是在事务被提交时强制执行的约束。添加约束时可以通过 DEFERRED 子句来指定约束为延迟约束。约束一旦创建以后，就不能修改为 DEFERRED 延迟约束。

注 意

Oracle 中是不能修改任何非延迟性约束的延迟状态的。

3.5 实验指导——家电信息管理

结合本章内容，根据家电信息创建相关的表、字段和约束，具体要求如下。

1）创建家电信息表，有商品编号、名称、类型、品牌、价格和能效等级字段，其中商品编号、类型和品牌字段为 NUMBER 类型，商品编号为主键。

2）创建类型表，有类型编号和类型名称字段。

3）创建品牌表，有品牌编号和品牌名称字段。

4）为家电信息表添加外键设置，使其类型字段关联类型表的类型编号；品牌字段关联品牌表中的品牌编号。

5）为家电信息表的能效等级字段添加检查约束，使字段值在1~5之间，包含1和5。

6）为家电信息表添加唯一约束，使商品名称和品牌字段的组合不能重复。

7）检查约束信息和约束所作用的列。

（1）创建家电信息表，有商品编号、名称、类型、品牌、价格和能效等级字段，其中商品编号、类型和品牌字段为 NUMBER 类型，商品编号为主键，代码如下。

```
CREATE TABLE APPLIANCES
(
  A_ID NUMBER NOT NULL ,
  A_TITLE VARCHAR2(20) ,
  A_TYPE NUMBER,
  A_BRAND NUMBER,
  A_PRICE NUMBER,
  A_GRADE NUMBER,
  CONSTRAINT AID_PK PRIMARY KEY(A_ID)
  ENABLE
);
```

（2）创建类型表，有类型编号和类型名称字段，代码如下。

```
CREATE TABLE A_TYPE
(
  T_ID NUMBER NOT NULL ,
  T_TITLE VARCHAR2(20) ,
  CONSTRAINT ATID_PK PRIMARY KEY(T_ID)
  ENABLE
);
```

（3）创建品牌表，有品牌编号和品牌名称字段，代码如下。

```
CREATE TABLE A_BRAND
(
  B_ID NUMBER NOT NULL ,
  B_TITLE VARCHAR2(20) ,
  CONSTRAINT BID_PK PRIMARY KEY(B_ID)
  ENABLE
);
```

（4）为家电信息表添加外键设置，使其类型字段关联类型表的类型编号；品牌字段关联品牌表中的品牌编号，代码如下。

```
ALTER TABLE APPLIANCES ADD CONSTRAINT AT_PK FOREIGN KEY (A_TYPE) REFERENCES
A_TYPE(T_ID);
```

（5）为家电信息表的能效等级字段添加检查约束，使字段值在 1～5 之间，包含 1 和 5，代码如下。

```
ALTER TABLE APPLIANCES ADD CONSTRAINT AB_PK FOREIGN KEY (A_BRAND)
REFERENCES A_BRAND(B_ID);
```

（6）为家电信息表添加唯一约束，使商品名称和品牌字段的组合不能重复，代码如下。

```
ALTER TABLE APPLIANCES ADD CONSTRAINT UNIQUE_PK UNIQUE(A_TITLE,A_BRAND);
```

（7）检查约束信息，代码如下。

```
SELECT CONSTRAINT_NAME ,CONSTRAINT_TYPE ,STATUS FROM USER_CONSTRAINTS
WHERE TABLE_NAME='APPLIANCES';
```

上述代码的执行效果如下所示。

```
CONSTRAINT_NAME C STATUS
--------------- - ------
AID_PK          P ENABLED
UNIQUE_PK       U ENABLED
AT_PK           R ENABLED
AB_PK           R ENABLED
SYS_C009886     C ENABLED
```

（8）检查约束所作用的列，代码如下。

```
SELECT  CONSTRAINT_NAME,COLUMN_NAME  FROM  USER_CONS_COLUMNS  WHERE
TABLE_NAME='APPLIANCES';
```

上述代码的执行效果如下所示。

```
CONSTRAINT_NAME     COLUMN_NAME
---------------     -----------
UNIQUE_PK           A_BRAND
UNIQUE_PK           A_TITLE
AB_PK               A_BRAND
AT_PK               A_TYPE
AID_PK              A_ID
SYS_C009886          A_ID
已选择 6 行。
```

思考与练习

一、填空题

1. Oracle 数据类型有字符类型、_____、日期类型和图片类型。

2. _____又称作 IOT 表，存储在索引结构中。

3. _____是普通的标准数据库表，数据以堆的方式管理。

4. Oracle 允许用户在表上使用_____列来存储表达式。

5. 临时表、_____和集群表不支持不可见列。

二、选择题

1. 下列关于虚拟列说法错误的是_____。
  A. 虚拟列可以使用 Oracle 自带的函数，也可以使用用户定义的函数
  B. Oracle 含有虚拟列的表中不存储虚拟列的值
  C. 虚拟列的值存储在数据文件中
  D. 虚拟列在创建时可以省略数据类型

2. 下列关于不可见列说法正确的是_____。
  A. 不可见列是存储在表中，但是不能够查询出来的
  B. 虚拟列和分区列同样也可以定义为不可见类型
  C. 不可见列使用 VISIBLE 定义
  D. 不可见列与虚拟列不同，可以使用 INSERT 语句隐式插入数据

3. 重命名列使用_____。
  A. NEWNAME
  B. NAME
  C. RENAME
  D. RENNAME

4. UNIQUE 表示_____。
  A. 唯一约束
  B. 特别约束
  C. 检查约束
  D. 附加约束

5. 如果一个列定义了一个 PRIMARY KEY 约束，那么该列_____。
  A. 不能为空，可以重复
  B. 可以为空，不能重复
  C. 可以为空也可以重复
  D. 不能为空也不可以重复检查约束

6. 一个表中，外键约束所关联的列要满足以下要求_____。
  A. 必须是主键约束
  B. 必须有唯一约束
  C. 既要有主键约束也要有唯一约束
  D. 可以是唯一约束或主键约束

三、简答题

1. 简述主键约束的作用。
2. 总结外键设置的注意事项。
3. 简述如何设置外键。
4. 概括约束的 4 种状态以及使用的限制。
5. 总结约束的种类以及应用。

第4章 单 表 查 询

对数据表中数据的操作主要有两种，一种是修改操作，一种是查询操作。修改操作是使用 INSERT、UPDATE 和 DELETE 语句实现对数据的插入、修改和删除功能。查询通常会称为检索，Oracle 数据库提供了 SELECT 语句进行查询。SELECT 是数据库开发人员常用的最有力的语句之一，而且它很容易掌握。

本章重点介绍 Oracle 数据库中的单表查询，包括所有列和指定列的获取、WHERE子句的使用以及如何对查询结果进行分组和排序等内容。

本章学习要点：

❑ 了解 SELECT 语句的语法
❑ 掌握所有列和指定列的获取
❑ 掌握如何为列指定别名
❑ 掌握 DISTINCT 的使用
❑ 熟悉 WHERE 子句的条件查询
❑ 掌握 ORDER BY 的使用
❑ 掌握 GROUP BY 的使用
❑ 熟悉 HAVING 子句的使用

4.1 SELECT 语句的语法

查询数据是数据库操作中常用的操作，通过对数据库的查询，用户可以从数据库中获取需要的数据。数据库中可能包含多个表，表中可能包含多条记录。Oracle 数据库中使用 SELECT 语句查询数据，既可以用来判断表达式，也可以从一个或多个表中查询数据。

```
SELECT [ ALL | DISTINCT ] select_list
FROM <tablename1>,<tablename2>[,…]
[WHERE <search_condition>]
[GROUP BY <group_by_expression> [HAVING<search_condition>]]
[ORDER BY <ordery_by_expression>[ASC | DESC]]
```

在上述语法中，中括号（[]）中的内容是可选的，主要参数的说明如下。

（1）SELECT 子句：SELECT 子句之后可以使用 "*" 将所有列（即字段）的内容全部查询出来，或者查询指定的数据列。

（2）ALL|DISTINCT：用来标识在查询结果集中对相同行的处理方式。关键字 ALL表示返回查询结果集的所有行，其中包括重复行；关键字 DISTINCT 表示如果结果集中

有重复行，那么只显示一行，默认值为 ALL。

（3）select_list：表示需要查询的字段列表。如果返回多列，列名之间用"，"隔开；如果需要返回所有列的数据信息，则可以用"*"表示。

（4）FROM 子句：用于指明要查询的数据表。

（5）WHERE 子句：用来指定限定返回行的搜索条件。

（6）GROUP BY 子句：用来指定查询结果的分组条件。

（7）HAVING 子句：该子句与 GROUP BY 子句组合使用，用来对分组的结果进一步限定搜索条件。

（8）ORDER BY 子句：用来指定结果集的排序方式。

（9）ASC|DESC：指定排序方式。ASC 表示升序排列，默认值；DESC 表示降序排列。

> **注 意**
>
> 在 SELECT 语句中 FROM、WHERE、GROUP BY 和 ORDER BY 子句必须按照语法中列出的次序依次执行。例如，如果把 GROUP BY 子句放在 ORDER BY 子句之后，就会出现语法错误。

在完整的 SELECT 语句查询中，SELECT 子句和 FROM 子句是必选项。各个子句的执行顺序依次是 FROM、WHERE、GROUP BY、HAVING、SELECT 以及 ORDER BY。另外，在本书编写时会经常用到如上所示的"SELECT 子句"、"FROM 子句"、"WHERE 子句"以及"HAVING 子句"等术语，这些都是一些习惯性的称呼，指的是关键字之后的内容。

4.2 简单查询

在了解 SELECT 语法之后，本节将使用 SELECT 语句查询表中的数据，例如，获取所有列、获取指定列，为表和列取名以及获取不重复的数据等。

4.2.1 获取所有列

查询数据时可以列举出数据表中的所有列。获取所有列时最常用的方法就是使用"*"符号，该符号可以代替所有的列。语法如下：

```
SELECT * FROM table_name;
```

【范例1】

查询 emp 表中的所有数据，语句如下：

```
SELECT * FROM emp;
```

执行上述语句，SQL Developer 中的查询结果如图 4-1 所示。

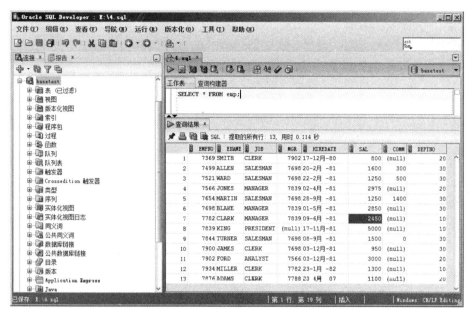

图 4-1　查询 emp 表中的全部数据

当表中的列不多时，可以不使用"*"符号，而是在 SELECT 子句后直接跟列名。假设表中只有 5 列，获取所有列的语法如下：

```
SELECT 列1,列2,列3,列4,列5 FROM table_name;
```

【范例 2】

下述语句的查询结果与范例 1 的 SELECT 语句查询结果一致。

```
SELECT empno,ename,job,mgr,hiredate,sal,comm,deptno FROM emp;
```

4.2.2　获取指定列

当数据表中的列过多时，开发人员在查询时并不需要全部显示这些列，只需要显示部分列的数据即可。开发人员可以使用 SELECT 语句指定查询表中的某些列而不是全部，这其实就是投影操作，这些列名紧跟在 SELECT 关键词之后。当指定多个列时，每个列名用逗号隔开。

假设某个表中包含 10 列，只需要获取该表中的前三列，语法如下：

```
SELECT 列1,列2,列3 FROM table_name;
```

【范例 3】

查询 emp 表中 ename 列、job 列和 sal 列的数据，语句如下：

```
SELECT ename,job,sal FROM emp;
```

执行上述语句，如图 4-2 所示。从图中可以看出，SELECT 语句已经成功执行，并且只显示 ename、job 和 sal 列的数据。

图 4-2 获取指定列的数据

提 示

利用 SELECT 指定列的方式可以改变列的顺序来显示查询的结果，甚至是可以通过在多个地方指定同一个列来多次显示同一个列。

4.2.3 算术表达式

在使用 SELECT 语句时，对于数字数据和日期数据都可以使用算术表达式。在 SELECT 语句中可以使用的算术运算符包括加（+）、减（-）、乘（*）、除（/）和括号。

【范例 4】

查询 emp 表中的 ename 列和 sal 列的数据，并对 sal 列的数据进行调整，所有的员工都增加 200 元的全勤和 300 元的餐补。语句如下。

```sql
SELECT ename,sal,sal+200+300 FROM emp;
```

执行上述语句，如图 4-3 所示。

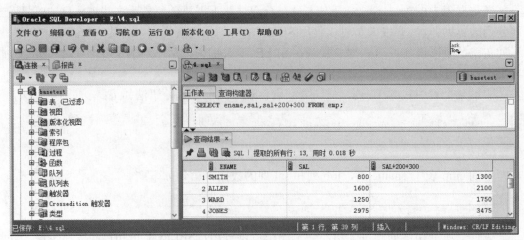

图 4-3 使用算术表达式

4.2.4 为列指定别名

当使用SELECT语句查询数据库时,其查询结果集中的数据列名默认为表中的列名,如范例4的查询结果存在名称为SAL+200+300的列。为了提高查询结果集的可读性,可以在查询结果集中为列指定别名。

为数据表中的列指定别名时需要使用 AS 关键字,但是该关键字并不是必需的。语法如下:

```
SELECT 列名 1 [AS] [列别名],列名 2 [AS] [列别名],列名 3 [AS] [列别名] FROM
table_name;
```

【范例5】

为范例 4 中的 SAL+200+300 列指定别名,其名称为 newsal。以下两行语句实现的效果是一样的。

```
SELECT ename,sal,sal+200+300 AS newsal FROM emp;
SELECT ename,sal,sal+200+300 newsal FROM emp;
```

注　意

如果为列指定的别名中包含一些特殊字符（如空格），那么必须使用双引号将别名括起来。

4.2.5 获取不重复数据

在默认情况下,结果集中包含检索到的所有数据行,而不管这些数据行是否重复出现。有时候,当结果集中出现大量重复的行时,结果集会显得比较庞大,而不会带来有价值的信息。例如,仔细观察图 4-1 中的 job 列可以发现,job 列的许多内容是重复的。使用以下语句查询 job 列的数据时会显示重复的结果集。

```
SELECT job FROM emp;
```

如果希望删除结果集中重复的行,则需要在 SELECT 子句中使用 DISTINCT 关键字。语句如下。

```
SELECT DISTINCT(job) FROM emp;
```

【范例6】

为了验证 DISTINCT 关键字的使用是否有效,下面使用 COUNT(job)函数查询 job 列的记录数, COUNT(DISTINCT(job))函数查询删除重复数据后的记录数。语句和输出结果如下。

```
SELECT COUNT(job) BEFORE,COUNT(DISTINCT(job)) AFTER FROM emp;
BEFORE          AFTER
```

```
----------- ------------
13              5
```

从上述结果中可以看出，如果不使用 DISTINCT 关键字，那么会检索到 13 条记录。检索到的记录包含 job 列重复的数据列，使用 DISTINCT 关键字之后会检索到 5 条记录，这是删除重复数据后的总记录数。

4.3 WHERE 子句

在 4.2 节中主要是将所有的数据全部查询出来并显示，但是这样会有很多麻烦。例如，某张表存在百万条数据，执行"SELECT * FROM 表名"之后则会显示这百万条记录，这样既不方便查看，也可能会造成死机。因此，必须对查询的结果进行筛选，通过 WHERE 子句可以指定筛选条件。

4.3.1 使用比较运算符

WHERE 子句之后可以跟一个或多个条件，在设置条件时可以使用基本的算术运算符，也可以使用比较运算符或逻辑运算符。Oracle 提供多个比较运算符，包括基本的比较运算和复杂的范围判断，关于比较运算符会在第 7 章中进行介绍。

1. 基本的比较运算符

基本的比较运算符就是通常所说的大于号（>）、小于号（<）、大于等于号（>=）、小于等于号（<=）、等于号（=）以及不等于号（!=或<>）等。

【范例 7】

使用等于号（=）查询 emp 表中 ename 列为"JONES"时的记录。语句和输出结果如下。

```
SELECT * FROM emp WHERE ename='JONES';

EMPNO   ENAME    JOB         MGR      HIREDATE      SAL    COMM    DEPTNO
-----   ------   ----------  ------   -----------   -----  ------  --------
7566    JONES    MANAGER     7839     02-4 月       -81    2975    20
```

上述结果只返回一条数据，当查询的 ename 列的值不存在时，查询的结果将是空值，即不显示任何记录。

【范例 8】

使用大于等于号（>=）查询 emp 表中 empno 列值大于 7900 的记录。语句和输出结果如下。

```
SELECT * FROM emp WHERE empno>=7900;
EMPNO   ENAME    JOB        MGR      HIREDATE        SAL    COMM   DEPTNO
------  -------  --------   ------   -------------   -----  -----  ------
7900    JAMES    CLERK      7698     03-12 月-81     950           30
7902    FORD     ANALYST    7566     03-12 月-81     3000          20
7934    MILLER   CLERK      7782     23-1 月-82      1300          10
```

2. 使用 IS NULL 和 IS NOT NULL 运算符

IS NULL 和 IS NOT NULL 用来判断内容是否为 NULL 值，空值是一个特殊的值。Oracle 中对于空值有以下几种常见的解释。

（1）未知值：即知道它有一个具体的值，但却不知道是什么，如一个未知的名字。

（2）不适用的值：任何值在这里都没有意义。如一个人属于未婚状态，那么对于他而言，他配偶的姓名可能为 NULL，不是因为不知道配偶的名字，而是因为没有配偶。

（3）保留的值：属于某对象但无权知道的值，如没有公开的电话号码显示为 NULL。

【范例 9】

查询 emp 表中 comm 列的值为空的记录总数。语句和输出结果如下。

```
SELECT COUNT(*) FROM emp WHERE comm IS NULL;
COUNT(*)
-------------
9
```

【范例 10】

查询 emp 表中 comm 列的值不为空的记录总数。语句和输出结果如下。

```
SELECT COUNT(*) FROM emp WHERE comm IS NOT NULL;
COUNT(*)
-------------
4
```

注意

在 WHERE 子句中需要考虑空值可能带来的影响，对 NULL 和任意值（包括 NULL 值）进行算术运算时，结果仍然为空值。当使用比较运算符比较 NULL 值和任意值（包括 NULL 值）时，结果都为 UNKNOWN。

3. 使用 IN 和 NOT IN 运算符

IN 表示在指定的列表范围内查找内容，而 NOT IN 与之相反。语法如下：

```
WHERE 列名[NOT] IN [值1,值2,值3,值4,…,值n]
```

【范例 11】

查询 emp 表中 empno 列的值在 1900、3900、5900、7900 和 9900 列表中的记录。语句和输出结果如下。

```
SELECT empno,ename,job,sal FROM emp WHERE empno IN (1900,
3900,5900,7900,9900);
EMPNO        ENAME        JOB         SAL
----------   ----------   ----------  -----
7900         JAMES        CLERK       950
```

从上述结果中可以看出，只查询出 empno 列的值为 7900 的记录，而 emp 表中并不存在 empno 列的值为 1900、3900、5900 和 9900 列表的记录。

4. 使用 LIKE 和 NOT LIKE 运算符

LIKE 和 NOT LIKE 对某一列进行模糊查询。LIKE 表示满足模糊查询，而 NOT LIKE 表示不满足模糊查询。在 LIKE 子句之后可以使用百分号（%）和下划线（_）两个通配符。

（1）百分号（%）可以匹配任意类型和长度的字符。

（2）下划线（_）匹配单个字符，常用来限制表达式的字符长度。

【范例 12】

查询 emp 表中 ename 列的值满足条件的记录，要求 ename 列以任意字符开头，第二个字母必须是 M。语句和输出结果如下。

```
SELECT * FROM emp where enameLIKE '_M%';
EMPNO          ENAME          JOBMGR          HIREDATE          SAL          COMM      DEPTNO
---------      ----------     --------------------     -----------      -----     ------
7369           SMITH          CLERK          7902          17-12 月-80     800       20
```

如果使用 NOT LIKE 替换 LIKE，那么将会查询出除了上述记录之外的其他记录。

5. 使用 BETWEEN AND 和 NOT BETWEEN AND 运算符

BETWEEN AND 表示取指定范围之内的记录。NOT BETWEEN AND 与 BETWEEN AND 相反，它只是取指定范围的相反范围，也就是不在这个范围的记录。语法如下：

```
WHERE 列名 [NOT] BETWEEN 最小值 AND 最大值;
```

【范例 13】

查询 emp 表中 empno 列的值不在 7500 和 8000 之间的记录。语句和输出结果如下。

```
SELECT empno,ename,job,sal FROM emp WHERE empno NOT BETWEEN 7500 AND 8000;
EMPNO          ENAME          JOB          SAL
-------------------------------------------------
7369           SMITH          CLERK        800
7499           ALLEN          SALESMAN     1600
```

4.3.2 使用逻辑运算符

逻辑运算符是指 AND（逻辑与）、OR（逻辑或）和 NOT（逻辑非）。AND 和 OR 都可以连接多个条件，返回结果为布尔类型。AND 指定所有的条件同时满足时返回 TRUE，OR 指定只要某一个条件满足时即可返回 TRUE。NOT 表示求反操作，将 TRUE 变为 FALSE，将 FALSE 变成 TRUE。关于逻辑运算符会在第 7 章中进行详细说明，这里只演示简单使用。

【范例 14】

查询 emp 表中 comm 列的值为 NULL，并且 empno 列的值在 7300～7500 之间的记录。语句和输出结果如下。

```
SELECT empno,ename,job,sal FROM emp WHERE comm IS NULL AND (empno BETWEEN
7300 AND 7500);
EMPNO            ENAME         JOB           SAL
----------       ----------    ----------    ----------
7369             SMITH         CLERK         800
```

4.3.3　获取前 N 条数据

由于 Oracle 数据库不支持 SELECT TOP 语句，因此在 Oracle 中不能使用该语句查询前 N 条数据，但是可以使用 ROWNUM 伪列来实现。

ROWNUM 是 Oracle 系统为从查询返回的行顺序分配的编号，返回的第一行分配的是 1，第二行是 2，第三行是 3，以此类推，为个伪列可以用于限制查询返回的总行数，且 ROWNUM 不能以任何表的名称作为前缀。

1．ROWNUM 对于等于某值的查询条件

如果开发人员希望找到 emp 表中的第一条记录信息，可以使用 ROWNUM=1 作为 WHERE 子句的条件。但是如果想找到第二条记录，使用 ROWNUM=2 查询不到数据，因为 ROWNUM 都是从 1 开始，1 以上的自然数在 ROWNUM 做等于判断时被认为是 FALSE 条件，所以无法查询 ROWNUM=n（n 是大于 1 的自然数）。

【范例 15】

下面通过 ROWNUM 伪列查询 emp 表中的第一行记录。

```
SELECT * FROM emp WHERE ROWNUM = 1;
```

2．ROWNUM 对于大于某值的查询条件

如果想找到从第二行记录以后的记录需要使用子查询（第 5 章介绍）解决，在子查询中 ROWNUM 必须要有别名，否则还是不会查出任何记录。如果不起别名，无法知道 ROWNUM 是子查询的列还是主查询的列。范例代码如下。

```
SELECT * FROM(SELECT ROWNUM no ,empno,ename,job FROM emp) WHERE no>9;
```

如果使用 ROWNUM 查询在某区间的数据时，必须使用子查询。例如，要查询在第二行到第三行之间的数据，包括第二行和第三行数据，那么只能使用以下语句。

```
SELECT * FROM (SELECT ROWNUM no,empno,ename,job FROM emp WHERE ROWNUM<=3 )
WHERE no >=2;
```

在上述子查询中，首先让它返回小于等于 3 的记录行，然后在主查询中判断新的 ROWNUM 的别名列大于等于 2 的记录行。但是，执行上述语句时，如果数据较大则会影响查询速度。

3. ROWNUM 对于小于某值的查询条件

ROWNUM 伪列对于 ROWNUM<n（n 表示大于 1 的自然数）的条件是成立的，因此可以查询到记录。

【范例 16】

使用 ROWNUM 查询 emp 表中的前三条记录。语句和输出结果如下。

```
SELECT empno,ename,sal FROM emp WHERE ROWNUM<=3;
EMPNO            ENAME         SAL
----------    ----------    -------
7369             SMITH          800
7499             ALLEN         1600
7521             WARD          1250
```

4.4 操作查询结果

使用 SELECT 语句查询数据时，可以对查询的结果进行排序、分组和统计。一旦为查询结果集进行了排序、分组或统计，就可以方便用户查询数据。

4.4.1 对查询结果排序

在前面介绍的数据检索技术中，只是把数据库中的数据从表中直接取出来。这时，结果集中数据的排列顺序是由数据的存储顺序决定的。但是，这种存储顺序经常不符合开发人员的查询要求。当查询一个比较大的表时，数据的显示会比较混乱，因此需要对检索到的结果集进行排序。

在 SELECT 语句中，使用 ORDER BY 子句实现对查询的结果集进行排序。排序有两种方式：ASC 表示升序，这也是默认的排序方式；DESC 表示降序。

【范例 17】

查询 emp 表中的前三条记录，并且将对 sal 表进行升序排列。语句和输出结果如下。

```
SELECT empno,ename,sal FROM emp WHERE ROWNUM<=3 ORDER BY sal;
EMPNO         ENAME        SAL
-------------------------
7369          SMITH         800
7521          WARD         1250
7499          ALLEN        1600
```

将上述结果与范例 16 中的输出结果进行比较可以发现，ORDER BY 关键字进行升序排序已经成功。

【范例 18】

查询 emp 表中的前三条记录，并且将对 sal 表进行降序排列。语句和输出结果如下。

```
SELECT empno,ename,sal FROM emp WHERE ROWNUM<=3 ORDER BY sal DESC;
```

```
EMPNO          ENAME          SAL
----------     ----------     -------
7499           ALLEN          1600
7521           WARD           1250
7369           SMITH           800
```

【范例 19】

开发人员可以在 ORDER BY 子句中使用别名或表达式。例如，在 SELECT 子句中计算出员工的年薪并指定别名 FULLYEARSAL，然后在 ORDER BY 子句中根据指定的别名进行降序排列。语句和输出结果如下。

```
SELECT empno,ename,sal,(sal*12) FULLYEARSAL FROM emp WHERE ROWNUM<=3
ORDERBY FULLYEARSAL DESC;
EMPNO          ENAME          SAL         FULLYEARSAL
-------        ----------     --------    -----------
7499           ALLEN          1600        19200
7521           WARD           1250        15000
7369           SMITH           800         9600
```

【范例 20】

如果需要对多个列进行排序，只需要在 ORDER BY 子句后指定多个列名。这样当输出排序结果时，首先根据第一列排序，当第一列的值相同时，再对第二列进行比较排序，其他列以此类推。

下面使用 SELECT 语句首先对 sal 列排序，然后再对 ename 列排序。代码如下。

```
SELECT empno,ename,sal FROM emp WHERE ROWNUM<=3 ORDER BY sal DESC,ename;
```

4.4.2　对查询结果分组

GROUP BY 子句用于在查询结果集中对记录进行分组，以汇总数据或者为整个分组显示单行的汇总信息。

开发人员在使用 GROUP BY 子句时，必须满足以下几个条件。

（1）在 SELECT 子句的后面只可以有两类表达式：聚合函数和进行分组的列名。

（2）在 SELECT 子句中的列名必须是进行分组的列，除此之外添加其他的列表都是错误的。但是 GROUP BY 子句后面的列名可以不出现在 SELECT 子句中。

（3）如果使用了 WHERE 子句，那么所有参数分组计算的数据必须首先满足 WHERE 子句指定的条件。

（4）在默认情况下，将按照 GROUP BY 子句指定的分组列升序排列，如果需要重新排序，可以使用 ORDER BY 子句指定新的排列顺序。

【范例 21】

在使用 GROUP BY 子句之前首先查询 emp 表中的记录，并且针对 job 列和 sal 列排序，语句和输出结果如图 4-4 所示。从图 4-4 中可以看出，对于每一个 job 列，都可以有多个对应的 sal 值。

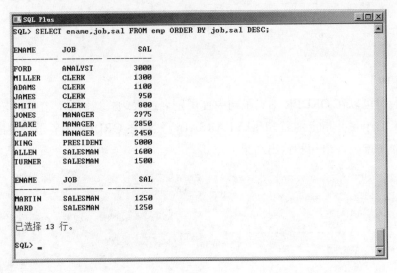

图 4-4 查询 emp 表中的记录

开发人员可以使用 GROUP BY 子句实现对查询结果中每一组数据进行分类统计。使用 GROUP BY 子句时，在结果中每组数据都有一个与之对应的统计值。GROUP BY 子句实现分组功能时，通常会用到聚合函数，关于聚合函数会在第 8 章中介绍。

【范例 22】

使用 GROUP BY 子句对 job 列进行分组，并且分别使用 COUNT()函数、SUM()函数、AVG()函数、MAX()函数和 MIN()函数计算每个职位（job 列）的数据行数、所有工资总和、平均工资、最高工资和最低工资。语句和输出结果如下。

```
SELECT job,COUNT(job),SUM(sal),AVG(sal),MAX(sal),MIN(sal) FROM emp GROUP
BYjob;
```

JOB	COUNT(JOB)	SUM(SAL)	AVG(SAL)	MAX(SAL)	MIN(SAL)
CLERK	4	4150	1037.5	1300	800
SALESMAN	4	5600	1400	1600	1250
PRESIDENT	1	5000	5000	5000	5000
MANAGER	3	8275	2758.33333	2975	2450
ANALYST	1	3000	3000	3000	3000

GROUP BY 子句与 ORDER BY 子句很相似，GROUP BY 子句也可以对多个列进行分组。在这种情况下，GROUP BY 子句将在主分组范围内进行二次分组。

【范例 23】

下面的语句对各部门中的各个工作类型进行分组。

```
SELECT   deptno,job,COUNT(*),SUM(sal),AVG(sal)   FROM   emp   GROUP   BY
deptno,job;
```

执行上述语句，输出结果如下。

```
DEPTNO      JOB          COUNT(*)      SUM(SAL)        AVG(SAL)
-------     ----------   ----------    ------------    --------------------
20          CLERK        2             1900            950
30          SALESMAN     4             5600            1400
20          MANAGER      1             2975            2975
30          CLERK        1             950             950
10          PRESIDENT    1             5000            5000
30          MANAGER      1             2850            2850
10          CLERK        1             1300            1300
10          MANAGER      1             2450            2450
20          ANALYST      1             3000            3000
```

GROUP BY 子句中可以使用 ROLLUP 和 CUBE 运算符，这两个运算符在功能上相似。在 GROUP BY 子句中使用它们后，都将会在查询结果中附加一行汇总信息。

【范例 24】

下面的语句在 GROUP BY 中使用 ROLLUP 运算符汇总 job 列。

```
SELECT job,COUNT(*),SUM(sal),AVG(sal) FROM emp GROUP BY ROLLUP(job);
```

执行上述语句，输出结果如下。

```
JOB           COUNT(*)        SUM(SAL)          AVG(SAL)
----------    ------------    -------------     -------------
ANALYST       1               3000              3000
CLERK         4               4150              1037.5
MANAGER       3               8275              2758.33333
PRESIDENT     1               5000              5000
SALESMAN      4               5600              1400
              13              26025             2001.92308
```

试一试
> 当使用 CUBE 运算符时也会在查询结果中附加一行汇总信息，但是它不是在查询结果的底部（最后一行），而是顶部（第一行），感兴趣的读者可以亲自动手试一试。

4.4.3　对查询结果筛选

HAVING 子句通常与 GROUP BY 子句一起使用，在完成对分组结果统计之后，可以使用 HAVING 子句对分组的结果做进一步筛选。如果不使用 GROUP BY 子句，HAVING 子句的功能与 WHERE 子句一样。HAVING 子句和 WHERE 子句的相似之处就是都定义搜索条件，但是和 WHERE 子句不同，不同点表现在以下三个方面。

（1）HAVING 针对结果组；WHERE 针对的是列的数据。

（2）HAVING 可以与聚合函数一起使用；但是 WHERE 不能。

（3）HAVING 语句只过滤分组后的数据；WHERE 在分组前对数据进行过滤。

【范例 25】

下面的语句查询工作类型的员工人数不等于 1 的记录。

```
SELECT job,COUNT(*),SUM(sal),AVG(sal) FROM emp GROUP BY job HAVING
COUNT(*)!=1;
```

执行上述语句，输出结果如下。

```
JOB              COUNT(*)  SUM(SAL)    AVG(SAL)
----------------- -------------- --------------- ----------------
CLERK            4        4150        1037.5
SALESMAN         4        5600        1400
MANAGER          3        8275        2758.33333
```

从上述查询结果可以看出，SELECT 语句使用 GROUP BY 子句对 emp 表进行分组统计，然后再由 HAVING 子句根据统计值做进一步筛选。

提示

通常情况下，HAVING 子句与 GROUP 子句一起使用，这样可以在汇总相关数据后再进一步筛选汇总的数据。在使用 WHERE 子句或 HAVING 子句都能查询出相同的结果时，WHERE 子句放在 GROUP BY 子句之前，而 HAVING 子句放在 GROUP BY 子句之后。

4.5 实验指导——查询图书信息

在本节之前首先介绍 SELECT 语句的语法，然后详细介绍如何使用 SELECT 语句按照用户的需求从数据表中查询数据，并将查询结果进行输出。本节实验指导将以一个图书信息表为例，使用 SELECT 语句进行各种数据的查询，如表 4-1 所示为图书信息表（bookinfo）的结构定义。

表 4-1　图书信息表的结构

列名	数据类型	是否允许为空	说明
bookisbn	VARCHAR2(20)	否	主键、图书 ISBN 编号
bookname	VARCHAR2(60)	否	图书名称
classtype	VARCHAR2(20)	是	图书分类
author	VARCHAR2(60)	是	作者
publisher	VARCHAR2(20)	否	出版社
pubtime	DATE	是	出版日期
page	NUMBER	是	总页数
price	VARCHAR2(20)	否	价格
details	CLOB	是	内容简介

根据以下要求完成查询。

（1）查询 bookinfo 表中的所有内容。

（2）查询 bookinfo 表中的 bookname、classtype、author、page 和 price 列。

（3）查询 bookinfo 表中的 bookname、classtype、author、page 和 price 列，并依次将列名定义为"书名"、"分类"、"作者"、"页数"和"价格"。

（4）查询 bookinfo 表中所有关于数据库的图书信息。

（5）查询 bookinfo 表价格不在 30～60 这个范围内的所有图书信息。

（6）查询 bookinfo 表中 details 列的值为 NULL 的记录。

（7）查询 bookinfo 表中所有与 SQL 相关的图书。

（8）使用 COUNT()函数按年份分组统计图书的数量。

（9）筛选出 bookinfo 表中数量多于 2 的图书分类。

在实现上述查询之前需要根据表 4-1 中的结构创建 bookinfo 表，并且通过 SQL Developer 或 SQL 语句在该表中添加测试数据，如图 4-5 所示。

图 4-5 bookinfo 表的数据

根据前面的要求实现对 bookinfo 表的查询，步骤如下。

（1）查询 bookinfo 表的所有内容。代码如下。

```
SELECT * FROM bookinfo;
```

（2）查询 bookinfo 表中的 bookname、classtype、author、pages 和 price 列。代码如下。

```
SELECT bookname,classtype,author,page,price FROM bookinfo;
```

（3）查询 bookinfo 表中的 bookname、classtype、author、page 和 price 列，并依次将列名定义为"书名"、"分类"、"作者"、"页数"和"价格"。代码如下。

```
SELECT bookname 书名,classtype 分类,author 作者,page 页数,price 价格 FROM
bookinfo;
```

（4）查询 bookinfo 表中所有关于数据库的图书信息。代码如下。

```
SELECT * FROM bookinfo WHERE classtype='数据库';
```

（5）查询 bookinfo 表价格不在 30～60 这个范围内的所有图书信息。代码如下。

```
SELECT * FROM bookinfo WHERE price NOT BETWEEN 30 AND 60;
```

（6）查询 bookinfo 表中 details 列的值为 NULL 的记录。代码如下。

```
SELECT * FROM bookinfo WHERE details IS NULL;
```

（7）查询 bookinfo 表中所有与 SQL 相关的图书。代码如下。

```
SELECT * FROM bookinfo WHERE bookname LIKE '%SQL%';
```

（8）使用 COUNT()函数按年份分组统计图书的数量。语句和输出结果如下。

```
SELECT TO_CHAR(pubtime,'YYYY') YEAR,COUNT(*) TOTALNUMBER FROM bookinfo
GROUP BY TO_CHAR(pubtime,'YYYY');
YEAR         TOTALNUMBER
--------     --------------------
2010              1
2014              5
2013              2
```

（9）筛选出 bookinfo 表中数量多于 2 的图书分类。语句和输出结果如下。

```
SQL> SELECT classtype,COUNT(*) FROM bookinfo GROUP BY classtype HAVING
COUNT(*)>=2;
CLASSTYPE              COUNT(*)
----------------      --------------
程序开发                    3
数据库                      3
```

提示

　　SQL 是不区分大小写的，它把大写和小写书看作相同的字母，例如，对于 FROM 关键字说，可以写成 From、from 或 frOM 等，只有单引号里面的字符才区分大小写。一般情况下，固定关键字（包括函数）采用大写的形式，对于可变内容（如列和表）都将采用小写的形式，前面的范例都是遵循这种形式的。

思考与练习

一、填空题

1. 使用通配符_____可以获取指定表中的所有列。

2. 为数据表中的列指定别名时需要使用_____关键字，但是它并不是必需的。

3. SELECT 语句中使用_____关键字可以消除重复行。

4. 使用 ORDER BY 子句进行排序时，升序使用 ASC 关键字，降序使用_____关键字。

5. _____子句通常与 GROUP BY 子句组合使用，进一步筛选分组的结果。

二、选择题

1. SELECT、FROM、WHERE、GROUP BY、HAVING 和 ORDER BY 的执行顺序依次是_____。

　　A. WHERE、FROM、GROUP BY、

ORDER BY、HAVING、SELECT

  B. WHERE、FROM、GROUP BY、
    HAVING、SELECT、ORDER BY

  C. FROM、WHERE、GROUP BY、
    HAVING、SELECT、ORDER BY

  D. FROM、WHERE、GROUP BY、
    HAVING、ORDER BY、SELECT

2．获取数据表中的前 N 条数据时需要使用＿＿＿＿＿＿伪列。

  A. CURRVAL
  B. LEVEL
  C. ROWID
  D. ROWNUM

3．WHERE 子句的作用是＿＿＿＿＿＿。

  A. 查询结果的分组条件
  B. 组或聚合的搜索条件
  C. 限定返回行的搜索条件
  D. 结果集的排序方式

4．GROUP BY 子句的作用是＿＿＿＿＿＿。

  A. 查询结果的分组条件
  B. 组或聚合的搜索条件
  C. 限定返回行的搜索条件
  D. 结果集的排序方式

5．查询 bookinfo 表中前 5 条的数据，可以执行＿＿＿＿＿＿语句。

  A. SELECT TOP 5 * FROM bookinfo;
  B. SELECT * FROM bookinfo WHERE ROWNUM<5;
  C. SELECT * FROM bookinfo WHERE ROWNUM<=5;
  D. SELECT * FROM bookinfo WHERE ROWNUM>=5;

6．关于 HAVING 子句和 WHERE 子句，下面说法正确的是＿＿＿＿＿。

  A. HAVING 子句针对列的数据，WHERE 子句针对结果组
  B. HAVING 子句针对结果组，WHERE 子句针对列的数据
  C. HAVING 和 WHERE 都可以和聚合函数一起使用
  D. HAVING 在分组前对数据进行过滤，WHERE 则过滤分组后的数据

三、简答题

1．如何获取数据表的所有列和指定列？
2．如何获取数据表中的前 N 条记录？
3．如何对查询的结果集进行排序操作？
4．如何对查询的结果集进行分组操作？

103

第 5 章　多表查询和子查询

在第 4 章介绍的单表查询中，每个查询语句只针对一个表进行操作。其实在 Oracle 系统中，要查询的数据可以来自多个表，即一个查询语句可以针对多个表进行操作。需要同时从多张数据表中取出数据，这样的查询称为多表查询。多表查询在开发中是一种较为常用的查询方式，本章将介绍 Oracle 中的多表查询和子查询。

本章学习要点：

- ❏　掌握多张表的基本连接查询
- ❏　掌握如何为表指定别名
- ❏　掌握内连接和外连接的实现
- ❏　熟悉自连接查询
- ❏　掌握 UNION 和 UNION ALL 的使用
- ❏　熟悉 INTERSECT 和 MINUS 的使用
- ❏　掌握子查询

5.1　查询多个表

多表查询在实际应用中很常见，尤其是大型数据库中。查询多个表与查询单表的语法类似，但是在查询之前应该先清晰地理解表之间的关联，这是多表查询的基础。本节简单介绍多表查询的基本应用，如基本连接、在连接时定义别名以及连接多个表等。

5.1.1　基本连接

多表查询就是在一条查询语句中，从多张表里一起取出需要的数据。最简单的连接方式是通过在 SELECT 语句的 FROM 子句中用逗号将不同的基表分隔。如果仅通过 SELECT 子句和 FROM 子句建立连接，那么查询的结果将是一个通过笛卡儿积所生成的表。所谓笛卡儿积所生成的表，就是该表是由一个基表的每一行与另一个基表的每一行连接在一起所生成的，即该表的行数是两个基表的行数的乘积。但是，这样的查询结果并没有多大的用处。

如果使用 WHERE 子句创建一个同等连接可以生成更多有意义的结果，同等连接是使第一个基表中一个或多个列的值与第二个基表中相应的一个或多个列的值相等的连接。基本连接的简单语法如下：

```
SELECT 列名 FROM 表 1,表 2 [WHERE 同等连接表达式];
```

如果不要上述语法中的 WHERE 子句，那么查询的结果集中会包含大量的冗余信息，这在一般情况下毫无意义。为了避免这种情况的出现，通常会添加同等连接表达式，过滤掉毫无意义的数据，从而使查询结果满足用户的需求。

在创建多表查询时应该遵循一些基本原则，只要遵循了这些原则，在表与表之间存在逻辑上的联系时，便可以自由创建任何形式的 SELECT 查询语句，从多张表中提取需要的信息。

（1）在列名中多个列之间使用逗号分隔。

（2）如果列名为多表共有时应该使用"表名.列名"形式进行限制。

（3）FROM 子句应该包括所有的表名，多个表名之间同样使用逗号分隔。

（4）WHERE 子句应定义一个同等连接。

【范例1】

查询 emp 和 dept 表中的数据，emp 表中的 deptno 列与 dept 表中的 deptno 列对应，因此将它们作为同等条件。语句如下：

```
SELECT * FROM emp,dept WHERE emp.deptno=dept.deptno;
```

执行上述语句，SQL Developer 中的效果如图 5-1 所示。

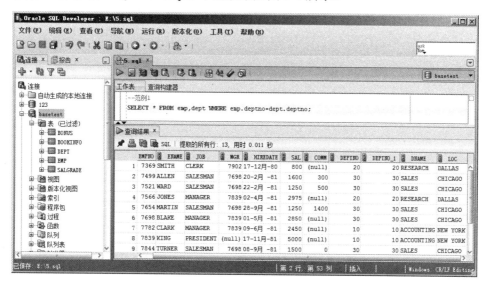

图 5-1　多表连接查询

从图 5-1 中可以看出，当两个表中的列名一致时，查询结果会重新命名一个列名，如 deptno 和 deptno_1。

【范例2】

当多表查询出的列过多时可以只查询部分列，但是当多个表中的列名相同时，需要使用"表名.列名"进行查询。语句如下。

```
SELECT emp.empno,emp.ename,emp.job,emp.deptno,dept.dname FROM emp,dept
WHERE emp.deptno = dept.deptno;
```

5.1.2 指定表别名

开发人员可以为表指定别名，对表使用别名不仅可以增强可读性，还可以简化原有的表名。为表指定别名时直接使用空格隔开原名和别名，基本语法如下：

```
SELECT * FROM 原表 1 表 1，原表 2 表 2 WHERE 表 1.字段名=表 2.字段名
```

如果查询部分列名，则使用以下语法：

```
SELECT 表 1.列名 1,表 1.列名 2,表 2.列名 1 FROM 原表 1 表 1，原表 2 表 2 WHERE 表
1.字段名=表 2.字段名
```

【范例 3】

查询 emp 和 dept 表中的数据，并分别为表指定别名 e 和 d，查询条件为 e.deptno=d.deptno。语句如下：

```
SELECT e.empno,e.ename,e.job,e.deptno,d.dname FROM emp e,dept d WHERE
e.deptno=d.deptno;
```

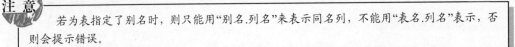

注意 若为表指定了别名时，则只能用"别名.列名"来表示同名列，不能用"表名.列名"表示，否则会提示错误。

5.1.3 连接多个表

多表连接通常是指两个或两个以上表的连接，在前面两节中介绍的是两个表的连接。多表连接查询的原理同两个表之间的查询一样，找出表之间关联的列，将表数据组合在一起。当执行多表查询时，WHERE 后需要跟多个同等连接表达式，这些同等表达式需要使用 AND 进行连接。基本语法如下：

```
SELECT 列名列表 FROM 表 1，表 2，表 3，…,表 n WHERE 表 1.字段名=表 2.字段名 AND 表
1.字段名=表 3.字段名
```

【范例 4】

从 emp、dept 和 salgrade 表中查询出员工的姓名、职位、基本工资、所在部门名称以及工资等级。针对上述问题，首先确定所需要的数据表，所需数据如下。

（1）emp 表：员工的姓名、职位和基本工资。

（2）dept 表：员工所在部门名称。

（3）salgrade 表：工资等级。

确定所需要的数据表之后，再确定已知的关联条件，说明如下。

（1）emp 表和 dept 表：emp.deptno=dept.deptno。

（2）emp 表和 salgrade 表：emp.sal BETWEEN salgrade.losal AND salgrade.hisal。

根据上述分析内容确定如下 SQL 语句。

```
SELECT e.ename,e.job,e.sal,d.dname,s.grade,DECODE(s.grade,1,'E 等工资',2,'D 等工资',3,'C 等工资',4,'B 等工资',5,'A 等工资') grade FROM emp e,dept d,salgrade s WHERE e.deptno=d.deptno AND e.sal BETWEEN s.losal AND s.hisal;
```

执行上述语句，效果如图 5-2 所示。

图 5-2　三张表的连接查询

5.1.4　JOIN 连接

在含有 JOIN 关键字的连接查询中，其连接条件主要是通过以下方法定义两个表在查询中的关联方式。

（1）指定每个表中要用于连接的列。典型的连接条件是在一个表中指定外键，在另一个表中指定与其关联的键。

（2）指定比较各列的值时要使用比较运算符（=、<>等）。

连接可以在SELECT语句的FROM子句或WHERE子句中建立。连接条件与WHERE子句和HAVING子句组合，用于控制FROM子句引用的基表中所选定的行。

在FROM子句中指定连接条件有助于将这些连接条件与WHERE子句中可能指定的其他搜索条件分开，所以在指定连接条件时最好使用这种方法。连接查询的主要语法格式如下：

```
SELECT 列名列表 FROM <table_reference1>
join_type <table_reference2> [ ON <join_condition> ]
[ WHERE <search_condition> ] [ ORDER BY <order_condition> ]
```

其中，占位符<table_reference1>和<table_reference2>指定要查询的基表，join_type指定所执行的连接类型，占位符<join_condition>指定连接条件。

从结果集合对于查询的行筛选条件的满足情况来看，一般将连接分为内连接和外连接。从不同的表还是同一张表引用多次来完成连接查询，可以分为自然连接和自连接。从多张表的连接值是否相等的连接方式，可以分为等值连接和非等值连接。下面以内连接和外连接为例进行介绍。

5.2 内连接

内连接是最早的一种连接方式，它是指从结果表中删除与其他被连接表中没有匹配行的所有行，因此当匹配条件不满足时内连接可能会丢失信息。内连接的完整格式有以下两种：

```
SELECT 列名列表 FROM 表名1 [INNER] JOIN 表名2  ON 表名1.列名=表名2.列名
SELECT 列名列表 FROM 表名1,表名2 WHERE 表名1.列名=表名2.列名
```

第一种格式使用 JOIN 关键字与 ON 关键字结合将两个表的字段联系在一起，实现多表数据的连接查询；第二种格式之前使用过，是基本的两个表的连接。

5.2.1 等值连接

所谓的等值连接就是在连接条件中使用等于号（=）运算符比较被连接列的列值，其查询结果中列出被连接表中的所有列值，包括其中的重复列。简单来说，基表之间的连接是通过相等的列值连接起来的查询就是等值连接查询。

实现等值连接时有两种格式，这里只使用 JOIN 关键字与 ON 关键字结合的方式进行介绍。

【范例5】

基于 emp 表和 dept 表创建查询，限定查询条件为两个表中的 deptno（部门编号）列相等，并要求返回 emp 表中的员工编号、姓名和职位，dept 表中员工所处的部门名称。语句如下。

```
SELECT e.empno,e.ename,e.job,d.dname FROM emp e INNER JOIN dept d ON
e.deptno=d.deptno;
```

执行上述语句时返回 13 行结果，部分内容如下。

```
EMPNO        ENAME         JOB             DNAME
---------    ---------     -------------   -------------
7369         SMITH         CLERK           RESEARCH
7499         ALLEN         SALESMAN        SALES
7521         WARD          SALESMAN        SALES
7566         JONES         MANAGER         RESEARCH
7654         MARTIN        SALESMAN        SALES
```

在上述语句中，INNER 关键字可以省略，它们的实现效果是一样的。语句如下。

多表查询和子查询

```
SELECT e.empno,e.ename,e.job,d.dname  FROM  emp  e  JOIN  dept  d  ON
e.deptno=d.deptno;
```

注意

连接条件中各连接列的类型必须是可比较的，但没有必要是相同的。例如，可以都是字符型，或都是日期型；也可以一个是整型，另一个是实型，整型和实型都是数值型，因此是可比较的。但若一个是字符型，另一个是整数型就不允许了，因为它们是不可比较的类型。

5.2.2 不等值连接

在等值连接查询的连接条件中不使用等号，而使用其他比较运算符就构成了非等值连接查询。也就是说，非等值连接查询的是在连接条件中使用除了等于运算符以外的其他比较运算符比较被连接列的值。在非等值连接查询中，可以使用的比较运算符有>、>=、<、<=、!=以及 BETWEEN AND 等。

【范例 6】

连接 emp 表和 dept 表进行查询，查询条件是两个表的部门编号（deptno）列相等，并且要求部门编号列的值小于 30，符合查询条件时返回 emp 表中的员工编号和员工名称，dept 表中的部门编号和部门名称。

```
SELECT e.empno,e.ename,d.deptno,d.dname FROM emp e INNER JOIN dept d ON
e.deptno = d.deptno AND d.deptno<30;
```

执行上述语句，输出结果如下。

```
EMPNO       ENAME       DEPTNO       DNAME
------      ----------  ------------ ------------------
7369        SMITH       20           RESEARCH
7566        JONES       20           RESEARCH
7782        CLARK       10           ACCOUNTING
7839        KING        10           ACCOUNTING
7902        FORD        20           RESEARCH
7934        MILLER      10           ACCOUNTING
7876        ADAMS       20           RESEARCH
```

5.3 外连接

使用内连接进行多表查询时，返回的查询结果集中仅包含符合查询条件（WHERE 搜索条件或 HAVING 条件）和连接条件的行。内连接消除了与另一个表中的任何行不匹配的行，而外连接扩展了内连接的结果集，除返回所有匹配的行外，还会返回一部分或全部不匹配的行，这主要取决于外连接的种类。外连接分为左外连接、右外连接和全外连接三种，下面简单进行介绍。

5.3.1 左外连接

左外连接通常又被称为左连接，在左外连接的结果集中包括左表的所有记录，而不仅是满足连接条件的记录。如果左表的某记录在右表中没有匹配行，则该记录在结果集行中属于右表的相应列值均为 NULL。左外连接的语法如下：

```
SELECT 列名列表 FROM 表名 1 LEFT [OUTER] JOIN 表名 2 ON 表名 1.列名=表名 2.列名
```

【范例 7】

查询 emp 表中所有列的数据，再根据 emp 表中的部门编号（deptno）查询 dept 表中对应的部门名称。在这里需要使用 emp 表左外连接 dept 表，语句如下：

```
SELECT e.*,d.dname FROM emp e LEFT OUTER JOIN dept d ON e.deptno=d.deptno;
```

执行上述语句，如图 5-3 所示。

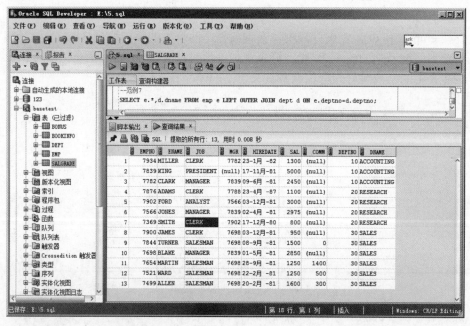

图 5-3 左外连接查询

在左外连接查询中，OUTER 关键字是可以省略的。语句如下：

```
SELECT e.*,d.dname FROM emp e LEFT JOIN dept d ON e.deptno=d.deptno;
```

5.3.2 右外连接

右外连接的结果集中包括右表的所有记录，而不仅是满足连接条件的记录。如果右表的某记录在左表中没有匹配行，则该记录在结果集行中属于左表的相应列值均为 NULL。

右外连接的语法格式为：

SELECT 列名列表 FROM 表名 1 RIGHT [OUTER] JOIN 表名 2 ON 表名 1.列名=表名 2.列名

【范例 8】

根据 emp 表中的部门编号 dept 使用右外连接 dept 表，查询出 emp 表所有列的数据，以及 dept 表的 dname 列。语句如下：

SELECT e.*,d.dname FROM emp e RIGHT OUTER JOIN dept d ON e.deptno=d.deptno;

执行上述语句，效果如图 5-4 所示。

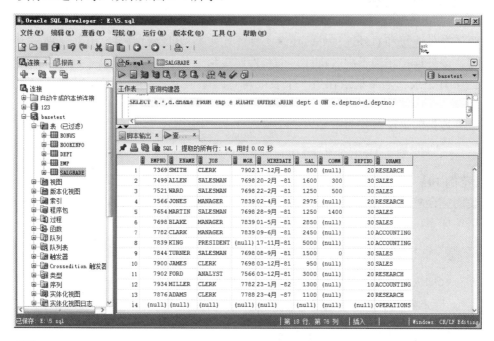

图 5-4　右外连接查询

由于使用右外连接查询，以 dept 表作为外连接，因此查询结果以 dept 表为基准进行查询。如果某个部门下没有员工信息，那么对应的列将显示 NULL。比较图 5-4 和图 5-3 可以发现，部门名称 OPERATIONS 没有员工信息，因此对应的员工信息均为 NULL。

在执行右外连接时，OUTER 关键字也可以省略。语句如下：

SELECT e.*,d.dname FROM emp e RIGHT JOIN dept d ON e.deptno=d.deptno;

前面介绍的左外连接和右外连接，不仅可以使用 LEFT JOIN 和 RIGHT JOIN 关键字实现，还可以使用前面介绍的语句实现，但是需要利用 "+" 符号进行左外连接或右外连接的实现，使用方法如下。

（1）左关系属性=右关系属性(+)：将 "+" 放在等号的右边，那么此时表示的是左外连接。

（2）左关系属性(+)=右关系属性：将 "+" 放在等号的左边，那么此时表示的是右外连接。

【范例 9】

下面两行语句分别实现左外连接和右外连接，它们的实现效果分别等价于范例 7 和范例 8。代码如下。

```
SELECT e.*,d.dname FROM emp e,dept d WHERE e.deptno=d.deptno(+);
                                                        --左外连接
SELECT e.*,d.dname FROM emp e,dept d WHERE e.deptno(+)=d.deptno;
                                                        --右外连接
```

5.3.3 全外连接

除了左外连接和右外连接外，还有一种外连接类型即全外连接，有时又被称为完全外连接。全外连接相当于同时执行一个左外连接和一个右外连接，结果集中包括左表和右表的所有记录。当某记录在另一个表中没有匹配记录时，则另一个表的相应列值为NULL。

全外连接的语法格式为：

```
SELECT 列名列表 FROM 表名 1 FULL [OUTER] JOIN 表名 2 ON 表名 1.列名=表名 2.列名
```

【范例 10】

使用完全外连接 emp 表和 dept 表，并查询出 emp 表的所有列，以及 dept 表的 dname列。语句如下。

```
SELECT e.*,d.dname FROM emp e FULL OUTER JOIN dept d ON e.deptno=d.deptno;
```

同左外连接和右外连接一样，可以将 OUTER 关键字省略。代码如下。

```
SELECT e.*,d.dname FROM emp e FULL JOIN dept d ON e.deptno=d.deptno;
```

在执行全外连接时，系统开销很大，因为 Oracle 实际上会执行一个完整的左外连接查询和右外连接查询，然后再将结果集合并，并消除重复的记录行。

5.4 自连接

连接不仅可以在不同的表之间进行，也可以使一个表同其自身进行连接，这种连接称为自连接，相应的查询称为自连接查询。自连接是表与自身进行的内连接或者外连接。

自连接的连接操作可以利用别名的方法实现一个表自身的连接。实质上，这种自身连接方法与两个表的连接操作完全相似。只是在每次列出这个表时便为它命名一个别名。

在 emp 表中存在名称为 mgr 的列，该列表示某位员工的领导编号。例如，观察图5-4 可以发现，编号 7369 的员工 CLERK，其领导编号是 7902，而编号 7902 的员工 FORD，其领导编号是 7566。如果要查出公司员工的编号、姓名和领导的编号和姓名，那么需要进行多表查询，即可以将 emp 表分为两张表，一张查询员工信息，另一张查询领导信息，这两张表是将 mgr 与 empno 进行关联。

【范例 11】

使用自身连接获取 emp 表中的员工编号、员工姓名以及领导编号和领导姓名。在使用自身查询前首先查看 emp 表的记录，如图 5-5 所示。从图 5-5 中可以看出，一共查询出 13 条记录。

实现表的自身关联，语句和执行结果如图 5-6 所示。比较图 5-5 和图 5-6 可以发现，图 5-6 中缺少两条记录，一条是因为员工 KING 没有领导，一条是因为员工 ADAMS 的领导编号没有找到。

图 5-5　使用自连接前

图 5-6　使用自连接后

如果要解决上述问题，可以使用左外连接的方式进行查询，语句和输出结果如图 5-7 所示。

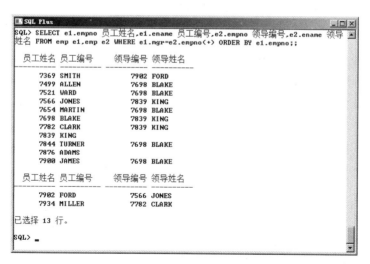

图 5-7　使使用左外连接查询

从图中可以看出，查询出 KING 和 ADAMS 员工，但是它们的领导以及领导编号显示为空。在该图中的语句等价于以下语句。

```
SELECT e1.empno 员工姓名,e1.ename 员工编号,e2.empno 领导编号,e2.ename 领导姓
名 FROM emp e1 LEFT OUTER JOIN emp e2 ON e1.mgr=e2.empno ORDER BY e1.empno;
```

或者使用以下代码。

```
SELECT e1.empno 员工姓名,e1.ename 员工编号,e2.empno 领导编号,e2.ename 领导姓
名 FROM emp e1 LEFT JOIN emp e2 ON e1.mgr=e2.empno ORDER BY e1.empno;
```

5.5 联合查询

联合查询有时被称为集合操作，它是将两个或多个 SQL 查询结果合并构成复合查询，以完成一些特殊的任务需求。联合查询由联合操作符实现，常用的操作符包括 UNION、UNION ALL、INTERSECT 和 MINUS。

5.5.1 UNION 查询

UNION 可以将多个查询结果集相加，形成一个结果集，其结果等同于集合运算中的并运算。简单来说，UNION 可以将第一个查询中的所有行与第二个查询中的所有行相加，并消除其中重复的行形成一个合集。

【范例 12】

使用 UNION 将两个查询联合起来，第一个查询将选择所有 ename 列以 S 开头的员工信息，第二个查询将会选择所有 ename 列以 A 开头的员工信息，其结果是所有 ename 列以 S 或 A 开头的员工信息都会被列出。语句如下。

```
SELECT ename FROM emp WHERE ename LIKE 'S%'
UNION
SELECT ename FROM emp WHERE ename LIKE 'A%';
```

执行上述语句，输出结果如下。

```
ENAME
------------
ADAMS
ALLEN
SMITH
```

UNION 运算会将合集中的重复记录过滤掉，这是 UNION 运算和 UNION ALL 运算唯一不同的地方。

【范例 13】

第一个查询将获取所有 ename 列以 S 或者 A 开头的员工信息，第二个查询将获取所有 ename 列以 A 或者 M 开头的员工信息，将这两个查询使用 UNION 运算联合起来，并且为每个查询中的列指定别名。语句如下。

```
SELECT ename FIRST FROM emp WHERE ename LIKE 'S%' OR ename LIKE 'A%'
UNION
```

```
SELECT ename FIRST FROM emp WHERE ename LIKE 'A%' OR ename LIKE 'M%';
```

执行上述语句，输出结果如下。

```
FIRST
-----------
ADAMS
ALLEN
MARTIN
MILLER
SMITH
```

从上述语句中可以看出，虽然为每个查询的列指定了别名，但是在输出的结果中以第一个查询中指定的别名为准，而且不会显示重复的记录。

试一试

> 通过使用 UNION 或 UNION ALL 可以代替 OR 运算符，而且性能要比 OR 快得多。UNION 也可以连接两个以上的查询语句，感兴趣的读者可以亲自动手试一试。

● 5.5.2 UNION ALL 查询

UNION ALL 与 UNION 语句的工作方式基本相同，唯一的不同在于 UNION ALL 操作符形成的结果集中包含两个子结果集中的重复行。

【范例 14】

更改范例 13 中的代码，将 UNION 使用 UNION ALL 来代替。语句如下。

```
SELECT ename FIRST FROM emp WHERE ename LIKE 'S%' OR ename LIKE 'A%'
UNION ALL
SELECT ename FIRST FROM emp WHERE ename LIKE 'A%' OR ename LIKE 'M%';
```

执行上述语句，输出结果如下。

```
FIRST
----------
SMITH
ALLEN
ADAMS
ALLEN
MARTIN
MILLER
ADAMS
```

将上述输出结果与范例 13 中的输出结果进行比较，上述结果再次证明：当使用 UNION ALL 时会将重复的行输出，而使用 UNION 时会过滤掉重复行。

5.5.3 INTERSECT 查询

INTERSECT 操作符也用于对两个 SQL 语句所产生的结果集进行处理。不同之处是 UNION 基本上是一个 OR 运算,而 INTERSECT 则比较像 AND 运算。即 UNIOIN 是并集运算,而 INTERSECT 是交集运算。

【范例 15】

继续更改范例 14 中的使用,使用 INTERSECT 运算符操作,在查询结果集中仅保留以 A 开头的员工信息。语句和输出结果如下。

```
SELECT ename FIRST FROM emp WHERE ename LIKE 'S%' OR ename LIKE 'A%'
INTERSECT
SELECT ename FIRST FROM emp WHERE ename LIKE 'A%' OR ename LIKE 'M%';
FIRST
----------
ADAMS
ALLEN
```

5.5.4 MINUS 查询

MINUS 集合运算符可以找到两个给定的集合之间的差集,也就是说该集合操作符会返回所有从第一个查询中返回的,但是没有在第二个查询中返回的记录。

【范例 16】

使用 MINUS 求两个查询的差集。第一个查询会返回所有 ename 列以 S 或 A 开头的员工信息,而第二个查询会返回所有 ename 列以 A 或 M 开头的信息。因此,两个查询结果集的 MINUS 操作将返回 ename 以 S 开头的那些员工。

重新更改范例 15 中的代码,语句和输出结果如下。

```
SELECT ename FIRST FROM emp WHERE ename LIKE 'S%' OR ename LIKE 'A%'
MINUS
SELECT ename FIRST FROM emp WHERE ename LIKE 'A%' OR ename LIKE 'M%';
FIRST
----------
SMITH
```

无论使用哪一种集合运算符编写复合查询,都需要遵循以下规则。

(1)在构成复合查询的各个查询中,各 SELECT 语句指定的列必须在数量上和数据类型上相匹配。

(2)不允许在构成复合查询的各个查询中指定 ORDER BY 子句。

(3)不允许在 BLOB、LONG 这样大数据类型对象上使用集合操作符。

5.6 子查询

子查询和连接查询一样，都提供了使用单个查询访问多张表中数据的方法。子查询在其他查询的基础上，提供一种进一步有效的方式来表示 WHERE 子句中的条件。子查询是一个 SELECT 语句，它可以在 SELECT、INSERT、UPDATE 或 DELETE 语句中使用。虽然大部分子查询是在 SELECT 语句的 WHERE 子句中实现，但实际上它的应用不仅局限于此，例如，也可以在 HAVING 子句中使用子查询。

使用子查询或连接查询可以实现根据多个表中的数据获取查询结果。在第 4 章中提到过子查询，本节将详细介绍子查询。

5.6.1 使用 IN 关键字

IN 关键字可以用来判断指定的值是否包含在另外一个查询结果集中。通过使用 IN 关键字将一个指定的值（或表的某一列）与返回的子查询结果集进行比较，如果指定的值与子查询的结果集一致或存在相匹配的行，则使用该子查询的表达式值为 TRUE。

使用 IN 关键字的子查询语法格式如下：

```
SELECT select_list FROM table_source WHERE expression IN|NOT IN (subquery)
```

其中，subquery 表示相应的子查询，括号外的查询将子查询结果集作为查询条件进行查询。

【范例 17】

使用子查询查看所有在销售部门的员工信息，包括员工编号、员工姓名和工资。语句和输出结果如下。

```
SELECT empno,ename,sal FROM emp WHERE deptno IN (SELECT deptno FROM dept
WHERE dname='SALES');
EMPNO              ENAME               SAL
-----------        -----------         ----------
7499               ALLEN               1600
7521               WARD                1250
7654               MARTIN              1250
7698               BLAKE               2850
7844               TURNER              1500
7900               JAMES               950
```

在上述查询语句中，首先执行括号内的子查询，然后再执行外层查询。仔细观察括号内的查询，可以看到该子查询的作用仅提供了外层查询 WHERE 子句所使用的限定条件。单独执行子查询时会将部门名称 SALES 的部门编号返回。

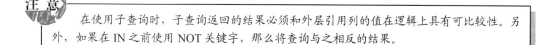

注意

在使用子查询时，子查询返回的结果必须和外层引用列的值在逻辑上具有可比较性。另外，如果在 IN 之前使用 NOT 关键字，那么将查询与之相反的结果。

5.6.2 使用 EXISTS 关键字

在一些情况下，只需要考虑是否满足判断条件，而数据本身并不重要，这时可以使用 EXISTS 关键字来定义查询。EXISTS 关键字只注重子查询是否返回行，如果子查询返回一行或多行，那么 EXISTS 返回 TRUE，否则返回 FALSE。基本语法如下：

```
SELECT select_list FROM table_source WHERE EXISTS|NOT EXISTS (subquery)
```

【范例 18】
以下代码的返回结果与范例 17 相同。

```
SELECT * FROM emp em WHERE EXISTS
    (SELECT deptno FROM dept dep WHERE em.deptno=dep.deptno AND
    dname='SALES');
```

在上述语句中，外层的 SELECT 语句返回的每一行数据都要由子查询来评估。如果 EXISTS 关键字中指定的条件为 TRUE，查询结果就包含这一行；否则该行被丢弃。因此，整个查询结果取决于内层的子查询。

由于 EXISTS 关键字的返回值取决于查询是否会返回行，而不取决于这些行的内容，因此对子查询来说，输出列表无关紧要，可以使用 "*" 代替。语句如下。

```
SELECT * FROM emp em WHERE EXISTS
    (SELECT * FROM dept dep WHERE em.deptno=dep.deptno AND dname='SALES');
```

5.6.3 使用比较运算符

如果可以确认子查询返回的结果只包含一个单值，那么可以直接使用比较运算符连接子查询。经常使用的比较运算符包括等于（=）、不等于（!=）、小于（<）、大于（>）、小于等于（<=）和大于等于（>=）。

【范例 19】
查询 emp 表中工资大于等于本职位平均工资的员工信息，包括员工编号、员工姓名和工资。语句和输出结果如下。

```
SELECT empno,ename,sal FROM emp WHERE job='CLERK' AND sal >= (SELECT
AVG(sal) FROM emp WHERE job='CLERK');
EMPNO          ENAME         SAL
-----------   ------------  ----------
7934          MILLER        1300
7876          ADAMS         1100
```

【范例 20】
更改范例 19 的代码，查询 emp 表中工资小于本职位平均工资的员工信息，包括员工编号、员工姓名和工资。语句和输出结果如下。

```
SELECT empno,ename,sal FROM emp WHERE job='CLERK' AND sal < (SELECT AVG(sal)
FROM emp WHERE job='CLERK');
EMPNO            ENAME          SAL
-----------      -----------    ----------
7369             SMITH          800
7900             JAMES          950
```

注 意

在使用比较运算符连接子查询时，必须保证子查询的返回结果只包含一个值，否则整个查询语句将失败。

5.7 实验指导——查询学生选课系统

假设在学生选课系统数据库中包含如下表和列。

（1）教师信息表 teacher：包含教师编号 tno、姓名 tname、性别 tsex、电话 tphone、所在系编号 dno 和任教课程编号 cno。

（2）学生信息表 student：包含学生编号 sno、学生姓名 sname、性别 sex、出生日期 birth、入学时间 time、所在系院 dno、籍贯 address。

（3）课程表 course：包含课程编号 cno、课程名称 cname、所在系名称 dno 和是否为必修课 smust。

（4）系院表 department：包含院系编号 dno、院系名称 dname、院系主任的教师编号 dmanagetno。

（5）学生选课表 stucou：包含学生编号 sno、课程编号 cno、任课教师编号 tno 和考生成绩 grade。

根据上述说明创建表，并在表中添加测试记录。利用本章介绍的内容查询相关内容，步骤如下。

（1）利用 IN 查询学生选课表中成绩小于等于 90 分的学生编号和学生姓名。代码如下。

```
SELECT sno,sname FROM student WHERE sno IN (SELECT sno FROM stucou WHERE
grade<95 );
```

（2）利用 EXISTS 查询学生选课表中成绩小于等于 95 分的学生编号和学生姓名。代码如下。

```
SELECT sno,sname FROM student stu WHERE EXISTS (SELECT * FROM stucou sc
WHERE grade<=95 AND stu.sno=sc.sno);
```

（3）使用 UNION ALL 将前两个步骤中的结果联合在一起。代码如下。

```
SELECT sno,sname FROM student WHERE sno IN (SELECT sno FROM stucou WHERE
grade<=90 )
UNION ALL
SELECT sno,sname FROM student stu WHERE EXISTS (SELECT * FROM stucou sc
```

```
WHERE grade<=95 AND stu.sno=sc.sno);
```

（4）查询成绩小于等于 90 分的学生编号、学生姓名和该课程的任课老师的姓名。代码如下。

```
SELECT s.sno,s.sname,t.tname FROM stucou sc LEFT JOIN student s ON
sc.sno=s.sno LEFT JOIN teacher t ON sc.tno=t.tno WHERE sc.grade<=90;
```

（5）查询课程表中教师为男性的课程名称、课程编号和教师信息表中的教师姓名，要求显示课程表中全部课程名称及编号。代码如下。

```
SELECT c.cname,c.cno,t.tname FROM course c LEFT JOIN teacher t ON
c.cno=t.cno AND t.tsex='男';
```

（6）查询出年龄最大的学生的选课科目和课程成绩。代码如下。

```
SELECT c.cname,sc.grade FROM stucou sc,course c WHERE sc.cno=c.cno AND
sc.sno IN
(SELECT sno FROM (SELECT * FROM student s ORDER BY MONTHS_BETWEEN
(SYSDATE,s.birth)/12 DESC) WHERE ROWNUM=1) ;
```

（7）查询院系表中的院系编号、院系名称、院系主任的教师编号和教师名称。代码如下。

```
SELECT d.dno,d.dname,t.tno,t.tname FROM department d,teacher t WHERE
d.dmanagetno=t.tno;
```

思考与练习

一、填空题

1．外连接可以分为左外连接、右外连接和_____。

2．连接不仅可以在不同的表之间进行，也可以使一个表同其自身进行连接，这种连接称为_____。

3．联合查询中的操作符包括 UNION、UNION ALL、_____和 MINUS。

4．内连接一般使用_____关键字来表示。

二、选择题

1．关于内连接和外连接，下面说法正确的是_____。

A．内连接只能连接两个表，而外连接可以连接两个或两个以上的表

B．内连接可以连接两个或两个以上的表，而外连接只能连接两个表

C．内连接消除了与另一个表中的任何行不匹配的行，而外连接对内连接的结果集进行扩展，除返回所有匹配的行外，还会返回一部分或全部不匹配的行

D．外连接消除了与另一个表中的任何行不匹配的行，而内连接对外连接的结果集进行扩展，除返回所有匹配的行外，还会返回一部分或全部不匹配的行

2．下面语句_____的查询结果可能与其他三项不一致。

A．SELECT emp.*,dept.dname FROM

emp,dept WHERE emp.deptno=dept.deptno(+);

B．SELECT emp.*,dept.dname FROM emp,dept WHERE emp.deptno(+)=dept.deptno;

C．SELECT emp.*,dept.dname FROM emp LEFT JOIN dept ON emp.deptno=dept.deptno;

D．SELECT emp.*,dept.dname FROM dept RIGHT JOIN emp ON dept.deptno=emp.deptno;

3．查询下面一段代码时，最终输出结果是_____。

```
SELECT 1+1,2+1 FROM dual
UNION ALL
SELECT 1+1,2+2 FROM dual
MINUS
SELECT 4+2 FROM dual;
```

A.

```
1+1     2+1

-------   ------

2       3
2       4
```

B.

```
1+1     2+1     4+2

-------   ------   -----

2       3       6
2       4       0
```

C．正确编译，但是输出空白内容

D．出现错误，提示"查询块具有不正确的结果列数"

4. 在子查询中可以使用_____关键字，该关键字只注重子查询是否返回行，如果返回一行或多行，那么它将返回 TRUE，否则返回

FALSE。

A．EXISTS

B．IN

C．AND

D．BETWEEN AND

5．当利用 IN 关键字进行子查询时，能在 SELECT 子句中指定_____列名。

A．一个

B．两个

C．三个

D．任意多个

6．下面为表指定别名的语句中，_____是正确的。

A．SELECT * FROM emp AS e,dept AS d WHERE e.deptno=d.deptno;

B．SELECT * FROM emp AS 'e',dept AS 'd' WHERE e.deptno=d.deptno;

C．SELECT * FROM emp e,dept d WHERE e.deptno=d.deptno;

D．以上三项

7．联合查询提供的操作符中，_____操作符表示执行交集运算。

A．MINUS

B．INTERSECT

C．MINUS 和 INTERSECT

D．UNION 和 UNION ALL

三、简答题

1．如何连接多个表，并为这些表指定别名？

2．外连接包括哪几种？如何实现这几种连接？

3．联合查询使用哪些操作符？这些操作符的作用是什么？

4．什么是子查询？如何实现子查询？

第6章 更新数据

在前面两章详细介绍了使用 SELECT 语句从数据表查询数据的方法。本章主要介绍如何使用 Oracle 中的 DML 对数据表的数据进行更新。数据更新包括数据的插入、修改和删除三种操作，分别对应于 INSERT 语句、UPDATE 语句和 DELETE 语句。此外，还对如何清空表数据和合并表数据进行了简单介绍。

本章学习要点：

- ❑ 熟悉 INSERT 语句的语法
- ❑ 掌握 INSERT 语句插入单行和多行数据的用法
- ❑ 熟悉 UPDATE 语句的语法
- ❑ 掌握 UPDATE 语句更新单行、多行和部分数据的用法
- ❑ 熟悉 DELETE 语句的语法
- ❑ 掌握 DELETE 语句删除数据的用法
- ❑ 掌握 MERGE 语句进行基本的数据更新插入
- ❑ 掌握 MERGE 语句中省略 INSERT，UPDATE 的用法
- ❑ 熟悉 MERGE 语句中 DELETE 子句的用法

6.1 INSERT 语句

DML 中的 INSERT 语句用于向数据表中插入数据。要插入的数据可以是指定的值，也可以从其他来源得来。下面详细介绍 INSERT 语句的语法及具体应用。

6.1.1 INSERT 语句语法

INSERT 语句的最简单形式如下：

```
INSERT [INTO] table_or_view [(column_list)] data_values
```

作用是将 data_values 作为一行或多行插入到已命名的表或视图中。其中，column_list 是用逗号分隔的一些列名称，可用来指定为其提供数据的列。如果未指定 column_list，表或视图中的所有列都将接收到数据。

如果 column_list 未列出表或视图中所有列的名称，将在列表中未列出的所有列中插入默认值（如果为列定义了默认值）或 NULL 值。列的列表中未指定的所有列必须允许插入空值或指定的默认值。

注 意

在使用 INSERT 语句时，无论是插入单条记录还是插入多条记录，都要注意，提供插入的数据要与表中列的字段相对应。

6.1.2 插入单行数据

使用 INSERT 语句向数据表中插入数据最简单的方法是：一次插入一行数据，并且每次插入数据时都必须指定表名以及要插入数据的列名，这种情况适用于插入的列不多时。

【范例 1】

假设要向 goods 表中插入一行数据，首先运行 DESC 命令查看该表的结构，语句如下。

```
DESC GOODS;
```

执行结果如下。

名称	空值	类型
ID	NOT NULL	CHAR(20)
NAME		CHAR(20)
PRICE		FLOAT(126)

从上述结果可以看到，goods 表中包括三列，分别是 id、name 和 price，其中 id 列允许为空。

使用 INSERT 语句向 goods 表插入数据的实现如下。

```
INSERT INTO GOODS(id, name, price)
VALUES('ATN-001', '电视机', 150);
```

在这里需要注意的是，VALUES 子句中所有字符串类型的数据都被放在单引号中，且按 INSERT INTO 子句指定列的次序为每个列提供值，这个 INSERT INTO 子句中列的次序允许与表中列定义的次序不相同。也就是说上述的语句可以写成：

```
INSERT INTO GOODS(name, id, price)
VALUES('电视机', 'ATN-001', 150);
```

或

```
INSERT INTO GOODS(price, id, name)
VALUES(150, 'ATN-001', '电视机');
```

使用这种方式插入数据时可以指定哪些列接受新值，而不必为每个列都输入一个新值。但是，如果在 INSERT 语句中省略了一个 NOT NULL 列或没有用默认值定义的列，那么在执行时则会发生错误。

【范例 2】

从 INSERT 语句的语法结构中可看出，INSERT INTO 子句后可不带列名。如果在 INSERT INTO 子句中只包括表名，而没有指定任何一列，则默认为向该表中所有列赋值。这种情况下，VALUES 子句中所提供的值的顺序、数据类型、数量必须与列在表中定义的顺序、数据类型、数量相同。

因此范例 1 的 INSERT 语句也可以简化成如下形式。

```
INSERT INTO GOODS VALUES('ATN-001', '电视机', 150);
```

在 INSERT 语句 INTO 子句中，如果遗漏了列表和数值表中的一列，那么当该列有默认值存在时，将使用默认值。如果默认值不存在，Oracle 会尝试使用 NULL 值。如果列声明了 NOT NULL，尝试的 NULL 值会导致错误。

而如果在 VALUES 子句的列表中明确指定了 NULL，那么即使默认值存在，列仍会设置为 NULL（假设它允许为 NULL）。当在一个允许 NULL 且没有声明默认值的列中使用 DEFAULT 关键字时，NULL 会被插入到该列中。如果在一个声明 NOT NULL 且没有默认值的列中指定 NULL 或 DEFAULT，或者完全省略了该值，都会导致错误。

【范例 3】

不指定 price 列向 goods 表中插入一行数据：

```
INSERT INTO goods (id,name) VALUES('ATN-002','空调');
```

由于 price 列允许为空，所以上述语句可以正确执行。也可以写成如下形式。

```
INSERT INTO goods (id,name) VALUES('ATN-002','空调',NULL);
```

6.1.3 插入多行数据

使用 INSERT SELECT 语句将一个数据表中的数据插入到另一个新数据表中的时候要注意以下几点。必须要保证插入行数据的表已经存在。

（1）对于插入新数据的表，各个需要插入数据的列的类型必须和源数据表中各列数据类型保持一致。

（2）必须明确是否存在默认值，是否允许为 NULL 值。如果不允许为空，则必须在插入的时候，为这些列提供列值。

【范例 4】

假设有一个 roominfo_copy 表，该表的结构与 roominfo 表相同，结构如下所示。

```
DESC ROOMINFO_COPY;
名称          空值          类型
--------    -----------   ------------
RNO         NOT NULL      CHAR(10)
RTYPE                     CHAR(20)
RPRICE                    FLOAT(126)
RFLOOR                    NUMBER
```

TOWARD	CHAR(10)

假设要将 roominfo 表中的所有数量批量插入到 roominfo_copy 表中，可用如下语句。

```
INSERT INTO roominfo_copy
SELECT * FROM roominfo;
```

上述 SELECT 语句会查询 roominfo 表中的所有数据，而 roominfo_copy 与 roominfo 表结构是一样的，所以会将查询出来的信息全部插入到 roominfo_copy 表中。此时，查看两个表的时候会发现，roominfo 与 roominfo_copy 的记录完全相同。

> **提 示**
> 在把值从一列复制到另一列时，值所在列不必具有相同的数据类型，只要插入目标表的值符合该表的数据限制即可。

【范例 5】

和其他 SELECT 语句一样，在 INSERT 语句中使用的 SELECT 语句中也可以包含 WHERE 子句。

例如，要将 roominfo 表中价格（rprice 列）小于 300 的数据添加到 roominfo_copy 表中，实现语句如下。

```
INSERT INTO roominfo_copy
SELECT * FROM roominfo
WHERE rprice<300;
```

上述语句执行后，roominfo_copy 表的内容如下所示。

RNO	RTYPE	RPRICE	RFLOOR	TOWARD
R101	标准2	201	1	正东
R102	标准1	201	1	正南
R106	标准1	201	2	正南
R110	标准1	201	4	正西
R111	标准2	201	4	正东

可以看出在 roominfo_copy 表中只添加 5 行数据，而不是全部。因为这里 WHERE 子句的功能和任何 SELECT 语句中 WHERE 子句一样，因此经过筛选后，只将符合查询条件的数据导入到 roominfo_copy 信息表中。

6.2 UPDATE 语句

在 Oracle 的 DML 中提供了 UPDATE 语句对数据表中的记录进行更新。可以一次更新单行，也可以是多行或者全部，甚至也可以指定更新的条件。下面详细介绍 UPDATE 语句更新数据表中数据的方法。

6.2.1 UPDATE 语句语法

UPDATE 语句的语法如下:

```
UPDATE table_name SET column1=value1[,column2=value2]…WHERE expression;
```

其中各项参数含义如下。

（1）table_name：指定要更新的表。

（2）SET：指定要更新的字段以及相应的值。

（3）expression：表示更新条件。

（4）WHERE：指定更新条件，如果没有指定更新条件则会对表中所有的记录进行更新。

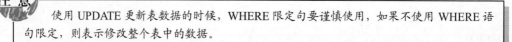

注意

使用 UPDATE 更新表数据的时候，WHERE 限定句要谨慎使用，如果不使用 WHERE 语句限定，则表示修改整个表中的数据。

当使用 UPDATE 语句更新 SQL 数据时，应该注意以下事项和规则。

（1）用 WHERE 子句指定需要更新的行，用 SET 子句指定新值。

（2）UPDATE 无法更新标识列。

（3）如果行的更新违反了约束或规则，比如违反了列 NULL 设置，或者新值是不兼容的数据类型，则将取消该语句，并返回错误提示，不会更新任何记录。

（4）每次只能修改一个表中的数据。

（5）可以同时把一列或多列、一个变量或多个变量放在一个表达式中。

6.2.2 更新单列

假设要在 roominfo_copy 表中更新 rno 列为 R101 的记录，更改该条记录的 rprice 列为 305。

【范例 6】

执行更新语句之前，首先通过 SELECT 查询一下 rno 列为 R101 的记录。SELECT 语句和执行结果如下。

```
SELECT * FROM roominfo_copy WHERE rno='R101';

RNO        RTYPE       RPRICE       RFLOOR        TOWARD
--------   ----------  -----------  ------------  ------------
R101       标准 2      201          1             正东
```

下面通过 UPDATE 语句更改上述记录的 rprice 列，UPDATE 语句和执行结果如下。

```
UPDATE roominfo_copy
```

```
SET rprice=305
WHERE rno='R101';
```

上述执行结果显示成功找到一条记录，并且对其进行了更改。更改完成后重新使用 SELECT 语句进行查询，如下所示。

RNO	RTYPE	RPRICE	RFLOOR	TOWARD
R101	标准 2	305	1	正东

如果省略 WHERE 语句则会对表中所有的记录进行更新。例如，如下语句将 roominfo_copy 表中 toward 列全部更新为"正北"。

```
UPDATE roominfo_copy SET toward='正北';
```

6.2.3 更新多列

UPDATE 语句可以更新多个列的值，通过指定 WHERE 条件，可以更新一条数据的单列或多列，也可以更新多条数据的单列或多列。更新多个列的值时，需要将多个列之间通过逗号进行分隔。

【范例 7】

假设要在 roominfo_copy 表中更新 rno 列为 R101 的记录，更改该条记录的 rprice 列为 298、rtype 列为"标准 1"、rfloor 列为 8、toward 列为"东南"。

语句如下。

```
UPDATE roominfo_copy
SET rprice=298,rtype='标准 1',rfloor=8,toward='东南'
WHERE rno='R101';
```

更改完成后重新使用 SELECT 语句进行查询，如下所示。

```
SELECT * FROM roominfo_copy WHERE rno='R101';
```

RNO	RTYPE	RPRICE	RFLOOR	TOWARD
R101	标准 1	298	8	东南

上述 UPDATE 语句更新的是单行的多列，同样也可以更新多行的多列。例如，要更新 roominfo_copy 表中类型（rtype 列）为标准 1 的房间信息，将价格（rprice 列）修改为 238，朝向（toward 列）修改为"西北"。

语句如下。

```
UPDATE roominfo_copy
SET rprice=238,toward='西北'
WHERE rtype='标准 1';
```

通过 SELECT 语句查询修改后的这些数据，语句如下。

```
SELECT * FROM roominfo_copy WHERE rtype='标准1'

RNO     RTYPE    RPRICE    RFLOOR    TOWARD
------  -------  --------  --------  ------------
R101    标准1    238       8         西北
R102    标准1    238       1         西北
R106    标准1    238       2         西北
R110    标准1    238       4         西北
```

6.2.4 基于他表更新列

无论是 6.2.2 节介绍的基本 UPDATE 更新语句，还是 6.2.3 节介绍的更新多个列的值，它们都是针对一个表进行操作。实际上，通过 UPDATE 语句还能在多个表中进行操作，使用带 FROM 子句的 UPDATE 语句来修改表，该表基于其他表中的值。

【范例8】

假设要对编号 G002 的顾客使用过的物品信息进行更新，将价格下降 10%。

在更新之前首先查询编号为 G002 顾客的消费物品清单，SELECT 语句如下。

```
SELECT * FROM consumelist WHERE gno='G002';

GNO         ATNO           AMOUNT         WTIME
----------  -------------  ------------  ---------------
G002        A-MSG          2             25-5月-14
G002        A-MTM          3             25-5月-14
G002        B-STO          1             25-5月-14
```

如上述结果所示，consumelist 表记录了 G002 顾客消费的物品编号（atno 列）、消费数量（amount 列）以及日期（wtime 列）。再根据物品编号从物品表（atariff）中可以查询它们的价格，语句如下。

```
SELECT atno,atname,atprice FROM atariff
WHERE atno IN(
    SELECT atno FROM consumelist WHERE gno='G002'
);

ATNO     ATNAME       ATPRICE
-------  -----------  ------------
A-MSG    按摩         20
A-MTM    泳池         20
B-STO    纸牌         8
```

如上查询结果中的行即是要更新的目标，更新的方式是将 atprice 列在原来基础上下降 10%。

最终 UPDATE 语句如下。

```
UPDATE atariff
SET atprice=atprice*0.9
```

```
WHERE atno IN
(
  SELECT atno FROM consumelist WHERE gno='G002'
);
```

执行上述代码完成后，再次通过 SELECT 语句查看更新的结果集，如下所示。

```
ATNO       ATNAME       ATPRICE
-------    -----------  -------------
A-MSG      按摩          18
A-MTM      泳池          18
B-STO      纸牌          7.2
```

6.3   DELETE 语句

使用 Oracle 中 DML 的 DELETE 语句可以对数据表中的数据执行删除操作。删除表数据时，如果该表中的某个字段有外键关系，需要先删除外键表的数据，然后再删除该表中的数据，否则将会出现删除异常。

下面详细介绍 DELETE 语句删除数据表中数据的方法。

6.3.1   DELETE 语句语法

DELETE 语句的基本格式为：

```
DELETE  table_or_view  FROM  table_sources  WHERE  search_condition
```

下面具体说明语句中各参数的具体含义。

（1）table_or_view   是从中删除数据的表或者视图的名称。表或者视图中的所有满足 WHERE 子句的记录都将被删除。

通过使用 DELETE 语句中的 WHERE 子句，SQL 可以删除表或者视图中的单行数据、多行数据以及所有行数据。如果 DELETE 语句中没有 WHERE 子句的限制，表或者视图中的所有记录都将被删除。

（2）FROM   table_sources 子句为需要删除数据的表名称。它使 DELETE 可以先从其他表查询出一个结果集，然后删除 table_sources 中与该查询结果相关的数据。

DELETE 语句只能从表中删除数据，不能删除表本身，要删除表的定义可以使用 DROP TABLE 语句。

使用 DELETE 语句时应该注意以下几点。

（1）DELETE 语句不能删除单个列的值，只能删除整行数据。要删除单个列的值，可以采用 UPDATE 语句，将其更新为 NULL。

（2）使用 DELETE 语句仅能删除记录即表中的数据，不能删除表本身。要删除表，需要使用 DROP   TABLE 语句。

（3）同 INSERT 和 UPDATE 语句一样，从一个表中删除记录将引起其他表的参照完整性问题。这是一个潜在的问题，需要时刻注意。

6.3.2 删除数据

DELETE 语句可以删除数据库表中的单行数据、多行数据以及所有行数据。同时在 WHERE 子句中也可以通过子查询删除数据。

【范例 9】

假设要删除该表中 rno 列为 R101 的房间信息，实现语句如下。

```
DELETE FROM  roominfo_copy WHERE rno='R101';
```

由于在 roominfo_copy 表中 rno 列是表的主键，所以上述语句只会删除一行数据。可以使用如下语句验证删除效果。

```
SELECT * FROM  roominfo_copy WHERE rno='R101';
```

由于 rno 列为 R101 的房间信息已经被删除，所以上述语句返回空结果集。

【范例 10】

DELETE 语句不但可以删除单行数据，而且可以删除多行数据。假设要删除 roominfo_copy 表中 rprice 列小于 300 的房间信息。语句如下。

```
DELETE FROM roominfo_copy WHERE rprice<300;
```

执行上述语句多行受影响，可以使用 "SELECT * FROM roominfo_copy WHERE rprice<300" 语句查看删除后的表结果。

【范例 11】

如果 DELETE 语句中没有 WHERE 子句，则表中所有记录将全部被删除。例如，删除 roominfo_copy 表里的所有信息，语句如下。

```
DELETE FROM roominfo_copy;
```

执行上述语句，然后再查看 roominfo_copy 表的数据，可见所有记录都已被删除。

6.3.3 清空表

除了使用 DELETE 语句删除数据之外，还可以使用 TRUNCATE 语句进行删除。TRUNCATE 语句语法如下：

```
TRUNCATE TABLE table_name;
```

使用 TRUNCATE 清空表中数据的时候，要注意如下几点。

（1）TRUNCATE 语句删除表中所有的数据。

（2）释放表的存储空间。

（3）TRUNCATE 语句不能回滚。

【范例 12】

使用 TRUNCATE 语句清空 roominfo_copy 表的数据。语句如下。

```
TRUNCATE TABLE roominfo_copy;
```

清空之后再使用 SELECT 查询 roominfo_copy 表的数据，结果如下。

RNO	RTYPE	RPRICE	RFLOOR	TOWARD
----------	---------	-----------	----------	----------------

如上述结果所示，TRUNCATE 语句清空了 roominfo_copy 表的所有数据，但保留了表的结构。

6.4 MERGE 语句

MERGE 语句是从 Oracle 9i R2 版本开始新增的 DML 语句。使用 MERGE 可以在同一个步骤中更新（UPDATE）并插入（INSERT）数据行，对于抽取、转换和载入类型的应用软件可以节省大量宝贵的时间，比如把数据从一个表复制到另一个表，插入新数据或者替换掉旧的数据。

下面详细介绍 MERGE 语句合并数据表中数据的方法。

6.4.1 MERGE 语句简介

MERGE 语句的语法如下：

```
MERGE INTO table1
USING table2
ON expression
WHEN MATCHED THEN UPDATE…
WHEN NOT MATCHED THEN INSERT…;
```

使用 MERGE 语句时，在 UPDATE 子句和 INSERT 子句中都可以使用 WHERE 子句来指定操作的条件。这时对于 MERGE 语句来说就有了两次条件过滤，第一次是由 MERGE 语句中的 ON 子句指定，而第二次则是由 UPDATE 和 INSERT 子句中的 WHERE 指定。

其中需要注意以下几点。

（1）UPDATE 或 INSERT 子句是可选的。

（2）UPDATE 和 INSERT 子句可以加 WHERE 子句。

（3）在 ON 条件中使用常量过滤谓词来 INSERT 所有的行到目标表中，不需要连接源表和目标表。

（4）UPDATE 子句后面可以跟 DELETE 子句来删除一些不需要的行。

提 示

在使用 MERGE 语句时，INSERT 可以将源表符合条件的数据合并到另外一个表中，而如果使用 UPDATE 语句可以将源表不符合条件的数据合并到另外一个表中。

6.4.2 省略 INSERT 子句

在使用 MERGE 语句之前首先要确保需要合并的表结构完全相同。在本范例中 roominfo_copy 表和 roominfo1 表具有相同结构。

roominfo_copy 表中的数据如下。

```
RNO     RTYPE     RPRICE     RFLOOR     TOWARD
-----   -------   -------    -------    --------
R101    标准 1     238        8          西北
R102    标准 1     238        1          西北
R106    标准 1     238        2          西北
R110    标准 1     238        4          西北
R111    标准 2     201        4          正东
```

roominfo1 表中的数据如下。

```
RNO     RTYPE     RPRICE     RFLOOR     TOWARD
----    --------  -------    -------    ----------
R101    标准 2     201        1          正东
R102    标准 1     201        1          正南
R103    豪华 1     380        1          东北
R104    高级 1     458        1          正东
R105    高级 2     458        2          正东
R106    标准 1     201        2          正南
R107    豪华 2     380        3          西北
R108    豪华 2     380        3          东南
R109    高级 1     458        4          正南
R110    标准 1     201        4          正西
R111    标准 2     201        4          正东
```

【范例 13】

下面使用省略 INSERT 子句的 MERGE 语句实现以 roominfo1 为基准，对 roominfo_copy 表以 rno 列作为关联更新 toward 列，即只更新匹配的数据而不添加新数据。语句如下。

```
MERGE INTO roominfo_copy r1
USING roominfo1 r2
ON (r1.rno=r2.rno)
WHEN MATCHED THEN
  UPDATE SET r1.toward=r2.toward;
```

上述语句执行后，MERGE 语句会对 roominfo_copy 表的数据进行更新，再次查看 roominfo_copy 表数据如下：

RNO	RTYPE	RPRICE	RFLOOR	TOWARD
R101	标准1	238	8	正东
R102	标准1	238	1	正南
R106	标准1	238	2	正南
R110	标准1	238	4	正西
R111	标准2	201	4	正东

可以看到，rno 为 R101 和 R102 的 toward 列被更新，使用的是 roominfo1 表中对应的 toward 列。

6.4.3 省略 UPDATE 子句

在 MERGE 语句中省略 UPDATE 子句，即 MERGE 语句中只有 NOT MATCHED 语句，表示只插入新数据而不更新旧数据。

【范例 14】

以 6.4.2 节的 roominfo1 表和 roominfo_copy 表为例，实现将 roominfo1 表的数据添加到 roominfo_copy 表中，添加条件是 rno 列不相同。语句如下。

```
MERGE INTO roominfo_copy r1
USING roominfo1 r2
ON (r1.rno=r2.rno)
WHEN NOT MATCHED THEN
  INSERT VALUES(r2.rno,r2.rtype,r2.rprice,r2.rfloor,r2.toward);
```

上述语句执行后 MERGE 语句会对 roominfo_copy 表执行插入数据操作。再次查看 roominfo_copy 表数据如下。

RNO	RTYPE	RPRICE	RFLOOR	TOWARD
R101	标准1	238	8	正东
R102	标准1	238	1	正南
R106	标准1	238	2	正南
R110	标准1	238	4	正西
R111	标准2	201	4	正东
R105	高级2	458	2	正东
R109	高级1	458	4	正南
R107	豪华2	380	3	西北
R103	豪华1	380	1	东北
R108	豪华2	380	3	东南
R104	高级1	458	1	正东

提示

在 MERGE 语句中，当然也可以同时使用 INSERT 和 UPDATE 语句，进行添加和更新操作。

133

6.4.4 带条件的 UPDATE 和 INSERT 子句

在 MERGE 语句的 INSERT 和 UPDATE 子句中添加 WHERE 语句可以对要更新和插入的条件进行限制，即筛选出满足 WHERE 条件的数据再执行 INSERT 或者 UPDATE 操作。

roominfo1 表中的数据如下。

RNO	RTYPE	RPRICE	RFLOOR	TOWARD
R101	标准 2	201	1	正东
R102	标准 1	201	1	正南
R104	高级 1	300	1	正东
R106	标准 1	201	2	正南
R108	豪华 2	380	3	东南
R110	标准 1	201	4	正西

roominfo_copy 表中的数据如下。

RNO	RTYPE	RPRICE	RFLOOR	TOWARD
R101	标准 1	238	8	正东
R109	高级 1	458	4	正南
R104	高级 1	458	1	正东

【范例 15】

现在要对 roominfo_copy 表执行如下操作。

（1）将 roominfo1 表中朝向位于"正西"的房间信息插入到 roominfo_copy 表。

（2）将 roominfo1 表中朝向位于"正东"的房间价格更新到 roominfo_copy 表。

要实现上述要求，普通的 MERGE 语句将无法实现，这就需要添加 WHERE 语句限制条件。最终语句如下。

```
MERGE INTO roominfo_copy r1
USING roominfo1 r2
ON (r1.rno=r2.rno)
WHEN MATCHED THEN
  UPDATE SET r1.rprice=r2.rprice
  WHERE r2.toward='正东'
WHEN NOT MATCHED THEN
  INSERT VALUES(r2.rno,r2.rtype,r2.rprice,r2.rfloor,r2.toward)
  WHERE r2.toward='正西';
```

上述的 MERGE 语句同时指定了 UPDATE 子句和 INSERT 子句，它会对满足 WHERE 条件的数据执行更新或者插入操作。再次查看 roominfo_copy 表数据如下。

RNO	RTYPE	RPRICE	RFLOOR	TOWARD
R101	标准1	201	8	正东
R110	标准1	201	4	正西
R109	高级1	458	4	正南
R104	高级1	300	1	正东

与更新之前的数据进行对比，会发现 rno 为 R101 和 R104 的 rprice 列进行了更新，同时添加了一行 roominfo1 表中朝向为"正西"的房间信息。

> **注 意**
>
> 在 INSERT 和 UPDATE 语句中，添加了 WHERE 语句，所以并没有更新插入所有满足 ON 条件的行到表中。

● 6.4.5 使用常量表达式

如果希望不设置关联条件，一次性将源表中的所有数据添加到目标表，可以在 MERGE 语句的 ON 条件中使用常量表达式。例如，ON(1=0)。

假设，users1 表和 users2 表具有相同结构，其中，users1 表中的数据如下。

ID	NAME
2	somboy
3	qqbay
6	abcdate
1	xiake

users2 表中的数据如下。

ID	NAME
2	zhht
4	computer

【范例16】

现在要将 users1 表的数据添加到 users2 表中，而不检查数据是否已经存在。语句如下。

```
MERGE INTO users2 m1
USING users1 m
ON(1=0)
WHEN NOT MATCHED THEN
  INSERT VALUES(m.id,m.name);
```

上述语句会向 users2 表中插入 4 行数据。再次查看 users2 表数据如下。

ID	NAME

```
--------  --------------
     2        somboy
     3        qqbay
     6        abcdate
     1        xiake
     2        zhht
     4        computer
```

经过对比可以发现，执行了含有常量表达式的 MERGE 语句后，所有在 users1 表中的数据都插入到了 users2 中，尽管在 users2 中已经存在了 ID 为 2 的数据。

> **提示**
>
> ON(1=0)返回 false，等同于 users2 与 users1 没有匹配的数据，就把 users1 的新信息插入到 users2。常量表达式可以是任何值，例如 2=5，1=3 等。

6.4.6 使用 DELETE 语句

在 MERGE 的 WHEN MATCHED THEN 子句中使用 DELETE 语句可以删除同时满足 ON 条件和 DELETE 语句的数据。

users1 表中的数据如下。

```
 ID          NAME
--------  --------------
     2        somboy
     3        qqbay
     6        abcdate
     1        xiake
```

users2 表中的数据如下。

```
 ID          NAME
--------  --------------
     2        zhht
     5        computer
     6        higirl
```

【范例 17】

现在要使用 users1 表作为源表来更新 users2 表，同时删除 users2 表中 id 大于 2 的数据。语句如下。

```
MERGE INTO users2 m1
USING users1 m
ON(m1.id=m.id)
WHEN MATCHED THEN
  UPDATE SET m1.name=m.name
  DELETE WHERE m1.id>2;
```

上述语句会向 users2 表更新两行数据，再次查看 users2 表数据如下。

```
  ID  NAME
-------- ---------------
   2  somboy
   5  computer
```

对比更新前后 users2 表中的数据，会发现 id 为 2 的 name 列由 zhht 被修改为 somboy，同时删除了 id 为 6 的数据。因为 id=6 既满足 ON 中的条件，又满足 DELETE 中 WHERE 的限定条件（m1.id>2）。

注 意

DELETE 子句必须有一个 WHERE 条件来删除匹配 WHERE 条件的行，而且必须同时满足 ON 后的条件和 DELETE WHERE 后的条件才有效，匹配 DELETE WHERE 条件但不匹配 ON 条件的行不会被删除。

6.5 实验指导——会员信息的增改删操作

在前面详细介绍了如何使用 DML 语句对数据表执行插入、更新、删除和合并操作。本次实验指导以一个会员信息表为例，综合介绍对数据的增加、更新和删除。

首先需要创建存储会员信息的 userinfo 表，该表的结构如表 6-1 所示。

表 6-1　userinfo 表结构

列名	类型	是否为空
id	INTEGER	否
username	VARCHAR2(15)	否
userpass	VARCHAR2(20)	是

userinfo 表包括 id（会员编号）、username（会员用户名）和 userpass（登录密码）三列。表的创建语句如下。

```
CREATE TABLE userinfo
(
  "id" INTEGER NOT NULL,
  "username" VARCHAR2(20) ,
  "userpass" VARCHAR2(20)
);
```

假设第一个注册的会员用户名是 admin，密码是 admin888。下面使用 INSERT 语句实现这一操作，语句如下。

```
INSERT INTO userinfo VALUES('1','admin','admin888');
```

第二个注册的会员用户名是 oracle，密码没有填写。下面使用 INSERT 语句实现这一操作，语句如下。

```
INSERT INTO userinfo VALUES('2','oracle',null);
```

由于 userinfo 表的 userpass 列允许为空，所以上面的 INSERT 语句也可以写成如下形式。

```
INSERT INTO userinfo("id","username") VALUES('2','oracle');
```

现在 userinfo 表中的数据如下。

```
id      username            userpass
------- ------------------- --------------------
1       admin               admin888
2       oracle
```

下面使用 INSERT 语句批量增加三个会员，语句如下。

```
INSERT INTO userinfo
  SELECT 3,'hello','hello123' FROM dual
UNION ALL
  SELECT 4,'system','oracle' FROM dual
UNION ALL
  SELECT 5,'guest','123456' FROM dual;
```

在这里要注意 INSERT 插入多行数据时的语法，每一行都是一个 SELECT 语句，并将要插入的数据作为列放在 SELECT 之后，另外 FROM 之后是 dual 表；多行之间使用 UNION ALL 进行连接。

上述语句执行之后 userinfo 表中共有 5 行数据，如下所示。

```
id      username          userpass
------- ----------------- --------------------
1       admin             admin888
2       oracle
3       hello             hello123
4       system            oracle
5       guest             123456
```

由于 oracle 会员在注册时没有填写密码，所以无法登录。现在对它进行更新，将密码修改为默认的 123456，语句如下。

```
UPDATE userinfo SET "userpass"='123456' WHERE "username"='oracle';
```

对编号为 4 的会员信息进行调整，将用户名修改为 everyone，密码修改为 guest。语句如下。

```
UPDATE userinfo
SET "username"='everyone',"userpass"='guest'
WHERE "id"='4';
```

删除密码为 123456 的会员信息，语句如下。

```
DELETE FROM userinfo WHERE "userpass"='123456';
```

上述语句会删除编号为 2 和 5 的会员。此时 userinfo 表中的数据如下。

```
id       username            userpass
-------  ------------------  -------------------
1        admin               admin888
3        hello               hello123
4        everyone            guest
```

思考与练习

一、填空题

1. 在 DML 中的＿＿＿＿＿＿语句用于对数据进行增加操作。

2. 使用 UPDATE 语句进行数据修改时用 WHERE 子句指定需要更新的行，用＿＿＿＿＿＿子句指定新值。

3. 通常在删除数据库表数据时使用＿＿＿＿＿＿语句。

二、选择题

1. 下面关于 INSERT 语句，表达正确的是＿＿＿＿＿＿。

   A. 在向表中添加数据的时候，若遗漏字段列表中的某一个字段，那么该列将使用默认值填充。如果不存在默认值，则该列将设置为 NULL。如果该列声明了 NOT NULL 属性。在插入时，就会出错

   B. 进行插入的时候，如果数据表中的类型与源数据不同，则会自动更改为与数据内容相匹配的类型

   C. 使用 INSERT 语句的时候，如果没有指明要插入的列，那么就根据 VALUES 中的数据进行分配

   D. 使用 INSERT...SELECT 子句，将源表中的数据插入到新的数据表中的时候，仅需要考虑源表中是否有空值，不需要考虑新表中的列属性

2. 在 Employee 表中有三个字段：id（主键）、name（非空）和 sex（非空）。下面的＿＿＿＿＿＿语句可以向 Employee 表中插入数据。

   A. INSERT INTO Employee VALUES ('5','李扬')

   B. INSERT INTO Employee VALUES ('5','李扬','男')

   C. INSERT INTO Employee（id,name）VALUES（5,'李扬'）

   D. UPDATE Employee SET id=1,name='李扬',sex='男'

3. 将订单号为 "0060" 的订单金额改为 169 元，正确的 SQL 语句是＿＿＿＿＿＿。

   A. UPDATE 订单 SET 金额=169 WHERE 订单号="0060"

   B. UPDATE 订单 SET 金额 WITH 169 WHERE 订单号="0060"

   C. UPDATE FROM 订单 SET 金额 =169 WHERE 订单号="0060"

   D. UPDATE FROM 订单 SET 金额 WITH 169 WHERE 订单号="0060"

4. 从订单表中删除客户号为 "1001" 的订单记录，正确的 SQL 语句是＿＿＿＿＿＿。

   A. DROP FROM 订单 WHERE 客户号="1001"

   B. DROP FROM 订单 FOR 客户号 ="1001"

   C. DELETE FROM 订单 WHERE 客户号="1001"

   D. DELETE FROM 订单 FOR 客户号 ="1001"

5．在 MERGE 语句中使用哪个语句指定匹配时的操作？_____

    A．MATCHED

    B．NOT MATCHED

    C．UPDATE

    D．WHERE

三、简答题

1．INSERT 语句的 VALUES 子句中必须指明哪些信息？必须满足哪些要求？

2．简述在进行 UPDATE 更新操作的时候，应该注意哪些问题。

3．简述在进行 DELETE 操作时，带有 WHERE 条件和不带 WHERE 条件的区别。

4．简述删除 SQL 数据表中所有数据信息的方法，并比较各方法的优缺点。

5．简述使用 MERGE 语句进行插入、更新和删除的优点。

第 7 章 PL/SQL 编程基础

SQL（Structured Query Language，结构化查询语言）是操作关系型数据库的一种通用语言，但是 SQL 本身是一种非过程化的语言。SQL 不用指明执行的具体方法和途径，而是简单地调用相应语句直接获取结果。因此，SQL 不适合在复杂的业务流程下使用，为了解决这个问题，Oracle 提供 PL/SQL 编程，这是一种过程化编程语言，可以实现比较复杂的业务逻辑。

本章介绍 PL/SQL 编程基础，包括 PL/SQL 的优缺点、语法结构、变量和常量的声明与使用、字符集、运算符以及流程结构和事务等。

本章学习要点：

❏ 熟悉 PL/SQL 编程的优缺点
❏ 掌握 PL/SQL 块的结构组成
❏ 掌握 PL/SQL 程序的两种注释
❏ 掌握标识符的命名规则
❏ 掌握变量的声明和赋值
❏ 熟悉%TYPE 和%ROWTYPE 的使用
❏ 熟悉常量的声明和赋值
❏ 了解字符集的概念和查看
❏ 掌握 PL/SQL 中的运算符
❏ 掌握条件语句和循环语句
❏ 掌握异常处理语句的使用
❏ 熟悉事务的相关语句和使用
❏ 了解 Oracle 的锁

7.1 PL/SQL 简介

PL/SQL 是 Procedure Language/Structured Query Language 的缩写。Oracle 的 SQL 是支持 ANSI（American National Standards Institute）和 ISO92（International Standards Organization）标准的产品。PL/SQL 是 Oracle 数据库对 SQL 语句的扩展，它现在已经成为一种过程处理语言。

7.1.1 PL/SQL 概述

PL/SQL 是 Oracle 对标准数据库语言 SQL 的过程化扩充，它将数据库技术和过程化程序设计语言联系起来，是一种应用开发语言，可以使用循环和分支处理数据。目前 PL/SQL 包括两部分：一部分是数据库引擎；另一部分是可嵌入到许多语言（如 C 语言和 Java 语言等）工具中的独立引擎。这两部分可以简称为数据库 PL/SQL 和工具 PL/SQL。对于客户端来说，PL/SQL 可以嵌套到相应的工具中，客户端程序可以执行本地包含 PL/SQL 部分，也可以向服务器发送 SQL 命令或激活服务器端的 PL/SQL 程序运行。

1. PL/SQL 编程的优点

使用 PL/SQL 可以编写具有很多高级功能的程序，虽然通过多个 SQL 语句可能也会实现同样的功能，但是相比而言，PL/SQL 具有更为明显的一些优点。

（1）PL/SQL 是一种高性能的基于事务处理的语言，能够运行在任何 Oracle 环境中，支持所有数据处理命令。通过使用 PL/SQL 程序单元处理 SQL 的数据定义和数据控制元素。

（2）PL/SQL 支持所有 SQL 数据类型和所有 SQL 函数，同时也支持所有 Oracle 对象类型。

（3）PL/SQL 块可以被命名和存储在 Oracle 服务器中，同时也能被其他的 PL/SQL 程序或 SQL 命令调用，任何客户/服务器工具都能访问 PL/SQL 程序，具有很好的可重用性。

（4）可以使用 Oracle 数据工具管理存储在服务器中的 PL/SQL 程序的安全性。可以授权或撤销数据库其他用户访问 PL/SQL 程序的能力。

（5）PL/SQL 代码可以使用任何 ASCII 文本编辑器编写，因此对任何 Oracle 能够运行的操作系统都是非常便利的。

（6）使用 PL/SQL 提供的异常处理，开发人员可以集中处理各种 Oracle 错误和 PL/SQL 错误，或处理系统错误与自定义错误，以增强应用程序的健壮性。

2. PL/SQL 编程的缺点

Oracle 必须在同一时间处理每一行 SQL 语句，在网络环境下就意味着每一个独立的调用都必须被 Oracle 服务器处理，这就占用了大量的网络带宽，消耗大量网络传递的时间，同时导致网络排挤。但是，PL/SQL 是因为程序代码存储在数据库中，以整个语句块发送给服务器的，在整个过程中网络只传输少量的数据，可以减少网络传输占用的时间，因此整体程序的执行性能会有明显的提高。

3. PL/SQL 的语言特性

PL/SQL 是一种编程语言，与 Java 和 C#一样，除了有自身独有的数据类型、变量声明和赋值以及流程控制语句外，PL/SQL 还有自身的语言特性。

（1）PL/SQL 对大小写不敏感，为了良好的程序风格，开发团队都会选择一个合适的编码标准。例如，有的团队规定关键字全部大些，其余的部分小写。

（2）PL/SQL 块中的每一条语句都必须以分号结束，SQL 语句可以是多行的，但分号表示该语句结束。一行中可以有多条 SQL 语句，它们之间以分号分隔，但是不推荐一行中写多条语句。

7.1.2 PL/SQL 块结构

块(Block)是 PL/SQL 的基本程序单元,编写 PL/SQL 程序实际上就是在编写 PL/SQL 块,要完成相对简单的应用功能,可能只需要编写一个 PL/SQL 块,如果想要实现复杂的功能,可能需要在一个 PL/SQL 块中嵌套其他的 PL/SQL 块。

简单来说,一个 PL/SQL 程序包含一个或多个块,块中可以使用变量,变量在使用前必须声明。除了正常的执行程序外,PL/SQL 还提供了专门的异常处理部分进行异常处理。总的说来,PL/SQL 程序中的每个块都可以划分为三部分:声明部分、执行部分和异常处理部分。PL/SQL 块的结构语法如下:

```
DECLARE
    -- 变量、游标、用户自定义的特殊类型等
BEGIN
    -- SQL 语句或 PL/SQL 语句
EXCEPTION
    -- 错误发生时的处理动作
END;
```

1. 声明部分

声明部分包含变量和常量的数据类型和初始值。也可以包含游标、类型以及局部的存储过程和函数等。声明部分由关键字 DECLARE 开始,如果不需要声明变量或常量,那么可以忽略这一部分。

2. 执行部分

执行部分是 PL/SQL 块中的指令部分,由关键字 BEGIN 开始,以关键字 END 结束。所有的可执行语句都放在执行部分,其他的 PL/SQL 块也可以放在这一部分。执行部分在 PL/SQL 程序中是必需的,也是 PL/SQL 程序的主要部分。

3. 异常处理部分

异常处理部分可以忽略,在这一部分中处理异常或错误,在 7.8 节会详细介绍 PL/SQL 程序的异常处理。

> **提 示**
>
> PL/SQL 支持两种类型的程序:一种是匿名块程序;另一种是命令块程序。匿名块程序是指未被命名的 PL/SQL 块,它支持批脚本执行;而命名块程序(如应用程序中的过程或函数、已存储的过程或函数)提供存储编程单元。

最简单的 PL/SQL 块可以不做任何事情,但是在 PL/SQL 程序中要求,执行部分必须要有一条语句,哪怕这条语句只是编写了一个 NULL 也行。

【范例 1】

编写一个简单的 PL/SQL 程序，该程序不做任何工作，执行部分只包含一个 NULL。代码如下。

```
DECLARE
    NULL;
END;
```

【范例 2】

编写 PL/SQL 程序，在该程序中包含声明部分和执行部分。代码如下。

```
DECLARE
    v_num NUMBER;
BEGIN
    v_num:=&num;
    DBMS_OUTPUT.put_line('用户输入的值是: '||v_num);
END;
```

在上述代码中，首先在 DECLARE 部分定义一个 NUMBER 类型的 v_num 变量，然后在 BEGIN 部分中接收输入的值（&表示要接收从控制台输入的变量）并赋予 v_num 变量，之后将输入的值进行输出。

注 意

> 范例 2 使用 "DBMS_OUTPUT.put_line()输出结果"。默认情况下，Oracle 将输出显示关闭了，因此执行上述语句可能导致结果无法输出。读者可以首先输入 SET SERVEROUTPUT ON 语句，这样可以确保内容正常显示。

7.1.3 PL/SQL 程序注释

注释就是对代码的解释和说明，目的是为了让其他开发人员和自己很容易看懂。为了让其他人一看就知道这段代码是做什么用的。正确的程序注释一般包括序言性注释和功能性注释。序言性注释的主要内容包括模块的接口、数据的描述和模块的功能。模块的功能性注释的主要内容包括程序段的功能、语句的功能和数据的状态。

注释是一个良好程序的重要组成部分。在程序中最好养成添加注释的习惯，使用注释可以使程序更清晰，使开发者或者其他开发人员能够很快地理解程序的含义和思路。PL/SQL 提供了两种风格的注释：单行注释和多行注释。

1. 单行注释

单行注释使用两个连字符（--）开始，这两个字符间不能有空格或者其他字符。在这个物理行中，从这个连字符开始直到结束的所有文本都会被看作是注释，并被编译器忽略掉。如果这两个连字符出现在一行的开头，整个一行都是注释。语法如下：

```
--注释代码
```

【范例 3】

执行 SELECT 语句查询 SYS.all_users 表中的全部数据，代码如下。

```
--查询 all_users 表中的全部数据
SELECT * FROM SYS.all_users;
```

2. 多行注释

尽管单行注释对于简短说明代码或者忽略一行当时不想执行的代码很有用，对于很长的注释块来说用多行注释的方式会更加方便。多行注释以 "/*" 开始，以 "*/" 结束。PL/SQL 会把这两组符号之间的全部字符都看作是注释，并且会被编译器忽略。语法如下：

```
/*
  注释代码
*/
```

【范例 4】

下面的代码为多行注释的示例。

```
PROCEDURE calc_revenue (company_id IN NUMBER) IS
/*
 Program: calc_revenue
 Author: Steven Feuerstein
 Change history:
  10-JUN-2014 Incorporate new formulas
  23-SEP-2014 - Program created
*/
BEGIN
  ...
END;
```

7.2 变量

程序通常包含操作和数据两部分，其中操作对数据进行处理。为了对数据进行处理，需要在程序中定义变量和常量。在 PL/SQL 程序中，所有的变量和常量都必须在程序块的 DECLARE 部分。对于每一个变量，都必须指定其名称和数据类型，以便在可执行部分为其赋值。

本节简单了解变量的知识，包括变量的声明和赋值。在介绍变量之前，首先了解一下标识符。

7.2.1 标识符

标识符就是一个 PL/SQL 对象的名称，变量、常量、异常、游标、程序的名称（如存储过程、函数、包、对象类型以及触发器等），以及标签等都是标识符。PL/SQL 中的标识符需要遵循以下原则。

（1）标识符的名称不能超过 30 个字符，最多只能为 30 个字符。

（2）标识符的名称必须以字母开头。

（3）标识符可以由字母、数字、_、$和#等符号组成。

（4）标识符中不能包含减号（-）和空格。

（5）标识符的名称不能是 Oracle 中的关键字（保留字）。

提 示

有开发经验的读者对 Oracle 关键字一定不会陌生，CREATE、LIKE、ALTER 和 WHERE 等都是关键字，它们无法作为标识符的名称使用。由于 Oracle 数据库中的关键字过多，因此这里不再一一列举。

7.2.2 变量的声明

变量是存储值的命名内存区域，以使用程序存储和获取操作值。变量是程序的重要组成部分，所有的变量必须在它声明之后才可以使用。声明变量时，变量的名称规则需要遵循标识符的命名规则。另外，还需要注意以下两点。

（1）不同块中的两个变量可以同名。

（2）变量的名称不能与块中表的列同名。

在程序中定义变量、常量和参数时，必须为它们指定 PL/SQL 数据类型。在编写 PL/SQL 程序时，可以使用标量类型、复合类型、参数类型和 LOB 类型等 4 种类型。如果需要存储一个单独的值，则使用标量变量；如果需要存储多个值，则需要一个复合型的变量。

在 PL/SQL 中使用最多的就是标量变量，标量变量是包含一个单独的值的变量。标量变量所使用的一般数据类型包括字符、数字、日期和布尔型，每种类型又包含相应的子类，如 NUMBER 类型包含 INTEGER 和 POSITIVE 等子类型。变量声明的基本语法如下：

```
变量名称 类型 [NOT NULL] [:=value];
```

其中，NOT NULL 表示变量不允许设置为 NULL；value 表示在声明变量时，设置变量的初始值。需要注意的是：在 PL/SQL 中编写的变量是不区分大小写的，即 v_testname、v_TESTNAME 和 v_testName 都表示同一个变量。

【范例 5】

在程序中分别声明 v_name 和 v_password 两个变量，其中 v_password 变量的默认值为"123456"。代码如下。

```
DECLARE
    v_username VARCHAR2(20);
    v_password VARCHAR2(20):='123456';
BEGIN
```

```
        NULL;
    END;
```

> **提 示**
>
> 　　在声明变量时，变量可以随意进行命名，只要变量名符合命名规则即可。例如hello_world、msdn 以及 x#$#S 等都是合法的变量名。但是，为了方便读者阅读程序，在命名变量时可以为其添加 "v_" 前缀，如 "v_msdn" 和 "v_x#$" 等。

　　变量的作用域是能够引用变量名称这样的标识符的程序块。对于一个单独的程序块，所定义变量的作用域就是其所在的程序块，而在嵌套程序中，父块中定义的变量的作用域就是父块本身，以及其中的嵌套子块。子块中定义的变量只有子块本身才属于它的作用域。

7.2.3　变量赋值

　　声明变量之后可以为其进行赋值，为变量赋值时，最常用的方法是使用 PL/SQL 赋值操作符，即等号前加冒号(:=)。除了使用赋值操作符外，还可以在声明时使用 DEFAULT 关键字给变量赋初始值。

【范例 6】

　　在 DECLARE 声明部分声明 v_outtext 和 v_outnum 两个变量，分别使用赋值操作符和 DEFAULT 对变量进行赋值，然后在执行部分中重新指定 v_outtext 变量的值，最后输出两个变量的值。代码如下。

```
DECLARE
    v_outtext VARCHAR2(50) := 'Unknown';
    v_outnum NUMBER DEFAULT 5;
BEGIN
    v_outtext := 'Lucy';
    DBMS_OUTPUT.put_line('v_outtext 变量的值: '||v_outtext);
    DBMS_OUTPUT.put_line('v_outnum 变量的值: '||v_outnum);
END;
```

　　执行上述代码，输出结果如下。

```
v_outtext 变量的值: Lucy
v_outnum 变量的值: 5
```

　　除了赋值操作符和 DEFAULT 外，对变量赋值还可以使用 SELECT INTO 语句或 FETCH INTO 语句，它们从数据库中查询数据对变量进行赋值。以 SELECT INTO 语句为例，使用 SELECT INTO 赋值时，查询的结果只能是一行记录，不能是零行或者多行记录。

【范例 7】

　　下面使用 SELECT INTO 语句从数据库中查询数据对变量进行赋值。

```
DECLARE
    v_username VARCHAR2(20) DEFAULT 'jerry';
BEGIN
    SELECT username INTO v_username FROM SYS.all_users WHERE user_id=102;
    dbms_output.put_line(v_username);
END;
```

在上述代码中，为变量初始化时使用 DEFAULT 关键字，使用 SELECT INTO 语句对变量 v_username 赋值。

7.2.4 使用%TYPE

PL/SQL 变量可以用来存储数据库表中的数据，在这种情况下，变量应该拥有与表列相同的类型。例如，student 表中的 name 列的类型为 VARCHAR2(20)，那么开发人员可以按照下述方式声明一个变量：

```
DECLARE
    v_name VARCHAR2(20);
```

但是如果 name 列的定义发生了改变，如将其类型变为 VARCHAR2(25)，将会导致所有这个列的 PL/SQL 代码都必须进行更改。如果 PL/SQL 代码过多，再使用上述方法进行处理非常消耗时间，而且容易出错。

如果希望某一个变量与指定数据表中某一列的类型一样，这时可以使用 "%TYPE" 操作符，这样指定的变量就具备了与指定的字段相同的类型。"%TYPE" 的指定格式如下：

```
变量定义 表名称.字段名称%TYPE
```

【范例 8】

通过使用 "%TYPE" 操作符，v_name 变量将同 student 表的 name 列的类型相同。代码如下。

```
DECLARE
    v_name student.name%TYPE;
```

使用 "%TYPE" 特性的优点在于：

（1）开发人员不需要知道所引用的数据库列的数据类型。

（2）所引用的数据库列的数据类型可以实时改变，容易保持一致，也不用修改 PL/SQL 程序。

【范例 9】

在 DECLARE 声明部分用%TYPE 类型定义与 SYS.all_users 表相匹配的字段，然后声明接收数据的变量。在 BEGIN END 部分查询结果并显示结果。代码如下。

```
DECLARE
    -- 用%TYPE 类型定义与表相配的字段
```

```
    TYPE T_Record IS RECORD(
        T_name SYS.all_users.username%TYPE,
        T_id SYS.all_users.user_id%TYPE,
        T_created SYS.all_users.created%TYPE );
    v_test T_Record;                -- 声明接收数据的变量
BEGIN
    SELECT username,user_id, created INTO v_test FROM SYS.all_users WHERE
    user_id=102;
    DBMS_OUTPUT.put_line(TO_CHAR(v_test.t_name)||' '||v_test.t_id||' '
    || TO_CHAR(v_test.t_created));
END;
```

执行上述代码，输出结果如下。

```
C##SCOTT 102  05-8 月 -14
```

●-- 7.2.5 使用%ROWTYPE --

除了可以使用"%TYPE"指定表中的列定义变量类型，PL/SQL 还提供了一种"%ROWTYPE"操作符，返回一个记录类型，其数据类型和数据库表的数据结构相一致。

当用户使用 SELECT INTO 语句将表中的一行记录设置到了 ROWTYPE 类型的变量中时可以利用"%ROWTYPE"操作符获取表中每行的对应列的数据。使用语法如下：

```
%ROWTYPE 变量.表字段;
```

使用"%ROWTYPE"特性的优点在于：

（1）开发人员不必知道所引用的数据库中列的个数和数据类型。

（2）所引用的数据库中列的个数和数据类型可以实时改变，容易保持一致，也不用修改 PL/SQL 程序。

（3）在 SELECT 语句中使用"%ROWTYPE"可以有效地检索表中的行。

【范例 10】

接收用户输入的用户的 ID 编号，根据编号查询结果，并且将查询到的结果显示出来。在实现过程中使用到"%ROWTYPE"操作符，代码如下。

```
DECLARE
    v_userid SYS.all_users.user_id%TYPE :=&id;
    res SYS.all_users%ROWTYPE;
BEGIN
    SELECT * INTO res FROM SYS.all_users WHERE user_id=v_userid;
    DBMS_OUTPUT.put_line('用户名: '||res.username);
    DBMS_OUTPUT.put_line('ID: '||res.user_id);
    DBMS_OUTPUT.put_line('创建日期: '||res.created);
END;
```

7.3 常量

常量与变量相似，但是常量的值在程序内部不能改变。常量的值在定义时赋予，并且在运行时不允许重新赋值。常量的声明方式与变量相似，但是必须包括 CONSTANT 关键字。常量和变量都可以被定义为 SQL 和用户定义的数据类型。

【范例 11】

将圆周率的值定义为常量，然后分别定义表示圆的半径和面积的变量，在执行部分计算圆的面积，并将计算结果输出。代码如下。

```
DECLARE
    c_pi CONSTANT NUMBER :=3.14;     --圆周率值
    v_radiu NUMBER DEFAULT 5;        --圆的半径默认值5
    v_area NUMBER;   --面积
 BEGIN
    v_area:=c_pi*v_radiu*v_radiu;    --计算面积
    DBMS_OUTPUT.put_line(v_area);    --输出圆的面积
END;
```

提示

无论是变量还是常量，为它们进行赋值时，变量可以在程序块的 DECLARE 部分和 BEGIN END 部分赋值，而常量只可以在声明部分 DECLARE 处为其赋值。声明变量时可以为变量名添加前缀，一般以 "c_" 作为前缀，如 c_rate 等。

7.4 字符集

字符集实质是按照一定的字符编码方案，对一组特定的符号分别赋予不同数值编码的集合。Oracle 数据库最早支持的编码方案是 US7ASCII。本节简单介绍 Oracle 字符集的基础知识。

7.4.1 字符集的概念

Oracle 字符集是一个字节数据的解释的符号集合，有大小之分，有相互的包容关系。Oracle 支持国家语言的体系结构允许开发者使用本地化语言来存储、处理和检索数据。大体来分，可以将字符集的字符编码方案分为单字节编码、多字节编码和 Unicode 编码。

1. 单字节编码

单字节编码包括单字节 7 位字符集和单字节 8 位字符集。单字节 7 位字符集可以定义 128 个字符，最常用的字符集为 US7ASCII。单字节 8 位字符集可以定义 256 个字符，适合于欧洲大部分国家。

PL/SQL 编程基础

一个 PL/SQL 程序由一系列语句组成，而每个语句又是由一行或者多行文本组成。开发人员可以明确使用的字符取决于所使用的数据库字符集，如表 7-1 所示为 US7ASCII 字符集中的可用字符。

表 7-1　US7ASCII 字符集中的可用字符

类型	字符
字母	A~Z、a~z
数字	0~9
符号	~、!、@、#、$、%、*、()、_、-、+、=、|、:、;、""、''、<>、,、.、?、/、^
空格	Tab、空格、换行、回车

2．多字节编码

多字节编码包括变长多字节编码和定长多字节编码。某些字符用一个字节表示，其他字符用两个或多个字符表示，变长多字节编码常用于对亚洲语言的支持，例如日语、汉语、印地语等。目前 Oracle 唯一支持的定长多字节编码是 AF16UTF16，也是仅用于国家字符集。

3．Unicode 编码

Unicode 是一个涵盖了目前全世界使用的所有已知字符的单一编码方案，也就是说 Unicode 为每一个字符提供唯一的编码。UTF-16 是 Unicode 的 16 位编码方式，是一种定长多字节编码，用两个字节表示一个 Unicode 字符，AF16UTF16 是 UTF-16 编码字符集。UTF-8 是 Unicode 的 8 位编码方式，是一种变长多字节编码，这种编码可以用 1、2、3 个字节表示一个 Unicode 字符，AL32UTF8，UTF8、UTFE 是 UTF-8 编码字符集。

7.4.2　查看字符集

Oracle 数据库的字符集命名遵循以下命名规则：

```
<Language><bit size><encoding>
```

其中，Language 表示语言；bit size 表示比特位数；encoding 表示编码。例如，ZHS16GBK 表示采用 GBK 编码格式、16 位（两个字节）简体中文字符集。

影响 Oracle 数据库字符集最重要的参数是 NLS_LANG 参数。该参数的格式如下：

```
NLS_LANG = language_territory.charset;
```

从上述语法可以看出，NLS_LANG 由 language、territory 和 charset 三个组成部分，每部分都控制了 NLS 子集的特性。

（1）language（语言）：指定服务器消息的语言，影响提示信息是中文还是英文。

（2）territory（地域）：指定服务器的日期和数字格式。

（3）charset（字符集）：指定字符集。

> **提 示**
>
> 实际上真正影响数据库字符集的就是 charset 部分。因此，两个数据库之间的字符集只要 charset 部分一样就可以相互导入导出数据，前面影响的只是提示信息是中文还是英文。

1．查看数据库当前字符集参数设置

Oracle 数据库中通常使用以下三条语句查看数据库当前字符集参数设置。

```
SELECT * FROM v$nls_parameters;
```

或者：

```
SELECT * FROM nls_database_parameters;
```

或者：

```
SELECT USERENV ('language') FROM dual;
```

【范例 12】

执行上述语句中的最后一条语句，输出结果如下。

```
USERENV ('language')
SIMPLIFIED CHINESE_C1HINA.ZHS16GBK
```

2．查看数据库可用字符集参数设置

执行下面的 SELECT 语句可以查看数据库可用字符集参数列表。

```
SELECT * FROM v$nls_valid_values;
```

3．客户端设置 NLS_LANG

在 Windows 操作系统下，可以设置 NLS_LANG 参数的值。设置常用的中文字符集时使用以下代码。

```
SET NLS_LANG=SIMPLIFIED CHINESE_CHINA.ZHS16GBK
```

设置常用的 Unicode 字符集时使用以下代码。

```
SET NLS_LANG=american_america.AL32UTF8
```

【范例 13】

除了使用语句外，也可以通过修改注册表键值修改 NLS_LANG 参数的值。以 Windows 系统为例，在【开始】|【运行】输入框中输入 regedit 命令后按 Enter 键打开【注册表编辑器】窗口，在窗口中选择 HKEY_LOCAL_MACHINE|SOFTWARE|ORACLE 选项，如图 7-1 所示。双击图中的 NLS_LANG 选项打开【编辑字符串】对话框，更改后单击【确定】按钮。

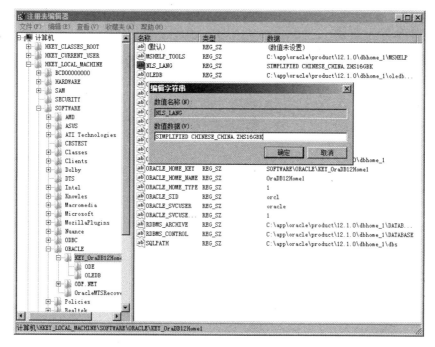

PL/SQL 编程基础

图 7-1 在注册表中修改 NLS_LANG 参数

7.5 运算符

运算符也是程序的重要部分，在 PL/SQL 程序中，可以将运算符分为多类，如赋值运算符、比较运算符和逻辑运算符等。赋值运算符的功能是将一个数值赋予指定数据类型的变量，在之前声明变量时已经使用过赋值运算符，因此本节不再进行详细介绍。

7.5.1 连接运算符

连接运算符用于将两个或多个字符串合并在一起，从而形成一个完整的结果。连接运算符的符号为"||"，细心的读者一定不会陌生，在之前的范例中已经使用到过该符号。

【范例 14】

在 DECLARE 部分声明 v_companyname 和 v_url 两个变量，并为这两个变量赋予初始值，在执行部分输出两个变量的值，并使用"||"将它们合并起来。代码如下。

```
DECLARE
    v_companyname VARCHAR2(50) := '郑州**科技有限公司';
    v_url VARCHAR2(50) := 'http://www.baidu.com';
BEGIN
    DBMS_OUTPUT.put_line('公司地址: '||v_companyname||',网址: '||v_url);
END;
```

执行上述代码，输出结果如下。

7.5.2　比较运算符

比较运算符也称关系运算符,用于将一个表达式与另一个表达式进行比较。在 Oracle 中可以使用简单的比较运算符（如大于或小于）,也可以使用比较复杂的比较运算符,如表 7-2 所示。

表 7-2　比较运算符

运算符	符号	说明
基本关系运算符	>、<、=、>=、<=、^=、!=、<>	进行大小或相等的比较。其中!=和<>都表示不等于
判断 NULL	IS NULL 和 IS NOT NULL	判断某一列的内容是否为空
介于列表之中	IN 和 NOT IN	通过 IN 指定查询的范围。NOT IN 表示不在指定范围之内
指定范围	BETWEEN AND 和 NOT BETWEEN AND	BETWEEN AND 在指定的范围内进行查找。NOT BETWEEN AND 与 BETWEEN AND 相反
模糊匹配	LIKE 和 NOT LIKE	LIKE 对指定的字段进行模糊查询。NOT LIKE 与其相反

【范例 15】

声明 v_num1 和 v_num2 变量,接收用户输入的两个数字作为变量的值。在执行部分使用 ">=" 运算符判断变量的关系,如果 v_num1 变量的值大于等于 v_num2 变量的值,则输出一行提示。代码如下。

```
DECLARE
    v_num1 NUMBER := &no1;
    v_num2 NUMBER := &no2;
BEGIN
    IF v_num1>=v_num2 THEN
        DBMS_OUTPUT.put_line('v_num1 变量的值大于等于 v_num2 变量的值');
    END IF;
END;
```

【范例 16】

使用 LIKE 匹配指定的内容,代码如下。

```
DECLARE
    v_str VARCHAR(100) := '我相信我就是我 我相信明天 我相信青春没有地平线 在日落
    的海边 在热闹的大街 都是我心中最美的乐园';
BEGIN
    IF v_str LIKE '%我相信%' THEN
        DBMS_OUTPUT.put_line('v_str 变量中包含我相信');
    END IF;
END;
```

【范例 17】

可以在 SELECT 语句中使用关系运算符。查询 SYS.all_users 表中 user_id 列的值在

154

20～35 之间的全部记录。代码如下。

```
SELECT * FROM SYS.all_users WHERE user_id BETWEEN 20 AND 35;
```

7.5.3 逻辑运算符

使用逻辑运算符可以连接多个表达式的结果,在 PL/SQL 中的逻辑运算符包括 AND、OR 和 NOT。

(1) AND 运算符。连接多个条件,多个条件同时满足时才会返回 TRUE,如果有一个条件不满足,则结果返回 FALSE。

(2)OR 运算符。连接多个条件,多个条件中只要有一个满足条件,则结果返回 TRUE;如果多个条件都返回 FALSE,则结果返回 FALSE。

(3) NOT 运算符。求反操作,可以将 TRUE 变为 FALSE,FALSE 变为 TRUE。

【范例 18】

在 DECLARE 部分声明 v_num1、v_num2 和 v_num3 变量,并分别为这些变量赋值。在执行部分分别使用 AND、OR 和 NOT 运算符进行比较,如果满足条件则输出比较结果。代码如下。

```
DECLARE
    v_num1 NUMBER := 100;
    v_num2 NUMBER := 50;
    v_num3 NUMBER := 50;
BEGIN
    IF (v_num1>v_num2 AND v_num2>v_num3) THEN
        DBMS_OUTPUT.put_line('v_num1 变量的值大于 v_num2 变量的值,且 v_num2 变
            量的值大于 v_num3 变量的值');
    END IF;
    IF (v_num1>v_num2 OR v_num2>v_num3) THEN
        DBMS_OUTPUT.put_line('v_num1 变量的值大于 v_num2 变量的值,或 v_num2 变
            量的值大于 v_num3 变量的值');
    END IF;
    IF (NOT v_num2>v_num3) THEN
        DBMS_OUTPUT.put_line('v_num2 变量的值小于等于 v_num3 变量的值');
    END IF;
END;
```

执行上述代码,输出结果如下。

v_num1 变量的值大于 v_num2 变量的值,或 v_num2 变量的值大于 v_num3 变量的值
v_num2 变量的值小于等于 v_num3 变量的值

在上述执行部分的代码中,由于 v_num1 变量的值大于 v_num2 变量的值,而 v_num2 和 v_num3 变量的值相等,因此(v_num1>v_num2 AND v_num2>v_num3)判断的结果为 FALSE。将 AND 用 OR 替换时,只需要满足一个条件即可,因此判断结果为 TRUE。V_num2>v_num3 的结果为 FALSE,但是使用 NOT 之后将结果变为 TRUE。

在三种逻辑运算符中，NOT 运算符的优先级别最高，然后依次是 AND 和 OR。如表 7-3 所示为逻辑运算符形成的真假值表。

表 7–3　逻辑运算符形成的真假值表

条件 1	条件 2	条件 1 AND 条件 2	条件 1 OR 条件 2	NOT 条件 1
TRUE	TRUE	TRUE	TRUE	FALSE
TRUE	FALSE	FALSE	TRUE	FALSE
TRUE	NULL	NULL	TRUE	FALSE
NULL	TRUE	NULL	TRUE	NULL
NULL	NULL	NULL	NULL	NULL
NULL	FALSE	FALSE	NULL	NULL
FALSE	TRUE	FALSE	TRUE	TRUE
FALSE	FALSE	FALSE	FALSE	TRUE
FALSE	NULL	FALSE	NULL	TRUE

7.5.4　算术运算符

算术运算符用于基本运算，在 PL/SQL 程序中只能使用加（+）、减（-）、乘（*）、除（/）4 个运算符，其中，除号（/）的结果是浮点数。求余运算只能借助 MOD()函数。

【范例 19】

接收用户输入的两个数值，分别使用"+"、"-"、"*"、"/"进行运算，并输出结果。代码如下。

```
DECLARE
    v_num1 NUMBER := &no1;
    v_num2 NUMBER := &no2;
BEGIN
    DBMS_OUTPUT.put_line('相加运算结果：'||(v_num1+v_num2));
    DBMS_OUTPUT.put_line('相减运算结果：'||(v_num1-v_num2));
    DBMS_OUTPUT.put_line('相乘运算结果：'||(v_num1*v_num2));
    DBMS_OUTPUT.put_line('相除运算结果：'||(v_num1/v_num2));
END;
```

7.6　控制语句

PL/SQL 程序与其他编程语言一样，也拥有自己的流程控制语句（即程序结构）。最常见的语句是顺序结构，它是指自上而下执行代码，如范例 19。除了顺序结构外，还会用到条件语句和循环语句等，下面简单进行介绍。

7.6.1　条件语句

在 PL/SQL 中的条件语句有两种：一种是 IF 语句；一种是 CASE 语句，这两种语句

PL/SQL 编程基础 ———

都需要进行条件的判断。

1. IF 语句

IF 条件判断逻辑结构有三种形式，分别是基本的 IF 语句、IF-ELSE 语句和 IF-ELSEIF-ELSE 语句。

1）基本的 IF 语句

IF-THEN-END IF 是最基本的 IF 语句，在前面已经使用过，如范例 18。语法如下：

```
IF condition THEN statement END IF;
```

如果 condition 条件表达式的值为真，执行 THEN 之后的 statement 语句块；否则直接跳出条件，执行 END IF 后的语句。

2）IF-ELSE 语句

IF-ELSE 语句在基本的 IF 语句基础上进行更改。语法如下：

```
IF condition THEN statement1 ELSE statement2 END IF;
```

如果 condition 条件表达式的值为真，执行 THEN 之后的 statement1 语句块；否则执行 statement2 语句块。执行完成后，再执行 END IF 后的其他语句。

【范例 20】

查询 SYS.all_users 表中的全部记录，使用 IF-ELSE 语句判断记录数是否大于 10 条。代码如下。

```
DECLARE
    v_totalcount NUMBER;
BEGIN
    SELECT COUNT(*) INTO v_totalcount FROM SYS.all_users;
    IF v_totalcount>10 THEN
        DBMS_OUTPUT.put_line('查询结果大于10条记录');
    ELSE
        DBMS_OUTPUT.put_line('查询结果小于等于10条记录');
    END IF;
END;
```

3）IF-ELSEIF-ELSE 语句

IF-ELSEIF-ELSE 在 IF-ELSE 语句的基础上进行更改。语法如下：

```
IF condition1 THEN statements1
ELSEIF condition2 THEN statements2
ELSEIF condition3 THEN statements3
…
ELSEIF conditionn THEN statementsn
ELSE statementsn+1 END IF;
```

如果 IF 语句 condition1 条件表达式的值成立，执行 statements1 语句块，否则判断 ELSEIF 后面的 condition2 条件表达式，如果条件成立则执行 statements2 语句块；如果前面的多个条件都不成立，则执行 statementsn+1 语句块。

【范例 21】

在范例 20 的基础上添加新的代码，使用 IF-ELSEIF-ELSE 语句进行判断。代码如下。

```
DECLARE
    v_totalcount NUMBER;
BEGIN
    SELECT COUNT(*) INTO v_totalcount FROM SYS.all_users;
    IF v_totalcount>10 THEN
        DBMS_OUTPUT.put_line('查询结果大于 10 条记录');
    ELSEIF v_totalcount<10 THEN
        DBMS_OUTPUT.put_line('查询结果小于 10 条记录');
    ELSE
        DBMS_OUTPUT.put_line('查询结果等于 10 条记录');
    END IF;
END;
```

2. CASE 语句

CASE 语句是一种多条件的判断语句，其功能与 IF-ELSEIF-ELSE 语句类似。语法如下：

```
CASE [变量]
WHEN [值 1 | 表达式 1] THEN statements1;
WHEN [值 2 | 表达式 2] THEN statements2;
WHEN [值 3 | 表达式 3] THEN statements3;
...
WHEN [值 n | 表达式 n] THEN statementsn;
ELSE
    statementsn+1;
END CASE;
```

从上述语法中可以看出：CASE 语句可以对数值或者表达式进行判断。每一个 CASE 语句都存在着多个 WHEN 语句，每一个 WHEN 语句用来判断数值或者条件，如果满足条件将执行指定 WHEN 语句中的语句块，当所有的 WHEN 语句都没有满足时，将执行 ELSE 语句块中的代码。

【范例 22】

接收用户输入的数值并保存到 v_num 变量中，在 CASE 语句中判断 v_num 变量的取值范围，并输出结果。代码如下。

```
DECLARE
    v_num NUMBER := &number;
BEGIN
    CASE
        WHEN v_num<=10 THEN
            DBMS_OUTPUT.put_line('输入的数值小于等于10');
        WHEN v_num>10 AND v_num<=20 THEN
            DBMS_OUTPUT.put_line('输入的数值在 11 和 20 中间');
        WHEN v_num>20 AND v_num<=50 THEN
```

```
        DBMS_OUTPUT.put_line('输入的数值在21和50中间');
      WHEN v_num>50 AND v_num<=100 THEN
        DBMS_OUTPUT.put_line('输入的数值在51和100中间');
      ELSE
        DBMS_OUTPUT.put_line('输入的数值大于100');
    END CASE;
END;
```

7.6.2 循环语句

使用 IF 语句和循环语句可以改变块的逻辑流程。本节简单介绍循环语句，循环语句是将一段代码执行多次。循环语句主要由三个部分组成：循环的初始条件、每次循环的判断条件和循环条件的修改。

在 PL/SQL 程序中可以使用三种循环语句，即基本的 LOOP 循环、WHILE-LOOP 循环和 FOR-LOOP 循环。

1. 基本的 LOOP 循环

LOOP 循环语句是最基本的一种循环。使用 LOOP 循环是为了保证循环能在某种条件下退出，因此在循环体中加上 EXIT。EXIT 语句的功能是退出包含它的最内层循环体，因此 LOOP 语句通常与 EXIT 语句联合使用。语法如下：

```
LOOP
    statements;
    ...
    EXIT [WHEN condition];
END LOOP;
```

其中，condition 是一个布尔值变量或者是一个表达式。

【范例 23】

使用基本的 LOOP 循环语句计算 10 以内的所有正整数的和。在 DECLARE 部分声明两个变量，v_count 变量用于循环，v_sum 变量保存变量相加的总和。在执行部分添加 LOOP 循环语句，如果 v_count 变量的值大于 10，则退出循环。代码如下。

```
DECLARE
    v_count NUMBER := 1;                    -- 定义一个变量，用于循环
    v_sum NUMBER DEFAULT 0;                 -- 保存变量相加的总和
BEGIN
    LOOP
        v_sum := v_sum + v_count;           -- 计算相加
        v_count := v_count + 1;             -- 变量值加1
        EXIT WHEN v_count>10;
    END LOOP;
    DBMS_OUTPUT.put_line('10以内的正整数相加的结果是: '||v_sum);
END;
```

执行上述代码，输出结果如下。

10 以内的正整数相加的结果是：55

2．WHILE-LOOP 循环

基本的 LOOP 循环是先执行后判断，即不管条件是否满足，都至少执行一次。而 WHILE-LOOP 循环与它不同，该语句在循环之前先进行判断，满足条件之后再进行循环。

在 WHILE-LOOP 循环中，有一个条件与循环相联系，如果条件为 TRUE，则执行循环体内的语句，如果结果为 FALSE，则结束循环。语法如下：

```
WHILE condition LOOP
    statements1;
    statements2;
    ...
END LOOP;
```

【范例 24】
使用 WHILE-LOOP 循环计算 10 以内的所有正整数的和。代码如下。

```
DECLARE
    v_count NUMBER := 1;
    v_sum NUMBER DEFAULT 0;
BEGIN
    WHILE(v_count<=10) LOOP
        v_sum := v_sum + v_count;
        v_count := v_count + 1;
    END LOOP;
    DBMS_OUTPUT.put_line('10 以内的正整数相加的结果是：'||v_sum);
END;
```

3．FOR-LOOP 循环

FOR-LOOP 循环最大的操作特点是可以输出指定范围的数据，所以在使用 FOR-LOOP 循环的过程中需要给出循环区域的上限（upper_bound）和下限（lower_bound），而循环的索引数值（counter）要满足指定范围才可以执行循环体的程序块。语法如下：

```
FOR counter  IN [REVERSE]
    lower_bound..upper_bound LOOP
  statements1;
  statements2;
  ...
END LOOP;
```

【范例 25】
首先声明 v_num 变量，并且将其赋初始值 1，然后采用 FOR-WHILE 语句循环输出 v_num 变量的值，指定最大值为 5。代码如下。

```
DECLARE
    v_num NUMBER :=1;
BEGIN
    FOR v_num IN 1..5 LOOP
        DBMS_OUTPUT.put_line('v_num='||v_num);
    END LOOP;
END;
```

执行上述代码，输出结果如下。

```
v_num=1
v_num=2
v_num=3
v_num=4
v_num=5
```

默认情况下，FOR-LOOP 循环是按照升序的方式进行增长的，如果用户有需要也可以利用 REVERSE 进行降序循环。降序排列很简单，在 IN 之后添加 REVERSE 关键字即可。重新更改范例 25 的代码如下。

```
DECLARE
    v_num NUMBER :=1;
BEGIN
    FOR v_num IN REVERSE 1..5 LOOP
        DBMS_OUTPUT.put_line('v_num='||v_num);
    END LOOP;
END;
```

7.6.3 跳转语句

在正常的循环操作中，如果需要结束循环或者退出当前循环，可以使用 EXIT 与 CONTINUE 语句来完成。在分支条件判断时，也可以使用 GOTO 语句完成跳转操作。本节介绍 PL/SQL 程序中的三种跳转语句：EXIT、CONTINUE 和 GOTO。

1. EXIT 语句

使用 EXIT 会强制性地结束循环操作，继续执行循环语句之后的操作。在 7.6.2 节介绍基本的 LOOP 循环时使用过 EXIT 语句。除了可以在基本的 LOOP 循环中使用 EXIT 外，在其他循环语句中也可以使用。

【范例 26】

计算 10 以内的所有正整数的和，但是当正整数为 5 时结束循环。代码如下。

```
DECLARE
    v_num NUMBER :=1;
    v_sum NUMBER DEFAULT 0;
BEGIN
    FOR v_num IN 1..10 LOOP
```

```
        IF v_num=5 THEN
            EXIT;
        END IF;
        v_sum := v_sum + v_num;
        DBMS_OUTPUT.put_line('10 以内的所有正整数是: '||v_num);
    END LOOP;
    DBMS_OUTPUT.put_line('===================================');
    DBMS_OUTPUT.put_line('10 以内的所有正整数的和（除 5 以外）: '||v_sum);
END;
```

执行上述代码，输出结果如下。

```
10 以内的所有正整数是: 1
10 以内的所有正整数是: 2
10 以内的所有正整数是: 3
10 以内的所有正整数是: 4
===================================
10 以内的所有正整数的和（除 5 以外）: 10
```

在范例 26 中的执行部分判断 v_num 变量的值，当该变量的值等于 5 时，使用 EXIT 语句，因此不再执行 IF 之后的其他语句，而是结束循环，执行循环后的语句。最终输出的结果为 10，实际上是 1+2+3+4 的结果。

2．CONTINUE 语句

CONTINUE 语句与 EXIT 语句不同：EXIT 直接结束循环，而 CONTINUE 不会退出整个循环，只是跳出当前循环，即结束循环体代码的一次执行。

【范例 27】

计算 10 以内的所有正整数的和，但是当正整数为 5 时跳出当前循环。更改范例 26 中的代码，使用 CONTINUE 来代替范例 26 中的 EXIT。代码如下。

```
DECLARE
    v_num NUMBER :=1;
    v_sum NUMBER DEFAULT 0;
BEGIN
    FOR v_num IN 1..10 LOOP
        IF v_num=5 THEN
            CONTINUE;
        END IF;
        v_sum := v_sum + v_num;
        DBMS_OUTPUT.put_line('10 以内的所有正整数是: '||v_num);
    END LOOP;
    DBMS_OUTPUT.put_line('===================================');
    DBMS_OUTPUT.put_line('10 以内的所有正整数的和（除 5 以外）: '||v_sum);
END;
```

执行上述代码，输出结果如下。

```
10 以内的所有正整数是: 1
```

```
10 以内的所有正整数是: 2
10 以内的所有正整数是: 3
10 以内的所有正整数是: 4
10 以内的所有正整数是: 6
10 以内的所有正整数是: 7
10 以内的所有正整数是: 8
10 以内的所有正整数是: 9
10 以内的所有正整数是: 10
==================================
10 以内的所有正整数的和（除 5 以外）: 50
```

3. GOTO 语句

GOTO 表示无条件转移语句，直接转移到指定标号处。和一般的高级语言一样，GOTO 语句不能转入 IF 语句、循环体和子块，但是可以从 IF 语句、循环体和子块中转出。使用 GOTO 语句可以控制执行顺序，语法如下：

```
GOTO label;
```

其中，label 是指向语句标记，标记必须符合标识符的规则。标记的定义形式如下：

```
<<label>>
    语句块;
```

【范例 28】

更改范例 27 中的代码，将 CONTINUE 使用 GOTO 语句来代替，当满足 v_num 变量的值为 5 时，直接跳转到 endTest 指定的标记处，同时结束循环。代码如下。

```
DECLARE
    v_num NUMBER :=1;
    v_sum NUMBER DEFAULT 0;
BEGIN
    FOR v_num IN 1..10 LOOP
        IF v_num=5 THEN
            GOTO endTest;
        END IF;
        v_sum := v_sum + v_num;
        DBMS_OUTPUT.put_line('10 以内的所有正整数是: '||v_num);
    END LOOP;
    DBMS_OUTPUT.put_line('==================================');
    DBMS_OUTPUT.put_line('10 以内的所有正整数的和（除 5 以外）: '||v_sum);

    <<endTest>>
    DBMS_OUTPUT.put_line('使用 GOTO 语句进行跳转');
END;
```

执行上述代码，输出结果如下：

```
10 以内的所有正整数是: 1
10 以内的所有正整数是: 2
```

```
10 以内的所有正整数是: 3
10 以内的所有正整数是: 4
使用 GOTO 语句进行跳转
```

> **提 示**
>
> 使用 GOTO 语句虽然可以实现程序的执行操作跳转,但是这种方式编写完成的程序可读性较差,所以在开发中不建议读者使用 GOTO 语句。

7.6.4 语句嵌套

程序块的内部可以有另一个程序块,这种情况称为嵌套。嵌套要注意的是变量,定义在最外部程序块中的变量可以在所有子块中使用,如果在子块中定义了与外部程序块变量相同的变量名,在执行子块时将使用子块中定义的变量。子块中定义的变量不能被父块引用。同样,GOTO 语句不能由父块跳转到子块中,反之则是合法的。

IF 可以嵌套,可以在基本的 IF 语句或 IF-ELSE 等语句中使用 IF 或 IF-ELSE 语句,如范例 29 演示了如何进行条件语句的嵌套。

【范例 29】

从 SYS.all_users 表中查询出 username 列的值为 SYSTEM 时 user_id 列的值,并将该值赋予 v_id 变量。在执行部分判断 v_id 变量的值,在 IF 语句中嵌套 IF-ELSE 语句。代码如下。

```
DECLARE
    v_id NUMBER DEFAULT 0;
BEGIN
    SELECT user_id INTO v_id FROM SYS.all_users WHERE username='SYSTEM';
    IF v_id!=0 THEN
        IF v_id BETWEEN 1 AND 50 THEN
            DBMS_OUTPUT.put_line('SYSTEM用户的ID值是: '||v_id);
        ELSE
            DBMS_OUTPUT.put_line('查询到的ID值大于50,具体值为: '||v_id);
        END IF;
    ELSE
        DBMS_OUTPUT.put_line('很抱歉,v_id变量的值为0');
    END IF;
END;
```

7.7 实验指导——打印九九乘法表

不仅条件语句可以嵌套,循环语句也可以嵌套,而且条件语句中可以嵌套循环语句,循环语句中也可以使用条件语句。本节实验指导通过两个 FOR 循环打印九九乘法表,外层 FOR 循环控制行数,内层 FOR 循环输出内容。实现代码如下。

```
DECLARE
```

164

```
BEGIN
DBMS_OUTPUT.put_line('打印九九乘法表: ');
FOR i IN 1..9 LOOP
    FOR j in 1..i LOOP
        DBMS_OUTPUT.put(i||'*'||j||'='||i*j);
        DBMS_OUTPUT.put(' ');
    END LOOP;
    DBMS_OUTPUT.new_line;    --开始新的一行，即换行
END LOOP;
END;
```

执行上述代码，输出结果如下。

```
打印九九乘法表:
1*1=1
2*1=2 2*2=4
3*1=3 3*2=6 3*3=9
4*1=4 4*2=8 4*3=12 4*4=16
5*1=5 5*2=10 5*3=15 5*4=20 5*5=25
6*1=6 6*2=12 6*3=18 6*4=24 6*5=30 6*6=36
7*1=7 7*2=14 7*3=21 7*4=28 7*5=35 7*6=42 7*7=49
8*1=8 8*2=16 8*3=24 8*4=32 8*5=40 8*6=48 8*7=56 8*8=64
9*1=9 9*2=18 9*3=27 9*4=36 9*5=45 9*6=54 9*7=63 9*8=72 9*9=81
```

7.8 异常处理

PL/SQL 程序代码写得再好，也会遇到错误或未预料到的事件。一个优秀的开发人员应该能够正确地处理各种出错情况，并尽可能从错误中恢复。任何 Oracle 错误（报告为 ORA-xxxxx 形式的 Oracle 错误号）、PL/SQL 运行错误或用户定义条件都可以进行处理。由于编译错误发生在 PL/SQL 程序执行之前，因此它不能通过 PL/SQL 异常处理进行处理。

Oracle 提供异常情况（EXCEPTION）和异常处理（EXCEPTION HANDLER）来实现错误处理，当然，开发人员也可以自定义异常。

7.8.1 异常语法

异常情况处理是用来处理正常执行过程中未预料的事件，程序块的异常处理预定义的错误和自定义错误，由于 PL/SQL 程序块一旦产生异常而没有指出如何处理时，程序就会自动终止整个程序运行。Oracle 中有三种类型的异常错误：预定义异常、非预定义异常和用户自定义异常。

（1）预定义异常：Oracle 预定义的异常情况大约有 24 个。对这种异常情况的处理，无须在程序中定义，由 Oracle 自动将其引发。

（2）非预定义异常：即其他标准的 Oracle 错误。对这种异常情况的处理，需要用户在程序中定义，然后由 Oracle 自动将其引发。

（3）用户自定义异常：程序执行过程中，出现编程人员认为的非正常情况。对这种异常情况的处理，需要用户在程序中定义，然后显式地在程序中将其引发。

异常处理部分一般放在 PL/SQL 程序体的后半部分。基本语法如下：

```
BEGIN
EXCEPTION
   WHEN first_exception THEN  <code to handle first exception >
   WHEN second_exception THEN  <code to handle second exception >
   WHEN OTHERS THEN  <code to handle others exception >
END;
```

异常处理部分从 EXCEPTION 关键字开始，异常语句块中可以编写多个 WHEN，可以按任意次序排列，但是 WHEN OTHERS 必须放在最后。其中，first_exception 和 second_exception 既可以是预定义异常，也可以是用户自定义异常或异常代码。

7.8.2 预定义异常

当开发人员不知道要处理的异常是何种类型时，可以直接使用 OTHERS 来捕获任意异常。如果知道处理的异常类型，那么直接引用相应的异常类型名称，并对其完成相应的异常错误处理即可。如表 7-4 所示列出了常用的预定义异常。

表 7-4　常用的预定义异常

异常代码	异常名称	说明
ORA-00001	DUP_VAL_ON_INDEX	在数据库中增加重复数据（主键重复）时触发
ORA-00051	TIMEOUT_ON_RESOURCE	当访问锁定资源时间过长时触发
ORA-01001	INVALID_CURSOR	在游标操作中指针出现异常（未打开或关闭）时触发
ORA-01722	INVALID-NUMBER	试图将非数字赋值给数字变量时触发
ORA-01017	LOGIN_DENIED	输入了错误的用户名或密码时触发
ORA-01403	NO_DATA_FOUND	当在 SELECT 子句中使用 INTO 命令中返回结果为 null 时触发
ORA-01012	NOT_LOGGED_ON	程序发送数据库命令，但未与 Oracle 连接时触发
ORA-01410	SYS_INVALID_ROWID	当字符串转换为无效的 ROWID 时触发
ORA-01422	TOO_MANY_ROWS	当在 SELECT 子句使用 INTO 命令中返回结果为多行数据时触发
ORA-01476	ZERO_DIVIDE	当使用除法计算被除数为 0 时触发
ORA-06500	STORAGE_ERROR	当 SGA 消耗完内存或被破坏时触发
ORA-06501	PROGRAM_ERROR	当 Oracle 未正常捕获异常时由数据库触发
ORA-06502	VALUE_ERROR	试图将一个变量的内容赋值给另一种不能容纳该变量内容时触发
ORA-06504	ROWTYPE_MISMATCH	当游标结构不适合于 PL/SQL 游标变量时触发
ORA-06511	CURSOR-ALREADY-OPEN	试图打开一个已处于打开状态的游标
ORA-06530	ACCESS_INTO_NULL	试图访问未初始化的对象属性时触发
ORA-06531	COLLECTION_IS_NULL	试图操作未初始化的嵌套表或可变数据时触发

PL/SQL 编程基础

异常代码	异常名称	说明
ORA-06532	SUBSCRIPT_OUTSIDE_LIMIT	当访问嵌套表或可变数组时使用非法索引值时触发
ORA-06533	SUBSCRIPT_BEYOND_COUNT	当程序引用一个嵌套表或可变数组元素,但使用的下标索引超过嵌套表或变长数组元素总个数时触发
ORA-06592	CASE_NOT_FOUND	case 语句格式有误,没有分支语句时触发
ORA-30625	SELF_IS_NULL	当程序调用一个未实例对象方法时触发

【范例 30】

编写代码计算 10/0 的结果,当出现异常时进行处理,输出错误代码和消息提示。代码如下。

```
DECLARE
    v_result NUMBER;
BEGIN
    v_result := 10/0;
    DBMS_OUTPUT.put_line('结果是: '+v_result);
EXCEPTION
    WHEN ZERO_DIVIDE THEN
        DBMS_OUTPUT.put_line('错误代码: '||SQLCODE||'。错误提示: 被除数不能
        为 0');
END;
```

执行上述代码,输出结果如下。

错误代码: -1476。错误提示: 被除数不能为 0

如果某一行代码出现异常,那么异常之后的代码将不再执行。因此,在上述结果中看不到计算结果,只有代码正确时才会输出结果。

【范例 31】

用户在 SYS.all_users 表中查询 username 列的值为 SYSTEM 的数据时,不小心将 SYSTEM 写成了 SYSTEMS,因此查询时会出现 NO_DATA_FOUND 异常。直接进行异常处理,输出异常错误消息。代码如下。

```
DECLARE
    v_id NUMBER DEFAULT 0;
BEGIN
    SELECT user_id INTO v_id FROM SYS.all_users WHERE username='SYSTEMS';
EXCEPTION
    WHEN NO_DATA_FOUND THEN
        DBMS_OUTPUT.put_line('没有查询到数据');
END;
```

7.8.3 非预定义异常

对于这类异常情况的处理,首先必须对非定义的 Oracle 异常进行处理。步骤如下。

(1)在 PL/SQL 程序块的声明部分定义异常情况。代码如下。

```
<异常情况> EXCEPTION;
```

(2)使用 EXCEPTION_INIT 语句将已经定义好的异常情况与标准的 Oracle 异常联系起来。代码如下。

```
PRAGMA EXCEPTION_INIT(<异常情况>,<错误代码>);
```

(3)在 PL/SQL 块的异常情况处理部分对异常情况做出处理。

【范例 32】

向 student 表中添加一条数据记录,该记录的主键是由用户输入的值来决定的,如果输入的编号已经存在,则输出相应的异常错误。代码如下。

```
DECLARE
    v_stuno student.stuno%TYPE := &stuno;
    stuno_remaining EXCEPTION;
    PRAGMA EXCEPTION_INIT(stuno_remaining, -00001);
BEGIN
    INSERT INTO student values(v_stuno,'Lucy');
EXCEPTION
    WHEN stuno_remaining THEN
        DBMS_OUTPUT.put_line('主键是唯一的,不能重复!');
    WHEN OTHERS THEN
        DBMS_OUTPUT.put_line (SQLCODE||'---'||SQLERRM);
END;
```

7.8.4 自定义异常

与一个异常错误相关的错误出现时,就会隐含触发该异常错误。用户定义的异常错误通过显式使用 RAISE 语句来触发。当引发一个异常错误时,控制就转向到 EXCEPTION 块异常错误部分,执行错误处理代码。对于这类异常情况的处理,步骤如下。

(1)在 PL/SQL 程序块的声明部分定义异常情况:

```
<异常情况> EXCEPTION;
```

(2)在 PL/SQL 程序块的执行部分执行以下语法代码:

```
RAISE <异常情况>
```

(3)在 PL/SQL 程序块的异常情况处理部分对异常情况做出相应的处理。

【范例 33】

通过声明异常对象的方法定义一个异常,然后由用户输入一个数据,当判断条件满足条件后，使用 RAISE 手动抛出用户异常。代码如下。

```
DECLARE
    v_result NUMBER;
    v_exp EXCEPTION;
BEGIN
    v_result := &number;
    IF v_result BETWEEN 0 AND 100 THEN
        RAISE v_exp;
    END IF;
EXCEPTION
    WHEN OTHERS THEN
        DBMS_OUTPUT.put_line('您输入的数字有点小，请输入大一点的数字吧');
        DBMS_OUTPUT.put_line('SQLCODE='||SQLCODE);
        DBMS_OUTPUT.put_line('SQLERRM='||SQLERRM);
END;
```

由于范例 33 采用声明异常对象的方式抛出用户定义的异常，因此直接使用 OTHERS 就可以判断接收。在默认情况下，所有用户定义的异常都只有一个 SQLCODE，其值为 1。

在 PL/SQL 程序中，可以将用户定义的异常添加到异常列表（错误堆栈）中，这时需要使用到 RAISE_APPLICATION_ERROR 异常。语法如下：

```
RAISE_APPLICATION_ERROR(error_number,error_message,[keep_errors] );
```

其中，error_number 表示错误号，只接收-20 000～-29 999 范围的错误号，和声明的错误号一致。error_message 用于定义在使用 SQLERRM 输出时的错误提示信息。keep_errors 表示是否添加到异常列表中，取值为 FALSE（默认值）或 TRUE。

【范例 34】

下面的代码演示 RAISE_APPLICATION_ERROR 异常的使用。

```
DECLARE
    v_result NUMBER;
    v_exp EXCEPTION;
    PRAGMA EXCEPTION_INIT(v_exp, -20789);
BEGIN
    v_result := &number;
    IF v_result BETWEEN 0 AND 100 THEN
        RAISE_APPLICATION_ERROR(-20789,'输入的数字不能小于100');
    END IF;
EXCEPTION
    WHEN v_exp THEN
        DBMS_OUTPUT.put_line('您输入的数字有点小，请请输入大一点的数字吧');
        DBMS_OUTPUT.put_line('SQLCODE='||SQLCODE);
        DBMS_OUTPUT.put_line('SQLERRM='||SQLERRM);
END;
```

【范例 35】

范例 34 声明了异常变量，在异常处理时捕获异常变量。如果不使用异常变量，而是使用 OTHERS 操作，那么即使不编写 PRAGMA EXCEPTION_INIT 代码，语句也不会出现问题。代码如下。

```
DECLARE
    v_result NUMBER;
BEGIN
    v_result := &number;
    IF v_result BETWEEN 0 AND 100 THEN
        RAISE_APPLICATION_ERROR(-20789,'输入的数字不能小于100');
    END IF;
EXCEPTION
    WHEN OTHERS THEN
        DBMS_OUTPUT.put_line('您输入的数字有点小，请请输入大一点的数字吧');
        DBMS_OUTPUT.put_line('SQLCODE='||SQLCODE);
        DBMS_OUTPUT.put_line('SQLERRM='||SQLERRM);
END;
```

注意

在使用 RAISE_APPLICATION_ERROR 异常时，该异常中的错误号要与 PRAGMA EXCEPTION_INIT 中指定的错误号一致，否则将出现错误。

7.9 事务处理

事务用于保证数据的一致性，它由一组相关的数据操作语句组成，该组的操作语句要么全部成功，要么全部失败。例如，网上转账就是典型的使用事务进行处理的示例，用以保证数据的一致性。

7.9.1 事务概述

对一组 SQL 语句操作构成事务，数据库操作系统必须确保这些操作的 ACID 特性，即原子性、一致性、隔离性和持久性。

1. 原子性

事务的原子性（Atomicity）是指事务中包含的所有操作要么全做，要么不做，也就是说所有的活动在数据库中要么全部反映，要么全部不反映，以保证数据库的一致性。例如，一个用户在 ATM 机前取款，其操作流程如下。

（1）登录 ATM 机平台，验证密码。

（2）从远程银行的数据库中取得账户的信息。

（3）用户在 ATM 机上输入想要提取的金额。

（4）从远程银行的数据库中更新账户信息。

（5）ATM 机出款。

（6）用户取钱。

整个取款的操作过程应该视为原子操作，要么都做，要么都不做。不能出现用户钱未从 ATM 机上取得而银行卡上的钱已经被扣除的情况。通过事务模型，可以保证该操作的原子性。

2．一致性

事务的一致性（Consistency）是指数据库在事务操作前和事务处理后，其中数据必须满足业务的规则约束。例如，A 账户和 B 账户的总金额在转账前和转账后必须一致，其中的不一致必须是短暂的，在事务提交前才会出现的。

3．隔离性

隔离性（Isolation）是指数据库允许多个并发的事务同时对其中的数据进行读写或修改的能力，隔离性可以防止多个事务并发执行时，由于它们的操作命令交叉执行而导致数据的不一致性。例如，在 A 账户和 B 账户转账时，C 同时向 A 转账，如果同时进行，则 A 和 B 之间的一致性不能得到满足。因此，在 A 和 B 事务执行过程中，其他事务不能访问或修改当前相关的数值。

4．持久性

事务的持久性（Durability）是指在事务处理结束后，它对数据的修改应该是永久的。即使是系统在遇到故障的情况下也不会丢失，这是数据的重要性所决定的。

7.9.2 事务控制

Oracle 中的一个重要概念就是没有"开始事务处理"的语句。用户不能显式开始一个事务处理。事务处理会隐式地开始于第一条修改数据的语句，或者一些要求事务处理的场合。使用 COMMIT 或者 ROLL BACK 语句将会显式终止事务处理。

1．设置事务属性

虽然事务的开始是隐式声明的，但是可以设置事务属性（如事务的隔离），设置事务属性可以用来完成以下工作。

（1）指定事务的隔离。

（2）指定回滚事务时所使用的存储空间。

（3）命名事务。

设置事务属性时，SET TRANSACTION 语句必须是事务处理中使用的第一个语句。也就是说，必须在任何 INSERT、UPDATE 或 DELETE 语句，以及任何其他可以开始事务处理的语句之前使用它。SET TRANSACTION 的作用域只是当前的事务处理，并在事务终止后自动失效。

如下代码使用 SET TRANSACTION 设置事务的隔离级别：

```
SET TRANSACTION ISOLACTION LEVEL SERIALIZABLE
```

2．设置约束延期性

Oracle 中的约束可以在语句执行后立即生效，也可以延迟到事务处理提交时才生效。SET CONSTRAINT 语句可以让开发人员在事务处理中设置延迟约束的强制模式。语法如下：

```
SET CONSTRAINT ALL | <constraint_name> DEFERRED | IMMEDIATE
```

上述语法可以选择要延迟的约束名，也可以使用 ALL 关键字延期所有的约束。DEFERRED 表示延期，IMMEDIATE 表示应用。

如果要使用延期的约束，那么必须在创建时进行说明：

```
ALTER TABLE t1 ADD CONSTRAINT <constraint_name> DEFERRABLE INITIALLY
IMMEDIATE
```

3．存储点

由于事务太大，一次回滚会对系统造成很大的压力。而且有时候在某一段特定的代码附近会很容易发生错误而回滚，这时开发人员可以在需要的地方设置一个存储点。设置存储点后，可以在操作数据发生错误时回滚到指定的存储点，而节省不必要的开销。

存储点的创建语法如下：

```
SAVEPOINT <savepoint_name>;
```

存储点的使用语法如下：

```
ROLLBACK TO [SAVEPOINT] <savepoint_name>
```

4．结束事务

执行以下几种操作可以将事务结束。

（1）使用 COMMIT 提交事务，数据被永久保存。使用 COMMIT 提交事务时会生成一个唯一的系统变化号（SCN）保存到事务表。

（2）使用 ROLLBACK 回滚事务（不包括回滚到存储点）。

（3）执行数据定义语句时，结束默认 COMMIT。

（4）用户断开连接，此时事务自动 COMMIT。

（5）进程意外中止，此时事务自动 ROLLBACK。

7.9.3　使用事务

在前面两节简单地介绍了事务的特性以及与事务相关的语句，本节通过一个简单的范例进一步了解和使用事务。

PL/SQL 编程基础

【范例 36】

对 student 表进行操作，在 student 表中插入数据，然后分别执行提交和回滚操作。实现步骤如下。

（1）使用 INSERT 语句向 student 表中插入两条数据，插入数据后使用 COMMIT 进行提交。在执行 INSERT 操作之前，首先使用 SELECT 语句查看 student 表中的全部数据，在 SQL Plus 中的执行过程如图 7-2 所示。从图 7-2 中可以看出，student 表中只存在一条数据。如果插入数据并提交成功将，那么将存在三条数据。

（2）继续使用 INSERT 语句向 student 表中插入单条数据，执行 SELECT 语句后回滚数据，如图 7-3 所示。从图 7-3 可以看出，在回滚数据之前，查询出来的数据结果有 4 条。

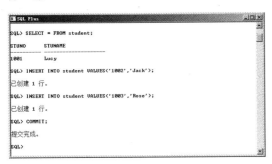
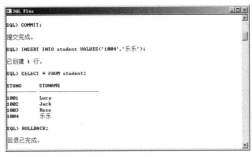

图 7-2　提交数据　　图 7-3　回滚数据

（3）使用 ROLLBACK 回滚操作之后再次执行 SELECT 语句，如图 7-4 所示。从图 7-4 中可以看出，最终的查询结果只有三条，这时因为上个步骤插入的数据被回滚。

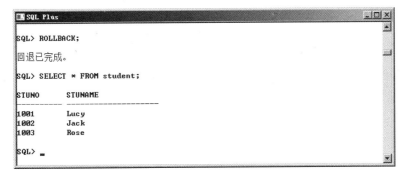

图 7-4　student 表中的数据

7.10　实验指导——更新账户余额

在事务中使用 ROLLBACK 可以取消整个事务，但是也可以在事务中使用语句进行部分确认。Oracle 允许开发人员在当前事务中设置保存点，从设置的保存点开始，如果使用 ROLLBACK 命令，那么系统将会回到保存点时的状态，而在保存点之前将会得到确认。

本节实验指导将事务中的常用语句结合起来更新账户余额信息。步骤如下。

（1）查询 account 表中 accno 列的值为"No1000003"的记录。代码和查询结果如下。

```
SELECT * FROM account WHERE accno='No1000003';
ACCNO            ACCNAME              BALANCE
-----------  ------------------  --------------------
No1000003        Jack                 3000
```

（2）使用 UPDATE 语句更新上述记录，将 balance 列的值更改为 33000。代码如下。

```
UPDATE account SET balance=33000 WHERE accno='No1000003';
```

（3）设置保存点，代码如下。

```
SAVEPOINT save_it;
```

（4）使用 DELETE 语句删除 accno 列的值为"No1000003"的记录。代码如下。

```
DELETE FROM account WHERE accno='No1000003';
```

（5）使用 ROLLBACK 回滚到保存点：

```
ROLLBACK TO SAVEPOINT save_it;
```

（6）使用 COMMIT 提交事务：

```
COMMIT;
```

（7）重新执行 SELECT 语句查询 accno 列的值为"No1000003"的记录。代码如下。

```
SELECT * FROM account WHERE accno='No1000003';
ACCNO            ACCNAME              BALANCE
-------------  ------------------  -----------------
No1000003        Jack                 33000
```

从上述执行结果可以看出，已经成功地将"No1000003"账号的卡上余额从 3000 更改为 33000。虽然第（4）步通过 DELETE 语句删除了"No1000003"账号，但是第（5）步又使用 ROLLBACK 回滚到保存点，因此只是执行 UPDATE 操作，而不执行 DELETE 操作。

试一试

由于第（6）步执行 COMMIT 操作，因此在保存点 save_it 之前的更改会全部更新。如果将第（6）步的 COMMIT 更改为 ROLLBACK，那么所有的更改都不会被接受，保存点 save_it 前的更改也将撤销。感兴趣的读者可以亲自动手进行更改并查看，这里不再显示效果图。

7.11 锁

Oracle 数据库是一个多用户使用的共享资源。当多个用户并发地存取数据时，在数据库中就会产生多个事务同时存取同一数据的情况。如果对并发操作不加控制就可能会读取和存储不正确的数据，破坏数据库的一致性。

锁是防止在两个或多个事务操作同一个数据源（表或行）时交互破坏数据的一种机制。Oracle 采用封锁技术保证并发操作的可串行性，下面简单介绍 Oracle 的数据锁。

7.11.1　锁的分类

Oracle 提供多粒度封锁机制，根据保护对象的不同，Oracle 数据库锁可以分为以下几类。

（1）数据锁：也称 DML 锁，用于保护数据的完整性。

（2）字典锁：也称 DDL 锁，用于保护数据库对象的结构（如视图、表和索引的结构定义等）。

（3）内部锁与闩：保护内部数据库结构。

（4）分布式锁：用于 OPS（并行服务器）中。

（5）并行高速缓存管理锁：用于 OPS（并行服务器）中。

Oracle 中最主要的锁是数据锁。数据锁的目的在于保证并发情况下的数据完整性。Oracle 数据库主要提供 5 种数据锁：共享锁、排他锁、行级锁、行级排他锁和共享行级排他锁。

1．共享锁

共享锁（Share Table Lock，S 锁）的加锁语法如下：

```
LOCK TABLE Tablename IN SHARE MODE;
```

一个共享锁由一个事务控制，仅允许其他事务查询被锁定的表。一个有效的共享锁明确地用 SELECT … FOR UPDATE 形式锁定行，或执行上述语法代码锁定整个表，不允许被其他事务更新。允许多个事务在同一个表上加共享锁，这种情况下不允许在该表上加锁的事务更新表。

一个共享锁由一个事务来控制，防止其他事务更新该表或执行下面的语句：

```
LOCK TABLE TableName IN SHARE ROW EXCLUSIVE MODE;
LOCK TABLE TableName IN ROW EXCLUSIVE MODE;
```

2．排他锁

排他锁（Exclusive Table Lock，X 锁）是在锁机制中限制最多的一种锁类型，允许加排他锁的事务独自控制对表的写权限。在一个表中只能有一个事务对该表实行排他锁，排他锁仅允许其他的事务查询该表。定义排他锁的语法如下：

```
LOCK TABLE TableName IN EXCLUSIVE MODE;
```

拥有排他锁的事务禁止其他事务执行其他任何 DML 类型的语句或在该表上加任何其他类型的锁。

3．行级锁

行级锁（Row Share Table Lock，RS 锁）在锁类型中是限制最少的，也是在表的并发程度中使用程度最高的。一个行级锁需要该事务在被锁定行的表上用 UPDATE 的形式加锁。当有下面语句被执行的时候行级锁自动加在操作的表上：

```
SELECT…FROM TableName…FOR UPDATE OF…;
LOCK TABLE TableName IN ROW SHARE MODE;
```

行级共享锁由一个事务控制，允许其他事务查询、插入、更新、删除或同时在同一张表上锁定行。因此其他事务可以同时在同一张表上得到行级锁、共享行级排他锁、行级排他锁、排他锁。但是需要注意的是，拥有行级锁的事务不允许其他事务执行排他锁。

4．行级排他锁

行级排他锁（Row Exclusive Table Lock，RX 锁）比行级锁稍微多一些限制，它通常需要事务拥有的锁在表上被更新一行或多行。当有下面语句被执行的时候行级排他锁被加在操作的表上：

```
INSERT INTO TableName…;
UPDATE TableName.…;
DELETE FROM TableName …;
LOCK TABLE TableName IN ROW EXCLUSIVE MODE;
```

5．共享行级排他锁

共享行级排他锁（Share Row Exclusive Table Lock，SRX 锁）比共享锁有更多限制。它仅允许一个事务在某一时刻得到行级排他锁。拥有行级排他锁事务允许其他事务在被锁定的表上执行查询或使用 SELECT…FROM TableName FOR UPDATE 来准确在锁定行而不能更新行。定义共享行级排他锁的语法为：

```
LOCK TABLE TableName IN SHARE ROW EXCLUSIVE MODE;
```

禁止的操作：拥有行级排他锁的事务不允许其他事务有除共享锁外的其他形式的锁加在同一张表上或更新该表。即下面的语句是不被允许的。

```
LOCK TABLE TableName IN SHARE MODE;
LOCK TABLE TableName IN SHARE ROW EXCLUSIVE MODE;
LOCK TABLE TableName IN ROW EXCLUSIVE MODE;
LOCK TABLE TableName IN EXCLUSIVE MODE;
```

提示　当两个用户希望持有对方的资源时会发生死锁现象。但是 Oracle 中的死锁问题很少见，如果发生，基本上都是不正确的程序设计造成的，经过调整后基本上都会避免死锁的发生，因此这里不再详细介绍死锁。

PL/SQL 编程基础

7.11.2 锁查询语句

开发人员可以执行 SELECT 语句查询数据库中的锁，查询被锁的对象和查询数据库正在等待锁的进程等，本节简单介绍几种语句。

1. 查询数据库中的锁

查询数据库中的锁时需要利用 v$lock 视图，该视图列出系统中的所有的锁。代码如下。

```
SELECT * FROM v$lock;
```

可以在 SELECT 语句之后跟 WHERE 子句，根据指定的条件进行查询。如下代码查询 block 列的值为 1 时的全部记录。

```
SELECT * FROM v$lock WHERE block-1;
```

block 表示是否阻塞其他会话锁申请。取值为 1 时表示阻塞，取值为 0 时表示不阻塞。

2. 查询被锁的对象

查询被锁的对象时需要利用 v$locked_object 视图，该视图只包含 DML 的锁信息，包括回滚段和会话信息。代码如下。

```
SELECT * FROM v$locked_object;
```

3. 查询阻塞

查询阻塞包括查询被阻塞的会话和查询阻塞级别的会话锁。使用以下代码查询被阻塞的会话。

```
SELECT * FROM v$lock WHERE lmode=0 and type in ('TM','TX');
```

使用以下代码查询阻塞级别的会话锁。

```
SELECT * FROM v$lock WHERE lmode>0 and type in ('TM','TX');
```

4. 查询数据库正在等待锁的线程

v$session 用于查询会话的信息和锁的信息。可以使用该视图查询数据库正在等待锁的线程。

```
SELECT * FROM v$session WHERE lockwait IS NOT NULL;
```

5. 查询会话之间锁等待的关系

使用以下代码查询会话之间锁等待的关系。

```
SELECT  a.sid  holdsid,b.sid  waitsid,a.type,a.id1,a.id2,a.ctime  FROM
v$lock a,v$lock b WHERE a.id1=b.id1 AND a.id2=b.id2 AND a.block=1 AND
```

```
b.block=0;
```

6. 查询锁等待事件

v$session_wait 视图查询等待的会话信息。可以使用以下代码查询锁等待事件。

```
SELECT * FROM v$session_wait WHERE event='enqueue';
```

思考与练习

一、填空题

1. PL/SQL 程序的声明部分使用_____关键字定义。

2. 声明常量时需要使用_____关键字。

3. 在声明变量时使用_____操作符，开发人员可以不需要知道所引用的数据库列的数据类型。

4. 任何大于 1 的自然数 n 阶乘表示方法是"n!=1×2×3×…×n"。下面的代码利用 FOR-LOOP 循环求 5 的阶乘，最终输出值为_____。

```
DECLARE
    n number :=1;
    count1 number;
BEGIN
    FOR count1 IN 2..5 LOOP
        n := n*count1;
    END LOOP;
    DBMS_OUTPUT.put_line(to_char
    (n));
END;
```

5. PL/SQL 程序中只能使用的算术运算符包括+、-、*以及_____。

6. 下面代码的横线处应该填写_____。

```
DECLARE
 v_number NUMBER DEFAULT 9;
BEGIN
    IF v_number<10 THEN
        _____ label_test;
    ELSE
        DBMS_OUTPUT.put_line('v_
        number 变量的值大于 10');
    END IF;
```

```
<<label_test>>
    DBMS_OUTPUT.put_line('进
    入 GOTO 语句, 变量的值小于 10。');
END;
```

7. 事务的 ACID 特性分别是指原子性、一致性、_____和持久性。

二、选择题

1. 在 Oracle 数据库中，PL/SQL 程序块必须包括_____。

A. 声明部分

B. 执行部分

C. 异常部分

D. 以上都是

2. _____表示 PL/SQL 程序的单行注释。

A.
```
--查询全部数据
```

B.
```
//查询全部数据
```

C.
```
/*查询全部数据*/
```

D.
```
#查询全部数据#
```

3. 下面选项_____是合法的变量名。

A. user name

B. _test

C. abc#name

D. v_#%S

4. 执行下面一段代码，v_sum 变量的最终结果是_____。

```
DECLARE
    v_count NUMBER := 1;
    v_sum NUMBER DEFAULT 0;
BEGIN
    FOR v_count IN 1..10 LOOP
        IF v_count >= 5 THEN
            CONTINUE;
        END IF;
        v_sum := v_sum + v_count;
    END LOOP;
    DBMS_OUTPUT.put_line(v_sum);
END;
```

  A. 10

  B. 15

  C. 50

  D. 55

5. 异常代码 ORA-01403 对应的异常名称是

_____，当在 SELECT 子句中使用 INTO 命令的返回结果为 null 时触发。

  A. DUP_VAL_ON_INDEX

  B. LOGIN_DENIED

  C. INVALID-NUMBER

  D. NO_DATA_FOUNT

三、简答题

1. PL/SQL 程序包含哪三个组成部分？请分别进行说明。

2. 如何声明变量和常量？如何为变量和常量赋值？

3. PL/SQL 中的条件语句和循环语句有哪些？

4. 简单说出 Oracle 数据库的预定义异常（至少三个）。

第8章 内置函数

在 SQL 乃至 SQL 编程中，经常会使用到关系型数据库提供的函数来完成用户需要的功能。针对不同的关系型数据库系统，它们所提供的函数都不尽相同，本章对 Oracle 中的一些常用函数进行介绍，如字符函数、数字函数和日期函数等。在本章中除了介绍常用的内置函数外，还会向读者介绍如何自定义函数，以及如何使用和删除自定义的函数。

本章学习要点：

❑ 了解内置函数的分类
❑ 掌握常用的字符函数
❑ 掌握常用的数字函数
❑ 熟悉常用的日期函数
❑ 了解常用的通用函数
❑ 掌握常用的聚合函数
❑ 掌握函数的定义和使用
❑ 掌握函数的删除和源代码查看

8.1 内置函数概述

函数是最受开发者欢迎的一种程序设计技术，它可以接收零个或多个输入参数，并返回一个输出参数。在 Oracle 数据库中可以使用两种主要类型的函数：单行函数和多行函数。

8.1.1 单行函数

单行函数也称标量函数，对于从表中查询的每一行，该函数都返回一个值。单行函数可以出现在 SELECT 子句中，也可以出现在 WHERE 子句中。单行函数的特点如下。

（1）能够操纵数据项。
（2）接收多个参数并返回一个值。
（3）接收多个参数，参数可以是一个列或者一个表达式。
（4）作用于每一个返回行。
（5）每一行返回一个结果。
（6）可以嵌套，也可以修改数据类型。

根据单行函数的作用，Oracle 数据库又将单行函数分为 5 种，如表 8-1 所示。

表 8-1 单行函数的分类

函数分类	说明
字符函数	接收数据返回具体的字符信息
数字函数	对数字进行处理（如四舍五入）
日期函数	直接对日期和时间进行处理
转换函数	日期、字符和数字之间可以完成相互转换的功能
通用函数	Oracle 自己提供的特色函数

8.1.2 多行函数

和单行函数相比，Oracle 提供了丰富的基于组的多行函数。多行函数又被称为组函数，它接收多个输入，返回一个输出。多行函数主要针对表进行操作，因为只有表中才有多行数据。多行函数通常在 SELECT 或 SELECT 的 HAVING 子句中使用，当用于 SELECT 子串时常常和 GROUP BY 一起使用。

8.2 字符函数

字符函数接收字符参数，这些字符可以来自于一个表中的列或者任意表达式。字符函数会按照某种方式处理输入参数，并返回一个结果。本节简单介绍 Oracle 数据库中常用的字符函数。

8.2.1 大小写转换函数

UPPER()函数将指定的字符串转换成大写；LOWER()函数将指定的字符串转换成小写；INITCAP()函数把每个字符串的首字符转换成大写。

【范例 1】

将字符串"i lOVe you"分别转换为全部大写、全部小写和首字符大写。语句和输出结果代码如下。

```
SELECT UPPER('i lOVe you') 大写,LOWER('i lOVe you') 小写,INITCAP('i lOVe
you') 首字符大写 FROM dual;
大写                  小写                首字符大写
------------     -----------------  ------------------
I LOVE YOU        i love you         I Love You
```

上述代码中的 dual 表是系统的一张虚表（伪表）。Oracle 中所有的查询都必须符合标准的 SQL 语句，因此在 FROM 子句后必须有一张表的名称。可是"i lOVe you"只是一个普通的字符串，并不属于任何表，因此 Oracle 提供虚表来解决这个问题。

UPPER()、LOWER()或 INITCAP()函数中不仅可以跟普通的字符串，也可以跟列，如范例 2。

【范例 2】

从 emp 表中读取 empno 列值为 7654 的员工名称，并将该名称分别转换为全部大写、全部小写和首字符大写。语句和输出结果如下。

```
SELECT ename 列值,UPPER(ename) 大写,LOWER(ename) 小写,INITCAP(ename) 首字
符大写 FROM emp WHERE empno=7654;
列值           大写           小写           首字符大写
---------  -----------  ----------  --------------------
MARTIN       MARTIN       martin        Martin
```

8.2.2 替换字符串

REPLACE()函数是用另外一个值来替代字符串中的某个值。例如，可以用一个匹配数字来替代字母的每一次出现。REPLACE()函数的基本语法如下：

```
REPLACE (string, search_string [, replace_string])
```

在上述语法中，REPLACE()函数把 string 中的所有子字符串 search_string 使用可选的 replace_string 替换。如果没有指定 replace_string 参数的值，所有的 string 中的子字符串 search_string 都将被删除。string 可以为任何字符数据类型，如 CHAR、VARCHAR2、NCHAR、NVARCHAR2、CLOB 或 NCLOB。

【范例 3】

将字符串"Hello World"中的字母"l"进行替换。执行语句和输出结果如下。

```
SELECT REPLACE('Hello World','l') 替换 1,REPLACE('Hello World','l','5')
替换 2 FROM dual;
替换 1                   替换 2
------------------    ----------
Heo Word              He55o Wor5d
```

REGEXP_REPLACE()函数也是字符串替换函数，它相当于增强的 REPLACE()函数。基本语法如下：

```
REGEXP_REPLACE(source_string,pattern[,replace_string
[,position[,occurrence[,match_parameter ]]]])
```

其中，source_string 指定源字符串；pattern 指定正则表达式；replace_string 指定用于替换的字符串；position 指定起始搜索位置；occurrence 指定替换出现的第 n 个字符串；match_parameter 指定默认匹配操作的文本字符串。当 match_parameter 参数的取值为 i 时表示大小写不敏感；取值为 c 时表示大小写敏感，这是默认取值；取值为 n 时表示不匹配换行符号；取值为 m 表示多行模式；取值为 x 表示扩展模式，忽略正则表达式中的空白字符。

【范例 4】

下面使用 REGEXP_REPLACE()函数替换 x 后面带数字的字符串为 Love，并且一个区分大小写，一个不区分大小写。代码如下。

```
SELECT REGEXP_REPLACE('HelloWorld! X9x99X999x9999 Happy2You!','x[0-9]
+','Love',1,2,'i') V,
REGEXP_REPLACE('HelloWorld! X9x99X999x9999 Happy2You!','x[0-9]+','Love',
1,2,'c') C FROM dual;
```

执行上述代码，输出结果如下。

```
V                                     C
------------------------------------- ------------------------------
HelloWorld!X9LoveX999x9999 Happy2You! HelloWorld! X9x99X999Love Happy2You!
```

●--8.2.3 截取字符串

截取字符串可以使用 SUBSTR()函数，该函数有两种使用方法。当从指定位置截取到结尾时，可以使用以下语法：

```
SUBSTR(string, position);
```

如果只截取部分的字符串，可以使用以下语法：

```
SUBSTR(string, position, length);
```

在前面的语法中，string 表示源字符串，position 表示截取字符串的开始位置；length 表示截取的长度。当 position 参数取值为 0 或者 1 时，它们的运行结果是一样的，都表示从第一个字符开始截取。当 position 参数的取值为负数时，表示从字符串尾部开始截取。

【范例 5】

分别从字符串"我们都是好孩子"的第 0 个和第 1 个位置处进行截取，不指定截取长度，这时会截取整个字符串。语句和执行结果如下。

```
SELECT SUBSTR('我们都是好孩子',0) SUB1,SUBSTR('我们都是好孩子',1) SUB2 FROM
dual;
SUB1               SUB2
---------------    ---------------------
我们都是好孩子      我们都是好孩子
```

【范例 6】

截取字符串"我们都是好孩子"的内容，起始位置分别是 2 和–2，截取的长度为 3。语句和执行结果如下。

```
SELECT SUBSTR('我们都是好孩子',2,3) SUB1,SUBSTR('我们都是好孩子',-2,3) SUB2
FROM dual;
SUB1      SUB2
-------   --------
们都是     孩子
```

从上述结果可以看出，当指定起始位置为–2 时，会从字符串的倒数第二个位置开始截取，由于该位置之后只有两个长度，因此截取的子字符串为"孩子"。

试一试

使用 SUBSTR() 函数截取字符串时，指定的截取长度小于 1，那么将返回一个空值。感兴趣的读者可以亲自动手试一试，观察效果。

与 REPLACE() 函数一样，SUBSTR() 函数也有一个增强版的 REGEXP_SUBSTR() 函数。语法如下：

```
REGEXP_SUBSTR(source_string, pattern[, position [, occurrence [,match_
parameter]]]);
```

其中，source_string 表示源字符串；pattern 表示正则表达式；position 表示截取位置；occurrence 指定替换出现的第 n 个字符串；match_parameter 指定默认匹配操作的文本字符串。

【范例 7】

使用正则表达式获取字符串"17,20,23"中分割后的第一个值和最后一个值。语句和执行结果如下。

```
SELECT  REGEXP_SUBSTR('17,20,23','[^,]+',1,1,'i')  FIRST,REGEXP_SUBSTR
('17,20,23','[^,]+',1,3,'i') Last FROM dual;
FIRST      LAST
------     ----------
17         23
```

8.2.4 连接字符串

在第 7 章的运算符中介绍过"||"运算符，它可以连接指定的两个或多个字符串。Oracle 中还可以使用 CONCAT() 函数来实现，不同的是，CONCAT() 只能连接两个字符串。语法如下：

```
CONCAT(n,m);
```

其中，n 和 m 两个参数既可以是字符，也可以是字符串。

【范例 8】

下面使用 CONCAT() 函数和"||"运算符连接指定的字符串。语句和输出结果如下：

```
SELECT CONCAT('锄禾日当午,','汗滴禾下土.')||'谁知盘中餐,'||'粒粒皆辛苦'
CONCAT FROM dual;
CONCAT
----------------------------------------------------------------
锄禾日当午,汗滴禾下土.谁知盘中餐,粒粒皆辛苦
```

8.2.5 获取字符串长度

Oracle 数据库提供多个用于获取字符串长度的函数，其说明如表 8-2 所示。

▦ 表 8-2 获取字符串长度的函数

字符串长度函数	说明
LENGTH(string)	返回以字符为单位的长度
LENGTHB(string)	返回以字节为单位的长度
LENGTHC(string)	返回以 Unicode 为单位的长度
LENGTH2(string)	返回以 UCS2 代码点为单位的长度
LENGTH4(string)	返回以 UCS4 代码点为单位的长度

【范例 9】

分别使用表 8-2 列出的函数查询字符串"Hello"和"中国"的长度。语句和输出结果如下。

```
SELECT  LENGTH('Hello')  L1_1,LENGTH(' 中国 ')  L1_2,LENGTHB('Hello')
L2_1,LENGTHB(' 中国 ')  L2_2,LENGTHC('Hello')  L3_1,LENGTHC(' 中国 ')
L3_2,LENGTH2('Hello')  L4_1,LENGTH2(' 中国 ')  L4_2,LENGTH4('Hello')
L5_1,LENGTH4('中国') L5_2 FROM dual;
L1_1   L1_2   L2_1   L2_2   L3_1   L3_2   L4_1   L4_2   L5_1   L5_2
-----  -----  -----  ------  ------  -----  ------  -----  ------  -----
5      2      5      4       5       2      5       2      5       2
```

8.2.6 其他字符函数

除了前面介绍的几种字符函数外，Oracle 还有其他的字符函数，下面再简单介绍几种。

1. INSTR()函数

INSTR()函数返回要截取的字符串在源字符串中的位置。INSTR()是一个非常好用的字符串处理函数，几乎所有的字符串分隔都用到此函数。基本语法如下：

```
INSTR(string1, string2[, start_position, nth_appearance]);
```

其中，string1 表示源字符串，要在该字符串中查找；string2 表示要在 string1 中查找的字符串；start_position 是可选参数，表示从 string1 的哪个位置开始查找；nth_appearance 也是可选参数，表示要查找第几次出现的 string2。

当省略 start_position 参数时，默认值为 1，字符串索引从 1 开始。如果该参数为正，从左到右开始查找；如果该参数为负，从右到左查找，返回要查找的字符串在源字符串中的开始索引。当省略 nth_appearance 参数时，默认值为 1，如果为负数系统会报错。

【范例 10】

INSTR()函数的使用如下。

```
SELECT  INSTR('hello  world','l')  I1,INSTR('hello  world','low')  I2,
INSTR('hello world','l',1,3) I3 FROM dual;
 I1       I2        I3
 -----  -------  ----------
 3        0         10
```

从上述代码中可以看出，如果要查找的字符串在源字符串中没有找到时，INSTR()
函数将返回 0。

2．LTRIM()、RTRIM ()和 TRIM()函数

LTRIM()函数和 RTRIM()函数的语法相似，内容如下。

```
LTRIM (string1,string2);
RTRIM (string1,string2);
```

LTRIM()和 RTRIM()分别返回删除从左边与右边算起出现在 string2 中的字符的
string1。string2 被默认设置为单个的空格。数据库将扫描 string1，从最左边开始。当遇
到不在 string 中的第一个字符，结果就被返回了。

【范例 11】

分别使用 LTRIM()函数和 RTRIM()函数删除字符串" H E L L O"中的左边空格和
右边空格，为了明显地观察效果，需要将它们与其他字符连接起来。语句和输出结果
如下。

```
SELECT '1'||LTRIM(' H E L L O ')||'2' L1,'1'||RTRIM(' H E L L O ')||'2'
R1 FROM dual;
L1                R1
--------------  -----------------
1H E L L O 2    1 H E L L O2
```

TRIM()函数同时实现了 LTRIM()和 RTRIM()的功能，完整语法如下：

```
TRIM([LEADING|TRAILING|BOTH][trimchar FROM] string);
```

其中，LEADING 表示只将字符串的头部分字符删除；TRAILING 表示只将字符串
的尾部字符删除；BOTH 是默认值，既可以删除头部字符，也可以删除尾部字符；trimchar
是可选参数，表示试图删除什么字符，默认被删除的是空格；string 表示任意一个等待被
处理的字符串。

【范例 12】

使用 TRIM()函数删除"*12 34 5*"字符串中头部的字符"*"。语句和输出结果如下。

```
SELECT 'A'||TRIM(LEADING '*' FROM '*12 34 5*')||'B' FROM dual;
RESULT
--------------
A12 34 5*B
```

3．ASCII()和 CHR()函数

ASCII()函数返回与指定的字符相对应的十进制数。

【范例 13】

ASCII()函数的使用如下。

```
SELECT ASCII('A') A,ASCII('Z') Z,ASCII('9') NINE,ASCII(' ') SPACE FROM
dual;
A          Z       NINE      SPACE
-------   -----   --------   --------
65        90      57         32
```

CHR()函数与 ASCII()函数相反，该函数用于求十进制数对应的 ASCII 字符。

【范例 14】

CHR()函数的使用如下。

```
SELECT CHR(65) ONE,CHR(90) TWO,CHR(120) THREE FROM dual;
ONE       TWO       THREE
-------   --------   --------------
A         Z         x
```

8.3 数字函数

在第 7 章中提到的算术运算符中只能进行加、减、乘、除运算，而不能求余，但是使用数字函数可以使用。数字函数操作数字，执行数学和算术运算，本节进行简单介绍。

8.3.1 绝对值函数

ABS()函数返回指定值的绝对值，使用时需要传入一个数字。如果传入的数字为正数，返回值为其本身；如果传入的数字为负数，返回值该负数的相反数；如果传入的数字为 0，返回值为 0。如果传入的值为空，返回值为空。

【范例 15】

使用 ABS()函数分别计算 100、–20 和 0 的绝对值。代码如下。

```
SELECT ABS(100),ABS(-20),ABS(0) FROM dual;
ABS(100)      ABS(-20)        ABS(0)
-----------   ------------   ----------------
  100           20               0
```

8.3.2 精度函数

ROUND()函数和 TRUNC()函数都按照指定的精度进行舍入，这两个函数都可以用于日期函数。语法如下：

```
ROUND(m,n);
TRUNC(m,n);
```

ROUND()函数四舍五入列、表达式或者 n 位小数值。如果第二个参数是 0 或忽略，值被四舍五入为整数。如果第二个参数是 2，值被四舍五入为两位小数。如果第二个参数是–2，值被四舍五入到小数点左边两位。

TRUNC()函数截断列、表达式或者 n 位小数值。如果第二个参数是 0 或忽略，值被截断为整数。如果第二个参数是 2，值被截断为两位小数。如果第二个参数是–2，值被截断为到小数点左边两位。

【范例 16】

ROUND()和 TRUNC()函数的使用如下。

```
SELECT   ROUND(35.6)   R1,TRUNC(35.6)   R2,ROUND(65.4)   R3,TRUNC(65.4)
R4,ROUND(33.546,2) R5,TRUNC(33.546,-2) R6 FROM dual;
R1        R2         R3         R4         R5          R6
------    -------    --------   --------   ---------   --------------
36        35         65         65         33.55       0
```

从上述代码中可以看出，当对 35.6 进行精度计算时，ROUND()函数进行四舍五入，因此返回值为 36，而 TRUCN()函数直接截断，返回值为 35。

8.3.3　求余函数

Oracle 中不能使用"%"运算符实现数字的求余运算，但是 MOD()函数可以实现，该函数通常判断某一个数字是奇数或是偶数。语法如下：

```
MOD(m,n)
```

【范例 17】

MOD()函数的使用如下。

```
SELECT MOD(10,3) R1,MOD(20,2) R2,MOD(21,2) R3,MOD(0,100) R4,MOD(100,0) R5
FROM dual;
R1        R2       R3        R4         R5
------    ------   ------    -------    --------------
1         0        1         0          100
```

从上述代码 MOD(100,0)的函数中可以看出，当 100 除以 0 时，输出的结果为 100。如果将 100 换成其他的数字，那么返回的结果是当前数字。

8.3.4　三角函数

在数学中，三角函数（也叫作圆函数）是角的函数，通常定义为包含这个角的直角三角形的两个边的比率，也可以等价地定义为单位圆上的各种线段的长度。Oracle 提供

内置函数

的数字函数中提供了一些与求正弦值、求余弦值有关的三角函数，如表 8-3 所示。

表 8-3 三角函数

三角函数	说明
ACOS(n)	返回数字 n 的反余弦值，n 的范围是-1~1，输出值为弧度
ASIN(n)	返回数字 n 的反正弦值，n 的范围是-1~1，输出值为弧度
ATAN(n)	返回数字 n 的反正切值，n 可以是任何数字，输出值为弧度
ATAN2(m,n)	返回数字 m 除以 n 的反正切值，n 是除 0 以外的任何数字，输出值为弧度
COS(n)	返回数字 n（用弧度表示的角度值）的余弦值
COSH(n)	返回数字 n（用弧度表示的角度值）的双曲余弦值
SIN(n)	返回 n（用弧度表示的角）的正弦值
SINH(n)	返回 n（用弧度表示的角）的双曲正弦值
TAN(n)	返回 n（用弧度表示的角）的正切值
TANH(n)	返回 n（用弧度表示的角）的双曲正切值

【范例 18】

如下代码使用表 8-3 列出的部分函数计算不同的三角函数值。

```
SELECT SIN(1) R1,SINH(1) R2,COS(1) R3,COSH(1) R4,TAN(1) R5,TANH(1) R6 FROM
dual;
R1           R2           R3           R4           R5           R6
----------   ----------   ----------   ----------   -----------  ----------
.841470985   1.17520119   .540302306   1.54308063   1.55740772   .761594156
```

8.3.5 其他数字函数

除了前面 4 个小节介绍的数字函数外，Oracle 还提供了其他的数字函数，其他的数字函数如表 8-4 所示。表 8-4 中的函数与其他数字函数一样，如果传入的参数为 NULL，则返回值也为 NULL。

表 8-4 其他数字函数

数字函数	说明
CEIL(n)	用于返回大于或等于 n 的最小整数
EXP(n)	用于返回 e 的 n 次幂，e=2.718 281 83
FLOOR(n)	用于返回小于或等于 n 的最大整数
LN(n)	用于返回 n 的自然对数，n 必须大于 0
LOG(n1,n2)	用于返回以 n1 为底 n2 的对数
POWER(n1,n2)	用于返回 n1 的 n2 次方
SQRT(n)	用于返回 n 的平方根
SIGN(n)	如果 n 为负数，则返回-1；如果 n 为正数，则返回 1；如果 n 为 0，则返回 0

CEIL()函数返回大于或者等于指定数字的最小整数。当传入的数字为小数时，返回结果与小数点之后的值无关。

【范例 19】

使用 CEIL()函数分别计算 5.8、6.4、NULL 和空字符串返回的最小整数。由于 NULL

和空字符串是非法的，不是数字，因此输出结果为空。语句和输出结果如下。

```
SELECT CEIL(5.8) R1,CEIL(6.4) R2,CEIL(NULL) R3,CEIL('') R4 FROM dual;
R1          R2          R3          R4
---------   ----------  ---------   ----------
6                    7
```

FLOOR()函数返回小于或等于指定数字的最大整数。当传入的数字为小数时，返回结果与小数点之后的值无关。

【范例 20】

将范例 19 中的 CEIL()函数使用 FLOOR()函数代替，语句和输出结果如下。

```
SELECT FLOOR(5.8) R1,FLOOR(6.4) R2,FLOOR(NULL) R3,FLOOR('') R4 FROM dual;
R1          R2          R3          R4
----------  ----------  ----------  ----------
5                    6
```

8.4 日期函数

在 Oracle 数据库中的日期型数据都是按照"日-月-年"的方式进行排列的，开发人员经常需要对这些数据进行处理。本节简单介绍 Oracle 提供的日期处理函数，但是在介绍这些函数之前会首先获取系统的日期和时间。

8.4.1 获取系统日期

Oracle 数据库中可以直接通过 SYSDATE 伪列表示出当前的系统时间。通常使用 SYSDATE 伪列获取年、月、日、时、分、秒等数据。

【范例 21】

下面的代码使用 SYSDATE 获取系统日期。

```
SELECT SYSDATE FROM dual;
SYSDATE
---------------
11-8 月 -14
```

【范例 22】

如果想精确地获取到毫秒的日期，那么需要使用 SYSTIMESTAMP 伪列。代码和输出结果如下。

```
SELECT SYSTIMESTAMP FROM dual;
SYSTIMESTAMP
--------------------------------------------------------
11-8 月 -14 09.45.31.295000 上午 +08:00
```

从前面两个范例可以看出，Oracle 数据库中默认的日期显示格式为"日-月-年"，这种显示方式并不符合中国人的喜好，如果想要更改日期格式，可以通过修改 NLS_DATE_FORMAT 进行控制。

【范例 23】

使用 ALTER SESSION 语句修改 NLS_DATE_FORMAT 的值。代码和输出结果如下。

```
ALTER SESSION SET NLS_DATE_FORMAT='yyyy-mm-dd hh24:mi:ss';
```

修改完成后，再次通过 SYSDATE 查看系统的当前日期。代码和输出结果如下。

```
SELECT SYSDATE FROM dual;
SYSDATE
-------------------------
2014-08-11 09:50:57
```

【范例 24】

开发人员可以将一个日期型的数据和一个数字进行加或减操作，其结果仍然是日期型。例如，查询距离今天为止三天前和三天后的日期，代码如下。

```
SELECT SYSDATE-3 BEFORE,SYSDATE NOW,SYSDATE+3 AFTER FROM dual;
BEFORE                  NOW                  AFTER
-------------------  -------------------  -------------------
2014-08-08 09:55:01  2014-08-11 09:55:01  2014-08-14 09:55:01
```

8.4.2 获取日期差

Oracle 中提供的 MONTHS_BETWEEN()函数可以返回两个日期间的月数。语法如下：

```
MONTHS_BETWEEN(date1, date2);
```

从上述语法可以看出，使用 MONTHS_BWTWEEN()函数时需要传入两个日期类型的参数。如果 date1 大于 date2，其返回的月数为正；否则返回的月数为负。

【范例 25】

从 emp 表中查询出每个员工的编号、姓名、雇佣日期和雇佣年份。在计算雇佣日期和雇佣年份时借助 MONTHS_BETWEEN()函数。代码和输出结果如下。

```
SELECT empno,ename,hiredate,TRUNC(MONTHS_BETWEEN(SYSDATE,hiredate)) 总
月数,TRUNC(MONTHS_BETWEEN(SYSDATE,hiredate)/12) 总 年 份 FROM emp WHERE
ROWNUM<=3;
EMPNO    ENAME     HIREDATE         总月数      总年份
------   --------  --------------   --------   -----------
7369     SMITH     17-12月-80       403        33
7499     ALLEN     20-2月 -81       401        33
7521     WARD      22-2月 -81       401        33
```

8.4.3 为日期添加指定月数

Oracle 数据库提供的 ADD_MONTHS()函数在指定的日期上加入指定的月数，从而

返回一个新的日期。语法如下：

```
ADD_MONTHS(date,month);
```

【范例 26】

使用 ADD_MONTHS()函数计算三个月之前、三个月之后和 12 个月之后的日期。代码和输出结果如下。

```
SELECT ADD_MONTHS(SYSDATE,-3) BEFORE,ADD_MONTHS(SYSDATE,3) AFTER,ADD_
MONTHS(SYSDATE,12) FROM dual;
BEFORE          AFTER          ADD_MONTHS(SYSDATE)
------------    -------------   --------------------------
11-5 月 -14     11-11 月-14      11-8 月 -15
```

注意

虽然使用"SYSDATE+数字"的形式可以计算三个月之前或之后的日期。但是为了考虑闰年的问题，使用"SYSDATE+数字"无法进行准确的操作，因此使用 ADD_MONTHS()函数更准确。

8.4.4　获取下星期的指定日期

Oracle 数据库提供的 NEXT_DAY()函数用于返回下一星期几的具体日期。如果现在日期"2014 年 8 月 11 日"是星期一，那么如果想知道下一个"星期一"或"星期日"的具体日期，就可以使用 NEXT_DAY()函数。语法如下。

```
NEXT_DAY(date,week)
```

【范例 27】

下面的代码演示 NEXT_DAY()函数的使用。

```
SELECT NEXT_DAY(SYSDATE,'星期日') 星期日,NEXT_DAY(SYSDATE,'星期一') 星期一
FROM dual;
星期日               星期一
------------------------------
17-8 月 -14      18-8 月 -14
```

8.4.5　指定日期月份的最后一天日期

LAST_DAY()函数用于返回指定日期所在月的最后一天日期。如果今天的日期是"2014 年 8 月 11 日"，那么使用 LAST_DAY()求出来的日期是"2014 年 8 月 31 日"。

【范例 28】

下面的代码演示 LAST_DAY()函数的使用。

```
SELECT SYSDATE NOW,LAST_DAY(SYSDATE) LAST FROM dual;
NOW                 LAST
```

```
---------------          --------------
11-8 月 -14              31-8 月 -14
```

8.4.6 获取时间间隔

EXTRACT()函数可以从一个日期时间或者是时间间隔中截取出特定的部分,它是从 Oracle 9i 中开始增加的函数。语法如下:

```
EXTRACT ([ YEAR | MONTH | DAY | HOUR | MINUTE | SECOND ]
    | [ TIMEZONE_HOUR | TIMEZONE_MINUTE ]
    | [ TIMEZONE_REGION | TIMEZONE_ABBR ]
FROM { date_value | interval_value } )
```

【范例 29】

从日期时间中截取出特定的年、月、日。代码和输出结果如下。

```
SELECT EXTRACT(YEAR FROM SYSDATE) year,EXTRACT(MONTH FROM SYSDATE)
month,EXTRACT(DAY FROM SYSDATE) day FROM dual;
YEAR            MONTH           DAY
----------      ------------    ----------
2014            8               11
```

【范例 30】

从时间戳中截取特定的时、分、秒。代码和输出结果如下。

```
SELECT  EXTRACT(HOUR  FROM  SYSTIMESTAMP)  hour,EXTRACT(MINUTE  FROM
SYSTIMESTAMP) minute,EXTRACT(SECOND FROM SYSTIMESTAMP) second FROM dual;
HOUR            MINUTE          SECOND
----------      ------------    ----------
2               59              11.452
```

8.5 转换函数

转换函数用于操作多数据类型,在数据类型之间进行转换。在使用 SQL 语句进行数据操作时经常需要使用这类函数,Oracle 提供了三个转换函数来完成不同数据类型之间的显式转换,本节进行简单介绍。

8.5.1 TO_CHAR()函数

TO_CHAR()函数通常把指定的日期和数字列转换为字符串型。语法如下:

```
TO_CHAR(date 或 number, format);
```

1. 把日期转换为字符串

把日期转换为字符串时,向 TO_CHAR()函数中传入的第二个参数表示格式化内容,如表 8-5 所示为格式化日期时的常用设置内容。

表 8-5　TO_CHAR()函数格式化日期

格式化内容	说明	格式化内容	说明
YYYY	完整的年份表示	Y,YYY	带逗号的年
YYY	年的后三位	YY	年的后两位
Y	年的最后一位	YEAR	年份的文字表示，表示 4 位的年
MONTH	月份的文字表示，表示两位的月	MM	用两位数字表示月份。如 01
DAY	天数的文字表示	DDD	表示一年里的天数（001~366）
DD	表示一月里的天数（01~31）	D	表示一周里的天数（1~7）
DY	用文字表示星期几	WW	表示一年里的周数
W	表示一月里的周数	HH	表示 12 小时制
HH24	表示 24 小时制	MI	表示分钟
SS	表示秒	SSSSS	午夜之后的秒数字表示（0～86 399）
AM|PM(A.M|P.M)	表示上午或下午	FM	去掉查询后的前导 0，用于时间模板的后缀

【范例 31】

下面的代码演示 TO_CHAR()函数的使用。

```
SELECT TO_CHAR(SYSDATE,'fmDD MONTH YEAR') FROM dual;
TO_CHAR(SYSDATE,'FMDDMONTHYEAR')
------------------------------------------------------------
11 8 月 TWENTY FOURTEEN
```

从上述代码中可以看出，首先以阿拉伯数字显示日（11），之后空一格并以完整的中文显示月（08），之后再空一格并在最后以完整的英文显示年（TWENTY FOURTEEN）。其中，fm 用来压缩前导 0 或空格。

2．把数字转换为字符串

也可以使用 TO_CHAR()函数把指定的数字转换为字符串。如表 8-6 所示为格式化数字时的常用设置。

表 8-6　TO_CHAR()函数格式化数字

格式化内容	说明	格式化内容	说明
9	表示一位数字	0	显示前导 0
$	将货币符号显示为美元符号	L	根据语言环境不同,自动选择货币符号
.	显示小数点	,	显示千位符

提示

在使用 TO_CHAR()函数格式化数字时，如果设置的是 9，则不够的位数将不显示。如果设置为 0，则表示会在前面补 0 进行显示。

【范例 32】

格式化数字的示例代码和输出结果如下。

```
SELECT  TO_CHAR(905800,'999,999,999')  R1,TO_CHAR(905800,'000,000,000')
R2 FROM dual;
R1                R2
----------     ------------
905,800        000,905,800
```

8.5.2 TO_DATE()函数

当需要将一个字符串类型的数据转换为日期类型的时候，就可以使用 TO_DATE()
函数。语法如下：

```
TO_DATE(string[,format]);
```

其中，string 表示要转换的字符串；format 表示格式化内容，可参考表 8-5。该函数
的基本使用方法如下：

```
SELECT TO_DATE('2014-12-12 13:14:20','yyyy-MM-dd HH24:mi:ss') time FROM
dual;
```

TO_DATE()函数主要是将字符串类型的数据转换为日期类型，也可以利用
TO_TIMESTAMP()函数将数据变为时间戳。

【范例 33】

下面演示 TO_TIMESTAMP()函数的使用。

```
SELECT TO_TIMESTAMP('2014-12-12 13:14:20','yyyy-MM-dd HH24:mi:ss') time
FROM dual;
TIME
-------------------------------------------------
12-12 月-14 01.14.20.000000000 下午
```

8.5.3 TO_NUMBER()函数

TO_NUMBER()函数用于将一个字符串的内容转换为数字类型。该函数的使用非常
简单，如范例 34 所示。

【范例 34】

下面的代码演示 TO_NUMBER()函数的使用。

```
SELECT TO_NUMBER('0019')+TO_NUMBER('029') RESULT FROM dual;
RESULT
------------
48
```

8.6 通用函数

通用函数指的是 Oracle 具有一些基本特色的函数，如表 8-7 所示对这些常用的通用函数进行了说明。

表 8-7　Oracle 提供的通用函数

通用函数	说明
NVL(content,default)	如果 content 的内容为 null，则使用默认的 default 值表示
NVL2(content,result1,result2)	判断 content 是否为 null，如果不是则使用 result1，如果是则使用 result2
NULLIF(exp1,exp2)	判断表达式 exp1 和 exp2 的结果是否相等，如果相等返回 NULL，如果不等返回 1
DECODE(content,v1,r1,v2,r2,…,default)	多值判断，如果 content 与判断值相同，则使用指定的显示结果，如果没有满足条件，则显示 default 值
CASE content WHEN v1 THEN r1… ELSE vn…END	多条件判断，在 WHEN 之后编写条件并编写满足条件的操作，如果都不满足则使用 ELSE 中的表达式处理
COALESCE(exp1,exp2,…,expn)	将表达式逐个判断，如果 exp1 的内容为 null，则显示表达式 2，如果表达式 2 的内容为 null，则显示表达式 3，以此类推，如果 expn 的值为 null，则返回 null

在表 8-7 中，DECODE()函数判断的内容是一个具体的值，它类似于程序中的条件判断，其简单使用方法如范例 35 所示。

【范例 35】

下面的代码演示了 DECODE()函数的使用。

```
SELECT DECODE(12,1,'值为 1',2,'值为 2',3,'值为 3','默认值为 12') RESULT FROM
dual;
RESULT
------------------
默认值为 12
```

在上述使用 DECODE()函数的代码中，会将 12 与每一次判断值进行比较，如果满足条件则输出指定的内容，否则输出最后的默认值。

可以使用 CASE 表达式来实现范例 35 中 DECODE()函数的功能。代码如下。

```
SELECT CASE 12 WHEN 1 THEN '值为 1' WHEN 2 THEN '值为 2' WHEN 3 THEN '值为
3' ELSE '默认值为 12' END RESULT FROM dual;
```

8.7 聚合函数

聚合函数也称为统计函数或集合函数，返回基于多个行的单一结果，行的准确数量并不确定，因此聚合函数并不是单行函数，而是多行函数。

8.7.1 获取全部记录数

COUNT()函数用于获取全部的记录总数。基本语法如下:

```
COUNT(*|DISTINCT 列名);
```

在 COUNT()函数中可以使用通配符"*",也可以使用列名,当列名中的数据全部不为 null 时,通配符"*"和列名没有任何区别。但是,当出现数据为 null 的情况时就会出现问题,因为 COUNT()会忽略 null 值。

【范例 36】

分别向 COUNT()函数中传入通配符"*"和列名获取记录总数。代码和输出结果如下。

```
SELECT COUNT(*) R1,COUNT(ename) R2,COUNT(comm) R3,COUNT(DISTINCT job) R4
FROM emp;
R1              R2              R3              R4
----------      ----------      ----------      ----------
13              13              4               5
```

注 意

使用 COUNT()函数统计记录总数时,即使表中没有数据也会返回结果,结果为 0。但是,使用其他的聚合函数时将会返回结果 null。

8.7.2 求最值

最值包括最大值和最小值,MIN()函数返回最小值,MAX()函数返回最大值。

【范例 37】

分别使用 MIN()和 MAX()函数获取 emp 表中 sal 列(工资列)的最小值和最大值。语句和输出结果如下。

```
SELECT MAX(sal),MIN(sal) FROM emp;
MAX(SAL)        MIN(SAL)
----------------      ----------
5000            800
```

8.7.3 求和与平均数

Oracle 数据库中也提供了用于求和与求平均数的函数。SUM()函数返回求和的结果,操作的列是数字;而 AVG()函数返回平均数。

【范例 38】

计算 emp 表中所有员工工资的总和与平均工资。语句和输出结果如下。

```
SELECT SUM(sal),COUNT(sal),AVG(sal) FROM emp;
SUM(SAL)           COUNT(SAL)           AVG(SAL)
------------       --------------       ---------------
26025              13                   2001.92308
```

8.7.4　其他聚合函数

在 SQL 标准中只定义了 5 个基本的统计函数。为了方便学习，本节再介绍三个扩展函数。

（1）MEDIAN()函数：返回中间值。

（2）VARIANCE()函数：返回方差。

（3）STDDEV()函数：返回标准差。

【范例 39】

下面的代码演示了 MEDIAN()函数、VARIANCE()函数和 STDDEV()函数的使用。

```
SELECT MEDIAN(sal),VARIANCE(sal),STDDEV(sal) FROM emp;
MEDIAN(SAL)            VARIANCE(SAL)            STDDEV(SAL)
--------------         -------------------      --------------------
1500                   1437756.41               1199.06481
```

198

提示

在 Oracle 数据库中还提供了大量的分析函数，分析函数从 Oracle 8i 开始引入，主要是为了解决各种复杂查询。对于初学者来说，分析函数的部分内容不容易理解，因此本章不再介绍。

8.8　自定义函数

虽然使用 Oracle 提供的函数可以方便地实现各种查询，但是有时候还需要开发人员亲自动手创建和使用函数。本节简单介绍自定义函数的知识，包括函数的定义、调用和删除等内容。

8.8.1　创建函数语法

函数与过程在创建的形式上有些相似，它也是编译后放在内存中供用户使用，只不过调用时函数要用表达式，而不像过程只需调用过程名。另外，函数必须拥有一个返回值，而过程则没有。

Oracle 数据库中自定义函数的语法如下：

```
CREATE OR REPLACE FUNCTION function_name                /*函数名称*/
(
Parameter_name1,mode1 datatype1,                        /*参数定义部分*/
Parameter_name2,mode2 datatype2,
```

内置函数

```
          Parameter_name3,mode3 datatype3
          ...
          )
          RETURN return_datatype                      /*定义返回值类型*/
          IS/AS
          BEGIN
              Function_body                           /*函数体部分*/
              RETURN scalar_expression                /*返回语句*/
          END function_name;
```

上述语法的参数说明如下。

（1）function_name：用户定义的函数名，函数名必须符合标识符的定义规则，对其所有者来说，函数名在数据库中是唯一的。

（2）parameter：函数定义的参数，开发人员可以定义一个或多个参数。

（3）mode：参数类型。其中，IN 表示输入给函数的参数；OUT 表示参数在函数中被赋值，可以传给函数调用程序；IN OUT 表示参数既可以传值也可以被赋值。

（4）datatype：开发人员定义参数的数据类型。

（5）return_type：开发人员返回值的数据类型。

（6）function_body：函数主体部分，由 PL/SQL 语句组成。

自定义函数时需要注意以下两点。

（1）如果函数没有任何参数，那么函数名后不需要括号。

（2）创建函数时 END 后面一定要写函数名。

【范例40】

创建不需要传入任何参数的 get_total 函数，该函数用于获取 emp 数据表中的全部记录数。代码如下。

```
CREATE OR REPLACE FUNCTION get_total
RETURN NUMBER
IS
    v_total NUMBER;
BEGIN
    SELECT COUNT(*) INTO v_total FROM emp;
    return v_total;
END get_total;
```

【范例41】

自定义 get_empname 函数，在该函数中传入一个参数，该参数表示员工编号。该函数根据传入的员工编号获取员工名称。代码如下。

```
CREATE OR REPLACE FUNCTION get_empname(v_no in number)
RETURN VARCHAR2
AS
    v_name VARCHAR(50);
BEGIN
    SELECT ename INTO v_name FROM emp WHERE empno=v_no;
    RETURN v_name;
```

```
EXCEPTION
    WHEN no_data_found THEN
    raise_application_error(-20001, '你输入的员工编号无效！');
END get_empname;
```

【范例 42】

创建 get_info 函数，该函数包含一个输入参数和一个输出参数。代码如下。

```
CREATE OR REPLACE FUNCTION get_info(no VARCHAR2,job OUT VARCHAR2)
RETURN NUMBER
IS
v_result varchar2(50);
BEGIN
    SELECT sal,job INTO v_result,job FROM emp WHERE empno=no;
    return(v_result);
END get_info;
```

8.8.2 调用函数

创建函数就是为了调用，调用函数时需要使用以下语句：

```
VAR [变量名][数据类型]
EXEC:[变量名]:=[自定义函数名];
```

在 SQL Plus 工具中执行完上述语句后会提示：PL/SQL 过程已成功完成。这时还需要完成最后一句代码则可以看到开发人员想要看到的结果。语句如下。

```
PRINT [变量名];
```

【范例 43】

当函数中没有传入任何参数时，可以使用 SELECT 语句直接查询结果。语句及输出结果如下。

```
SELECT get_total FROM dual;
GET_TOTAL
------------------
13
```

为了确保 SELECT 语句执行的结果与 EXEC 调用时的结果一致，可以在声明变量后进行调用，如图 8-1 所示。

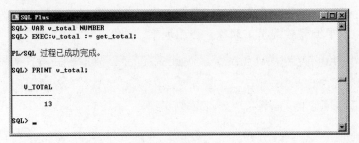

图 8-1 调用 get_count()函数

【范例 44】

当函数中包含参数时通常需要先声明变量，然后再使用 EXEC 语句调用。调用时需要添加括号，该括号中的内容表示传入的参数值，如图 8-2 所示。

图 8-2 调用 get_empname()函数

【范例 45】

当函数既包含输入参数又包含输出参数时，不仅输入参数需要声明，输出参数也需要声明，在调用函数时传入声明的输出参数变量即可。如图 8-3 中的语句调用 get_info()函数并传入输入参数和输出参数，如图 8-3 所示。

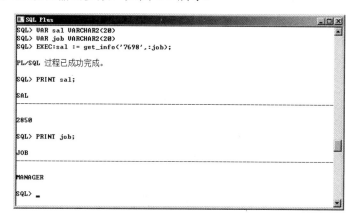

图 8-3 调用 get_info()函数

8.8.3 查看函数源代码

开发人员创建函数完成后，可以在 user_source 系统表中查看源代码。在查询时需要指定 WHERE 子句，在 WHERE 子句中指定 name 列的值。语法如下：

```
SELECT * FROM user_source WHERE name='函数名称';
```

上述语法中的"*"表示所有字段，如果不想查看所有字段的值，可以指定具体的字段，如 name、type、line、test 和 origin_con_id。

【范例 46】

查询名称为 GET_INFO 的函数的源代码，语句和输出结果如下。

```
SELECT text FROM user_source WHERE name='GET_INFO';
TEXT
-------------------------------------------------------------
FUNCTION get_info(no VARCHAR2,job OUT VARCHAR2) RETURN NUMBER
IS
v_result varchar2(50);
BEGIN
    SELECT sal,job INTO v_result,job FROM emp WHERE empno=no;
    return(v_result);
END get_info;
```

8.8.4 删除函数

当一个函数不再使用时，开发人员需要执行删除操作，删除函数需要使用 DROP FUNCTION 语句。语法如下：

```
DROP FUNCTION name;
```

【范例 47】

下面的代码删除名称为 get_info 的函数。

```
DROP FUNCTION get_info;
```

提 示

当某个函数已经过时想要重新定义时，不需要执行删除操作，只需要在 CREATE 语句后加上 OR REPLACE 关键字即可。通常情况下，在使用 CREATE 语句创建函数时就可以加上 OR REPLACE 关键字。

8.8.5 SQL Developer 工具操作

前面介绍的函数创建、调用、查看源代码以及删除等操作都是通过 SQL 语句来实现的。除了 SQL 语句外，开发人员还可以通过 SQL Developer 工具进行操作。

【范例 48】

打开 SQL Developer 工具，然后使用该工具创建函数。步骤如下。

（1）在 SQL Developer 工具的左侧打开任何一个连接（以 basetest 为例），从左侧展开 basetest 连接下的【函数】节点。

（2）选中【函数】节点后右击，在弹出的快捷菜单中选择【新建函数】命令打开【创建 PL/SQL 函数】对话框，如图 8-4 所示。

（3）在如图 8-4 所示的对话框中可以添加函数，添加完成后单击【确定】按钮，这时会自动生成有关的 SQL 语句。例如，将图 8-4 中的函数名称设置为 mytest，然后直接单击【确定】按钮，此时效果如图 8-5 所示。

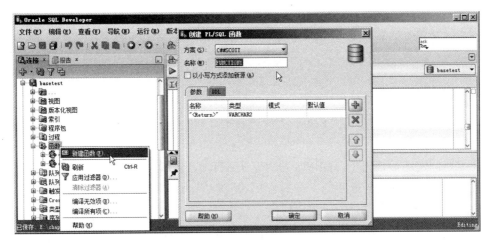

图 8-4　在 SQL Developer 工具中创建函数

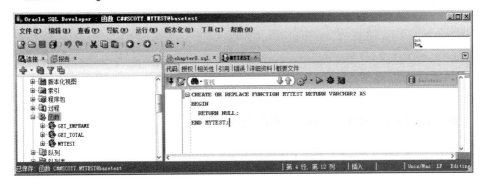

图 8-5　创建名称为 mytest 的函数

（4）可以根据需要在生成的窗口中修改代码，修改完成后保存即可。

试一试

　　如果要在 SQL Developer 工具中修改函数，选项【函数】节点下要修改的函数右击，在弹出的快捷菜单中选择【编辑】命令打开编辑窗口，在编辑窗口中直接修改代码即可。

8.9　实验指导——采用 MD5 方式加密字符串

　　在前面的小节中已经介绍过 Oracle 中的内置函数和自定义函数，本节通过自定义函数完成一个简单例子。在函数的代码中，采用 MD5 的方式加密字符串，并将加密后的内容输出。步骤如下。

　　（1）创建名称为 get_md5string 的函数，在该函数中采用 MD5 的方式加密字符串。代码如下。

```
CREATE OR REPLACE FUNCTION get_md5string(input_string VARCHAR2)
RETURN VARCHAR2
IS
```

```
    raw_input      RAW(128) := UTL_RAW.CAST_TO_RAW(input_string);
    decrypted_raw RAW(2048);
    error_in_input_buffer_length EXCEPTION;
BEGIN
    SYS.DBMS_OBFUSCATION_TOOLKIT.MD5(input   =>   raw_input,
                          checksum => decrypted_raw);
    RETURN lower(rawtohex(decrypted_raw));
END;
```

在上述创建函数代码中，DBMS_OBFUSCATION_TOOLKIT.MD5()函数是 MD5 编码的数据包函数，该函数返回的字符串是 RAW 类型，如果要正确显示加密后的字符串，需要使用 Utl_Raw.Cast_To_Raw 进行转换。

（2）执行上述代码完成创建过程，创建后调用 COMMIT 语句进行提交。

（3）调用 get_md5string()函数进行测试，代码如下。

```
VAR str VARCHAR2(100)
EXEC:str := get_md5string('admin');
```

（4）当执行上个步骤中的代码完成并提示"PL/SQL 过程已成功完成。"时，使用 PRINT 输出变量结果。语句和执行结果如下。

```
PRINT str;
STR
--------------------------------------------------
21232f297a57a5a743894a0e4a801fc3
```

思考与练习

一、填空题

1. 执行下面的语句，替换后的返回结果是_____。

```
SELECT REPLACE('123ABCDEFG321',
'ABCD') FROM dual;
```

2. 执行下面的语句，截取后的返回结果是_____。

```
SELECT  SUBSTR('123ABCDEFG321',
-4,2) FROM dual;
```

3. Oracle 数据库提供_____函数连接两个字符串。

4. Oracle 数据库中提供的 ROUND()函数和_____函数与精度有关。

5. 获取系统的日期时需要借助_____伪列。

6. 使用_____语句可以删除开发人员自定义的函数。

二、选择题

1. Oracle 数据库的_____函数返回以字符为单位的长度。

A. LENGTH()

B. LENGTHB()

C. LENGTHC()

D. LENGTH2()

2. 执行下面的语句，最终的输出结果是_____。

```
SELECT ABS(-20.5) R1,FLOOR(20.4)
```

```
R2,CEIL(20.6)  R3,SIGN(0)  FROM
dual;
```

A.
```
R1     R2     R3    SIGN(0)
--------------------------------
20.5   21     20    0
```

B.
```
R1     R2     R3    SIGN(0)
--------------------------------
20.5   21     21    0
```

C.
```
R1     R2     R3    SIGN(0)
--------------------------------
20.5   20     21    1
```

D.
```
R1     R2     R3    SIGN(0)
--------------------------------
20.5   20     21    0
```

3. 在 Oracle 数据库提供的日期函数中，_____ 函数可以返回两个日期间的月数。

A. ADD_MONTHS()

B. MONTHS_BETWEEN()

C. NEXT_DAY()

D. LAST_DAY()

4. 使用语句查看公司员工工资的最大值、最小值和平均工资时，不涉及_____函数。

A. MAX()

B. MIN()

C. SUM()

D. AVG()

5. _____代码创建的 get_test 函数是完全正确的。

A.
```
CREATE FUNCTION get_test() RETURN
VARCHAR2
IS
    v_result VARCHAR2(20);
BEGIN
    SELECT UPPER('love') INTO
    v_result FROM dual;
```

```
    RETURN v_result;
END;
```

B.
```
CREATE FUNCTION get_test RETURN
VARCHAR2
IS
    v_result VARCHAR2(20);
BEGIN
    SELECT UPPER('love') INTO
    v_result FROM dual;
    RETURN v_result;
END;
```

C.
```
CREATE   OR   REPLACE   FUNCTION
get_test() RETURN VARCHAR2
IS
    v_result VARCHAR2(20);
BEGIN
    SELECT UPPER('love') INTO
    v_result FROM dual;
    RETURN v_result;
END;
```

D.
```
CREATE FUNCTION get_test RETURN
VARCHAR2
IS
    v_result VARCHAR2;
BEGIN
    SELECT UPPER('love') INTO
    v_result FROM dual;
    RETURN v_result;
END;
```

三、简答题

1. Oracle 数据库提供的字符函数有哪些？简单进行说明（至少说出 5 个）。

2. Oracle 数据库提供的日期函数有哪些？简单进行说明（至少说出 3 个）。

3. 什么是多行函数？常用的多行函数有哪些？

4. 在 Oracle 数据库中，如何创建、调用和删除函数？

第9章 PL/SQL 记录与集合

在 PL/SQL 中为了处理单行单列的数据，可以使用变量；为了处理单行多列的数据，可以使用 PL/SQL 记录；而为了处理单列多行的数据，则需要使用 PL/SQL 集合。例如，为了存放单个学生的姓名，可以使用变量；而为了存放多个学生的姓名，应该使用 PL/SQL 集合。

本章首先介绍了 PL/SQL 中记录的应用，包括记录的定义、添加和删除，记录在游标中的应用；接着介绍了 PL/SQL 中集合的类型，选择集合类型的方法，然后详细介绍了嵌套表、变长数组和关联数组的使用。最后对 PL/SQL 中集合的方法和异常进行简单介绍。

本章学习要点：

❑ 掌握记录类型的定义
❑ 掌握使用记录插入、修改和删除数据的方法
❑ 了解使用记录时的注意事项
❑ 熟悉 PL/SQL 的集合类型
❑ 掌握嵌套表的创建和使用
❑ 掌握变长数组的创建和使用
❑ 掌握关联数组的创建和使用
❑ 熟悉常见的集合方法
❑ 了解常见的集合异常

9.1 PL/SQL 记录

PL/SQL 记录有着类似于表的数据结构，是一个或多个字段且拥有数据类型的集合体。定义了 PL/SQL 记录类型之后，可以定义 PL/SQL 记录变量。声明一个 PL/SQL 记录变量相当于定义了多个标量变量，简化了变量的声明，从而大大节省了内存资源，多用于简化单行多列的数据处理。

9.1.1 定义 PL/SQL 记录

在 PL/SQL 中使用记录之前必须先进行定义，定义记录有两种方式，第一种方式是直接定义，具体语法如下：

```
DECLARE
TYPE type_name IS RECORD        --type_name用于指定自定义记录类型的名称
    (field_name1 datatype1 [NOT NULL] [ := DEFAULT EXPRESSION],
```

```
   field_name2 datatype2 [NOT NULL] [ := DEFAULT EXPRESSION],
   ...
   field_nameN datatypeN [NOT NULL] [ := DEFAULT EXPRESSION]);
   record_name TYPE_NAME;
```

上述语法中，type_name 表示要定义的记录类型名称，接下来是定义记录类型中包含的成员，每个成员都有名称、数据类型、是否为空和默认值等属性，多个成员之间用逗号分隔，用分号结束成员的定义。最后再定义一个该记录类型的变量 record_name。

第二种方法是使用%rowtype 来定义 PL/SQL 记录，语法如下：

```
record_name table_name%rowtype    --基于不同的对象定义 PL/SQL 记录，此处为表
record_name view_name%rowtype     --基于不同的对象定义 PL/SQL 记录，此处为视图
reocrd_name cursor_name%rowtype   --基于不同的对象定义 PL/SQL 记录，此处为游标
```

这种方式定义的记录成员名称和类型与所依赖对象（表，视图，游标）名称和类型完全相同。

【范例 1】

例如，下面的语句创建了一个包含三个列、名为 nemp_record_type 的记录类型，然后声明了一个该类型的变量 nemp_record。

```
DECLARE
  --定义记录类型
  TYPE nemp_record_type IS RECORD(
    nno scott.emp.empno%TYPE,
    nname scott.emp.ename%TYPE,
    ndept scott.dept%ROWTYPE
  );
  nemp_record nemp_record_type;
```

9.1.2 使用 PL/SQL 记录

记录在声明和定义之后便可以使用了，下面介绍记录的常规使用方式，首先是在 SELECT INTO 中的应用。

【范例 2】

假设要记录编号为 G001 客户的编号、姓名和余额，并输出客户姓名。这里使用 PL/SQL 记录来实现，具体语句如下。

```
01  DECLARE
02  TYPE guest_record_type IS RECORD            --定义记录类型
03  (
04    Gno guest.gno%TYPE,
05    Gname guest.gname %TYPE,
06    Account guest.account%TYPE
07  );
08  para_gno char(4):='G001';                   --定义一个参数
```

```
09   guest_record guest_record_type;                    --声明记录类型的变量
10   BEGIN
11     SELECT gno, gname, account INTO guest_record  --执行查询向记录中填充
        数据
12     FROM guest WHERE gno=para_gno;
13     dbms_output.put_line('姓名: '|| guest_record.gname);    --输出时仅输出
        记录类型中的一个成员
14   END;
```

上述语句可以分为三个部分，为了方便描述为其添加了行号。第一个是定义部分，包括 01～08 行，其中定义名为 guest_record_type 的记录类型，该记录中包含三个成员，分别是 Gno（基于 guest 表的 gno 列）、Gname（基于 guest 表的 gname 列）和 Account（基于 guest 表的 account 列）；还定义了一个查询时的参数 para_gno，该参数的类型是 char，长度是 4，值为 G001。

第二部分是记录的声明，即 09 行，这里声明记录类型的变量为 guest_record，可以将它看作一个复合列，其中包含的是上面定义的三列。

第三部分是 10～14 行的 BEGIN END 块，其中使用 SELECT 语句对 guest 表进行查询，查询的条件是 gno 列等于 para_gno 参数值，查询后筛选出 gno 列、gname 列和 account 列，并将这些列插入到 guest_record 变量中。在这里要注意，SELECT 中的列顺序必须与记录中的顺序保持一致。最后输出了其中的 gname 列，结果如下。

姓名：祝悦桐

【范例 3】

对范例 2 进行修改，现在要通过 SELECT 语句只对记录中的 Gname 列和 Account 列进行赋值，并输出这两列的值。语句如下。

```
DECLARE
TYPE guest_record_type IS RECORD
(
  Gno guest.gno%TYPE,
  Gname guest.gname %TYPE,
  Account guest.account%TYPE
);
para_gno char(4):='G001';
guest_record guest_record_type;
BEGIN
  SELECT gname, account INTO guest_record.Gname,guest_record.Account
  FROM guest WHERE gno=para_gno;
  dbms_output.put_line('姓名: '||guest_record.gname||', 余额: '||guest_
  record.Account);
END;
```

与范例 2 进行对比，会发现 SELECT 中只包含两列。而且由于没有定义记录中的所有列，所以在 INTO 子句中也需要分别指定这两列。最后输出结果如下所示。

姓名：祝悦桐   ，余额：100

【范例 4】

假设要向 Guest 表插入一条数据，使用 PL/SQL 记录的实现语句如下。

```
DECLARE
  guest_record guest%ROWTYPE;
BEGIN
  guest_record.gno:='G008';
  guest_record.gname:='王浩';
  guest_record.gsex:='男';
  guest_record.gid:='无';
  guest_record.discount:=0.8;
  INSERT INTO guest VALUES guest_record;
END;
```

上述语句使用 guest 作为类型创建了一个名为 guest_record 的记录，因此该记录具有与 guest 表相同的列（包括列名、数据类型和列顺序）。然后在 BEGIN END 块中对记录中的列进行赋值，这里仅对不允许为空的列进行了赋值。最后将记录作为值列放在 INSERT 的 VALUES 子句后进行插入操作。

执行完成之后可以通过 SELECT 语句查询是否插入成功，语句如下。

```
SQL> SELECT gno,gname,gsex,gid,discount
  2  FROM guest WHERE gno='G008';

GNO   GNAME    GSEX    GID    DISCOUNT
---   -------  -----   -----  ----------
G008  王浩      男      无      0.8
```

也可以通过如下的方式来引用记录中的列实现插入数据。

```
INSERT INTO guest(gno,gname,gsex,gid,discount)
VALUES (guest_record.gno, guest_record.gname, guest_record.gsex ,
guest_record.gid, guest_record.discount);
```

【范例 5】

假设要更新编号为 G008 的客户信息，将姓名修改为"刘洁"、性别修改为"女"、折扣修改为 0.5。使用 PL/SQL 记录的实现语句如下。

```
DECLARE
  guest_record guest%ROWTYPE;
BEGIN
  guest_record.gno:='G008';
  guest_record.gname:='刘洁';
  guest_record.gsex:='女';
  guest_record.gid:='无';
  guest_record.discount:=0.5;
  UPDATE guest SET ROW=guest_record WHERE Gno='G008';
END;
```

在这里要注意，由于此时 guest_record 记录包含的是 guest 表中的所有列，而在

UPDATE 语句中又使用 ROW 来表示更新整个行的所有列。因此，在 BEGIN END 块中需要对 guest 表中不能为空的所有列指定值。

执行后可通过如下 SELECT 语句查询更新后的内容。

```
SQL> SELECT gno,gname,gsex,gid,discount
  2  FROM guest WHERE gno='G008';

GNO     GNAME     GSEX     GID      DISCOUNT
-----   -------   ------   -------   -----------
G008    刘洁      女       无       0.5
```

如果只希望更新几列，而又不希望指定所有列的值，可以用另一种方式来更新。例如，如下语句是上面语句的变化形式，实现的功能相同。

```
DECLARE
  guest_record guest%ROWTYPE;
BEGIN
  guest_record.gname:='刘洁';
  guest_record.gsex:='女';
  guest_record.discount:=0.5;
  UPDATE guest
  SET gname=guest_record.gname,gsex=guest_record.gsex,discount=guest_
  record.discount
  WHERE Gno='G008';
END;
```

【范例 6】

最后学习一下记录在 DELETE 语句中的使用。假设要删除编号为 G008 的客户信息，实现语句如下。

```
DECLARE
  guest_record guest%ROWTYPE;
BEGIN
  guest_record.gno:='G008';
  DELETE FROM guest WHERE Gno=guest_record.gno;
END;
```

9.1.3 PL/SQL 记录注意事项

9.1.2 节介绍了 PL/SQL 的 SELECT、INSERT、UPDATE 和 DELETE 语句，本节介绍几个在使用 PL/SQL 时需要注意的事项。第一点就是声明记录类型时，如果其中的一个成员不允许为空，但是又没有在声明时分配默认值，将产生错误。

示例语句如下。

```
1  DECLARE
2  TYPE ex_type IS RECORD
3     (col1 NUMBER(3),
```

```
  4       col2 VARCHAR2(5) NOT NULL);
  5  ex_record ex_type;
  6  BEGIN
  7      ex_record.col1:=15;
          ex_record.col1:=TO_CHAR(ex_record.col1);
  8      ex_record.col2:='zhht';
  9      DBMS_OUTPUT.PUT_LINE('ex_record.col1 is '||ex_record.col1);
 10      DBMS_OUTPUT.PUT_LINE('ex_record.col2 is '||ex_record.col2);
 11  END;
 12  /
     col2 VARCHAR2(5) NOT NULL);
     *
ERROR at line 4:
ORA-06550: line 4, column 6:
PLS-00218: a variable declared NOT NULL must have an initialization
assignment
```

上述语句创建了一个 ex_type 记录类型，其中的 col2 列在声明时不允许为空。虽然在 BEGIN END 块中为 col2 列分配了值，但是由于没有初始化的值，所以执行时会报错，提示非空值应当在初始化时指定。

如下所示为修改后的 ex_type 记录类型。

```
DECLARE
  TYPE ex_type IS RECORD(
    col1 NUMBER(3),
    col2 VARCHAR2(5) NOT NULL := 'zhht');  --对于非空值应当在初始化时赋值，而
      不是在使用时赋值
  ex_record ex_type;
```

如上述语句所示，在声明 ex_type 记录时对 col2 列进行初始化，而不是在使用时进行赋值。

使用记录类型的另一个需要注意的问题是，记录类型变量之间的赋值问题。例如，下面的例子中两个 PL/SQL 变量 name_rec1 与 name_rec2 尽管具有相同的定义，但两者之间不能相互赋值。

```
  DECLARE
    TYPE ex_type1 IS RECORD(         --声明记录1
      Col1 VARCHAR2(15),
      Col2 VARCHAR2(30));
    TYPE ex_type2 IS RECORD(         --声明记录2
      Col1 VARCHAR2(15),
      Col2 VARCHAR2(30));
    ex_rec1 ex_type1;                --记录1的变量
    ex_rec2 ex_type2;                --记录2的变量
  BEGIN
    ex_rec1. Col1 := '中国';
    ex_rec1. Col2:= 'China';
    ex_rec2 := ex_rec1;              -- 注意：这一句是不合理的赋值方式
```

211

```
        END;
```

上述语句中，ex_type1 记录类型和 ex_type2 记录类型虽然都包含 Col1 和 Col2 两列。但是 ex_type1 的变量 ex_rec1 和 ex_type2 的变量 ex_rec2 之间不可以直接赋值。如下所示为编译时的错误提示。

```
    ex_rec2              := ex_rec1;
                      *
ERROR at line 13:
ORA-06550: line 13, column 25:
PLS-00382: expression is of wrong type
ORA-06550: line 13, column 3:
PL/SQL: Statement ignored
```

但是，同一个记录类型的两个变量之间可以相互赋值，示例代码如下。

```
DECLARE
  TYPE ex_type IS RECORD(              --声明记录类型
    Col1 VARCHAR2(15),
    Col2 VARCHAR2(30));
  ex_rec1 ex_type;                     --声明变量1
  ex_rec2 ex_type;                     --声明变量2
BEGIN
  ex_rec1. Col1 := '中国';
  ex_rec1. Col2:= 'China';
  ex_rec2:= ex_rec1;                   -- 注意：这一句是合理的赋值方式
  DBMS_OUTPUT.PUT_LINE('1= '||ex_rec1.Col1 ||', 2= '||ex_rec2.Col1);
END;
```

执行后的结果如下。

```
1= 中国, 2= 中国
```

9.1.4 实验指导——记录综合应用

PL/SQL 记录除了可以在基表中使用之外，还可以在游标中使用。本次实验指导将演示 PL/SQL 基于表、游标和自定义三种方式的综合应用。

首先来看一下使用的基表——atariff，该表中保存的是一些消费项目信息，分别是项目编号列 atno（char 类型）、项目名称列 atname（char 类型）和价格列 atprice（float 类型）。

要求：查询出编号为 A-KTV-L 的项目信息，并输出项目编号、名称和价格。

首先声明一个游标实现上述查询，语句如下。

```
DECLARE
  CURSOR atariff_cur IS              --声明游标
    SELECT atno,atname,atprice
    FROM atariff WHERE atno='A-KTV-L';
```

PL/SQL 记录与集合

上述语句声明的游标名称为 atariff_cur。

接下来声明一个包含三列的自定义 PL/SQL 记录类型，语句如下。

```
TYPE atariff_type IS RECORD(  --声明一个自定义的 PL/SQL 记录类型
  no atariff.atno%TYPE,
  name atariff.atname %TYPE,
  price atariff.atprice%TYPE
);
```

上述语句声明的记录类型名称为 atariff_type，其中的三列对应于 atariff 表的三列。下面声明三个记录变量，语句如下。

```
atariff_record1 atariff%ROWTYPE        --声明基于 atariff 表的记录变量
atariff_record2 atariff_cur%ROWTYPE;   --声明基于 atariff_cur 游标的记录变量
atariff_record3 atariff_type;          --声明基于 atariff_type 类型的记录变量
```

创建 BEGIN END 语句块并分别为上述三个变量进行赋值，最后输出它们的值。实现语句如下。

```
BEGIN
  SELECT atno,atname,atprice INTO atariff_record1
  FROM atariff WHERE atno='A-KTV-L';       --将查询结果插入到基于 atariff 表的
  记录变量中

  OPEN atariff_cur;                        --打开游标
  LOOP
    FETCH atariff_cur
      INTO atariff_record2;                --将游标的内容插入到游标记录变量中
    EXIT WHEN atariff_cur%NOTFOUND;
  END LOOP;

  SELECT atno,atname,atprice INTO atariff_record3
  FROM atariff WHERE atno='A-KTV-L';       --将查询结果插入到基于 atariff_
  type 类型的记录变量

  DBMS_OUTPUT.PUT_LINE('[1]编号:'||atariff_record1.atno||',名称:'||atari
  ff_record1.atname || ', 价格: ' || atariff_record1.atprice);
  DBMS_OUTPUT.PUT_LINE('[2]编号:'||atariff_record2.atno||',名称:'||Atari
  ff_record2.atname || ', 价格: ' || atariff_record2.atprice);
  DBMS_OUTPUT.PUT_LINE('[3]编号: '||atariff_record3.no||',名称: '||Atari
  ff_record3.name || ', 价格: ' || atariff_record3.price);

END;
```

上述语句都比较简单，这里不再解释。运行后的输出结果如下。

```
[1]编号：A-KTV-L ，名称：豪华 KTV 包厢 ，价格：100
[2]编号：A-KTV-L ，名称：豪华 KTV 包厢 ，价格：100
[3]编号：A-KTV-L ，名称：豪华 KTV 包厢 ，价格：100
```

9.2 集合简介

集合就是相同类型的元素的有序合集。它是一个通用的概念，其中包含列表、数组和其他相似的数据类型。每一个元素都有唯一的下标来标识当前元素在集合中的位置。

9.2.1 集合类型

PL/SQL 提供了以下几种集合类型。

（1）索引表：也称为关联数组，可以使用数字或字符串作为下标来查找元素。这有点儿和其他语言中的哈希表相类似。

（2）嵌套表：它可以容纳任意个数的元素，使用有序数字作为下标。可以定义等价的 SQL 类型，把嵌套表存到数据库中去，并通过 SQL 语句进行操作。

（3）变长数组：它能保存固定数量的元素（但可以在运行时改变它的大小），使用有序数字作为下标。同嵌套表一样，也可以保存到数据库中去，但灵活性不如嵌套表好。

虽然集合是一维的，但可以把一个集合作为另外一个集合的元素来建立多维集合。

使用集合的步骤是，首先定义一个或多个 PL/SQL 类型，然后声明这些类型的变量。可以在过程、函数或包中定义集合类型。还可以把集合作为参数在客户端和存储子程序之间传递数据。

1. 关联数组简介

关联数组就是键值对的集合，其中键是唯一的，用于确定数组中对应的值。键可以是整数或字符串。第一次使用键来指派一个对应的值就是添加元素，而后续这样的操作就是更新元素。

关联数组可以存放任意大小的数据集合，快速查找数组中的元素。它像一个简单的 SQL 表，可以按主键来检索数据。因为关联数组的作用是存放临时数据，所以不能对它应用像 INSERT 和 SELECT INTO 这样的 SQL 语句。

2. 嵌套表简介

在数据库中，嵌套表可以被当作单列的数据表来使用。Oracle 在往嵌套表中存放数据时是没有特定顺序的。但是，当把检索出来的数据存放在 PL/SQL 变量时，所有行的下标就会从 1 开始顺序编号。这样，就能像访问数组那样访问每一行数据。

嵌套表有以下两个重要的地方不同于数组。

（1）数组有固定的上限，而嵌套表是没有上界的。所以，嵌套表的大小是可以动态增长的，如图 9-1 所示。

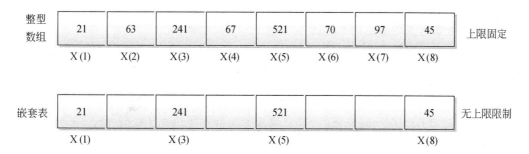

图 9-1 数组与嵌套表的区别示意图

（2）数组必须是密集的，且有着连续的下标索引，所以不能从数组中删除元素。而对于嵌套表来说，初始化时它是密集的，但它是允许有间隙的，也就是说它的下标索引可以是不连续的。所以可以使用内置过程 DELETE 从嵌套表中删除元素。这样做会在下标索引上留下空白，但内置函数 NEXT()仍能遍历连续地访问所有下标。

3．变长数组简介

VARRAY 被称为变长数组。它允许使用一个独立的标识来确定整个集合。这种关联能让我们把集合作为一个整体来操作，并很容易地引用其中每一个元素。下面是一个变长数组的例子，如果要引用第三个元素，就可以使用 Score(3)，如图 9-2 所示。

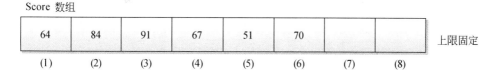

图 9-2 变长数组示意图

变长数组在定义时需要指定一个长度最大值。它的索引有一个固定的下界 1 和一个可扩展的上界。例如，变长数组 Score 当前上界是 6，但可以把它扩展到 7、8 等。因此，一个变长数组能容纳不定个数的元素，从零（空的时候）到类型定义时所指定的最大长度。

9.2.2 选择合适的集合类型

如果读者有用其他语言编写的代码或业务逻辑，通常可以把其中的数组或集合直接转成 PL/SQL 的集合类型。

（1）其他语言中的数组可以转成 PL/SQL 中的 VARRAY。

（2）其他语言中的集合和包可以转成 PL/SQL 中的嵌套表。

（3）哈希表和其他无序查找表可以转成 PL/SQL 中的关联数组。

当编写原始代码或从头开始设计业务逻辑的时候，应该考虑每种类型的优势，然后决定使用哪个类型更加合适。

215

1．嵌套表与关联数组间的选择

嵌套表和关联数组都使用相似的下标标志，但它们在持久化和参数传递上有些不同的特性。嵌套表可以保存到数据表字段中，而关联数组不可以。嵌套表适于存放能够被持久化的重要数据。

关联数组适用于存放较小量的数据，每次调用过程或包初始化时在内存中构建出来。它能够保存容量不固定的信息，因为它的长度大小是可变的。关联数组的索引值很灵活，可以是负数、不连续的数字，适当的时候还可以使用字符串代替数字。

PL/SQL 能自动地将使用数字作为键的关联数组和主数组进行转换。集合和数据库服务器间数据传输的最有效的方法就是使用匿名 PL/SQL 块进行批量绑定数据绑定。

2．嵌套表与变长数组间的选择

在数据数量能够预先确定的情况下，使用变长数组是一个很好的选择。在存入数据库的时候，变长数组会保持它们原有的顺序和下标。

无论在表内（变长数组大小不到 4k）还是在表外（变长数组大小超过 4k），每个变长数组都被作为一个独立的对象对待。此时必须对变长数组中的所有元素进行一次性检索或更新。但对于较大量的数据来说，变长数组就不太适用了。

嵌套表是可以有间隙的：可以任意地删除元素，不必非得从末端开始。嵌套表数据是存放在系统生成的数据表中，这就使嵌套表适合查询和更新集合中的部分元素。所以不能依赖于元素在嵌套表中的顺序和下标，因为这些顺序和下标在嵌套表存到数据库时并不能被保持。

9.3 使用集合类型

与 PL/SQL 记录一样，在使用集合之前首先要创建集合类型，再声明该类型的变量。之后可以在任何 PL/SQL 块、子程序或包的声明部分使用它们。

集合的作用域和初始化规则同其他类型和变量一样。在一个块或子程序中，当程序进入块或子程序时集合被初始化，退出时销毁。在包中，集合在第一次引用包的时候初始化，直至会话终止时才销毁。下面介绍每种集合类型的定义和使用方法。

9.3.1 嵌套表

定义嵌套表的语法如下：

```
TYPE type_name IS TABLE OF element_type;
idetifer type_name;
```

其中，type_name 是在集合声明使用的类型标识符，而 element_type 可以是除了 REF CURSOR 类型之外的任何 PL/SQL 类型。对于使用 SQL 声明的全局嵌套表来说，它的元素类型受到一些额外的限制。以下几种类型是不可以使用的，identifer 用于定义嵌套表变量。

```
BINARY_INTEGER、 PLS_INTEGER、BOOLEAN、LONG、 LONG RAW、NATURAL、NATURALN、
POSITIVE、 POSITIVEN、REF CURSOR、SIGNTYPE、STRING
```

【范例7】

嵌套表实际上最关键的就是定义新的数据类型，这些定义的数据类型可以直接在 PL/SQL 中使用。例如，下面的示例代码定义一个 varchar2 类型的嵌套表类型，然后对它进行初始化并遍历输出。

```
DECLARE
    TYPE color_type IS TABLE OF varchar2(50) NOT NULL; --定义varchar2
    类型的嵌套表类型
    colors color_type;
BEGIN
    colors:=color_type('red','black','white','blue');   -- 初始化元素
    FOR i IN 1..colors.count() LOOP
      DBMS_OUTPUT.PUT_LINE('['||i||']='||colors(i));
    END LOOP;
END;
```

上述语句使用 colors.count()获取 colors 中元素的数量。运行后的输出结果如下所示。

```
[1]=red
[2]=black
[3]=white
[4]=blue
```

也可以通过集合的 first()和 last()方法来进行遍历，更多的集合方法见 9.4 节。

```
    FOR i IN colors.first()..colors.last() LOOP
      DBMS_OUTPUT.PUT_LINE('['||i||']='||colors(i));
    END LOOP;
```

1. 在 PL/SQL 块中使用嵌套表

当在 PL/SQL 块中使用嵌套表变量时，必须首先使用构造方法初始化嵌套表变量，然后才能在 PL/SQL 块内引用嵌套表元素。

【范例8】

假设要从客户表 guest 中查询出编号为 G001 的客户姓名。使用嵌套表的实现语句如下。

```
DECLARE
   TYPE guest_table_type IS TABLE OF guest.gname%TYPE;  --定义嵌套表
   guest_table guest_table_type;                --声明嵌套表的变量
 BEGIN
    guest_table:=guest_table_type
     ('小张','小王');                          --使用构造方法初始化嵌套表变量
    SELECT gname INTO guest_table(2) FROM guest
```

```
      WHERE gno='G001';                          --执行查询，将结果放在索引 2
    DBMS_OUTPUT.PUT_LINE('索引 1: '||guest_table(1));
    DBMS_OUTPUT.PUT_LINE('索引 2: '||guest_table(2));
  END;
```

上述语句创建一个名为 guest_table_type 的嵌套表，该表只包含一个列。然后声明了一个该嵌套表类型的变量 guest_table。在 BEGIN END 块中调用嵌套表的构造方法对其进行初始化，之后将 SELECT 查询的结果放在嵌套表的索引 2 位置。

最后输出索引 1 和索引 2 位置的值，结果如下所示。

```
索引 1: 小张
索引 2: 祝悦桐
```

2. 在表列中使用嵌套表

嵌套表类型不仅可以在 PL/SQL 块中直接引用，也可以作为表列的数据类型使用。但如果在表列中使用嵌套表类型，必须首先使用 CREATE TYPE 命令建立嵌套表类型。另外，当使用嵌套表类型作为表列的数据类型时，必须要为嵌套表列指定专门的存储表。

【范例 9】

创建一个通信嵌套表用来存放客户的联系信息，包括一个电话和一个邮箱。然后将这个通信嵌套表嵌套在客户通信录表 GuestContact 的 contact 列。

首先创建通信嵌套表，语句如下。

```
CREATE TYPE t_contact AS OBJECT(
  phone varchar2(12),                        --电话号码
  email varchar2(20)                         --邮箱地址
);
```

上述语句创建一个名为 t_contact 的数据表作为通信嵌套表类型。下面基于该表创建一个嵌套表变量，语句如下：

```
CREATE TYPE contact_table AS TABLE OF t_contact;
```

这里的 contact_table 是一个 t_contact 表类型的变量。接下来将该变量作为类型嵌套到另外一个表，语句如下：

```
CREATE TABLE GuestContact(             --主表
  gno char(20),
  contact contact_table                      --该列的类型是另外一个表，即嵌套表
)
NESTED TABLE contact STORE AS contact_nested_table;
```

上面创建了名为 GuestContact 的外部表，其中的 contact 列是一个 contact_table 类型，而该类型是上面创建的嵌套表。注意，最后的 NESTED TABLE 子句标识了嵌套表列的名称，SOTRE AS 子句指定了实际嵌套表的名称，另外不能独立于外部表访问嵌套表。

3. 在 PL/SQL 块中为嵌套表列插入数据

当定义嵌套表类型之后，Oracle 自动为该类型生成相应的构造方法。当为嵌套表列插入数据时，需要使用嵌套表的构造方法。

【范例 10】

使用 INSERT 向 GuestContact 表中插入一行数据。实现语句如下：

```
INSERT INTO GuestContact VALUES
('G001',
  contact_table(
    t_contact('13612345678','test@126.com')
  )
);
```

在这里要注意必须调用 contact_table 和 t_contact 的构造方法来指定数据。

4. 在 PL/SQL 块中检索嵌套表列的数据

当在 PL/SQL 块中检索嵌套表列的数据时，结果会以单一的列形式显示。

【范例 11】

查询 GuestContact 表编号为 G001 的客户通信信息，语句如下。

```
SELECT * FROM GuestContact WHERE gno='G001';
```

执行结果如下所示。

```
GNO                CONTACT(PHONE, EMAIL)
---------          ------------------------------------
G001               CONTACT_TABLE(T_CONTACT('13612345678', 'test@126.com'))
```

使用 TABLE()函数可以将嵌套表中的数据拆分为单独的列。例如，下面使用 TABLE() 函数查询 GuestContact 表编号为 G001 的客户通信信息，语句如下。

```
SELECTc.gno, a.phone,a.email
FROM GuestContact c,TABLE(c.contact) a
WHERE c.gno='G001';
```

执行结果如下所示。

```
GNO        PHONE          EMAIL
-----      -----------    ------------------------
G001       13612345678    test@126.com
```

5. 在 PL/SQL 块中更新嵌套表列的数据

嵌套表的列可以单独更新数据，也可以插入和删除嵌套表中的某个元素。下面介绍具体的实现方法。

【范例 12】

向 GuestContact 表中编号为 G001 的客户信息中增加一个通信方式，语句如下。

```
INSERT INTO TABLE(
```

```
  SELECT contact FROM GuestContact WHERE gno='G001'
)VALUES(
  t_contact('01012345678','1122@qq.com')
);
```

上述语句借助 TABLE()函数获取编号为 G001 的客户通信方式,并将它作为 INSERT INTO 的目标,再使用 VALUES 子句指定要插入的数据。在这里要注意 TABLE()函数的语法,以及必须调用 t_contact 的构造方法来初始化数据。

【范例 13】

下面使用 UPDATE 语句更新编号为 G001 客户的第一个通信方式,将 13612345678 修改为 15801012345,test@126.com 修改为 master@163.com。语句如下。

```
UPDATE TABLE(
  SELECT contact FROM GuestContact WHERE gno='G001'
) cont
SET
  VALUE(cont)=t_contact('15801012345','master@163.com')
WHERE
  VALUE(cont)= t_contact('13612345678','test@126.com');
```

在这里要注意,为了使语句更加清晰,在 SET 和 WHERE 子句中都使用了 cont 别名。另外,无论是要更新的新值,还是查询的条件都需要调用 t_contact 嵌套表的构造方法。

【范例 14】

假设要删除编号为 G001 客户电话为 01012345678,邮箱为 1122@qq.com 的通信方式,语句如下。

```
DELETE FROM TABLE(
  SELECT contact FROM GuestContact WHERE gno='G001'
) cont
WHERE
  VALUE(cont)=t_contact('01012345678','1122@qq.com');
```

6. 多级嵌套表

多级嵌套表类似于高级程序设计语言中的多维数组,即创建一个嵌套表类型,其中包含的元素也是一个嵌套表类型。

下面的示例代码演示了多级嵌套表的创建。

```
DECLARE
  TYPE tb1 IS TABLE OF VARCHAR2(20);          --创建一个简单的嵌套表类型
  TYPE ntb1 IS TABLE OF tb1;              --创建一个基于上面嵌套表类型的嵌套表类型
  TYPE tv1 IS VARRAY(10) OF INTEGER;
  TYPE ntb2 IS TABLE OF tv1;                 -- 声明多级嵌套表变量
  vtb1    tb1  := tb1('one', 'three');
  vntb1   ntb1 := ntb1(vtb1);
  vntb2   ntb2 := ntb2(tv1(3, 5), tv1(5, 7, 3));   -- 初始化多级嵌套表
BEGIN
```

220

```
    vntb1.extend();
    vntb1(2)     := vntb1(1);
    -- 从多级嵌套表中删除一个元素
    vntb1.delete(1);
    --从多级嵌套表的第二个元素中删除第一个字符串
    vntb1(2).DELETE(1);
END;
```

9.3.2 变长数组

对于变长数组类型，可以使用下面的语法进行定义：

```
TYPE type_name IS VARRAY(size_limit) OF element_type [NOT NULL];
identifier type_name;
```

type_name 和 element_type 的含义与嵌套表相同。size_limit 是正整数，代表数组中最多允许存放元素的数量。在定义 VARRAY 时必须指定它的长度最大值。

例如，下面的示例定义了一个存储 365 个 DATE 类型的 VARRAY。

```
DECLARE
    TYPE Calendar IS VARRAY(365) OF DATE;
```

1. 在 PL/SQL 块中使用 VARRAY

当在 PL/SQL 块中使用 VARRAY 变量时，必须首先使用其构造方法来初始化 VARRAY 变量，然后才能在 PL/SQL 块内引用 VARRAY 元素。

【范例 15】

假设要从客户表 guest 中查询出编号为 G001 的客户姓名。使用 VARRAY 变量的实现语句如下。

```
DECLARE
    TYPE guest_table_type IS VARRAY(10) OF guest.gname%TYPE;
    guest_table guest_table_type;     --定义 VARRAY 类型的变量 guest_table
BEGIN
    guest_table:=guest_table_type
        ('小张','小王');              --使用其构造方法来初始化 VARRAY 变量
    SELECT gname INTO guest_table(2) FROM guest
        WHERE gno='G001';             --执行查询，将结果放在索引 2
    DBMS_OUTPUT.PUT_LINE('索引 1: '||guest_table(1));
    DBMS_OUTPUT.PUT_LINE('索引 2: '||guest_table(2));
END;
```

上述语句创建一个名为 guest_table_type、长度为 10 的 VARRAY 类型。然后声明了一个 VARRAY 类型的变量 guest_table。在 BEGIN END 块中调用 VARRAY 类型的构造方法对其进行初始化，之后将 SELECT 查询的结果放在 guest_table 的索引 2 位置。

最后输出索引 1 和索引 2 位置的值，结果如下所示。

索引 1：小张
索引 2：祝悦桐

2. 在表列中使用 VARRAY

VARRAY 类型不仅可以在 PL/SQL 块中直接引用，也可以作为表列的数据类型使用。但如果在表列中使用该数据类型，必须首先使用 CREATE TYPE 命令建立 VARRAY 类型。另外，当使用 VARRAY 类型作为表列的数据类型时，必须要为 VARRAY 列指定专门的存储表。

【范例 16】
创建一个可存放 10 个联系方式的 VARRAY 类型 contact_array，语句如下。

```
CREATE TYPE contact_array IS VARRAY(10) OF VARCHAR2(20);
```

再创建一个 GuestContact 表，使表中包含一个 contact_array 类型的列，语句如下。

```
CREATE TABLE GuestContact(
  gno char(20),
  contact contact_array
);
```

上述语句创建的 GuestContact 表包含两列，第一列 gno 表示客户编号，第二列 contact 表示客户的联系方式（contact_array 类型）。

3. 查看 VARRAY 列信息

使用 DESC 命令可以查看 VARRAY 类型的信息。
【范例 17】
例如，如下命令查看了 VARRAY 类型 contact_array 的信息。

```
DESC contact_array;
```

执行结果如下。

```
user type definition
--------------------------------------------------
TYPE contact_array IS VARRAY(10) OF VARCHAR2(20);
```

如下命令查看 contact_array 列所在表 GuestContact 的信息。

```
DESC GuestContact;
```

执行结果如下。

```
名称          空值        类型
--------    -------    ------------------------------------
GNO                    CHAR(20)
CONTACT                CONTACT_ARRAY()
```

4．在 PL/SQL 块中为 VARRAY 列插入数据

当定义 VARRAY 类型时，Oracle 自动为该类型生成相应的构造方法。当为 VARRAY
列插入数据时，需要使用 VARRAY 的构造方法。

【范例 18】

在 GuestContact 表中添加一行数据，语句如下。

```
INSERT INTO GuestContact
VALUES('G001',contact_array('01012345678','15801012345'));
```

5．在 PL/SQL 块中检索 VARRAY 列的数据

当在 PL/SQL 块中检索 VARRAY 列的数据时，结果会以单一的列形式显示。

【范例 19】

查询 GuestContact 表编号为 G001 的客户通信信息，语句如下。

```
SELECT * FROM GuestContact WHERE gno='G001';
```

执行结果如下所示。

```
GNO          CONTACT
------       --------------------------------------------------
G001         CONTACT_ARRAY('01012345678', '15801012345')
```

使用 TABLE()函数从 GuestContact 表中查询编号为 G001 的客户通信信息，此时将
返回两个独立的行。

```
SELECT g.gno,c.*
FROM GuestContact g,TABLE(g.contact) c
WHERE gno='G001';
```

执行结果如下所示。

```
GNO          COLUMN_VALUE
------       --------------------------------
G001         01012345678
G001         15801012345
```

提示

> VARRAY 列的元素只能整体更改。这意味着如果要更改一个元素，必须提供 VARRAY
> 列中的所有元素。

6．多级变长数组

与多级嵌套表一样，变长数组也可以进行嵌套，即创建元素是变长数组的变长数组。
下面的示例代码演示了多级变长数组的创建。

```
DECLARE
```

```
    TYPE t1 IS VARRAY(10) OF INTEGER;        --声明一个简单类型变长数组 t1
    TYPE nt1 IS VARRAY(10) OF t1;            --声明一个使用 t1 类型的变长数组 nt1
    va      t1        := t1(2, 3, 5);         --初始化简单变长数组 t1
    -- 初始化多级变长数组 nt1
    nva     nt1       := nt1(va, t1(55, 6, 73), t1(2, 4), va);
    i       INTEGER;
    va1     t1;
BEGIN
    --访问变多级变长数组 nva 中第 2 个元素的第 3 个成员
    i := nva(2)(3);    -- i 的值为 73
    DBMS_OUTPUT.put_line(i);
    -- 向多级变长数组 nva 中添加一个新的变长数组
    nva.extend();
    nva(5) := t1(56, 32);
    -- 替换一个内部的变长数组
    nva(4) := t1(45, 43, 67, 43345);
    -- 替换内部变长数组中的一个元素
    nva(4)(4) := 1;    -- 将 43345 修改为 1
    -- 为内部第 4 个变长数组添加一个元素
    -- 将内部第 4 个变长数组的第 5 个元素修改为 89
    nva(4).extend();
    nva(4)(5)     := 89;
END;
```

9.3.3　关联数组

对于关联数组，可以使用下面的语法进行定义：

```
TYPE type_name IS TABLE OF element_type [NOT NULL]
  INDEX BY [BINARY_INTEGER | PLS_INTEGER | VARCHAR2(size_limit)];
  INDEX BY key_type;
```

其中，key_type 可以是 BINARY_INTEGER 或 PLS_INTEGER，也可以是 VARCHAR2 或是它的子类型 VARCHAR、STRING 或 LONG。在用 VARCHAR2 作为键时必须指定 VARCHAR2 的长度，但这里不包括 LONG 类型，因为 LONG 等价于 VARCHAR2(32760)。 而 RAW、LONG RAW、ROWID、CHAR 和 CHARACTER 都是不允许作为关联数组的键的。

在引用一个使用 VARCHAR2 类型作为键的关联数组中的元素时，还可以使用其他 类型，如 DATE 或 TIMESTAMP，因为它们自动地会被 TO_CHAR 函数转换成 VARCHAR2。

索引表可以使用不连续的键作下标索引。如下例中，索引表的下标是 100 而不是 1。

```
DECLARE
  TYPE emptabtyp IS TABLE OF emp%ROWTYPE
    INDEX BY BINARY_INTEGER;

  emp_tab  emptabtyp;
```

224

```
BEGIN
  /* Retrieve employee record. */
  SELECT *
    INTO emp_tab(100)
    FROM emp
  WHERE empno = 100;
END;
```

【范例 20】

创建一个关联数组，使用数字作为键，使用字符串作为值，并添加两个元素之后输出它们的值。语句如下。

```
DECLARE
    TYPE username_type IS TABLE OF varchar2(20)
      INDEX BY PLS_INTEGER;
    usernames username_type;
BEGIN
    usernames(1):='不会游泳的鱼';
    usernames(100):='春暖花开';
    DBMS_OUTPUT.PUT_LINE('[1]='||usernames(1));
    DBMS_OUTPUT.PUT_LINE('[100]='||usernames(100));
END;
```

上述语句声明的关联数组类型是 username_type，使用该类型的变量是 usernames。usernames(1)和 usernames(100)向关联数组中添加了两个键，这两个键可以是任意数字，而且可以不连续。运行后的输出结果如下。

```
[1]=不会游泳的鱼
[100]=春暖花开
```

当定义关联数组时，不仅允许使用 BINARY_INTEGER 和 PLS_INTEGER 作为元素下标的数据类型，而且也允许使用 VARCHAR2 作为元素的数据类型。通过使用 VARCHAR2 下标，可以在元素下标和元素值之间建立关联。

【范例 21】

创建一个使用 VARCHAR2 作为下标的关联数组，然后向关联数组中添加 4 个客户信息，最后输出这些客户信息。具体语句如下。

```
DECLARE
  TYPE guest_array_type IS TABLE OF NUMBER
    INDEX BY VARCHAR2(10);  --指定关联数组元素下标的数据类型为 VARCHAR2
  guest_array guest_array_type;
BEGIN
  guest_array('小刘'):=195;
  guest_array('小王'):=420;
  guest_array('小张'):=340;
  guest_array('小贺'):=218;
  DBMS_OUTPUT.PUT_LINE('第一个元素: '||guest_array.first);
  DBMS_OUTPUT.PUT_LINE('最后一个元素: '||guest_array.last);
```

```
    DBMS_OUTPUT.PUT_LINE('小贺下一个元素：'||guest_array.next('小贺'));
END;
```

如上所示，在执行了以上 PL/SQL 块后会返回第一个元素的下标和最后一个元素的下标以及指定下标的下一个元素的下标。因为元素下标的数据类型为字符串（汉字），所以确定元素以汉语拼音格式进行排序。

输出结果如下所示。

```
第一个元素：小贺
最后一个元素：小张
小贺下一个元素：小刘
```

【范例 22】

假设要从客户表 guest 中查询出编号为 G001 的客户姓名。使用关联数组的实现语句如下。

```
DECLARE
  TYPE guest_table_type IS TABLE OF guest.gname%TYPE
  INDEX BY BINARY_INTEGER;-    -指定索引表元素下标的数据类型为 BINARY_INTEGER
  guest_table guest_table_type;
BEGIN
  SELECT gname INTO guest_table(1) FROM guest
  WHERE gno='G001';
  DBMS_OUTPUT.PUT_LINE('编号 G001，姓名：'||guest_table(1));
END;
```

上述语句创建一个名为 guest_table_type 的关联数组，该数组使用 BINARY_INTEGER 类型作为键。然后声明了一个 guest_table_type 类型的变量 guest_table。在 BEGIN END 块中将 SELECT 查询的结果放在 guest_table 的索引 1 位置。

最后输出结果如下所示。

```
编号 G001，姓名：祝悦桐
```

【范例 23】

范例 22 中关联中的值都是简单的数据类型，其实该值的数据类型还可以是一个表。例如，下面的范例创建了一个键为数字，值为 atariff 表的关联数组。之后向关联数组中创建了一个元素，该元素具有与 atariff 表相同的列名。具体语句如下。

```
DECLARE
    TYPE goods_type IS TABLE OF atariff%ROWTYPE
      INDEX BY PLS_INTEGER;
    goods goods_type;
BEGIN
    goods(0).atno:='ATX-001';
    goods(0).atname:='洗衣粉';
    goods(0).atprice:=5.5;
    DBMS_OUTPUT.PUT_LINE('商品编号：'||goods(0).atno||'，名称：'||goods(0).
    atname||'，价格：'||goods(0).atprice);
```

```
END;
```

最后输出结果如下所示。

商品编号：ATX-001 　，名称：洗衣粉 　，价格：5.5

【范例 24】

范例 23 中使用%ROWTYPE 关键字创建了一个与表具有相同列的关联数组。除此之外，用户也可以创建一个记录类型，然后将该记录作类关联数组的值来存放数据。

例如，下面的示例代码创建一个记录类型 good，该记录的组成与 atariff%ROWTYPE 相同，最终输出结果也相同。

```
DECLARE
    TYPE good IS RECORD(                    --定义一个记录类型
      no atariff.atno%type,
      name atariff.atname%type,
      price atariff.atprice%type
    );
    TYPE good_type IS TABLE OF good       --定义一个记录类型的关联数组
      INDEX BY PLS_INTEGER;
    goods good_type;
BEGIN
    goods(0).no:='ATX-001';
    goods(0).name:='洗衣粉';
    goods(0).price:=5.5;
    DBMS_OUTPUT.PUT_LINE('商品编号: '||goods(0).no||', 名称: '||goods(0).
    name||', 价格: '||goods(0).price);
END;
```

9.4 集合方法

集合方法是 Oracle 所提供的用于操作集合变量的内置函数或过程。集合方法只能在 PL/SQL 语句中使用，而不能在 SQL 语句中调用。如表 9-1 所示列出了常用的集合方法及说明，其中的 EXTEND 和 TRIM 只适用于嵌套表和 VARRAY，而不适用于索引表。

表 9-1　常用集合方法

方法名称	说　　明
COUNT()	返回集合中元素的数量。由于嵌套表可能会有空元素，所以当该方法用于嵌套表时，返回的是嵌套表中非空元素的数量
DELETE()	删除集合中的元素。由于变长数组中的下标始终是连续的，所以不能删除变长数组中的单个元素
EXISTS()	如果集合中指定元素存在返回 true；对于非空元素返回 true；对于嵌套表的空元素或超出范围的元素返回 false
EXTEND()	在集合末尾添加新元素，有三种形式：EXTEND()、EXTEND(n)和 EXTEND(n,m)
FIRST()	返回集合中第一个元素的索引。如果是空集合返回空值。由于嵌套表可能会有空元素，所以当该方法用于嵌套表时，返回嵌套表中非空元素的最小索引

227

续表

方法名称	说　　明
LAST()	返回集合中最后一个元素的索引。如果是空集合返回空值。由于嵌套表可能会有空元素，所以当该方法用于嵌套表时，返回嵌套表中非空元素的最大索引
LIMIT()	对于嵌套表，如果定义时没有声明大小，返回空。对于变长数组，返回变长数组可以包含元素的最大数量
NEXT()	返回指定元素下一个元素的索引。由于嵌套表可能会有空元素，所以该方法返回指定的非空元素索引。如果指定元素后面没有元素，则返回空值
PRIOR()	返回指定元素前一个元素的索引。由于嵌套表可能会有空元素，所以该方法返回指定的非空元素索引。如果指定元素前面没有元素，则返回空值
TRIM()	删除集合末尾的元素

【范例 25】

假设有一个嵌套表，现在要统计其中元素的数量，并输出这些元素的值。实现语句如下：

```
DECLARE
    TYPE guest_table_type IS TABLE OF guest.gname%TYPE;
    guest_table guest_table_type;
    i integer;
BEGIN
    guest_table:=guest_table_type('小张',null,'小王',null,'小何');
    DBMS_OUTPUT.PUT_LINE('元素数量: '||guest_table.count());
    FOR i IN 1..guest_table.count() LOOP
        DBMS_OUTPUT.PUT_LINE('['||i||']='||guest_table(i));
     END LOOP;
END;
```

上述语句创建了一个名为 guest_table_type 的嵌套表类型，基于该类型的变量是 guest_table。然后调用 guest_table_type 构造方法向变量中初始了 5 个元素，所以 guest_table.count()的结果是 5。

最后使用 FOR 循环遍历这些元素，输出结果如下所示。

```
元素数量: 5
[1]=小张
[2]=
[3]=小王
[4]=
[5]=小何
```

【范例 26】

创建一个变长数组，使用 count()方法统计元素数量，并输出这些元素。实现语句如下。

```
DECLARE
    TYPE guest_table_type IS VARRAY(10) OF guest.gname%TYPE;
    guest_table guest_table_type;
```

```
      i integer;
BEGIN
    guest_table:=guest_table_type('小张',null,'小王',null,'小何');
    DBMS_OUTPUT.PUT_LINE('元素数量: '||guest_table.count());
    FOR i IN 1..guest_table.count() LOOP
        DBMS_OUTPUT.PUT_LINE('['||i||']='||guest_table(i));
    END LOOP;
END;
```

上述语句创建了一个名为 guest_table_type 的变长数组类型，基于该类型的变量是
guest_table。然后调用 guest_table_type 构造方法向变量中初始了 5 个元素，所以
guest_table.count()的结果是 5。最终输出结果与范例 25 相同，这里不再给出。

【范例 27】

delete()方法用于删除集合中的元素，可以一次删除一个、多个和全部元素。例如，
本示例以嵌套表为例，演示了 delete()方法的三种用法。语句如下。

```
DECLARE
    TYPE guest_table_type IS TABLE OF guest.gname%TYPE;
    guest_table guest_table_type;
BEGIN
    guest_table:=guest_table_type('小张','小陈','小王','小侯','小何');
    --初始化 5 个元素
    DBMS_OUTPUT.PUT_LINE('元素数量: '||guest_table.count());
    guest_table.delete(3);      --删除索引 3 位置的元素，即小王
    DBMS_OUTPUT.PUT_LINE('delete(2)之后元素数量: '||guest_table.count());
    guest_table.delete(2,4);    --删除索引 2 至索引 4 位置的元素，即小陈和小侯
    DBMS_OUTPUT.PUT_LINE('delete(2,4)之后元素数量: '||guest_table.
    count());
    DBMS_OUTPUT.PUT_LINE('[5]='||guest_table(5));
    guest_table.delete();       --删除所有元素
    DBMS_OUTPUT.PUT_LINE('delete()之后元素数量: '||guest_table.count());
END;
```

在这里要注意，delete()方法删除成功之后集合中的其他元素索引位置保持不变。最
终输出结果如下所示。

```
元素数量: 5
delete(2)之后元素数量: 4
delete(2,4)之后元素数量: 2
[5]=小何
delete()之后元素数量: 0
```

【范例 28】

exists()方法可以判断集合中指定索引位置是否存在元素，如果存在则返回 true，否
则返回 false。本示例以嵌套表为例，演示了删除元素前后 exists()的返回值。

```
DECLARE
    TYPE guest_table_type IS TABLE OF guest.gname%TYPE;
```

```
      guest_table guest_table_type;
BEGIN
      guest_table:=guest_table_type('小张',null,'小王',null,'小何');--初始化集合
      DBMS_OUTPUT.PUT_LINE('元素数量: '||guest_table.count());
      IF guest_table.exists(2) THEN      --判断索引2是否有元素
         DBMS_OUTPUT.PUT_LINE('[2]='||guest_table(2));  --此句执行
      ELSE
         DBMS_OUTPUT.PUT_LINE('索引2不存在元素');
      END IF;
      guest_table.delete(2);            --删除索引2位置的元素
       DBMS_OUTPUT.PUT_LINE('调用delete(2)方法');
      IF guest_table.exists(2) THEN
         DBMS_OUTPUT.PUT_LINE('[2]='||guest_table(2));
      ELSE
         DBMS_OUTPUT.PUT_LINE('索引2不存在元素');  --此句执行
      END IF;
END;
```

上述语句创建的嵌套表 guest_table 初始时指定了 5 个元素，注意这里的 null 也算非空元素。所以 guest_table.exists(2)方法返回值为 true，再删除之后该方法返回 false。

最终输出结果如下所示。

```
元素数量: 5
[2]=
调用delete(2)方法
索引2不存在元素
```

【范例 29】

extend()方法用于向集合末尾添加元素，它有如下三种形式。

（1）extend()：添加一个空值到末尾。

（2）extend(n)：添加 n 个空值到末尾。

（3）extend(n,m)：添加 n 个元素到末尾，元素的值为索引 m 的数据。

本示例以嵌套表为例，演示了 extend()方法的三种用法。语句如下。

```
DECLARE
   TYPE guest_table_type IS TABLE OF guest.gname%TYPE;
   guest_table guest_table_type;
   i integer;
BEGIN
   guest_table:=guest_table_type('小张','小王');
   DBMS_OUTPUT.PUT_LINE('开始时元素数量: '||guest_table.count());
   FOR i IN 1..guest_table.count() LOOP
     DBMS_OUTPUT.PUT_LINE('['||i||']='||guest_table(i));
   END LOOP;
   guest_table.extend();
   DBMS_OUTPUT.PUT_LINE('extend()之后元素数量: '||guest_table.count());
   FOR i IN 1..guest_table.count() LOOP
     DBMS_OUTPUT.PUT_LINE('['||i||']='||guest_table(i));
```

```
    END LOOP;
    guest_table.extend(2,1);
    DBMS_OUTPUT.PUT_LINE('extend(2,1)之后元素数量: '||guest_table. count());
    FOR i IN 1..guest_table.count() LOOP
      DBMS_OUTPUT.PUT_LINE('['||i||']='||guest_table(i));
    END LOOP;
END;
```

最终输出结果如下所示。

```
开始时元素数量: 2
[1]=小张
[2]=小王
extend()之后元素数量: 3
[1]=小张
[2]=小王
[3]=
extend(2,1)之后元素数量: 5
[1]=小张
[2]=小王
[3]=
[4]=小张
[5]=小张
```

【范例 30】

本示例以嵌套表为例，演示了如何使用 first()、last()、next() 和 prior() 获取集合中第一个和最后一个元素，以及指定元素的前一个和后一个元素。语句如下。

```
DECLARE
    TYPE guest_table_type IS TABLE OF guest.gname%TYPE;
    guest_table guest_table_type;
BEGIN
    guest_table:=guest_table_type('小张',null,'小王',null,'小何');
    DBMS_OUTPUT.PUT_LINE('元素数量: '||guest_table.count());
    DBMS_OUTPUT.PUT_LINE('第一个元素: '||guest_table.first());
    DBMS_OUTPUT.PUT_LINE('最后一个元素: '||guest_table.last());
    DBMS_OUTPUT.PUT_LINE('索引3之后一个元素: '||guest_table.next(3));
    DBMS_OUTPUT.PUT_LINE('索引3之前一个元素: '||guest_table.prior(3));
END;
```

最终输出结果如下所示。

```
元素数量: 5
第一个元素: 1
最后一个元素: 5
索引 3 之后一个元素: 4
索引 3 之前一个元素: 2
```

【范例 31】

trim()方法用于从集合末尾删除一个或者多个元素。本示例以嵌套表为例，演示了 trim()方法的这两种用法。语句如下。

```
DECLARE
    TYPE guest_table_type IS TABLE OF guest.gname%TYPE;
    guest_table guest_table_type;
    i integer;
BEGIN
    guest_table:=guest_table_type('小张','小陈','小王','小侯','小何');
    DBMS_OUTPUT.PUT_LINE('元素数量: '||guest_table.count());
    guest_table.trim();              --删除 1 个元素，即小何
    DBMS_OUTPUT.PUT_LINE('trim()之后元素数量: '||guest_table.count());
    FOR i IN 1..guest_table.count() LOOP
        DBMS_OUTPUT.PUT_LINE('['||i||']='||guest_table(i));
    END LOOP;
    guest_table.trim(3);             --删除 3 个元素，即小侯、小王和小陈
    DBMS_OUTPUT.PUT_LINE('trim(3)之后元素数量: '||guest_table.count());
    FOR i IN 1..guest_table.count() LOOP
        DBMS_OUTPUT.PUT_LINE('['||i||']='||guest_table(i));
    END LOOP;
END;
```

最终输出结果如下所示。

```
元素数量: 5
trim()之后元素数量: 4
[1]=小张
[2]=小陈
[3]=小王
[4]=小侯
trim(3)之后元素数量: 1
[1]=小张
```

9.5 集合异常

我们知道集合中包含多个元素，如果引用了不存在的元素，或者为不存在元素赋值都会抛出 PL/SQL 异常。为此，Oracle 对于集合也提供了内置异常的处理机制，本节介绍常见集合异常的使用方法。

9.5.1 常见集合异常

例如，下面的示例代码：

```
01  DECLARE
02    TYPE numlist IS TABLE OF NUMBER;
03    nums    numlist;  -- 默认为 null
04  BEGIN
```

```
05    /* Assume execution continues despite the raised exceptions. */
06    nums(1)     := 1;    -- 异常 COLLECTION_IS_NULL (1)
07    nums        := numlist(1, 2);    -- 初始化集合
08    nums(NULL)  := 3;    -- 异常 VALUE_ERROR (2)
09    nums(0)     := 3;    -- 异常 SUBSCRIPT_OUTSIDE_LIMIT (3)
10    nums(3)     := 3;    -- 异常 SUBSCRIPT_BEYOND_COUNT (4)
11    nums.DELETE(1);    -- 删除元素
12    IF nums(1) = 1 THEN
13      ... -- 异常 NO_DATA_FOUND (5)
14  END;
```

上述语句会在执行时会抛出 5 个异常，针对这些异常的说明如表 9-2 所示。

表 9-2　常见集合异常说明

异常代码	说　　明
COLLECTION_IS_NULL	调用一个空集合的方法
NO_DATA_FOUND	下标索引指向一个被删除的元素，或是关联数组中不存在的元素
SUBSCRIPT_BEYOND_COUNT	下标索引值超过集合中的元素个数
SUBSCRIPT_OUTSIDE_LIMIT	下标索引超过允许范围之外
VALUE_ERROR	下标索引值为空，或是不能转换成正确的键类型。当键被定义在 PLS_INTEGER 的范围内，而下标索引值超过这个范围就可能抛出这个异常

在某些情况下，如果为一个方法传递了一个无效的下标，并不会抛出异常。例如，在使用 delete()方法的时候，如果向它传递 NULL，它只是什么都没做而已。同样，用新值替换被删除的元素也不会引起 NO_DATA_FOUND 异常，如以下所示语句。

```
DECLARE
  TYPE numlist IS TABLE OF NUMBER;

  nums    numlist := numlist(10, 20, 30);    -- 初始化
BEGIN
  nums.DELETE(-1);    -- 不会抛出异常 SUBSCRIPT_OUTSIDE_LIMIT
  nums.DELETE(3);    -- 删除索引 3 的元素
  DBMS_OUTPUT.put_line(nums.COUNT);    -- 输出 2
  nums(3)    := 30;    -- 正确，不会抛出异常 NO_DATA_FOUND
  DBMS_OUTPUT.put_line(nums.COUNT);    -- 输出 3
END;
```

另外，包中的集合类型和本地集合类型总是不兼容的。假设想调用下面包中的过程：

```
CREATE PACKAGE pkg1 AS
  TYPE NumList IS VARRAY(25) OF NUMBER(4);

  PROCEDURE delete_emps (emp_list NumList);
END pkg1;

CREATE PACKAGE BODY pkg1 AS
  PROCEDURE delete_emps (emp_list NumList) IS ...
```

233

```
  ...
END pkg1;
```

在运行下面 PL/SQL 块时，第二个过程调用会因参数的数量或类型错误（wrong number or types of arguments error）而执行失败。这是因为包中的 VARRAY 和本地 VARRAY 类型不兼容，虽然它们的定义形式都是一样的。

```
DECLARE
  TYPE numlist IS VARRAY(25) OF NUMBER(4);

  emps    pkg1.numlist := pkg1.numlist(7369, 7499);
  emps2   numlist       := numlist(7521, 7566);
BEGIN
  pkg1.delete_emps(emps);
  pkg1.delete_emps(emps2);   -- causes a compilation error
END;
```

9.5.2 处理集合异常

了解常见的内置集合异常之后，本节介绍出现异常时的处理方式。具体方法是使用 EXCEPTION 关键字来声明异常捕捉，然后在 WHEN 语句后添加要捕捉异常的代码。

例如，下面的示例代码演示了集合未初始化调用时产生 COLLECTION_IS_NULL 异常的处理方法。

```
DECLARE
  TYPE color_type IS VARRAY(5) OF varchar2(10);
  colors color_type;              --创建一个 color_type 类型的变量 colors
BEGIN
  colors(0):='red';--为 colors 中的元素进行赋值，由于 colors 没有初始化将产生异常
  EXCEPTION
    WHEN COLLECTION_IS_NULL THEN    --捕捉异常
      DBMS_OUTPUT.put_line('colors 未初始化，无法使用！');       --处理异常
END;
```

下面的示例代码演示了访问索引超过集合元素数量时的异常处理方法。

```
DECLARE
  TYPE color_type IS VARRAY(5) OF varchar2(10);
  colors color_type;
BEGIN
  colors:=color_type('red','blue');       --初始化两个元素
  DBMS_OUTPUT.put_line('索引 3 的值是：'||colors(3)); --访问第 3 个元素，没有
此元素抛出异常
  EXCEPTION
    WHEN SUBSCRIPT_BEYOND_COUNT THEN
      DBMS_OUTPUT.put_line('索引超出集合元素数量！');
END;
```

PL/SQL 记录与集合

下面的示例代码演示了访问索引超过集合范围时的异常处理方法。

```
DECLARE
    TYPE color_type IS VARRAY(5) OF varchar2(10);        --定义包含 5 个元素的类
型
    colors color_type;
BEGIN
    colors:=color_type('red','blue');
    DBMS_OUTPUT.put_line('索引 10 的值是：'||colors(10));      --访问第 10 个元素,
抛出异常
    EXCEPTION
      WHEN SUBSCRIPT_OUTSIDE_LIMIT THEN
        DBMS_OUTPUT.put_line('索引超出集合范围！');
END;
```

下面的示例代码演示了索引类型与集合类型不一致时的异常处理方法。

```
DECLARE
    TYPE color_type IS VARRAY(5) OF varchar2(10);
    colors color_type;
BEGIN
    colors:=color_type('red','blue');                    --初始化两个元素
    DBMS_OUTPUT.put_line('索引 1 的值是：'||colors('1'));    --访问索引 1 的元素
    DBMS_OUTPUT.put_line('索引 a 的值是：'||colors('a'));--访问索引 a 的元素, 抛出异常
    EXCEPTION
      WHEN VALUE_ERROR THEN
        DBMS_OUTPUT.put_line('索引值类型错误！');
END;
```

上述代码主要是结合 Oracle 中数据类型自动转换的操作完成的。如果要访问 colors 集合中的数据,需要一个整数的索引,而在第一次访问时使用了 colors('1'),这里的字符串由数字组成,所以可以自动转换为整数索引,而不会产生异常。而第二次访问时使用了 colors('a'),这里的字符串 "a" 无法转换为整数索引,所以会产生 VALUE_ERROR 异常。

执行结果如下:

```
索引 1 的值是：red
索引值类型错误！
```

下面的示例代码演示了访问集合中已删除元素时的异常处理方法。

```
DECLARE
    TYPE color_type IS TABLE OF varchar2(20)
      INDEX BY PLS_INTEGER;
    colors color_type;
BEGIN
    colors(1):='red';
    colors(2):='yellow';
    colors(3):='green';
```

```
colors(4):='blue';
DBMS_OUTPUT.put_line('索引1的值是: '||colors(1)); --访问索引1的元素, 正常执行
colors.delete(1);          --删除索引1的元素
DBMS_OUTPUT.put_line('索引1的值是: '||colors(1));--再次访问索引1的元素, 异常
DBMS_OUTPUT.put_line('索引2的值是: '||colors(2));
EXCEPTION
 WHEN NO_DATA_FOUND THEN
   DBMS_OUTPUT.put_line('找不到数据! ');
END;
```

上述代码为 colors 集合初始化了 4 个元素，当第一次 colors(1)访问索引 1 的元素时，由于该元素存在，会正常执行。接着 colors.delete(1)语句将该元素从集合中删除，因此当再次访问时会报 NO_DATA_FOUND 异常，而且异常之后的语句也不会再执行。

执行结果如下。

```
索引1的值是: red
找不到数据!
```

9.6 批量绑定

在使用 PL/SQL 编写程序时，PL/SQL 通常会与 SQL 在操作上进行交互。例如，当用户通过 PL/SQL 执行一条更新语句时，SQL 会将执行更新后的数据返回给 PL/SQL。这样用户才可以在 PL/SQL 中获得更新后的数据。但是如果在 PL/SQL 中进行大量的数据操作，这种方式会使程序的执行性能大大降低。

例如，下面的 DELETE 语句就会在 FOR 循环中被多次发送到 SQL。

```
DECLARE
  TYPE numlist IS VARRAY(20) OF NUMBER;

  depts   numlist := numlist(10, 30, 70);   -- department numbers
BEGIN
 ...
 FOR i IN depts.FIRST .. depts.LAST LOOP
   DELETE FROM emp
       WHERE deptno = depts(i);
 END LOOP;
END;
```

这种情况下，如果 SQL 语句影响了很多行时，使用批量绑定就会显著地提高性能。用 SQL 语句为 PL/SQL 变量赋值称为绑定，PL/SQL 绑定操作可以分为三种，如下所示。

（1）内绑定（in-bind）：用 INSERT 或 UPDATE 语句将 PL/SQL 变量或主变量保存到数据库。

（2）外绑定（out-bind）：通过 INSERT、UPDATE 或 DELETE 语句的 RETURNING 子句的返回值为 PL/SQL 变量或主变量赋值。

（3）定义（define）：使用 SELECT 或 FETCH 语句为 PL/SQL 变量或主变量赋值。

DML 语句可以一次性传递集合中所有的元素，这个过程就是批量绑定。如果集合有
20 个元素，批量绑定的一次操作就相当于执行 20 次 SELECT、INSERT、UPDATE 或
DELETE 语句。这项技术是靠减少 PL/SQL 和 SQL 间的切换次数来提高性能的。要对
INSERT、UPDATE 和 DELETE 语句使用批量绑定，就要用 PL/SQL 的 FORALL 语句。

如果要在 SELECT 语句中使用批量绑定，需要在 SELECT 语句后面加上一个 BULK
COLLECT 子句来代替 INTO 子句。

下面的 DELETE 语句只往 SQL 中发送一次，即使是执行了三次 DELETE 操作。

```
DECLARE
  TYPE numlist IS VARRAY(20) OF NUMBER;

  depts   numlist := numlist(10, 30, 70);   -- department numbers
BEGIN
  FORALL i IN depts.FIRST .. depts.LAST
    DELETE FROM emp
        WHERE deptno - depts(i);
END;
```

再看一个示例，这里把 5000 个零件编号和名称放到索引表中。所有的表元素都向数
据库插入两次：第一次使用 FOR 循环，然后使用 FORALL 语句。实际上，FORALL 版
本的代码执行速度要比 FOR 语句版本的快得多。

```
SQL> SET SERVEROUTPUT ON
SQL> CREATE TABLE parts (pnum NUMBER(4), pname CHAR(15));
Table created.
SQL> GET test.sql
1 DECLARE
2 TYPE NumTab IS TABLE OF NUMBER(4) INDEX BY BINARY_INTEGER;
3 TYPE NameTab IS TABLE OF CHAR(15) INDEX BY BINARY_INTEGER;
4 pnums NumTab;
5 pnames NameTab;
6 t1 NUMBER(5);
7 t2 NUMBER(5);
8 t3 NUMBER(5);
9
10
11 BEGIN
12 FOR j IN 1..5000 LOOP  -- load index-by tables
13 pnums(j) := j;
14 pnames(j) := 'Part No. ' || TO_CHAR(j);
15 END LOOP;
16 t1 := dbms_utility.get_time;
17 FOR i IN 1..5000 LOOP   -- use FOR loop
18 INSERT INTO parts VALUES (pnums(i), pnames(i));
19 END LOOP;
20 t2 := dbms_utility.get_time;
21 FORALL i IN 1..5000   -- use FORALL statement
```

```
22 INSERT INTO parts VALUES (pnums(i), pnames(i));
23 get_time(t3);
24 dbms_output.put_line('Execution Time (secs)');
25 dbms_output.put_line('--------------------');
26 dbms_output.put_line('FOR loop: ' || TO_CHAR(t2 - t1));
27 dbms_output.put_line('FORALL: ' || TO_CHAR(t3 - t2));
28* END;
SQL> /
Execution Time (secs)
--------------------
FOR loop: 32
FORALL: 3
```

思考与练习

一、填空题

1．补全下面的语句，使它可以定义一个
PL/SQL 记录。

```
DECLARE
TYPE fullname_record_type IS
_____ (
  firstname scott.emp.empno%TYPE,
  lastname scott.emp.empno%TYPE
);
```

2．补全下面的语句，使它可以将查询的结
果放到 fullname 的 fistname 列中。

```
SELECT firstname INTO _____
FROM guest WHERE no=1;
```

3．在 PL/SQL 的集合中_____类型是
键值对的集合。

4．如果在表列中使用嵌套表类型，必须首
先使用_____命令建立嵌套表类型。

5．补全下面的语句，使它可以定义一个存
储 12 个 varchar2 类型的 VARRAY 类型。

```
DECLARE
  TYPE months IS _____ (12) OF
  varchar2(20);
```

6．假设要删除集合 list 末尾的 4 个元素，
可以使用语句_____。

二、选择题

1．下列关于 PL/SQL 记录的描述错误的是
_____。

A．声明记录类型时，如果其中的一个
成员不允许为空，但是又没有在声
明时分配默认值，此时将产生错误

B．同一个记录类型的两个变量可以相
互赋值

C．两个包含相同内容的记录类型变量
之间可以相互赋值

D．记录类型可以应用到表、视图和游
标中

2．下面不属于 PL/SQL 集合类型的是
_____。

A．关联数组

B．嵌套表

C．变长数组

D．哈希表

3．下列关于 PL/SQL 关联数组的描述错误
的是_____。

A．键只能是数字

B．键可以是数字或者字符串

C．可以存放任何大小的数据集合

D．不可以执行 INSERT 语句

4．下列关于 PL/SQL 嵌套表的描述错误的

是_____。

    A．嵌套表中的数据没有特定顺序

    B．当检索时下标从 1 开始编号

    C．元素数量没有上限限制

    D．元素的下标必须是连续的

  5．定义嵌套表时下面_____类型是允许的。

    A．BINARY_INTEGER

    B．SIGNTYPE

    C．STRING

    D．VARCHAR2

  6．以下哪个方法用于统计元素数量？

_____

    A．AVG()

    B．COUNT()

    C．SUM()

    D．STDDEV()

  7．下列选项中不属于集合方法的是_____。

    A．DELETE()

    B．FIRST()

    C．LAST()

    D．LEFT()

  8．如果指定的元素不存在 EXISTS()方法返回值是_____。

    A．true

    B．false

    C．0

    D．-1

  9．如果调用一个空集合将产生_____异常。

    A．COLLECTION_IS_NULL

    B．NO_DATA_FOUND

    C．SUBSCRIPT_BEYOND_COUNT

    D．VALUE_ERROR

三、简答题

  1．简述定义 PL/SQL 记录的语法格式及注意事项。

  2．如何在 INSERT、SELECT、UPDATE 和 DELETE 中使用记录？

  3．简述 PL/SQL 提供了哪些类型的集合？其作用是什么？

  4．如何理解嵌套表和数组？

  5．在选择集合类型时应该注意哪些问题？

  6．简述嵌套表的定义、插入数据、检索数据、更新数据和删除数据的过程。

  7．如何使用关联数组保存键值对数据。

  8．罗列三个以上集合方法，并说明其用法。

239

第 10 章 存储过程和包

在开发中经常会出现一些重复的 PL/SQL 代码块，Oracle 为了管理这些代码块，往往会将其封装到一个特定的结构体中，这样的结构体在 Oracle 中被称为存储过程（或者过程）。存储过程是一种 Oracle 数据库对象，会将其对象信息保存到相应的数据字典中，而且可以非常方便地管理和重复使用。

而包提供了一种更高层次的封装，它可以方便地实现模块化程序的管理，其中可以包含常量、变量、数据类型、存储过程和函数等对象。另外，Oracle 数据库自带了很多实用包供用户使用。

在本章中首先讲解存储过程的创建、调用、参数的使用以及管理方法，然后介绍包的创建和管理，如创建包声明、包体和调用包中的成员等。

本章学习要点：

❑ 熟练掌握存储过程的创建
❑ 熟练掌握带参数存储过程的使用
❑ 掌握存储过程的修改和删除
❑ 熟练掌握包的创建
❑ 熟练掌握包中元素的调用
❑ 掌握包的修改和删除

10.1 存储过程

存储过程（Store Procedure）是一组 PL/SQL 程序块的名称，主要用于封装一些经常需要执行的操作。存储过程可以在 PL/SQL 中多次重复使用，从而简化应用程序的开发和维护，提高应用程序性能。下面详细介绍存储过程的创建和使用方法。

10.1.1 存储过程简介

存储过程与函数的一个最大区别就是，存储过程没有返回值，但是可以有参数。存储过程的参数有三种：IN（输入）参数、OUT（输出）参数和 IN OUT（输入/输出）参数。另外，函数适用于复杂的统计和计算，并将最终结果返回，而存储过程则更适合执行对数据库的更新，尤其是大量数据的更新。

使用存储过程的优势主要有如下几点。

1. 提高数据库执行效率

在编程语言中使用 SQL 接口更新数据库，如果更新复杂而且频繁，那么可能会频繁

存储过程和包

连接数据库。众所周知，连接数据库是非常耗时和消耗资源的。如果将所有工作都交由一个存储过程来完成，那么将大大减少数据库的连接频率，从而提高数据库执行效率。

2．提高安全性

存储过程是作为对象存储在数据库中的。因此，可以通过对存储过程分配权限来控制整个操作的安全性。同时，使用存储过程实际上实现了数据库操作从编程语言中转换到了数据库中。只要数据库不遭到破坏，这些操作将一直保留。

3．可重复使用

通过将常用功能进行封装，并为其定义一个存储过程名称。在以后需要相同功能时可使用存储过程名称直接进行调用，避免重复编码，从而简化代码维护工作。

10.1.2 创建存储过程

在 Oracle 中创建存储过程需要使用 CREATE PROCEDURE 语句，具体语法如下：

```
CREATE [OR REPLACE] PROCEDURE procedure_name
[(parameter_name [IN | OUT | IN OUT] datatype [,…])]
{IS | AS}
BEGIN
procedure_body
END procedure_name;
```

其中各个参数含义如下。

（1）OR REPLACE：表示如果过程已经存在，则替换已有的过程。

（2）IN | OUT | IN OUT：定义了参数的模式，如果忽略参数模式，则默认为 IN。

（3）IS | AS：这两个关键字等价，其作用类似于匿名块中的声明关键字 DECLARE。

（4）datatype：指定参数的类型。

（5）procedure_body：包含过程的实际代码。

【范例1】

创建一个可以根据房间编号 rno 来更新房间价格 rprice 的存储过程。具体实现语句如下。

```
CREATE PROCEDURE proc_update_room_price (
   p_rno roominfo.rno%type,
   p_rprice float
)IS
   r_count integer;
BEGIN
   SELECT COUNT(*) INTO r_count FROM roominfo
   WHERE rno=p_rno;
   IF r_count=1 THEN
     UPDATE roominfo SET rprice=p_rprice WHERE rno=p_rno;
```

```
    COMMIT;
  END IF;
  EXCEPTION
    WHEN OTHERS THEN
  ROLLBACK;
END proc_update_room_rice;
```

上述语句创建的存储过程名称为 proc_update_room_price，在小括号内为其指定了两个参数，参数类型默认为 IN，即输入参数。其中，p_rno 参数用于指定要更新的房间编号，p_rprice 用于指定更新后的价格。

IS 关键字后的一行语句为存储过程添加了一个变量 r_cout。在 BEGIN END 块中使用 SELECT INTO 语句从 roominfo 表中将 rno 等于 p_rno 的记录数量赋值给 r_count 变量。

如果 r_count 变量的值等于 1，则表示指定的房间编号存在，此时使用 UPDATE 语句对房间价格 rprice 列使用 p_rprice 参数值进行替换，并进行提交。

最后使用 EXCEPTION 关键字会对执行过程中的异常进行处理，如果有异常则回滚操作。END proc_update_room_price 表示存储过程的定义结束。

10.1.3　查看存储过程信息

对于创建好的存储过程，如果需要了解其定义信息可以查询 user_objects 和 user_source 数据字典。

【范例2】

从 user_object 数据字典中查询 proc_update_room_price 存储过程的类型和当前状态。语句如下所示。

```
SELECT object_name,object_type,status
FROM user_objects
WHERE object_name='PROC_UPDATE_ROOM_PRICE';


OBJECT_NAME                OBJECT_TYPE              STATUS
--------------------       --------------------     --------------------
PROC_UPDATE_ROOM_PRICE     PROCEDURE                VALID
```

从返回结果中可以看到，OBJECT_TYPE 列为 PROCEDURE 表示这是一个存储过程，STATUS 列的 VALID 表示当前存储过程有效且可用。

【范例3】

例如，通过数据字典 user_source 查询 proc_update_room_price 存储过程的定义信息，如下：

```
SELECT * FROM user_source
WHERE name='PROC_UPDATE_ROOM_PRICE';
```

执行结果如图 10-1 所示。其中，name 表示对象名称；type 表示对象类型，PROCEDURE 表示是存储过程；line 表示定义信息中文本所在的行数；text 表示对应行的文本信息。

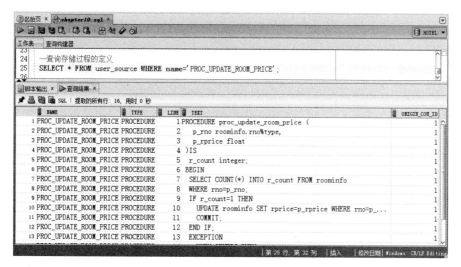

图 10-1 查看存储过程的定义

10.1.4 调用存储过程

存储过程创建之后必须通过执行才有意义，就像函数必须调用一样。Oracle 系统中提供了两种执行存储过程的方式，分别是使用 EXECUTE（简写为 EXEC）命令和使用 CALL 命令。

【范例 4】

假设要将编号为 R101 的房间价格更新为 238。使用 EXEC 调用 proc_update_room_price 存储过程的语句如下。

```
EXEC proc_update_room_price('R101',238);
```

如下所示为使用 CALL 调用时的语句。

```
CALL proc_update_room_price('R101',238);
```

提示

如果存储过程没有参数可以省略小括号。有关调用存储过程时参数的更多用法见 10.2 节。

10.1.5 修改存储过程

在创建存储过程时使用 OR REPLACE 关键字可以修改存储过程。

【范例 5】

例如，要对上面创建的 proc_update_room_price 存储过程进行修改，在存储过程内输出两个参数的值，并在更新成功时输出提示。如下所示为修改语句。

```
CREATE OR REPLACE PROCEDURE proc_update_room_price (
  p_rno roominfo.rno%type,
  p_rprice float
)IS
 r_count integer;
BEGIN
 DBMS_OUTPUT.PUT_LINE('要更新的房间编号：'||p_rno);
 DBMS_OUTPUT.PUT_LINE('要更新的房间价格：'||p_rprice);
 SELECT COUNT(*) INTO r_count FROM roominfo
 WHERE rno=p_rno;
 IF r_count=1 THEN
   UPDATE roominfo SET rprice=p_rprice WHERE rno=p_rno;
   COMMIT;
   DBMS_OUTPUT.PUT_LINE('更新成功！');
 END IF;
 EXCEPTION
   WHEN OTHERS THEN
   ROLLBACK;
END proc_update_room_price;
```

调用修改后的存储过程 proc_NowTime，语句如下。

```
CALL proc_update_room_price('R101',238);
```

此时将看到如下输出结果。

```
要更新的房间编号：R101
要更新的房间价格：238
更新成功！
```

10.1.6 删除存储过程

当存储过程不再需要时，用户可以使用 DROP PROCEDURE 命令来删除该过程。
【范例6】
假设要删除 proc_update_room_price 存储过程，可使用如下语句。

```
DROP PROCEDURE proc_update_room_price;
```

10.2 使用存储过程参数

前面学习了存储过程的创建、查看、调用、修改及删除方法。本节将详细介绍如何
为存储过程添加参数，包括输入参数、输出参数以及参数默认值等。

10.2.1　输入参数

IN 参数是指输入参数，由存储过程的调用者为其赋值（也可以使用默认值）。如果不为参数指定模式，则其模式默认为 IN。

【范例 7】

例如，创建一个可以查询指定价格范围内房间信息的存储过程。语句如下。

```
CREATE OR REPLACE PROCEDURE proc_find_room_by_price (
    p_min_price roominfo.rprice%type,
    p_max_price roominfo.rprice%type
)IS
BEGIN
    DECLARE CURSOR room_cursor IS
        SELECT * FROM roominfo WHERE rprice BETWEEN p_min_price AND p_
        max_price;
    myrow room_cursor%rowtype;
    BEGIN
        FOR myrow IN room_cursor LOOP
            DBMS_OUTPUT.put_line('编号: '||myrow.rno||', 类型: '||myrow.
            rtype||', 价格: '||myrow.rprice||', 楼层: '||myrow.rfloor||', 朝
            向: '||myrow.toward);
        END LOOP;
    END;
END proc_find_room_by_price;

--创建一个带有两个参数的存储过程
SQL> CREATE OR REPLACE PROCEDURE proc_FindStudents
  2 (sex IN VARCHAR2,adrs IN VARCHAR2)
  3  AS
  4  BEGIN
  5    DECLARE CURSOR myCursor IS
  6     SELECT * FROM student WHERE ssex=sex AND sadrs=adrs;
  7     myrow myCursor%rowtype;
  8    BEGIN
  9     FOR myrow IN myCursor LOOP
 10       DBMS_OUTPUT.put_line('编号: '||myrow.sno||', 姓名: '||myrow.
          sname||', 性别: '||myrow.ssex||', 籍贯: '||myrow.sadrs);
 11     END LOOP;
 12    END;
 13  END;
 14  /
过程已创建。
```

在上述语句中定义存储过程名称 proc_find_room_by_price。然后定义了两个参数，p_min_price 表示最低价格，p_max_price 表示最高价格。使用 SELECT 语句的 WHERE

子句将两个条件进行合并。由于 Oracle 的存储过程中不能直接输出 SELECT 的查询结果集，所以这里定义了一个游标 myCursor，然后遍历该游标输出第一行数据。

当调用带有参数的子程序时，需要将数值或变量传递给参数。参数传递有三种方式：按位置传递、按名称传递和混合方式传递。下面以调用上面的 proc_find_room_by_price 存储过程为例讲解这三种调用方式。

1. 按位置传递

按位置传递是指调用过程时只提供参数值，而不指定该值赋予哪个参数。Oracle 会自动按存储过程中参数的先后顺序为参数赋值，如果值的个数（或数据类型）与参数的个数（或数据类型）不匹配，则会返回错误。

【范例 8】

例如，使用按位置传递方式调用 proc_find_room_by_price 存储过程，查询 200～300 范围内的房间信息。语句如下。

```
CALL proc_find_room_by_price(200,300);

编号：R101 ，类型：标准 2 ，价格：238，楼层：1，朝向：正东
编号：R102 ，类型：标准 1 ，价格：201，楼层：1，朝向：正南
编号：R106 ，类型：标准 1 ，价格：201，楼层：2，朝向：正南
编号：R110 ，类型：标准 1 ，价格：201，楼层：4，朝向：正西
编号：R111 ，类型：标准 2 ，价格：201，楼层：4，朝向：正东
```

 提示

使用这种参数传递形式要求用户了解过程的参数顺序。

2. 按名称传递

按名称传递是指在调用过程时不仅提供参数值，还指定该值所赋予的参数。在这种情况下，可以不按参数顺序赋值。指定参数名的赋值形式为："参数名称=>参数值"。

【范例 9】

例如，使用按名称传递方式调用 proc_find_room_by_price 存储过程，查询 300～400 范围内的房间信息。语句如下。

```
CALL proc_find_room_by_price(p_max_price=>400,p_min_price=>300);

编号：R103 ，类型：豪华 1 ，价格：380，楼层：1，朝向：东北
编号：R107 ，类型：豪华 2 ，价格：380，楼层：3，朝向：西北
编号：R108 ，类型：豪华 2 ，价格：380，楼层：3，朝向：东南
```

提示

使用这种赋值形式，要求用户了解过程的参数名称，相对按位置传递形式而言，指定参数名使得程序更具有可阅读性，不过同时也增加了赋值语句的内容长度。

3. 混合方式传递

混合方式传递即指开头的参数使用按位置传递参数,其余参数使用按名称传递参数。这种传递方式适合于过程具有可选参数的情况。

【范例 10】

例如,使用混合传递方式调用 proc_find_room_by_price 存储过程,查询 400～500 范围内的房间信息。语句如下。

```
CALL proc_find_room_by_price(400,p_max_price=>500);
```

```
编号: R104  , 类型: 高级1  , 价格: 458, 楼层: 1, 朝向: 正东
编号: R105  , 类型: 高级2  , 价格: 458, 楼层: 2, 朝向: 正东
编号: R109  , 类型: 高级1  , 价格: 458, 楼层: 4, 朝向: 正南
```

10.2.2 输出参数

OUT 关键字表示输出参数,它可以由存储过程中的语句为其赋值并返回给用户。使用这种模式的参数必须在参数后面添加 OUT 关键字。

【范例 11】

例如,创建一个存储过程可以在房间信息表 roominfo 中根据指定的朝向统计房间数量并返回。语句如下。

```
CREATE OR REPLACE PROCEDURE proc_rooms_by_toward(
    p_toward roominfo.toward%type,
    p_count OUT INTEGER
)IS
BEGIN
    SELECT COUNT(*) INTO p_count
    FROM roominfo WHERE toward=p_toward;
END proc_rooms_by_toward;
```

上述语句创建的存储过程名称为 proc_rooms_by_toward,它包含两个参数: p_toward 表示要查询的房间朝向参数,p_count 表示统计的数量是输出(返回)参数。

调用带 OUT 参数存储过程时,还需要先使用 VARIABLE 语句声明对应的变量接收返回值,并在调用过程时绑定该变量,形式如下。

```
VARIABLE variable_name data_type;
[, ...]
EXEC[UTE] procedure_name(:variable_name[, ...])
```

【范例 12】

例如,调用 proc_rooms_by_toward 存储过程统计朝向为"正东"的房间数量,语句如下。

```
VARIABLE counts number;
```

```
EXEC proc_rooms_by_toward('正东', :counts);
PRINT counts;
```

上述语句将房间数量保存到名为 counts 的变量中，之后使用 PRINT 命令查看 counts 变量中的值。结果如下所示。

```
:COUNTS
----------------
4
```

还可以使用 SELECT 语句查看 counts 变量的值，语句如下。

```
SELECT :counts FROM dual;
```

另外一种使用存储过程输出参数的方法是使用 DECLARE 声明一个变量，然后将它传递给存储过程的输出参数。例如，要实现上面相同的功能使用 DECLARE 实现方式的语句如下。

```
DECLARE
  counts NUMBER;
BEGIN

  PROC_ROOMS_BY_TOWARD(
    P_TOWARD => '正东',
    P_COUNT => counts
  );
    DBMS_OUTPUT.put_line('位于正东方向的房间数量: '||counts);
END;
```

结果如下所示。

```
位于正东方向的房间数量: 4
```

10.2.3　同时包含输入和输出参数

如果存储过程的一个参数同时使用了 IN 和 OUT 关键字，那么该参数既可以接收用户传递的值，又可以将值返回。但是要注意，IN=和 OUT 不接收常量值，只能使用变量为其传值。

【范例 13】

同时包含输入和输出参数最典型的例子是交换参数的值。示例代码如下。

```
CREATE OR REPLACE PROCEDURE swap(
    param1 IN OUT varchar2,
    param2 IN OUT varchar2
)IS
    temp varchar2(10);
BEGIN
    temp:=param1;
```

```
        param1:=param2;
        param2:=temp;
    END swap;
```

上述语句创建了名为 swap 的存储过程,包括 param1 和 param2 两个参数,这两个参数都同时使用了 IN 和 OUT 关键字。在 BEGIN END 块中利用中间变量 temp 交换了两个参数的值。

下面调用 swap 存储过程,并输出交换之前和交换之后两个参数的值。语句如下。

```
DECLARE
    str1 varchar2(10):='hello';
    str2 varchar2(10):='oracle';
BEGIN
    DBMS_OUTPUT.put_line('交换前:str1='||str1||', str2='||str2);
    swap(
        param1=>str1,
        param2=>str2
    );
    DBMS_OUTPUT.put_line('交换后:str1='||str1||', str2='||str2);
END;
```

输出结果如下。

```
交换前:str1=hello, str2=oracle
交换后:str1=oracle, str2=hello
```

注意

IN OUT 参数既可以输入也可以输出,给程序带来了很大的便利性,但是其弊端也很明显。例如,存储过程可能为多个用户调用,那么针对输出参数变量,将会被频繁且无规则地更新,此时控制该变量将变得非常困难,而且还容易出现编译错误。因此,除非必要,应该首先选择单向功能(IN 或者 OUT)的参数。

10.2.4 参数默认值

在创建存储过程的参数时可以为其指定一个默认值,那么执行该存储过程时如果未指定其他值,则使用默认值。但是要注意 Oracle 中只有 IN 参数才具有默认值,OUT 和 IN OUT 参数都不具有默认值。

定义参数默认值的语法如下:

```
parameter_name parameter_type {[DEFAULT | :=]}value
```

【范例 14】

例如,创建一个可以查询指定价格范围内房间信息的存储过程。要求默认的最低价格为 200,最高价格为 300。语句如下。

```
CREATE OR REPLACE PROCEDURE proc_rooms_by_price (
    p_min_price roominfo.rprice%type DEFAULT '200',
    p_max_price roominfo.rprice%type DEFAULT '300'
) IS
BEGIN
    DECLARE CURSOR room_cursor IS
        SELECT * FROM roominfo WHERE rprice BETWEEN p_min_price AND
p_max_price;
    myrow room_cursor%rowtype;
    BEGIN
        FOR myrow IN room_cursor LOOP
            DBMS_OUTPUT.put_line('编号: '||myrow.rno||', 类型: '||myrow.
            rtype||', 价格: '||myrow.rprice||', 楼层: '||myrow.rfloor||', 朝
            向: '||myrow.toward);
        END LOOP;
    END;
END proc_rooms_by_price;
```

上述语句指定存储过程名称为 proc_rooms_by_price，然后定义两个参数 p_min_price 和 p_max_price，并在这里使用 DEFAULT 关键字指定初始值分别是 200 和 300。再使用 SELECT 语句查询 roominfo 表并遍历结果。

创建完成后，假设要查询 200～300 范围内的房间信息，可以使用如下几种语句。

```
--调用时全部使用默认值
EXEC proc_rooms_by_price();
--调用时直接为第一个参数传值，第二个参数使用默认值
EXEC proc_rooms_by_price(200);
--调用时使用参数名为第一个参数传值，第二个参数使用默认值
EXEC proc_rooms_by_price(p_min_price=>200);
--调用时使用参数名为第二个参数传值，第一个参数使用默认值
EXEC proc_rooms_by_price(p_max_price=>300);
--调用时使用参数名为两个参数传值
EXEC proc_rooms_by_price(p_max_price=>300,p_min_price=>200);
```

上述 5 行语句的效果相同，执行结果如下所示。

```
编号: R101 , 类型: 标准2 , 价格: 238, 楼层: 1, 朝向: 正东
编号: R102 , 类型: 标准1 , 价格: 201, 楼层: 1, 朝向: 正南
编号: R106 , 类型: 标准1 , 价格: 201, 楼层: 2, 朝向: 正南
编号: R110 , 类型: 标准1 , 价格: 201, 楼层: 4, 朝向: 正西
编号: R111 , 类型: 标准2 , 价格: 201, 楼层: 4, 朝向: 正东
```

注意

存储过程三种参数的使用顺序是：具有默认值的参数应该放在参数列表的最后，因为有时用户需要省略该参数；没有默认值的参数可以遵循 "IN 参数->OUT 参数->IN OUT 参数" 的顺序。

10.3 包

在 Oracle 中包是对各种 PL/SQL 元素的封装，可以包含变量、常量、存储过程、函数和游标等。包作为一个完整的单元存储在数据库中，用名称来标识包。包可以按功能进行模块化，从而简化程序的开发和维护，提高系统执行性能。

下面详细介绍 Oracle 中包的应用，包括使用包的好处、包的定义、调用包中的方法和修改包等。

10.3.1 包简介

包类似于 C#和 Java 语言中的类，其中，变量相当于类中的成员变量，存储过程和函数相当于类的方法。一个包由以下两个分开的部分组成。

（1）包声明。包声明部分定义包内的数据类型、变量、常量、函数、游标、存储过程和异常错误处理等元素，这些元素为包的公有元素。

（2）包主体。包主体则是包声明部分的具体实现，包括游标、函数和存储过程，在包主体中还可以声明包的私有元素。

包的这两部分在 Oracle 中是分开编译的，并作为两个对象分别存放在数据库字典中。可通过数据字典 user_source、all_source 和 dba_source 分别了解包声明与包主体的详细信息。

包主要有以下几个优点。

1．简化应用程序设计

包的声明部分和包主体部分可以分别创建和编译。主要体现在以下三个方面。

（1）可以在设计一个应用程序时，只创建和编译程序包的声明部分，然后再编写引用该程序包的 PL/SQL 块。

（2）当完成整个应用程序的整体框架后，再回来定义包主体部分。只要不改变包的声明部分，就可以单独调试、增加或替换包主体的内容，这不会影响其他的应用程序。

（3）更新包的说明后必须重新编译引用包的应用程序，但更新包主体，则不需要重新编译引用包的应用程序，以快速进行应用程序的原形开发。

2．模块化

可将逻辑相关的 PL/SQL 块或元素等组织在一起，用名称来唯一标识包。通常将一个大的功能模块划分为若干个功能模块，分别完成各自的功能。这样组织的包都易于编写，易于理解，更易于管理。

3．信息隐藏

包中的程序元素分为公有元素和私有元素两种，这两种元素的区别是它们允许访问的程序范围不同，即它们的作用域不同。公有元素不仅可以被包中的函数、存储过程所调用，也可以被包外的 PL/SQL 程序访问，而私有元素只能被包内的函数和存储过程所访问。对于用户，只需知道包的说明不用了解包主体的具体细节。

4. 效率高

在应用程序第一次调用包中的某个元素时，Oracle 将把整个包加载到内存中，当第二次访问程序包中的元素时，Oracle 将直接从内存中读取，而不需要进行磁盘 I/O 操作而影响速度。同时位于内存中的包可被同一会话期间的其他应用程序共享。因此，包增加了重用性并改善了多用户、多应用程序环境的效率。

10.3.2 创建包声明

包的声明部分用于定义包的公有元素，这些元素的具体实现在包主体部分。包声明可以使用 CREATE PACKAGE 语句来定义，语法格式如下：

```
CREATE [OR REPLACE] PACKAGE package_name
{ IS | AS}
package_specification
END package_name;
```

其中：

（1）package_name：指定包名。

（2）package_specification：列出了包可以使用的仅有存储过程、函数、类型和游标等元素。

【范例 15】

例如，下面的语句定义了一个名为 pkg_tools 包的声明部分。

```
CREATE PACKAGE pkg_tools
AS
    FUNCTION compare(x number,y number) RETURN number;
    PROCEDURE proc_nowtime;
END pkg_tools;
```

在 pkg_tools 包中共有两个元素，compare()函数用于比较两个参数的大小关系，并返回一个比较结果；proc_nowtime()存储过程用于获取系统时间并显示。

【范例 16】

从 user_object 数据字典中查询 pkg_tools 包声明部分的类型和当前状态。语句如下所示。

```
SELECT object_name,object_type,status
FROM user_objects
WHERE object_name='PKG_TOOLS';


OBJECT_NAME               OBJECT_TYPE            STATUS
--------------------      ------------------     --------------------
```

PKG_TOOLS	PACKAGE	VALID

从返回结果中可以看到 OBJECT_TYPE 列为 PACKAGE 表示这是一个包，STATUS
列的 VALID 表示当前包声明有效且可用。

【范例 17】

通过数据字典 user_source 查询 pkg_tools 包声明的定义信息，如下。

```
SELECT * FROM user_source
WHERE name='PKG_TOOLS';
```

执行结果如图 10-2 所示。

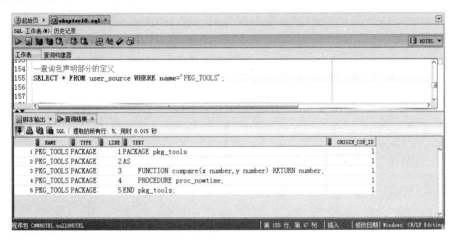

图 10-2 查看包声明部分的定义

10.3.3 创建包主体

包主体是真正实现功能的地方。但是包主体必须遵循包的声明，实现包声明中定义
的所有函数、存储过程和游标等元素，否则将出现编译错误。这类似于面向对象编程中
的类必须实现接口中的所有方法一样。

定义包的主体需要使用 CREATE PACKAGE BODY 语句，其语法说明如下：

```
CREATE [OR REPLACE] PACKAGE BODY package_name
{ IS | AS }
    package_definition
END package_name;
```

其中，package_definition 表示包声明中所列出的公有存储过程、函数、游标等的
定义。

【范例 18】

以 10.3.2 节定义的 pkg_tools 包声明为例，包主体的具体实现步骤如下。

（1）首先创建一个空的包主体结构，然后再编写元素的具体实现。创建包主体的语
句比创建包声明多了一个 BODY 关键字，语句如下。

```
CREATE PACKAGE BODY pkg_tools
AS
BEGIN
--这里是包主体的内容
END pkg_atariff_dao;
```

此时如果编译包主体将会出现错误信息，这是因为包声明部分定义的元素并没有实现。

（2）在包主体的 BEGIN END 块中创建 compare()函数，并编写代码实现 x>y 时返回1，x<y 时返回-1，其他情况下返回 0。具体实现代码如下。

```
FUNCTION compare(x number,y number) RETURN number
AS
BEGIN
  IF x>y THEN
    RETURN 1;
  ELSIF x<y THEN
    RETURN -1;
  ELSE
    RETURN 0;
  END IF;
END compare;
```

（3）再编写一个不带参数的 proc_nowtime()存储过程，该存储过程输出当前系统时间。具体实现代码如下。

```
PROCEDURE proc_nowtime
AS
BEGIN
  DBMS_OUTPUT.put_line('当前系统时间为:'||systimestamp);
END;
```

（4）此时再通过 user_object 数据字典查询 pkg_tools 包的信息，会看到该包包含的声明和主体部分。语句如下所示。

```
SELECT object_name,object_type,status
FROM user_objects
WHERE object_name='PKG_TOOLS';

OBJECT_NAME              OBJECT_TYPE          STATUS
----------------         -----------------    --------------------
PKG_TOOLS                PACKAGE              VALID
PKG_TOOLS                PACKAGE BODY         VALID
```

（5）再次通过数据字典 user_source 查询 pkg_tools 包的信息，此时会看到包的声明和主体信息，如图 10-3 所示。

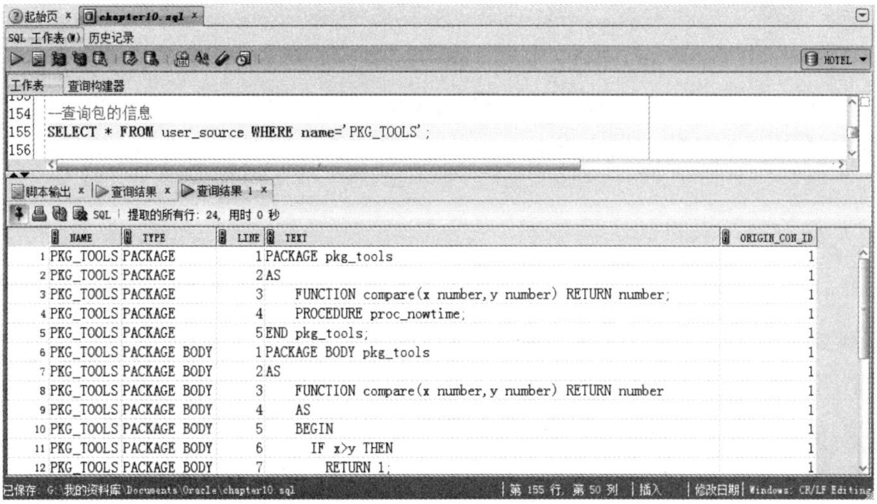

图 10-3　查看包的定义信息

10.3.4　使用包

包的使用就是调用包中的各个元素。具体方法是，对于公有元素可以在包名后添加点（.）来调用。其语法格式如下：

```
package_name.[ element_name ] ;
```

其中，element_name 表示元素名称，可以是存储过程名、函数名、变量名和常量名等。

【范例 19】

例如，调用 pkg_tools 包中的 compare()函数比较 50 和 100 的大小，并输出比较结果。具体代码如下。

```
DECLARE
  number1 number:=50;
  number2 number:=100;
  temp number;
BEGIN
  temp:=pkg_tools.compare(number1,number2);        --调用pkg_tools包中
  的 compare()函数
  IF temp=1 THEN
    DBMS_OUTPUT.put_line('number1 大于 number2! ');
  ELSIF temp=-1 THEN
    DBMS_OUTPUT.put_line('number1 小于 number2! ');
  ELSE
    DBMS_OUTPUT.put_line('number1 等于 number2! ');
  END IF;
```

```
END;
```

上述代码的重点是 "pkg_tools.compare(number1,number2)"，这里的 pkg_tools 是包名，之后是一个点表示要调用包中的元素，compare()是该包中的一个函数，根据该包的声明为其传递了两个参数。最终将 compare()函数的返回值保存到 temp 变量，再判断和输出。

执行后的输出结果如下。

```
number1 小于 number2!
```

【范例 20】

例如，调用 pkg_tools 包中的 nowtime()存储过程输出当前时间。语句如下。

```
EXEC pkg_tools.proc_nowtime();
```

与调用普通存储过程时一样可以使用 EXEC 或者 CALL 命令，然后指定完整的存储过程名称，即 "表名.存储过程名称()"。由于这里的 nowtime()存储过程没有参数，所以小括号也可以省略。

执行后的输出结果如下。

```
当前系统时间为:17-8 月 -14 10.00.18.436000000 下午 +08:00
```

10.3.5　修改和删除包

程序包同存储过程相同，同样具有修改和删除的操作，本节将介绍程序包的修改和删除。

1．修改包

修改包只能通过带有 OR REPLACE 选项的 CREATE PACKAGE 语句重建。重建的包将取代原来包中的内容，达到修改包的目的。

2．删除程序包

删除包会将包的声明和主体一起删除，其语法如下：

```
DROP PACKAGE package_name;
```

【范例 21】

例如，删除上面创建的 pkg_tools 包，可以使用下面的语句。

```
DROP PACKAGE pkg_tools;
```

如果只希望删除包的主体，可以在上述语句中添加 BODY 关键字。例如，下面的语句删除了 pkg_tools 包主体。

```
DROP PACKGE BODY pkg_tools;
```

10.4 系统预定义包

系统预定义包指 Oracle 系统事先创建好的包，它扩展了 PL/SQL 功能。所有的系统预定义包都以 DBMS 或 UTL_开头，可以在 PL/SQL、Java 或其他程序设计环境中调用。表 10-1 列举了一些常见的 Oracle 系统预定义包。

表 10-1 常见的 Oracle 系统预定义包

包 名 称	说 明
DBMS_ALERT	用于当数据改变时，使用触发器向应用发出警告
DBMS_DDL	用于访问 PL/SQL 中不允许直接访问的 DDL 语句
DBMS_Describe	用于描述存储过程与函数 API
DBMS_Job	用于作业管理
DBMS_Lob	用于管理 BLOB，CLOB，NCLOB 与 BFILE 对象
DBMS_OUTPUT	用于 PL/SQL 程序终端输出
DBMS_PIPE	用于数据库会话使用管道通信
DBMS_SQL	用于在 PL/SQL 程序内部执行动态 SQL
UTL_FILE	用于 PL/SQL 程序处理服务器上的文本文件
UTL_HTTP	用于在 PL/SQL 程序中检索 HTML 页
UTL_SMTP	用于支持电子邮件特性
UTL_TCP	用于支持 TCP/IP 通信特性

DBMS_OUTPUT 包是在 Oracle 开发过程中最常用的一个包，因此这里重点介绍 DBMS_OUTPUT 包的使用。使用 DBMS_OUTPUT 包可以从存储过程、包或触发器发送信息。Oracle 推荐在调试 PL/SQL 程序时使用该程序包，不推荐使用该包来做报表输出或其他格式化输出之用。

在 DBMS_OUTPUT 包中最常用的有如下元素。

（1）DISABLE 存储过程：禁用消息输出。

（2）ENABLE 存储过程：启用消息输出。

（3）GET_LINE 存储过程：从 buffer 中获取单行信息。

（4）GET_LINES 存储过程：从 buffer 中获取信息数组。

（5）NEW_LINE 存储过程：结束现有 PUT 过程所创建的一行。

（6）PUT 存储过程：将一行信息放到 buffer 中。

（7）PUT_LINE 存储过程：将部分行信息放到 buffer 中。

【范例 22】

本示例演示了消息输出的禁用与启用。

```
BEGIN
    DBMS_OUTPUT.enable;
    DBMS_OUTPUT.put_line('此行信息可以正常输出');
    DBMS_OUTPUT.disable;
    DBMS_OUTPUT.put_line('此行信息无法正常输出');
END;
```

当 使 用 DBMS_OUTPUT.enable 时 将 会 开 启 缓 冲 区 , 所 以 之 后 的 DBMS_OUTPUT.put_line 会将数据输出到缓冲区显示。而调用 DBMS_OUTPUT.disable 时将会禁用缓冲区,此时所有输出内容都不会显示,一直持续到下次打开缓冲区。

【范例 23】

本示例演示了如何使用 put 向缓冲区中输出内容。

```
BEGIN
    DBMS_OUTPUT.enable;                --启用缓冲区
    DBMS_OUTPUT.put('我正在学习');     --输出内容,不会显示
    DBMS_OUTPUT.put('Oracle');         --输出内容,不会显示
    DBMS_OUTPUT.put('数据库');         --输出内容,不会显示
    DBMS_OUTPUT.new_line;--显示之前缓冲区的内容,输出"我在学习 Oracle 数据库"
    DBMS_OUTPUT.put('这本书真的不错');
    DBMS_OUTPUT.new_line;              --显示之前缓冲区的内容,输出"这本书真的不错"
    DBMS_OUTPUT.put('Hello Oracle');    --此行不会输出
END;
```

上述语句中共调用了 5 次 put 向缓冲区中输出内容,前三个 put 保存在缓冲区中的数据一直到 new_line 被调用后才会输出到控制台,而最后一个 put 由于没有执行 new_line 所以不会显示到控制台。

【范例 24】

get_line 存储过程用于从缓冲区中获取单行数据。该存储过程需要两个参数,第一个是保存数据的变量,通常为 varchar2 数据类型;第二个是调用后的返回值,如果成功则返回 0,否则返回 1。

本示例向缓冲区保存了三行数据,之后分别调用 get_line 获取这些数据并输出。

```
DECLARE
  str1 varchar2(100);
  str2 varchar2(100);
  str3 varchar2(100);
  status varchar2(100);
BEGIN
    DBMS_OUTPUT.enable;
    DBMS_OUTPUT.put('我正在学习 Oracle 数据库');
    DBMS_OUTPUT.new_line;
    DBMS_OUTPUT.put('这本书真的不错');
    DBMS_OUTPUT.new_line;
    DBMS_OUTPUT.put('Hello Oracle');
    DBMS_OUTPUT.new_line;
    DBMS_OUTPUT.get_line(str1,status);
    DBMS_OUTPUT.get_line(str2,status);
    DBMS_OUTPUT.get_line(str3,status);
    DBMS_OUTPUT.put_line('第一行数据: '||str1);
    DBMS_OUTPUT.put_line('第二行数据: '||str2);
    DBMS_OUTPUT.put_line('第三行数据: '||str3);
END;
```

存储过程和包

执行结果如下所示。

```
第一行数据：我正在学习 Oracle 数据库
第二行数据：这本书真的不错
第三行数据：Hello Oracle
```

【范例 25】

get_lines 存储过程用于获取缓冲区中的全部内容，该存储过程的两个参数与 get_line 相同。本示例向缓冲区保存了 4 行数据，之后 get_lines 获取这些数据并输出。

```
DECLARE
  strs DBMS_OUTPUT.CHARARR;
  numlines number:=4;
BEGIN
    DBMS_OUTPUT.enable;
    DBMS_OUTPUT.put('我正在学习 Oracle 数据库');
    DBMS_OUTPUT.new_line;
    DBMS_OUTPUT.put('这本书真的不错');
    DBMS_OUTPUT.new_line;
    DBMS_OUTPUT.put('Hello Oracle');
    DBMS_OUTPUT.new_line;
    DBMS_OUTPUT.put('推荐给初学者使用');
    DBMS_OUTPUT.new_line;
    DBMS_OUTPUT.get_lines(strs,numlines);
    FOR i IN 1..numlines LOOP
      DBMS_OUTPUT.put_line('第'||i||'行数据：'||strs(i));
    END LOOP;
END;
```

执行结果如下所示。

```
第 1 行数据：我正在学习 Oracle 数据库
第 2 行数据：这本书真的不错
第 3 行数据：Hello Oracle
第 4 行数据：推荐给初学者使用
```

思考与练习

一、填空题

1. 调用存储过程可以使用_____命令或 EXECUTE 命令。

2. 在存储过程中使用_____关键字表示传递一个输入参数。

3. 在空白处填写代码，使存储过程可以根据学生 ID（stuid）返回学生姓名（stuname）。

```
CREATE PROCEDURE stu_pro
( stu_id IN NUMBER , stu_name OUT
VARCHAR2 )
AS
BEGIN
  SELECT stuname INTO _____
  FROM student WHERE stuid =
  stu_id;
END stu_pro ;
```

4. 通过数据字典 user_source、_____ 和 dba_source 分别了解包声明与包主体的详细信息。

5. 假设要删除名为 pkg_admin 的包应该使用语句_____。

二、选择题

1. 下面哪种参数类型具有默认值？_____

A. IN

B. OUT

C. IN OUT

D. 都具有

2. 假设有存储过程 add_student，其创建语句的头部内容如下。

```
CREATE PROCEDURE add_student
(stu_id IN NUMBER , stu_name
IN VARCHAR2)
```

请问下列调用该存储过程的语句中，不正确的是_____。

A. EXEC add_student (1001,' CANDY') ;

B. EXEC add_student ('CANDY' , 1001) ;

C. EXEC add_student (stu_id => 1001 , stu_name => 'CANDY') ;

D. EXECadd_student (stu_name=>' CAN DY',stu_id => 1001) ;

3. 下列关于包的介绍，错误的是_____。

A. 包提高了代码的复用性

B. 包可以分为声明和主体

C. 包中可以分为公有元素和私有元素

D. 包可以有返回值

4. 定义包的主体需要使用 CREATE PACKAGE BODY_____语句。

A. CREATE PACKAGE

B. CREATE BODY

C. DECLARE BODY

D. CREATE PACKAGE BODY

5. 下列不属于 Oracle 系统预定义包的是_____。

A. DBMS_OUTPUT

B. DBMS_ALERT

C. UTL_FILE

D. ORCL_SYSTEM

三、简答题

1. 简述存储过程的创建语法格式。

2. 简述调用过程时传递参数值的三种方法。

3. 如何为存储过程添加输出参数？

4. 简述包的作用。

5. 简述一个包的创建和使用过程。

6. 罗列三个以上常用的系统预定义包。

第 11 章　触发器和游标

触发器（Trigger）与表紧密相连，可以看作是表定义的一部分。当用户修改表或者视图中的数据时，触发器将会自动执行。触发器为数据库提供了有效的监控和处理机制，确保了数据和业务的完整性。

另外，游标在操作数据库时也经常用到。它的使用非常灵活，可以让用户像操作数组一样操作查询出来的结果集，这使得 PL/SQL 编程更加方便。

本章将对触发器和游标的使用进行详细介绍，包括触发器的作用和类型，以及每类触发器的创建和测试方法；游标从声明到打开再到最后关闭的步骤，游标的遍历方法，以及游标属性和变量的用法。

本章学习要点：

- ❏　了解 Oracle 中触发器的类型
- ❏　掌握各种 DML 触发器的创建方法
- ❏　掌握查看、禁用、启用和删除触发器的方法
- ❏　掌握 DDL 触发器的创建
- ❏　理解 INSTEAD OF 触发器的执行过程
- ❏　了解系统事件和用户事件触发器
- ❏　掌握游标的使用过程
- ❏　熟悉常用游标属性和游标变量

11.1　了解触发器

触发器（Trigger）是一种特殊类型的 PL/SQL 程序块。利用触发器可以得到数据变更的日志记录，还可以强制保证数据的一致性。下面详细介绍触发器的概念。

11.1.1　触发器简介

在第 10 章中介绍了存储过程，其实触发器类似于函数和过程，也具有声明部分、执行部分和异常处理部分。触发器可以调用存储过程，但触发器本身的调用和存储过程的调用却大不相同。存储过程可以由用户、应用程序、触发器或者其他过程调用，但是触发器只能由数据库的特定事件来触发。

这些数据库特定事件主要包括如下几种类型。

（1）用户在指定表或者视图中执行的 DML 操作。包括 INSERT 语句、UPDATE 语

句和 DELETE 语句。

（2）用户所执行的 DDL 操作。包括 CREATE 语句、ALTER 语句和 DROP 语句。

（3）数据库事件。包括用户登录或者注销的 LOGON 和 LOGOFF，数据库打开或者关闭的 STARTUP 和 SHUTDOWN，以及 ERRORS 引起的特定错误消息等。

在 Oracle 中出现以上任何一个或者多个事件时，触发器便自动执行，不需要其他操作。触发器具有如下优点。

（1）触发器自动执行。当表中的数据做了任何修改时，触发器将立即激活。

（2）触发器可以通过数据库中的相关表进行层叠更改。这比直接将代码写在前台的做法更安全合理。

（3）触发器可以强制用户实现业务规则，这些限制比用 CHECK 约束所定义的更复杂。

11.1.2 触发器的作用

触发器可以根据不同的事件进行调用，它有着更加精细的控制能力，这种特性可以帮助开发人员完成很多普通 PL/SQL 语句完成不了的功能。

触发器的作用主要体现在如下几点。

（1）自动生成自增长的字段。例如，在表中插入数据前得到序列的最大值和数据同时插入表中，从而避免该序列的重复。

（2）执行更复杂的业务逻辑。普通的操作方式只能完成固定的数据修改，而使用触发器则在完成基础功能上做额外的操作，以达到完成特殊业务逻辑的目的。

（3）防止无意义的数据操作。利用触发器可以把符合某些条件的数据加以限制，使其不能被修改。

（4）提供审计。利用触发器可以跟踪对数据库的操作，也可以在指定的表或者视图记录改变时，利用触发器把数据变化记录下来。

（5）允许或者限制修改某表。利用触发器可以对表进行限制。

（6）实现完整性规则。当一个表中的数据有变化时可以利用触发器修改这些变化的数据在其他表的关联数据。

使用触发器时要注意以下事项。

（1）使用触发器可以保证当特定的操作完成时，相关动作也要自动完成。

（2）当完整性约束条件已经定义后，就不要再定义相同功能的触发器。

（3）触发器大小不能超过 32KB，如果要实现触发器功能需要超过这个限制，可以考虑用存储过程来代替触发器或在触发器中调用存储过程。

（4）触发器仅在全局性的操作语句上被触发，而不考虑哪一个用户或者哪一个数据库应用程序执行这个语句。

（5）不能够创建递归触发器。

（6）触发器不能使用事务控制命令 COMMIT、ROLLBACK 或 SAVEPOINT。

（7）触发器主体不能声明任何 LONG 或 LONG RAW 变量。

11.1.3　触发器的类型

在 Oracle 中按照触发事件的不同可以把触发器分成 DML 触发器、INSTEAD OF 触发器、系统事件触发器和 DDL 触发器。

1. DML 触发器

DML 触发器由 DML 语句触发，例如 INSERT、UPDATE 和 DELETE 语句。针对所有的 DML 事件，按触发的时间可以将 DML 触发器分为 BEFORE 触发器与 AFTER 触发器，分别表示在 DML 事件发生之前与之后执行。

另外，DML 触发器也可以分为语句级触发器与行级触发器，其中，语句级触发器针对某一条语句触发一次，而行级触发器则针对语句所影响的每一行都触发一次。例如，某条 UPDATE 语句修改了表中的 10 行数据，那么针对该 UPDATE 事件的语句级触发器将被触发一次，而行级触发器将被触发 10 次。

2. DDL 触发器

DDL 触发器由 DDL 语句触发，例如 CREATE、ALTER 和 DROP 语句。DDL 触发器同样可以分为 BEFORE 触发器与 AFTER 触发器。

3. INSTEAD OF 触发器

INSTEAD OF 触发器又称替代触发器，用于执行一个替代操作来代替触发事件的操作。例如，针对 INSERT 事件的 INSTEAD OF 触发器，它由 INSERT 语句触发，当出现 INSERT 语句时，该语句不会被执行，而是执行 INSTEAD OF 触发器中定义的语句。

4. 系统事件触发器

系统事件触发器在发生如数据库启动或关闭等系统事件时触发。

11.2　创建触发器的语法

创建触发器需要使用 CREATE TRIGGER 语句，其语法如下：

```
CREATE [OR REPLACE] TRIGGER trigger_name
[BEFORE | AFTER | INSTEAD OF] trigger_event
{ON table_name | view_name | DATABASE}
[FOR EACH ROW]
[ENABLE | DISABLE]
[WHEN trigger_condition]
[DECLARE declaration_statements]
BEGIN
    trigger_body;
```

```
END trigger_name ;
```

语法说明如下。

（1）TRIGGER：表示创建触发器对象。

（2）trigger_name：创建的触发器名称。

（3）BEFORE | AFTER | INSTEAD OF：BEFORE 表示触发器在触发事件执行之前被激活；AFTER 表示触发器在触发事件执行之后被激活；INSTEAD OF 表示用触发器中的事件代替触发事件执行。

（4）trigger_event：表示激活触发器的事件。例如 INSERT、UPDATE 和 DELETE 事件等。

（5）ON table_name | view_name | DATABASE：table_name 指定 DML 触发器所针对的表。如果是 INSTEAD OF 触发器，则需要指定视图名（view_name）；如果是 DDL 触发器或系统事件触发器，则使用 ON DATABASE。

（6）FOR EACH ROW：表示触发器是行级触发器。如果不指定此子句，则默认为语句级触发器。用于 DML 触发器与 INSTEAD OF 触发器。

（7）ENABLE | DISABLE：此选项是 Oracle 11g 新增加的特性，用于指定触发器被创建之后的初始状态为启动状态（ENABLE）还是禁用状态（DISABLE），默认为 ENABLE。

（8）WHEN trigger_condition：为触发器的运行指定限制条件。例如，针对 UPDATE 事件的触发器，可以定义只有当修改后的数据符合某种条件时才执行触发器中的内容。

（9）triggcr_body：触发器的主体，即触发器包含的实现语句。

11.3 DML 触发器

前面已经介绍过 DML 触发器主要针对数据表的 INSERT、UPDATE 和 DELETE 操作。本节通过具体的示例详细介绍该类型触发器的使用，以及查看、禁用和删除触发器的方法。

11.3.1 DML 触发器简介

如果在表上针对某种 DML 操作建立了 DML 触发器，则当执行 DML 操作时会自动执行触发器的相应代码。其对应的 trigger_event 具体格式如下：

```
{INSERT | UPDATE | DELETE [OF column[, ...]]}
```

关于 DML 触发器的说明如下。

（1）DML 操作主要包括 INSERT、UPDATE 和 DELETE 操作，通常根据触发器所针对的具体事件将 DML 触发器分为 INSERT 触发器、UPDATE 触发器和 DELETE 触发器。

（2）可以将 DML 操作细化到列，即针对某列进行 DML 操作时激活触发器。

（3）任何 DML 触发器都可以按触发时间分为 BEFORE 触发器与 AFTER 触发器。

（4）在行级触发器中，为了获取某列在 DML 操作前后的数据，Oracle 提供了两种特殊的标识符——:OLD 和:NEW，通过:OLD.column_name 的形式可以获取该列的旧数据，而通过:NEW.column_name 则可以获取该列的新数据。INSERT 触发器只能使用:NEW，DELETE 触发器只能使用:OLD，而 UPDATE 触发器则两种都可以使用。

11.3.2 BEFORE 触发器

BEFORE 触发器又称为执行前触发器，即由 DML 操作触发，之后先执行 BEFORE 触发器的语句，再执行 DML 操作。

【范例1】

例如，系统规定所有消费项目的最低价格为 10。所以，当在 atariff 表中添加新消费项目时必须对价格进行验证，如果小于 10 则阻止添加。

这里使用 BEFORE 触发器来实现，具体如下所示。

```
01   CREATE TRIGGER trig_check_atprice
02   BEFORE
03     INSERT ON atariff
04     FOR EACH ROW
05   BEGIN
06     IF :NEW.atprice<10 THEN
07       RAISE_APPLICATION_ERROR(-20001,'超出系统设置的最低价格10! ');
08     END IF;
09   END trig_check_atprice;
```

为了方便说明，上面为语句添加了行号。其中，01 行使用 CREATE TRIGGER 指定要创建一个触发器，触发器的名称为 trig_check_atprice；02 行使用 BEFORE 关键字表示这是一个执行前的触发器；03 行使用 INSERT ON atariff 关键字指定该执行前触发器针对的是 atariff 表上的 INSERT 操作；04 行的 FOR EACH ROW 关键字指定这是一个行级触发器，即可能会影响多行；05～09 行为触发器的语句块。06 行使用:NEW.atprice 引用了 INSERT 语句中要插入的价格，然后对它进行判断，如果小于 10 则使用 RAISE_APPLICATION_ERROR()函数显示一行错误信息。

trig_check_atprice 触发器创建之后，接下来向 atatriff 表中插入一行数据测试该触发器是否运行。语句如下。

```
INSERT INTO atariff VALUES('AT-MT','跑步机20分钟',2);
```

执行后将看到如下提示，说明 trig_check_atprice 触发器工作正常。

```
错误报告:
SQL 错误: ORA-20001: 超出系统设置的最低价格10!
ORA-06512: 在 "C##HOTEL.TRIG_CHECK_ATPRICE", line 3
ORA-04088: 触发器 'C##HOTEL.TRIG_CHECK_ATPRICE' 执行过程中出错
```

【范例2】

创建一个 BEFORE 触发器，在更新 atatriff 表中价格信息时触发，显示更新前后的价格变化及差值。创建语句如下。

```
CREATE TRIGGER trig_atprice
BEFORE
    UPDATE ON atariff
    FOR EACH ROW
DECLARE
    oldvalue NUMBER;
    newvalue NUMBER;
BEGIN
    oldvalue := :OLD.atprice;        --数据操作之前的旧值赋值给变量 oldvalue
    newvalue := :NEW.atprice;        --数据操作之后的新值赋值给变量 newvalue
    DBMS_OUTPUT.PUT_LINE('原来价格='||oldvalue||', 现在价格='||newvalue||', 差
    是: '||ABS(oldvalue-newvalue));
END;
```

上面例子中，第二行中 BEFORE 关键字说明该触发器在更新表 atariff 之前触发，第 4 行 FOR EACH ROW 说明为行级触发器，每更新一行就会触发一次，第 6 行和第 7 行定义两个变量 oldvalue 和 newvalue，BEGIN 块中用 OLD 关键字把数据更新之前的旧值赋值给变量 oldvalue，把数据更新之后的新值赋值给变量 newvalue。

测试上述 BEFORE 触发器，将 atariff 表编号为 A-BLQ 的消费项目价格修改为 50。语句如下。

```
UPDATE atariff SET atprice=50 WHERE atno='A-BLQ';
```

原来价格=20，现在价格=50，差是: 30

上面的 UPDATE 语句只影响了一行，所以会有一行输出。下面将 atariff 表中价格小于 10 的项目上调 8 元，语句如下。

```
UPDATE atariff SET atprice= atprice+8 WHERE atprice<10;
```

上面的语句会更新多行，而 trig_atprice 又是一个行级触发器，所以会有输出多行，结果如下。

```
原来价格=5，现在价格=13，差是: 8
原来价格=7.2，现在价格=15.2，差是: 8
原来价格=4.2，现在价格=12.2，差是: 8
```

11.3.3 AFTER 触发器

AFTER 触发器的执行时机与 BEFORE 触发器相反，它是属于执行后触发器。即先执行 DML 操作的语句，之后再执行 AFTER 触发器的语句。

【范例3】

假设希望在对 roominfo 表的数据进行更新时，将修改之前的 rno 列值和 rprice 列值保存到 logs 表进行记录。

首先创建 logs 表，语句如下。

```
CREATE TABLE logs
(
content varchar2(500) NOT NULL,
ctime date NOT NULL
);
```

创建触发器的语句如下。

```
CREATE or replace TRIGGER trig_roominfo_log
AFTER
    UPDATE ON roominfo
    FOR EACH ROW
BEGIN
    INSERT INTO logs VALUES
    ('执行 UPDATE 操作前: rno='||:OLD.rno||', rprice='||:OLD.rprice, SYSDATE);
END trig_roominfo_log;
```

如上述代码所示，**AFTER UPDATE** 关键字指定这是一个更新后执行的触发器。**FOR EACH ROW** 子句表明该触发器为行级触发器。行级触发器针对语句所影响的每一行都将触发一次该触发器，也就是说，每修改 roominfo 表中的一条数据，都将激活该触发器，向 logs 表插入一条数据。:OLD.rno 表示引用更新之前 rno 列的值，:OLD.rprice 表示引用更新之前 rprice 列的值，SYSDATE 表示获取更新操作执行时的系统时间。

使用 UPDATE 语句将 roominfo 表中类型为"标准 1"的房间价格修改为 238。语句如下。

```
UPDATE roominfo SET rprice=238 WHERE rtype='标准 1';
3 rows updated
```

UPDATE 语句更新了三条满足条件的数据。现在查询 logs 表将看到三行数据，语句如下。

```
SELECT * FROM logs;

CONTENT                                                      CTIME
------------------------------------------                   ------------
执行 UPDATE 操作前: rno=R102  , rprice=198                    18-8 月 -14
执行 UPDATE 操作前: rno=R106  , rprice=206                    18-8 月 -14
执行 UPDATE 操作前: rno=R110  , rprice=294                    18-8 月 -14
```

11.3.4 使用操作标识符

当在触发器中同时包含多个触发事件（INSERT、UPDATE 和 DELETE）时，为了在触发器代码中区分具体的触发事件，可以使用以下三个操作标识符。

1. INSERTING

当触发事件是 INSERT 操作时，该标识符返回 TRUE，否则返回 FALSE。

2．UPDATING

当触发事件是 UPDATE 操作时，该标识符返回 TRUE，否则返回 FALSE。

3．DELETING

当触发事件是 DELETE 操作时，该标识符返回 TRUE，否则返回 FALSE。

提　示

操作标识符实际是一个布尔值，在触发器内部根据激活动作，三个操作标识符都会重新赋值。

【范例4】

例如，需要将用户对 roominfo 表的每次修改动作都记录到 logs 表中，那么可以使用操作标识符来判断用户的实际操作。

针对 roominfo 表 INSERT、UPDATE 和 DELETE 操作都起作用的触发器创建语句如下。

```
CREATE TRIGGER trig_roominfo
AFTER
    INSERT OR UPDATE OR DELETE
    ON roominfo
BEGIN
    IF INSERTING THEN
        INSERT INTO logs VALUES('用户'||user||'执行了 INSERT 操作',SYSDATE);
    END IF;
    IF UPDATING THEN
        INSERT INTO logs VALUES('用户'||user||'执行了 UPDATE 操作',SYSDATE);
    END IF;
    IF DELETING THEN
        INSERT INTO logs VALUES('用户'||user||'执行了 DELETE 操作',SYSDATE);
    END IF;
END;
```

上述语句使用 IF 语句和操作标识符判断触发器的执行动作是否为 INSERT、UPDATE 和 DELETE，并向表 logs 中插入相应的记录。

向 roominfo 表中添加一条数据作为测试，语句如下。

```
INSERT INTO roominfo VALUES('R117','标准2',198,4,'东南');
```

使用 UPDATE 语句将 roominfo 表中类型为"标准2"的房间价格修改为258，语句如下。

```
UPDATE roominfo SET rprice=258 WHERE rtype='标准2';
```

最后删除编号为 R117 的数据，语句如下。

```
DELETE roominfo WHERE rno='R117';
```

现在查询 logs 表查看是否记录了上述操作，语句如下。

```
SELECT * FROM logs;

CONTENT                                              CTIME
-------------------------------------------------    -------------------
用户 C##HOTEL 执行了 INSERT 操作                        18-8 月 -14
执行 UPDATE 操作前：rno=R117  , rprice=198             18-8 月 -14
执行 UPDATE 操作前：rno=R101  , rprice=238             18-8 月 -14
执行 UPDATE 操作前：rno=R111  , rprice=201             18-8 月 -14
用户 C##HOTEL 执行了 UPDATE 操作                        18-8 月 -14
用户 C##HOTEL 执行了 DELETE 操作                        18-8 月 -14
```

可见，对 roominfo 表执行了 INSERT、UPDATE 和 DELETE 操作之后，也向 logs 表插入了相应的记录。

提 示

> 这里的 trig_roominfo 触发器不是行级触发器，因此对 roominfo 表一次修改了多条记录之后，只会向 logs 表中插入一条数据。

269

11.3.5 查看触发器信息

在 Oracle 中可以通过如下三个数据字典查看触发器信息。

（1）user_triggers：存放当前用户的所有触发器。

（2）all_triggers：存放当前用户可以访问的所有触发器。

（3）dba_triggers：存放数据库中的所有触发器。

【范例 5】

例如，以 C##HOTEL 身份登录数据库，要查看当前用户下的所有触发器可以用 USER_TRIGGERS 数据字典。语句如下。

```
SELECT trigger_type "类型",trigger_name "名称"
FROM user_triggers;

类型                        名称
-----------------        ------------------------------
BEFORE EACH ROW          TRIG_ATPRICE
AFTER EACH ROW           TRIG_ROOMINFO_LOG
AFTER STATEMENT          TRIG_ROOMINFO
BEFORE EACH ROW          TRIG_CHECK_ATPRICE
```

【范例 6】

通过 user_objects 数据字典也可以查询触发器信息。如下语句查询了触发器名称和状态。

```
SELECT object_type,object_name,status FROM user_objects
WHERE object_type='TRIGGER';
```

【范例7】

通过 user_source 数据字典可以查看触发器的定义信息。如下语句查询 trig_check_atprice 触发器的定义信息。

```
--查询触发器的定义
SELECT * FROM user_source WHERE NAME='TRIG_CHECK_ATPRICE';
```

执行结果如图 11-1 所示。

图 11-1　查询 **trig_check_atprice** 触发器的定义

11.3.6　修改触发器状态

触发器有两种可能的状态：启用或禁用，这两个状态是非常必要的。触发器一旦创建，默认是启用状态，那么每个相应的条件都会激活触发器。但需要注意的是，触发器的执行也是会耗费大量系统资源的。尤其是针对大数据表的行级触发器。以建立在某表上的 BEFORE INSERT 类型行级触发为例，触发器所执行的操作可能超过了 INSERT 操作本身所耗费的资源。当执行大数据量的插入时，这些数据又被认为无须经过触发器操作，例如数据库迁移。此时需要将触发器先禁用，当数据插入完结后再启动触发器。

在 Oracle 中需要使用 ALTER TRIGGER 语句来启用或禁用触发器，语法格式如下：

```
ALTER TRIGGER trigger_name ENABLE | DISABLE;
```

其中，trigger_name 表示触发器名称；ENABLE 表示启用触发器；DISABLE 表示禁用触发器。

【范例 8】

假设要禁用 trig_check_atprice 触发器，语句如下。

```
ALTER TRIGGER trig_check_atprice DISABLE;
```

如果使一个表上的所有触发器都有效或无效，可以使用下面的语句。

```
ALTER TABLE table_name ENABLE ALL TRIGGERS;
ALTER TABLE table_name DISABLE ALL TRIGGERS;
```

【范例 9】

假设要禁用 roominfo 表上的所有触发器，语句如下。

```
ALTER TABLE roominfo DISABLE ALL TRIGGERS;
```

11.3.7 删除触发器

删除触发器和删除存储过程或函数不同。如果删除存储过程或函数所使用到的数据表，则存储过程或函数只是被标记为 INVAID 状态，仍存在于数据库中。如果删除触发器所关联的表或视图，那么也将删除这个触发器。删除触发器的语法如下：

```
DROP TRIGGER trigger_name;
```

【范例 10】

例如，要删除 trig_check_atprice 触发器，可以使用如下的语句。

```
DROP TRIGGER trig_check_atprice;
```

11.4 DDL 触发器

DDL 触发器也称为用户级触发器，是创建在当前用户模式上的触发器，只能被当前的这个用户触发。DDL 触发器主要针对于对用户对象有影响的 CREATE、ALTER 或 DROP 等语句。

> **注 意**
>
> 创建 DDL 触发器，需要使用 ON schema.SCHEMA 子句，即表示创建的触发器是 DDL 触发器（用户级触发器）。

【范例 11】

例如，创建一个 DDL 触发器，禁止 C##HOTEL 用户使用 DROP 命令删除自己模式中的对象。

首先需要以 sys 用户登录到 Oracle，然后再创建 DDL 触发器。具体实现语句如下。

```
CREATE TRIGGER trig_ddl_hotel
BEFORE
    DROP ON "C##HOTEL"."SCHEMA"
```

```
BEGIN
    RAISE_APPLICATION_ERROR(-20000,'不能对当前用户中的对象进行删除操作！');
END;
```

为了验证该触发器是否有效，需要使用 C##HOTEL 用户模式登录数据库。假设要删除该模式中的 logs 表，DROP TABLE 语句如下：

```
DROP TABLE logs;
```

执行结果如图 11-2 所示，从输出结果中可以看到 DDL 触发器 trig_ddl_hotel 阻止了对 logs 表的删除操作。

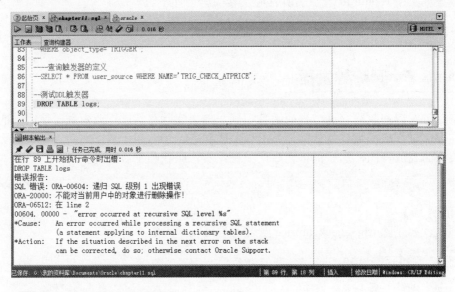

图 11-2　测试 DDL 触发器

11.5　INSTEAD OF 触发器

INSTEAD OF 触发器与行级触发器和触发动作（像 INSERT）之间是一种附属关系。触发器依赖于触发动作，但触发动作本身所执行的操作仍然被执行。二者的效果是叠加起来作用于数据表的。而 INSTEAD OF 触发器则用于代替触发器动作，例如，INSERT 动作的触发器不再进行 INSERT 操作，而是转而执行触发器动作。

使用 INSTEAD OF 触发器时要注意如下事项。

（1）当基于视图建立触发器时，不能指定 BEFORE 和 AFTER 选项。

（2）在建立视图时不能指定 WITH CHECK OPTION 选项。

（3）INSTEAD OF 选项只适用于视图。

（4）在建立 INSTEAD OF 触发器时，必须指定 FOR EACH ROW 选项。

【范例 12】

创建 INSTEAD OF 触发器，当在 goods 表中删除消费项目信息时首先显示这些项目的名称和价格，再删除这些项目信息，并从 consumelist 表中删除与之相关的消费历史

272

信息。

创建一个基于 goods 表的视图 v_goods，语句如下。

```
CREATE VIEW v_goods
AS
SELECT * FROM goods;
```

从视图中查询出 20 元以下可用消费项目信息，语句如下。

```
SELECT * FROM v_goods WHERE price<20;

ID                NAME                      PRICE
--------          --------------            -----------
A-MSG             按摩                        18
A-MTM             泳池                        18
B-QRC             茶室雅座                     13
B-STO             纸牌                        15.2
C-MNE             早餐2                       10
```

创建针对 v_goods 视图 DELETE 操作的 INSTEAD OF 触发器, 在触发器中输出要删
除的名称和价格。语句如下。

```
CREATE TRIGGER trig_delete_vgoods
  INSTEAD OF DELETE
  ON v_goods
  FOR EACH ROW
BEGIN
  DBMS_OUTPUT.PUT_LINE('正在删除[名称='||:OLD.name||',价格='||:OLD. price||']
  项目');
END;
```

假设要从 v_goods 视图中删除 20 元以下的消费项目信息，语句如下。

```
DELETE FROM v_goods WHERE price<20;

正在删除[名称=按摩      ，价格=18]项目
正在删除[名称=泳池      ，价格=18]项目
正在删除[名称=茶室雅座  ，价格=13]项目
正在删除[名称=纸牌      ，价格=15.2]项目
正在删除[名称=早餐2     ，价格=10]项目
```

从上述输出结果中可以看到 INSTEAD OF 触发器被执行了 5 次。下面从视图中查询
是否存在名称为纸牌的项目信息，语句如下。

```
SELECT * FROM v_goods WHERE name='纸牌';

ID                NAME                      PRICE
```

```
----------      ----------------     --------------------
B-STO           纸牌                 15.2
```

如上述结果所示，trig_delete_vgoods 触发器屏蔽了 DELETE 语句，使用触发器的语句作为代替，从而输出了项目信息，并没有执行真正的删除操作。

下面对 trig_delete_vgoods 触发器进行修改，增加删除项目信息和消费历史的语句，如下所示。

```
CREATE OR REPLACE TRIGGER trig_delete_vgoods
  INSTEAD OF DELETE
  ON v_goods
  FOR EACH ROW
BEGIN
  DBMS_OUTPUT.PUT_LINE('正在删除[名称='||:OLD.name||',价格='||:OLD.price||']
  项目');
  DELETE FROM consumelist WHERE atno=:OLD.id;
  DELETE FROM goods WHERE id=:OLD.id;
END;
```

在上述触发器的语句块中增加了 DELETE 语句。

假设要从视图中删除编号为 D-XEK 的项目信息。首先查看一下该项目的消费历史记录。语句如下。

```
SELECT * FROM consumelist WHERE atno='D-XEK';

GNO          ATNO          AMOUNT          WTIME
--------     --------      ---------       --------------------
G001         D-XEK         2               25-5 月 -14
G006         D-XEK         2               25-5 月 -14
```

接下来执行删除操作，语句如下。

```
DELETE FROM v_goods WHERE id='D-XEK';
```

```
正在删除[名称=西式中餐 ，价格=20] 项目
```

再次查询该项的消费历史记录。

```
SELECT * FROM consumelist WHERE atno='D-XEK';

GNO         ATNO          AMOUNT          WTIME
------      ---------     ------------    -------
```

返回结果为空，说明 INSTEAD OF 触发器中的两个 DELETE 语句都被执行了，分别删除了 goods 表中编号为 D-XEK 的项目信息和 consumelist 表中编号为 D-XEK 对应的消费历史信息。

11.6 系统事件和用户事件触发器

事件触发器是指基于 Oracle 数据库事件所建立的触发器，触发事件是数据库事件，如数据库的启动、关闭，对数据库的登录或退出等。创建事件触发器需要 ADMINISTER DATABASE TRIGGER 系统权限，一般只有系统管理员拥有该权限。

系统事件与用户事件触发器并非常用的触发器，因此本节只对二者进行简单介绍。

11.6.1 系统事件触发器

通过使用系统事件触发器，可以跟踪数据库的变化。常用的系统事件主要有三个，如下所示。

（1）SERVERERROR：在服务器发生错误时激活。

（2）STARTUP：打开（启动）数据库实例时激活。

（3）SHUTDOWN：关闭数据库实例时激活。

其中，SHUTDOWN 事件只能创建 BEFORE 触发器，而 SERVERERROR 和 STARTUP 事件只能创建 AFTER 触发器。创建数据库事件触发器，需要使用 ON DATABASE 子句，即表示创建的触发器是数据库级触发器。

【范例 13】

为了跟踪数据库启动和关闭事件，可以分别建立数据库启动触发器和数据库关闭触发器。

下面以 DBA 身份登录 Oracle 并创建一个名称为 db_log 的数据表。该表用于记录登录的用户名与操作时间，如下所示。

```
SQL> CONNECT sys/oracle AS SYSDBA;
已连接。
SQL>  CREATE TABLE db_log
  2  (
  3    uname VARCHAR2(20),
  4    rtime   TIMESTAMP
  5  );
表已创建。
```

接着分别创建数据库启动触发器和数据库关闭触发器，并向 db_log 数据表中插入记录，存储登录的用户名和操作时间。如下所示。

```
SQL> CREATE TRIGGER trigger_startup
  2  AFTER STARTUP
  3  ON DATABASE
  4  BEGIN
  5    INSERT INTO db_log VALUES(user,SYSDATE);
  6  END;
  7  /
```

```
触发器已创建
SQL>  CREATE TRIGGER trigger_shutdown
  2   BEFORE SHUTDOWN
  3   ON DATABASE
  4   BEGIN
  5      INSERT INTO db_log VALUES(user,SYSDATE);
  6   END;
  7   /
触发器已创建
```

其中，AFTER STARTUP 指定触发器的执行时间为数据库启动之后，BEFORE SHUTDOWN 指定触发器的执行时间为数据库关闭之前。ON DATABASE 指定触发器的作用对象；INSERT 语句用于向表 db_log 中添加新的日志信息，以记录数据库启动和关闭时的当前用户和时间。

注意

> 这里无须指定数据库名称，此时的数据库即为触发器所在的数据库。

现在关闭和启动数据库测试上述触发器是否生效，即检测是否执行触发器的相应代码向 db_log 表中插入数据。语句如下。

```
SQL> SHUTDOWN
数据库已经关闭。
已经卸载数据库。
ORACLE 例程已经关闭。

SQL> STARTUP
ORACLE 例程已经启动。
Total System Global Area  431038464 bytes
Fixed Size                  1375088 bytes
Variable Size             322962576 bytes
Database Buffers          100663296 bytes
Redo Buffers                6037504 bytes
数据库装载完毕。
数据库已经打开。

SQL> SELECT * FROM db_log;

UNAME                         RTIME
--------      -------------------------------------------------
SYS                           31-8月 -12 04.26.10.000000 下午
SYS                           31-8月 -12 04.27.51.000000 下午
```

从 db_log 表中的数据可知，当启动和关闭数据库之后将成功地向 db_log 数据表中插入两条新的记录。

11.6.2 用户事件触发器

与用户有关的主要有两个事件，LOGON 事件在用户登录数据库时激活，LOGOFF 事件在用户从数据库中注销时激活。其中，对于 LOGOFF 事件只能创建 BEFORE 触发器，而 LOGON 事件只能创建 AFTER 触发器。

【范例 14】

为了记录用户登录和退出事件，可以分别建立登录和退出触发器。具体的实现步骤如下。

（1）创建日志数据表 logon_log，用于记录用户的名称、登录时间或退出时间，如下所示。

```
CREATE TABLE logon_log
(
   uname VARCHAR2(20),
   logontime TIMESTAMP,
   offtime TIMESTAMP
);
```

（2）创建登录触发器。具体如下。

```
CREATE OR REPLACE TRIGGER trigger_logon
  AFTER LOGON
  ON DATABASE
BEGIN
   INSERT INTO logon_log(uname,logontime)
   VALUES(user,SYSDATE);
END;
```

（3）创建退出触发器。具体如下。

```
CREATE OR REPLACE TRIGGER trigger_logoff
  BEFORE LOGOFF
  ON DATABASE
BEGIN
   INSERT INTO logon_log(uname,offtime)
   VALUES(user,SYSDATE);
END;
```

（4）触发器创建完成之后，当用户登录或退出数据库时，将向 logon_log 表中插入数据。测试语句如下。

```
SQL> CONNECT hr/tiger;
已连接。
SQL> CONNECT sys/oracle AS SYSDBA;
已连接。
SQL> SELECT * FROM logon_log;
```

```
UNAME          LOGONTIME                    OFFTIME
------         --------------------         --------------------------------
HR                                          31-8 月 -12 05.51.03.000000 下午
SYS            31-8 月 -12 05.51.03.000000 下午
SYS                                         31-8 月 -12 05.50.57.000000 下午
HR             31-8 月 -12 05.50.57.000000 下午
```

11.7 实验指导——实现自动编号

通常在每个数据表中都有一列采取数字编号，并且采用自动编号，而且不能重复。例如第一个录入的编号是 1，第二个录入的编号是 2，以此类推。在 SQL Server 中可以创建标识列来实现这种功能，在 MySQL 中可以通过 AUTO_INCREMENT 关键字实现这种功能，而 Oracle 并没有直接提供该功能。

在 Oracle 中要实现数字的自动编号，需要通过序列自动生成不重复的有序数字。借助于本章的 BEFORE INSERT 触发器，可以在插入数据之前调用序列的 nextval 作为数据表的主键列值，从而实现自动为主键列赋值的功能。

本次实验指导将创建一个示例数据表 test_table，然后实现在向 test_table 表中添加数据时自动为主键列 no 赋值。

具体实现步骤如下。

（1）创建数据表 test_table，代码如下。

```
CREATE TABLE test_table (
  no NUMBER(4),
  name VARCHAR2(20),
  sal NUMBER(6),
  CONSTRAINT pk1_no PRIMARY KEY(no)   --设置主键
);
```

（2）创建一个名为 seq_no 的序列，如下。

```
CREATE SEQUENCE seq_no;
```

（3）向 test_table 表中添加一条记录，并检测是否添加成功，如下。

```
INSERT INTO test_table VALUES(seq_no.nextval,'刘杭',10000);

SELECT * FROM test_table;
NO        NAME        SAL
-----     ----------  ------------------
1         刘杭        10000
```

（4）在 test_table 表中创建一个插入前执行的 BEFORE INSERT 触发器，该触发器实现为主键列 no 自动赋值的功能。触发器的创建语句如下。

```
CREATE OR REPLACE TRIGGER auto_increment_no
BEFORE
  INSERT ON test_table
```

```
  FOR EACH ROW
BEGIN
  IF :NEW.no IS NULL THEN
      SELECT seq_no.nextval INTO :NEW.no FROM dual;        --生成no值
  END IF;
END;
```

（5）触发器创建好之后，在向 test_table 表中添加新记录时可以不再关心主键列 no 的赋值问题。向 test_table 表中添加一条记录，测试触发器是否工作正常，语句如下。

```
INSERT INTO test_table(name,sal) VALUES('张霞',8500);
```

注意上述的 INSERT 语句插入时省略了对 no 列的赋值，它将采用触发器为其自动生成的一个编号作为值。

（6）查询 test_table 表中是否已经成功地添加了上述数据，如下。

```
SELECT * FROM test_table;

NO        NAME              SAL
-----     ---------         -----------------
1         刘杭              10000
2         张霞              8500
```

从上述输出结果中会看到多出了 NO 为 2 的数据。如果将编号为 2 的数据删除，再执行第（5）步的语句，此时分配的编号为 3，这也再次证明触发器工作正常。

11.8 游标

游标是 PL/SQL 的一个内存工作区，由系统或用户以变量的形式定义。它提供了一种从集合性质的结果中提取单条记录的手段。下面详细介绍 PL/SQL 中游标的使用过程，从声明到打开和检索，再到最后的关闭。

11.8.1 游标简介

所谓游标（Cursor）实际上是一个指针，它存放在数据查询结果集或者操作结果集中，这些指针可以指定结果集中任何一条记录。这样就可以得到它所指向的数据，在初始化时默认指向首记录。

利用游标可以返回它当前指向的一行记录。如果要返回多行，那么需要不断地滚动游标（移动指针位置），把想要的数据查询一遍。

在 Oracle 中可将游标分为静态游标和动态游标。其中，静态游标就像一个数据快照，打开游标后的结果集是对数据表数据的一个备份，数据不随着对表执行 DML 操作后而改变。从这个特性来说，结果集是静态的。动态游标会实时读取数据表中的数据，表中数据被修改后，动态游标读取的数据也会随之变化。

本节以静态游标为例展开介绍，静态游标又可以分为显式游标和隐式游标两种类型。

1．显式游标

显式游标是指在使用之前必须先对游标进行声明和定义。这样的游标定义会关联数据查询语句，通常会返回一行或者多行。打开游标后，用户可能利用游标的位置对结果集进行检索，使之返回单行记录，再操作此记录。关闭游标后，就不能再使用游标进行任何操作。

显式游标需要用户自己写代码完成，一切都由用户进行控制。因此下面以显式游标为例讲解具体的应用。

2．隐式游标

与显式游标不同，隐式游标由 PL/SQL 自动管理，也被称为 SQL 游标。对于隐式游标用户无法控制，只能获取其属性信息。

11.8.2　声明游标

声明游标主要是指定义一个游标名称来对应一条查询语句，从而可以利用该游标对此查询语句返回的结果集进行操作。

声明游标的语法如下：

```
CURSOR cursor_name
    [(
        parameter_name [IN] data_type [{:= | DEFAULT} value]
        [ , ...]
    )]
IS select_statement
[FOR UPDATE [OF column [ , ...]] [NOWAIT]];
```

语法说明如下。

（1）CURSOR：游标关键字。

（2）cursor_name：表示要定义的游标的名称。

（3）parameter_name [IN]：为游标定义输入参数，IN 关键字可以省略。使用输入参数可以使游标的应用变得更灵活。用户需要在打开游标时为输入参数赋值，也可使用参数的默认值。输入参数可以有多个，多个参数的设置之间使用逗号隔开。

（4）data_type：为输入参数指定数据类型，但不能指定精度或长度。例如字符串类型可以使用 VARCHAR2，而不能使用 VARCHAR2(10)之类的精确类型。

（5）select_statement：查询语句。

（6）FOR UPDATE：用于在使用游标中的数据时，锁定游标结束集与表中对应数据行的所有或部分列。

（7）OF ：如果不使用 OF 子句，则表示锁定游标结果集与表中对应数据行的所有列。如果指定了 OF 子句，则只锁定指定的列。

（8）NOWAIT：如果表中的数据行被某用户锁定，那么其他用户的 FOR UPDATE 操作将会一直等到该用户释放这些数据行的锁定后才会执行。而如果使用了 NOWAIT 关键字，则其他用户在使用 OPEN 命令打开游标时会立即返回错误信息。

【范例 15】

例如，在 guest 表中存储了顾客信息，可以声明一个游标将表中所有记录封装到该游标中。SQL 语句如下。

```
DECLARE
   CURSOR cursor_guest
IS
  SELECT * FROM guest;
BEGIN
   --这里是游标的其他操作语句
END;
```

同时，也可以声明带有参数的游标封装 SELECT 查询。例如，下面的游标可以根据性别查询所有顾客信息，如下。

```
DECLARE
   CURSOR cursor_find_guest_by_sex(sex varchar2)
IS
  SELECT * FROM guest
  WHERE gsex=sex;
BEGIN
   --这里是游标的其他操作语句
END;
```

注 意

　游标的声明与使用等都需要在 PL/SQL 块中进行，其中声明游标需要在 DECLARE 子句中进行。

11.8.3　打开游标

在声明游标时为游标指定了查询语句，但此时该查询语句并不会被 Oracle 执行。只有打开游标后，Oracle 才会执行查询语句。在打开游标时，如果游标有输入参数，用户还需要为这些参数赋值，否则将会报错（除非参数设置了默认值）。

打开游标需要使用 OPEN 语句，其语法格式如下：

```
OPEN cursor_name [(value [ , ...])];
```

注 意

　应该按定义游标时的参数顺序为参数赋值。

【范例 16】

例如，要打开 11.8.2 节声明的 cursor_guest 游标，语句如下。

```
OPEN cursor_guest;
```

打开 cursor_find_guest_by_sex 游标查询性别为女的顾客信息，语句如下。

```
OPEN cursor_find_guest_by_sex('女');
```

由于 cursor_find_guest_by_sex 在声明时要求一个参数来指定要查询的性别，所以在打开时必须指定一个参数。

11.8.4 检索游标

打开游标后，游标所对应的 SELECT 语句也就被执行了。为了处理结果集中的数据，需要检索游标。检索游标，实际上就是从结果集中获取单行数据并保存到定义的变量中，这需要使用 FETCH 语句，其语法格式如下：

```
FETCH cursor_name INTO variable1 [ , variable2 [, …]];
```

其中，variable1 和 variable2 是用来存储结果集中单行数据的充数量，要注意变量的个数、顺序及类型要与游标中相应字段保持一致。

【范例 17】

使用 FETCH 语句检索 cursor_guest 游标中的数据。首先定义一个%ROWTYPE 类型的变量 row_guest，再通过 FETCH 把检索的数据存放到 row_guest 中。

示例如下：

```
DECLARE
    CURSOR cursor_guest
IS
    SELECT * FROM guest;                      --声明游标
    row_guest guest%ROWTYPE;
BEGIN
  OPEN cursor_guest;                          --打开游标
  FETCH cursor_guest INTO row_guest;          --检索游标
END;
```

11.8.5 关闭游标

关闭游标需要使用 CLOSE 语句。游标被关闭后，Oracle 将释放游标中 SELECT 语句的查询结果所占用的系统资源。其语法如下：

```
CLOSE cursor_name;
```

【范例 18】

例如，关闭 cursor_guest 游标的语句如下。

```
CLOSE  cursor_guest;
```

11.8.6 LOOP 循环游标

当游标中的查询语句返回的是一个结果集时，则需要循环读取游标中的数据记录，每循环一次，读取一行记录。

【范例 19】

为了了解游标的完整使用步骤，以及如何从游标中循环读取记录，下面使用 LOOP 循环实现将 cursor_guest 游标的结果集遍历输出。具体语句如下。

```
DECLARE
   CURSOR cursor_guest
IS
  SELECT * FROM guest;                              --声明游标
  row_guest guest%ROWTYPE;
BEGIN
  OPEN cursor_guest;                                --打开游标
  LOOP                                              --LOOP 循环
    FETCH cursor_guest INTO row_guest;              --检索游标
    EXIT WHEN cursor_guest%NOTFOUND;       --当游标无返回记录时退出循环
    DBMS_OUTPUT.PUT_LINE('第'||cursor_guest%ROWCOUNT||'行: 顾客编号: '||row_
    guest.gno||
    ',姓名:'||row_guest.gname||',性别:'||row_guest.gsex||',余额:'||row_
    guest.balance);
  END LOOP;
  CLOSE  cursor_guest;                              --关闭游标
END;
```

在使用 OPEN 打开 cursor_guest 游标之后，为了获取结果集中的所有行使用 LOOP 循环遍历结果集。每遍历一次就检索一次输出结果，直到无记录时返回。

最后输出结果如下。

```
[第1行]  顾客编号: G001    , 姓名: 祝悦桐   , 性别: 女  , 余额: 670
[第2行]  顾客编号: G002    , 姓名: 张浩太   , 性别: 男  , 余额: 1000
[第3行]  顾客编号: G003    , 姓名: 朱均焘   , 性别: 男  , 余额: 1000
[第4行]  顾客编号: G004    , 姓名: 张强     , 性别: 男  , 余额: 1000
[第5行]  顾客编号: G005    , 姓名: 贺宁     , 性别: 女  , 余额: 1000
[第6行]  顾客编号: G006    , 姓名: 陈丽     , 性别: 女  , 余额: 0
[第7行]  顾客编号: G007    , 姓名: 刘杰     , 性别: 男  , 余额: 1000
[第8行]  顾客编号: G008    , 姓名: 刘洁     , 性别: 女  , 余额:
```

11.8.7 FOR 循环游标

使用 FOR 语句也可以循环游标，而且在这种情况下不需要手动打开和关闭游标，也不需要手动判断游标是否还有返回记录，而且在 FOR 语句中设置的循环变量本身就存储

了当前检索记录的所有列值,因此也不再需要定义变量存储记录值。其语法格式如下:

```
FOR record_name IN cursor_name LOOP
    statement1;
    statement2;
END LOOP;
```

语法说明如下。

(1) cursor_name:表示已经定义的游标名。

(2) record_name:表示 Oracle 隐式定义的记录变量名。

当使用游标 FOR 循环时,在执行循环体内容之前,Oracle 会隐式地打开游标,并且每循环一次检索一次数据,在检索了所有数据之后,会自动退出循环并隐式地关闭游标。

> **注 意**
>
> 使用 FOR 循环时,不能对游标进行 OPEN、FETCH 和 CLOSE 操作。如果游标包含输入参数,则只能使用该参数的默认值。

【范例 20】

下面以显示 guest 表中性别为女的顾客信息为例,说明如何使用 FOR 循环遍历游标。具体语句如下。

```
DECLARE
   CURSOR cursor_guest
IS
   SELECT * FROM guest WHERE gsex='女';          --声明游标
BEGIN
    FOR row_guest IN cursor_guest LOOP
     EXIT WHEN cursor_guest%NOTFOUND;
     DBMS_OUTPUT.PUT_LINE(' 顾客编号: '||row_guest.gno|| ', 姓名: '||row_
     guest.gname||', 性别: '||row_guest.gsex||', 余额: '||row_guest.balance);
    END LOOP;
END;
```

由于使用的是 FOR 循环遍历游标,所以打开游标、检索游标和关闭游标都会由 FOR 循环自动完成。最后输出结果如下。

```
顾客编号: G001  , 姓名: 祝悦桐 , 性别: 女  , 余额: 670
顾客编号: G005  , 姓名: 贺宁   , 性别: 女  , 余额: 1000
顾客编号: G006  , 姓名: 陈丽   , 性别: 女  , 余额: 0
顾客编号: G008  , 姓名: 刘洁   , 性别: 女  , 余额:
```

11.8.8 游标属性

游标属性反映了当前游标的状态。游标属性对于 PL/SQL 编程有着极为重要的作用。例如逻辑判断等,都可以使用游标属性。游标的常用属性有 4 个,下面分别介绍。

触发器和游标

1. %ISOPEN 属性

%ISOPEN 属性主要用于判断游标是否打开,在使用游标时如果不能确定游标是否已经打开,可以使用该属性。

使用%ISOPEN 属性的示例代码如下。

```
DECLARE
    CURSOR cursor_emp IS SELECT * FROM employees;
BEGIN
  /*对游标 cursor_emp 的操作*/
  IF cursor_emp%ISOPEN THEN   --如果游标已经打开,即关闭游标
    CLOSE cursor_emp;
  END IF;
END;
```

2. %FOUND 属性

%FOUND 属性主要用于判断游标是否找到记录,如果找到记录用 FETCH 语句提取游标数据,否则关闭游标。

使用%FOUND 属性的示例代码如下。

```
DECLARE
  CURSOR cursor_emp IS SELECT * FROM employees;
  row_emp employees%ROWTYPE;
BEGIN
  OPEN cursor_emp;  --打开游标
  WHILE cursor_emp%FOUND LOOP        --如果找到记录,开始循环检索数据
    FETCH cursor_emp INTO row_emp;
    /*对游标 cursor_emp 的操作*/
  END LOOP;
  CLOSE cursor_emp;  --关闭游标
END;
```

3. %NOTFOUND 属性

%NOTFOUND 与%FOUND 属性恰好相反,如果检索到数据,则返回值为 FALSE;如果没有检索到数据,则返回值为 TRUE。

使用%NOTFOUND 属性的示例代码如下。

```
DECLARE
  CURSOR cursor_emp IS SELECT * FROM employees;
  row_emp employees%ROWTYPE;
BEGIN
  OPEN cursor_emp;                        --打开游标
  LOOP
    FETCH cursor_emp INTO row_emp;
    /*对游标 cursor_emp 的操作*/
    EXIT WHEN cursor_emp%NOTFOUND;    --如果没有找到下一条记录,退出 LOOP
```

```
 END LOOP;
   CLOSE cursor_emp;   --关闭游标
END;
```

4．%ROWCOUNT 属性

%ROWCOUNT 属性用于返回到当前为止已经检索到的实际行数。使用 %ROWCOUNT 属性的示例代码如下。

```
DECLARE
  CURSOR cursor_emp IS SELECT * FROM employees;
  row_emp employees%ROWTYPE;
BEGIN
  OPEN cursor_emp;                     --打开游标
  LOOP
    FETCH cursor_emp INTO row_emp;        --检索数据
    EXIT WHEN cursor_emp%NOTFOUND;
  END LOOP;
  DBMS_OUTPUT.PUT_LINE('检索到的行数：'||cursor_emp%ROWCOUNT);
  CLOSE cursor_emp;   --关闭游标
END;
```

11.8.9 游标变量

游标变量指向多行查询结果集的当前行。游标与游标变量是不同的，就像常量和变量的关系一样，游标是由用户定义的显式游标和隐式游标，都与固定的查询语句相关联，所有游标都是静态的，而游标变量是动态的，因为它不与特定的查询绑定在一起。游标变量有点像指向记录集的一个指针，游标变量也可以使用游标的属性。

1．声明游标变量

在使用游标变量之前，需要先声明游标变量。定义 REF CURSOR（游标变量）类型的语法格式如下：

```
TYPE cursor_variable_type IS REF CURSOR[RETURN return_type];
```

其中，return_type 是一个用来记录返回内容的变量。如果该变量有返回值，那么就为强类型，否则就为弱类型。

游标的变量声明首先需要声明一个 REF CURSOR（游标变量）类型，用来存储查询结果集。当 REF CURSOR（游标变量）类型定义好之后就可以声明游标变量了。

注意

当声明的游标变量是弱类型时，系统不会对返回的记录集合进行类型检查，一旦类型不匹配就会产生异常。建议定义强类型的游标变量。

【范例 21】

声明一个游标变量类型，用来表示从 guest 表中查询的记录集，如下。

```
DECLARE
  TYPE student_type
IS
  REF CURSOR RETURN guest%ROWTYPE;
  temp_student_type guest%ROWTYPE;
BEGIN
  NULL;
END;
```

2. 操作游标变量

在 PL/SQL 中操作游标变量有三个语句：OPEN…FOR、FETCH 和 CLOSE。

游标变量的操作也需要打开、操作和关闭等步骤。使用 OPEN…FOR 语句与一个查询语句相关联，并打开游标变量，但是不能使用 OPEN…FOR 语句打开已经打开的游标变量。操作游标变量则使用 FETCH 语句从记录集合中提取数据，当所有的操作完成后，使用 CLOSE 关闭游标变量。其中，OPEN 语句的格式如下。

```
OPEN cursor_variable FOR SELECT;
```

注 意

> 如果使用 OPEN…FOR 语句打开不同的查询语句，当前的游标变量所包含的查询语句将会丢失。

【范例 22】

假设要从 roominfo 表中查询出价格小于 300 的房间信息，使用游标变量的实现语句如下。

```
DECLARE
    TYPE roominfo_type                                    --声明游标类型
IS
    REF CURSOR RETURN roominfo%ROWTYPE;
    temp_roominfo_type roominfo%ROWTYPE;
    cur_roominfo roominfo_type;                           --定义游标变量
BEGIN
    IF NOT cur_roominfo%ISOPEN THEN                       --判断游标是否打开
      OPEN cur_roominfo FOR SELECT * FROM roominfo WHERE rprice<300;
     --打开游标
    END IF;
    LOOP
      FETCH cur_roominfo INTO temp_roominfo_type;         --提取数据
      EXIT WHEN cur_roominfo%NOTFOUND;
        DBMS_OUTPUT.PUT_LINE('编号: '||temp_roominfo_type.rno||', 类型: '||
        temp_roominfo_type.rtype||', 价格: '||temp_roominfo_ type.rprice||',
```

```
        楼层:'||temp_roominfo_type.rfloor||',朝向:'||temp_roominfo_type.toward);
    END LOOP;
    CLOSE cur_roominfo;      --关闭游标变量
END;
```

上面的语句定义了一个游标变量类型 roominfo_type，返回类型与 roominfo 表结构相同；然后定义了一个 roominfo_type 类型的游标变量 cur_roominfo。使用 OPEN FOR 语句从 roominfo 表中查询价格小于 300 的房间信息；然后使用 LOOP 语句循环遍历，最后关闭游标变量。

执行后的输出结果如下。

```
编号：R101 ，类型：标准2  ，价格：258，楼层：1，朝向：正东
编号：R102 ，类型：标准1  ，价格：238，楼层：1，朝向：正南
编号：R106 ，类型：标准1  ，价格：238，楼层：2，朝向：正南
编号：R110 ，类型：标准1  ，价格：238，楼层：4，朝向：正西
编号：R111 ，类型：标准2  ，价格：258，楼层：4，朝向：正东
```

11.9 实验指导——可更新和删除的游标

使用游标不仅可以逐行地遍历 SELECT 的结果集，而且还可以更新或删除当前游标行的数据。注意，如果要通过游标更新或删除数据，在定义游标时必须要带有 FOR UPDATE 子句，语法如下：

```
CURSOR cursor_name IS SELECT … FOR UPDATE;
```

在检索了游标数据之后，为了更新或删除当前游标行数据，必须在 UPDATE 或 DELETE 语句中引用 WHERE CURRENT OF 子句。语法如下：

```
UPDATE table_name SET column=… WHERE CURRENT OF cursor_name;
DELETE table_name WHERE CURRENT OF cursor_name;
```

假设要实现从顾客信息表 guest 表中查询出性别为男的编号、姓名、性别、积分和余额信息，并且要求将结果集中积分大于 100 的顾客余额增加 10。

如果不使用游标，查询可使用如下的语句。

```
SELECT gno,gname,gsex,grade,balance
FROM guest
WHERE gsex='男';
```

更新顾客的余额可使用如下语句。

```
UPDATE guest
SET balance= balance+10
WHERE gsex='男' AND grade>100;
```

现在使用游标完成遍历和更新操作，具体实现语句如下。

```
DECLARE
    CURSOR cursor_guest
IS
```

触发器和游标

```
        SELECT * FROM guest WHERE gsex='男'
        FOR UPDATE;                        --声明游标，注意这里的 FOR UPDATE 是必需的
        temp_guest guest%ROWTYPE;          --定义变量
BEGIN
    OPEN cursor_guest;                     --打开游标
    LOOP
      FETCH cursor_guest INTO temp_guest;           --检索游标
      EXIT WHEN cursor_guest%NOTFOUND;
        DBMS_OUTPUT.PUT_LINE(' 顾客编号：'||temp_guest.gno|| ', 姓名：'
        ||temp_guest.gname||', 性别：'||temp_guest.gsex||', 积分：'||temp_
        guest.grade||', 余额：'||temp_guest.balance);
        IF temp_guest.grade>100 THEN       --判断当前的记录是否满足更新条件
            --如果满足就对 balance 列执行增加 10 操作，注意 WHERE 条件
            UPDATE guest SET balance=balance+10 WHERE CURRENT OF cursor_guest;
        END IF;
    END LOOP;
    CLOSE cursor_guest;                    --关闭游标
END;
```

上述可更新游标与普通游标的使用过程相同，但是要注意两点：首先是可更新游标声明时必须添加 FOR UPDATE 关键字，另一点是在 UPDATE 语句中必须使用 WHERE CURRENT OF 子句。

执行后的输出如下。

```
顾客编号：G002    , 姓名：张浩太 , 性别：男  , 积分：24, 余额：1000
顾客编号：G003    , 姓名：朱均焘 , 性别：男  , 积分：75, 余额：1000
顾客编号：G004    , 姓名：张强   , 性别：男  , 积分：120, 余额：1000
顾客编号：G007    , 姓名：刘杰   , 性别：男  , 积分：105, 余额：1000
```

再次从 guest 表中查询性别为男的顾客信息，语句如下。

```
SELECT gno,gname,gsex,grade,balance FROM guest WHERE gsex='男';

GNO     GNAME          GSEX      GRADE      BALANCE
-----   ---------      ------    --------   ------------
G002    张浩太          男          24         1000
G003    朱均焘          男          75         1000
G004    张强            男         120         1010
G007    刘杰            男         105         1010
```

将上述输出结果与游标输出结果进行对比，会发现编号为 G004 和 G007 的顾客余额发生了变化，这也说明游标执行成功。

假设希望在使用游标遍历 guest 表所有顾客信息的同时删除余额为 0 的信息。可使用如下语句。

```
DECLARE
    CURSOR cursor_guest
    IS
```

```
    SELECT * FROM guest
    FOR UPDATE;
    temp_guest guest%ROWTYPE;
BEGIN
    OPEN cursor_guest;
    LOOP
      FETCH cursor_guest INTO temp_guest;
      EXIT WHEN cursor_guest%NOTFOUND;
        DBMS_OUTPUT.PUT_LINE(' 顾客编号: '||temp_guest.gno|| ', 姓名: '||
        temp_guest.gname||', 性别: '||temp_guest.gsex||', 积分: '|| temp_
        guest.grade||', 余额: '||temp_guest.balance);
        IF temp_guest.balance=0 THEN
          DELETE FROM guest  WHERE CURRENT OF cursor_guest;
        END IF;
    END LOOP;
    CLOSE cursor_guest;
END;
```

思考与练习

一、填空题

1. 创建触发器要使用 CREATE _____ 语句。

2. 在创建触发器的时候指定_____子句表示是一个行级触发器。

3. 创建事件触发器使用_____子句表示创建的触发器是数据库级触发器。

4. 触发器可以使用的操作标识符有 INSERTING、UPDATING 和_____。

5. 假设要打开名为 cur_find 的游标，并传递值为 20 和 30 的参数，应该使用语句_____。

6. 定义游标变量的关键字是_____。

二、选择题

1. 关于触发器，下列说法正确的是_____。

A. 可以在表上创建 INSTEAD OF 触发器

B. 语句触发器不能使用:old 和:new

C. 行触发器不能用于审计功能

D. 触发器可以显式调用

2. _____动作不会激发触发器。

A. 查询数据（SELECT）

B. 更新数据（UPDATE）

C. 删除数据（DELETE）

D. 插入数据（INSERT）

3. 修改触发器应该使用以下哪种语句？_____

A. CREATE OR REPLACE TRIGGER 语句

B. DROP TRIGGER 语句

C. CREATE TRIGGER 语句

D. ALTER TRIGGER 语句

4. 删除触发器应该使用以下哪种语句？_____

A. ALTER TRIGGER 语句

B. DROP TRIGGER 语句

C. CREATE TRIGGER 语句

D. CREATE OR REPLACE TRIGGER 语句

5. 由 PL/SQL 自动管理也被称为 SQL 游标的是_____。

A．隐式游标

B．显式游标

C．静态游标

D．动态游标

6．_____在使用之前必须先声明和定义。

A．隐式游标

B．显式游标

C．静态游标

D．动态游标

7．下列不属于游标属性的是_____。

A．%ERROR

B．%ISOPEN

C．%FOUND

D．%NOTFOUND

三、简答题

1．简述触发器在 Oracle 中的作用及其类型。

2．举例说明 DML 触发器 BEFORE 和 AFTER 的区别。

3．如何在触发器中针对不同的操作执行不同语句。

4．简述触发器状态的修改步骤。

5．简述 INSTEAD OF 触发器使用方法。

6．举例说明静态游标的使用过程。

7．简述 LOOP 和 FOR 循环游标的方法。

8．罗列三个常用的游标属性。

第 12 章　其他的数据库对象

Oracle 数据库数据对象中最基本的是表和视图,其他还包括约束、序列、函数、存储过程、包以及触发器等。对数据库的操作可以基本归结为对数据对象的操作,在实际开发项目的过程中,使用这些数据库对象非常重要,理解和掌握 Oracle 数据库对象是学习 Oracle 的捷径。

本章重点介绍 Oracle 数据库中其他的数据库对象,包括视图、索引、序列、同义词以及伪列等多个内容。

本章学习要点:

- ❑　了解视图的概念和好处
- ❑　掌握如何创建、查询和删除视图
- ❑　熟悉视图中 WITH 子句的使用
- ❑　掌握如何创建和删除索引
- ❑　了解索引的分类和修改
- ❑　掌握如何创建和删除序列
- ❑　熟悉序列的修改和自动序列
- ❑　了解同义词的概念、分类和作用
- ❑　掌握同义词的创建和删除
- ❑　掌握 FETCH 子句的使用

12.1　视图

视图是从一个或几个实体表(或视图)导出的表。视图与实体不同,视图本身是一个不包含任何真实数据的虚拟表。本节将介绍使用视图的好处、视图的创建、查询、操作以及删除等内容。

12.1.1　视图概述

通俗来说,视图其实就是一条查询 SQL 语句,用于显示一个或多个表或其他视图中的相关数据。视图将一个查询的结果作为一个表来使用,因此视图可以被看作是存储的查询或一个虚拟表。

数据库只存放视图的定义,而不存放视图对应的数据,这些数据仍存放在原来的实体表中。所以说,当实体表中的数据发生变化时,从视图中查询出的数据也会随着变化。视图最终是定义在实体表上的,对视图的一切操作最终也要转换为对实体表的操作,而且对于非行列子集视图进行查询或更新时有可能出现问题,但是视图可以为用户带来很多好处。

（1）视图能够简化用户的操作。

视图机制使用户可以将注意力集中在所关心的数据上。如果这些数据不是直接来自实体表，那么可以通过定义视图使数据库看起来结构简单、清晰，并且可以简化用户的数据查询操作。

（2）视图使用户能以多角度看待同一个问题。

视图机制能使不同的用户以不同的方式看待同一数据，许多不同种类的用户共享同一数据库时，这种灵活性是非常重要的。

（3）视图对重构数据库提供了一定程序的逻辑独立性。

在关系型数据库中，数据库的重构往往是不可避免的。重构数据库最常见的是将一张实体表"垂直"拆分为多个实体表，用户只是通过视图访问这些表中的数据，所以只要视图的名称不改变，即使视图所封装的语句改变了，用户依然可以通过旧的视图名称查找到数据。

（4）视图能够对机密数据提供安全保护。

视图机制可以在设计数据库应用系统时，对不同的用户定义不同的视图，使机密数据不出现在不应看到这些数据的用户视图上。这样视图机制就自动地提供了对机密数据的安全保护功能。

（5）适当地利用视图可以更清晰地表达查询。

在编写查询语句时，经常要使用到一些统计查询，用户可以将这些统计查询封装为一个视图，这样方便操作。

12.1.2 创建视图

与创建数据库、数据表、函数以及存储过程等对象一样，创建视图时也需要使用CREATE 语句。基本语法如下：

```
CREATE [FORCE|NOFORCE] [OR REPLACE] VIEW 视图名称[(别名1,别名2,...,别名n)]
AS
子查询;
```

上述语法中 FORCE、NOFORCE 和 OR REPLACE 的说明如下。

（1）FORCE 表示要创建视图的表不存在也可以创建视图。

（2）NOFORCE 表示要创建视图的表必须存在，否则无法创建，这是默认的创建参数。

（3）OR REPLACE 表示视图的替换。如果创建的视图不存在，则创建新视图，如果视图已经存在，则将其替换。

【范例 1】

使用 CREATE OR REPLACE VIEW 创建名称为 v_salmore 的视图，该视图查询 emp 表中工资在 2000~5000 之间的员工信息。代码如下。

```
CREATE OR REPLACE VIEW v_salmore
```

```
AS
SELECT empno,ename,job,sal,deptno FROM emp WHERE sal BETWEEN 2000 AND 5000;
```

【范例 2】

使用 CREATE OR REPLACE VIEW 创建名称为 v_emp_dept 的视图,该视图从 emp 和 dept 表中查询员工编号、员工姓名、职位、工资以及部门编号和部门名称。代码如下。

```
CREATE OR REPLACE VIEW v_emp_dept
AS
SELECT e.empno,e.ename,e.job,e.sal,d.deptno,d.dname FROM empe,dept d
WHERE e.deptno=d.deptno;
```

【范例 3】

创建视图时可以为查询的列指定别名,如为范例 2 中查询的列分别指定别名。代码如下。

```
CREATE OR REPLACE VIEW v_emp_dept
(员工编号,员工名称,职位,工资,部门编号,部门名称)
AS
SELECT e.empno,e.ename,e.job,e.sal,d.deptno,d.dname FROM empe,dept d
WHERE e.deptno=d.deptno;
```

上述语句指定别名是根据语法指定的,实际上,如果在视图的查询语句中指定别名,那么也能指定成功。下面的语句等价于范例 3 中的代码。

```
CREATE OR REPLACE VIEW v_emp_dept
AS
SELECT e.empno 员工编号,e.ename 员工名称,e.job 职位,e.sal 工资,d.deptno 部门编
号,d.dname 部门名称 FROM empe,dept d WHERE e.deptno=d.deptno;
```

在使用上述语法创建视图时,如果开发人员使用的是 Oracle 10g 或更早的版本,那么使用 scott 用户登录后可以直接创建视图。如果使用的是 Oracle 11g 或 Oracle 12c 的版本,那么 scott 用户在创建时会出现"权限不足"的提示,这时需要使用超级管理员登录后为用户授权。

【范例 4】

执行以下两个步骤完成授权功能。

(1) 在命令行中输入以下代码。

```
sqlplus sys/change_on_install AS sysdba;
```

(2) 执行以下代码为 scott 用户授权。

```
GRANT CREATE VIEW TO c##scott;
```

执行上述两个步骤的操作结果如图 12-1 所示,当出现该图所示的效果时,表示授权成功。

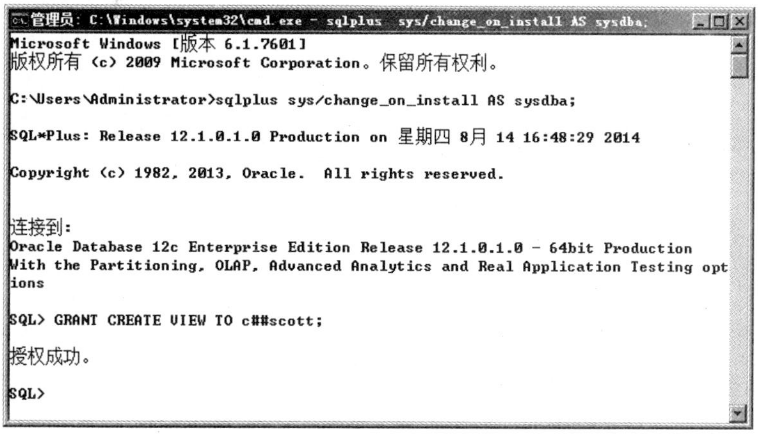

图 12-1　为 c##scott 用户授权

12.1.3　查询视图

创建视图就是为了使用，开发人员可以执行相关的语句查询视图的具体内容。当然，也可以通过执行语句查看视图是否创建和创建视图的语法等内容。

1. 查询视图内容

查询视图内容时需要使用 SELECT 语句，查询视图内容的方法与查询表中数据的方法一致。

【范例 5】

执行 SELECT 语句查询 v_salmore 视图的内容，语句和输出结果如下。

```
SELECT * FROM v_salmore;
EMPNO    ENAME      JOB        SAL    DEPTNO
------   ------     ------     ------ --------
7566     JONES      MANAGER    2975   20
7698     BLAKE      MANAGER    2850   30
7782     CLARK      MANAGER    2450   10
7839     KING       PRESIDENT  5000   10
7902     FORD       ANALYST    3000   20
```

2. 通过 tab 查询视图是否存在

Oracle 数据库中存在 tab 数据字典，通过 tab 可以查看视图是否已经创建，只需要将 tabtype 列的值设置为 VIEW 即可查询全部的视图信息。

【范例 6】

通过 tab 查看视图是否已经创建。语句和输出结果如下。

```
SELECT * FROM tab WHERE tabtype='VIEW';
TNAME          TABTYPE    CLUSTERID
```

```
--------    -------    --------
V_SALMORE    VIEW
V_EMP_DEPT   VIEW
```

通过上述查询可以发现已经创建 v_salmore 和 v_emp_dept 视图成功。

3. 通过 user_views 查询视图的内容

开发人员可以使用 user_views 数据字典直接查询视图的具体信息。语句如下。

```
SELECT * FROM user_views [WHERE view_name='视图名称'];
```

如果省略上述语句的 WHERE 条件，那么将查询出所有视图的具体信息。

【范例 7】

查询 v_salmore 视图的具体信息，包括 view_name（视图名称）、text_length（SQL 语句的长度）和 text（封装的 SQL 语句）列的值。语句和输出结果如下。

```
SELECT view_name,text_length,text FROM user_views WHERE view_name=
'V_SALMORE';
VIEW_NAME    TEXT_LENGTH    TEXT
--------    --------    ----------
V_SALMORE    108
SELECT "EMPNO","ENAME","JOB","SAL","DEPTNO" FROM emp WHERE sal BETWEEN
2000 AND 5000
```

由于 text 列的内容过长，本范例在输出该列的值时将内容换行显示。

12.1.4 操作视图

视图本身就属于一个 Oracle 对象，因此视图一旦定义，就可以像实体表那样被查询和删除，也可以在一个视图上定义新的视图，但是由于视图中的数据是虚拟的，因此对数据的更新操作也会存在限制。

在本节介绍视图的基本操作时将分为两部分，一部分是操作简单视图（如范例 1），另一部分是操作复杂视图（如范例 2）。

1. 操作简单视图

这里的简单视图是指单表映射的数据，即只针对一个表进行操作。操作表中数据的添加、修改和删除。

1) 在视图中添加数据

在范例 1 中已经创建过 v_salmore 视图，并且在范例 5 中已查询该视图中的数据。下面通过范例演示在视图中添加数据，并验证数据是否添加成功。

【范例 8】

首先使用 INSERT INTO 语句在 v_salemore 视图中添加数据，语句如下。

```
INSERT INTO v_salmore(empno,ename,job,sal,deptno) VALUES(7903,'Dream',
```

```
'MANAGER',2199,30);
```

然后分别使用 SELECT 语句查询 v_salmore 视图和 emp 表中的数据，如图 12-2 和图 12-3 所示。

```
SQL Plus
SQL> SELECT * FROM v_salmore;

     EMPNO ENAME      JOB              SAL     DEPTNO
---------- ---------- --------- ---------- ----------
      7903 Dream      MANAGER         2199         30
      7566 JONES      MANAGER         2975         20
      7698 BLAKE      MANAGER         2850         30
      7782 CLARK      MANAGER         2450         10
      7839 KING       PRESIDENT       5000         10
      7902 FORD       ANALYST         3000         20

已选择 6 行。

SQL>
```

图 12-2　v_salmore 表中的数据

```
SQL Plus
SQL> SELECT empno,ename,job,sal,deptno,mgr,comm FROM emp;

     EMPNO ENAME      JOB              SAL     DEPTNO        MGR       COMM
---------- ---------- --------- ---------- ---------- ---------- ----------
      7903 Dream      MANAGER         2199         30
      7369 SMITH      CLERK            800         20       7902
      7499 ALLEN      SALESMAN        1600         30       7698        300
      7521 WARD       SALESMAN        1250         30       7698        500
      7566 JONES      MANAGER         2975         20       7839
      7654 MARTIN     SALESMAN        1250         30       7698       1400
      7698 BLAKE      MANAGER         2850         30       7839
      7782 CLARK      MANAGER         2450         10       7839
      7839 KING       PRESIDENT       5000         10
      7844 TURNER     SALESMAN        1500         30       7698          0
      7900 JAMES      CLERK            950         30       7698

     EMPNO ENAME      JOB              SAL     DEPTNO        MGR       COMM
---------- ---------- --------- ---------- ---------- ---------- ----------
      7902 FORD       ANALYST         3000         20       7566
      7934 MILLER     CLERK           1300         10       7782
      7876 ADAMS      CLERK           1100         20       7788

已选择 14 行。

SQL>
```

图 12-3　emp 表中的数据

从图 12-2 和图 12-3 中可以看出，当使用 INSERT INTO 语句在单表视图中添加数据时，不仅在视图中添加成功，而且成功地在表中添加数据。如果没有为列添加值，那么该列将使用默认值。

2）修改视图中的数据

不仅可以在视图中添加数据，同样也可以修改视图中的数据。对单表视图中的数据进行修改时，实际上也修改了表中的数据。

【范例 9】

执行 UPDATE 语句修改 v_salmore 视图中 empno 列值为 7903 的数据，将 ename 的值 Dream 修改为 Dreams。语句如下。

```
UPDATE v_salmore SET ename='Dreams' WHERE empno='7903';
```

使用 SELECT 语句重新查询 v_salmore 和 v_emp 表中的数据，如图 12-4 所示。从图 12-4 可以看出，更改单表视图中的数据时，实际上 emp 表中的数据也会被更改。

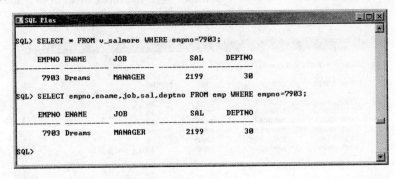

图 12-4　更改数据操作

3）删除视图中的数据

删除单表视图中的数据时，实际上也将单表中的数据进行了删除。

【范例 10】

删除 v_salmore 视图中 empno 列的值为 7903 的值。语句如下。

```
DELETE FROM v_salmore WHERE empno='7903';
```

执行上述语句完成后重新查看 v_salmore 和 emp 表中的数据，具体效果不再显示。

2．操作复杂视图

复杂视图是指多个表映射的数据，即针对两个或两个以上的表进行操作。操作复杂视图也包括数据的添加、修改和删除。实际上，当在复杂视图中添加或修改数据时，并不能执行操作成功。

【范例 11】

使用 INSERT INTO 语句在 v_emp_dept 视图中添加一条数据。语句如下。

```
INSERT INTO v_emp_dept VALUES(7904,'DreamLove','SALESMAN',1999,30,
'SALES');
```

执行上述代码，输出结果如下。

```
ORA-01776: 无法通过连接视图修改多个基表
```

从上述输出结果中可以看出，当在复杂视图中添加时，提示开发人员"无法通过连接视图修改多个基表"。在复杂视图中修改数据时，也会出现上述的提示效果。

试一试

通过 DELETE 语句删除复杂视图中的数据时，操作可以正常执行。与简单视图的操作一样，虽然只针对视图，但是也会影响到原始数据表中的数据。针对 v_emp_dep 表来说，实际上只删除 emp 表中的对应记录，而 dept 表中是没有对应记录的。感兴趣的读者可以执行 DELETE 语句试一试，并查看删除效果。

12.1.5　删除视图

如果一个视图现在不再使用，可以直接通过 DROP 语句删除视图。语法如下。

```
DROP VIEW v_name;
```

【范例12】

删除名称为 v_salmore 的视图。

```
DROP VIEW v_salmore;
```

删除视图成功后，可以通过 user_views 数据字典查询 v_salmore 视图是否已经删除。执行语句如下。

```
SELECT view_name,text_length,read_only,text FROM user_views;
```

输出结果如下。

```
VIEW_NAME        TEXT_LENGTH   READ_ONLYTEXT
------------     ----------    -----------
V_EMP_DEPT143 N
SELECT e.empno 员工编号 1,e.ename 员工名称 1,e.job 职位 1,e.sal 工资 1,d.deptno
部门编号,d.dname 部门名称 FROM empe,dept d WHERE e.deptno=d.deptno
```

由于 text 列的内容过长，因此，这里将输出的结果换行显示。从上述输出结果中可以发现，在上述结果中已找不到 v_salmore 视图的信息，这意味着已经成功将 v_salmore 删除。

12.1.6　WITH 子句

在创建视图时需要查询出指定列的值或全部列的值，而且许多时候还需要指定 WHERE 查询条件。但是，有时候需要保证视图的查询条件不被修改或指定列的值不能被修改，这时需要使用 WITH 子句。

1．WITH CHECK OPTION 子句

WITH CHECK OPTION 子句保证视图的创建条件不被更新，它主要针对 WHERE 的条件进行操作。使用 WITH CHECK OPTION 子句很简单，直接在视图的子查询语句之后进行添加。语法如下：

```
CREATE [FORCE|NOFORCE] [OR REPLACE] VIEW 视图名称[(别名1,别名2,…,别名n)]
AS
子查询 [WITH CHECK OPTION [CONSTRAINT 约束名称]];
```

【范例13】

通过以下步骤演示 WITH CHECK OPTION 子句的使用。

（1）创建查询部门编号为 10 的员工信息的 v_empdept 视图。代码如下。

```
CREATE OR REPLACE VIEW v_empdept
AS
SELECT empno,ename,deptno FROM emp WHERE deptno=10;
```

（2）查询 v_empdept 视图中的数据，语句和输出结果如下。

```
SELECT * FROM v_empdept WHERE deptno=10;
EMPNO ENAME  DEPTNO
----- -----  ----------
7782  CLARK  10
7839  KING   10
7934  MILLER 10
```

（3）更改视图中 empno 列的值为 7782 的员工，将 deptno 列的值更改为 20。代码如下。

```
UPDATE v_empdept SET deptno=20 WHERE empno=7782;
```

（4）重新执行 SELECT 语句查询 v_empdept 视图中的数据。输出结果如下。

```
EMPNO ENAME  DEPTNO
----- - ---  --------
7839  KING   10
7934  MILLER 10
```

虽然在视图中更改了员工 deptno 列的值，但是视图本身的功能只是封装一条 SQL 查询语句，而现在的更新操作已经属于更新视图的创建条件，这样的做法并不合理。因此，为了避免出现这类情况，需要在创建视图时添加 WITH CHECK OPTION 子句。代码如下。

```
CREATE OR REPLACE VIEW v_empdept
AS
SELECT empno,ename,deptno FROM emp WHERE deptno=10
WITH CHECK OPTION CONSTRAINT v_test1_ck;
```

在视图中添加 WITH CHECK OPTION 子句后重新操作数据，更新语句和输出结果如下。

```
UPDATE v_empdept SET deptno=20 WHERE empno=7934;
ORA-01402: 视图 WITH CHECK OPTION where 子句违规
```

当执行视图的创建条件 deptno=20 时，由于已经设置了限制，因此更改将输出以上所示的提示。

2. WITH READ ONLY 子句

WITH CHECK OPTION 子句的功能是用于保证视图的创建条件不被更改。如果现在不是更改创建条件，而是视图中列的值（如范例 9）呢？虽然可以将数据更新成功，但是由于视图并不属于任何具体表，因此这种更改并不合理。开发人员可以使用 WITH

其他的数据库对象 ——

READ ONLY 子句进行控制，它表示视图中的所有列不可更新。WITH READ ONLY 子句可以和 WITH CHECK OPTION 子句同时存在。

【范例 14】

重新创建 v_salmore 视图，并为该视图中的查询语句添加 WITH READ ONLY 子句。代码如下。

```
CREATE OR REPLACE VIEW v_salmore
AS
SELECT empno,ename,job,sal,deptno FROM emp WHERE sal BETWEEN 2000 AND 5000
WITH READ ONLY;
```

12.2 实验指导——SQL Developer 操作视图

在 12.1 节介绍的视图操作中，主要是通过 SQL 语句来实现。实际上，可以使用 SQL Developer 工具操作视图来完成同样的功能。简单步骤如下。

（1）打开 SQL Developer 工具并使用 scott 用户进行连接，右键单击【视图】节点弹出【创建视图】对话框，如图 12-5 所示。

图 12-5 【创建视图】对话框

（2）在如图 12-5 所示对话框的【SQL 查询】选项卡中输入查询语句，输入完成后可以打开 DDL 选项卡进行查看，也可以单击【检查语法】和【测试查询】按钮进行查询，创建完成后单击【确定】按钮。这里从 emp 表中读取 ename 列的值以 K 开头的员工编号、姓名和工资。

（3）创建视图完成后会自动将其添加到【视图】节点下，如果用户需要对该视图进行操作，可以选中该视图并右击，然后在弹出的快捷菜单列表中对视图进行其他操作，如重命名视图、删除视图以及编译视图等。

12.3 索引

在 Oracle 数据库中，索引是专门用于数据库查询操作性能的一种手段。在 Oracle 中，为了维护这种查询性能，需要对某一类数据进行指定结构的排列。本节简单介绍索引的概念、创建和删除等内容。

12.3.1 索引概述

索引是建立在表上的可选对象，其关键在于通过一组排序后的索引键来取代默认的全表扫描检索方式，从而提高检索效率。索引在逻辑上和物理上都与相关的表的数据无关，当创建或删除一个索引时，不应影响基本的表、数据库应用或其他索引，当插入、更改和删除相关的表记录时，Oracle 会自动管理索引，如果删除索引，所有的应用仍然可以继续工作。因此，在表上创建索引不会对表的使用产生任何影响。但是，在表中的一列或多列上创建索引可以为数据的检索提供快捷的存取路径，提高检索速度。

1. 索引的分类

Oracle 支持多种类型的索引，可以按列的多少、索引值是否唯一和索引数据的组织形式对索引进行分类，包括单列索引和复合索引、B 树索引、位图索引以及函数索引。

（1）单列索引和复合索引：可以由一个或多个列组成。基于单个列所创建的索引称为单列索引，基于两列或多列所创建的索引称为多列索引。

（2）B 树索引：Oracle 数据库中最常用的一种索引，当使用 CREATE INDEX 语句创建索引时，默认创建的就是这种。B 树索引是按 B 树结构或使用 B 树算法组织并存储索引数据的。可以将 B 树索引分为 Unique 索引（唯一索引）、Non-Unique 索引（非唯一索引）和 Reverse Key 索引（反向关键字索引）。

（3）位图索引：通常用于对存储如性别、婚姻状况、政治面貌等只具有几个固定值的字段。在创建位图索引时，Oracle 会扫描整张表，并为索引的每个取值建立一个位图。在这个位图中，对表中每一行使用一位（取值为 0 或 1）来表示该行是否包含位图索引列的取值。取值为 1 表示包含，取值为 0 表示不包含。

（4）函数索引：前面的三种索引都是直接对表中的列创建索引，除此之外，Oracle 还可以对包含列的函数或表达式创建索引，这就是函数索引。使用该索引可以大大提高那些在 WHERE 子句中包含函数或表达式的查询操作的速度。

提示

函数索引既可以使用 B 树索引，也可以使用位图索引。可以根据函数或表达式的结果的基数大小进行选择，当函数或表达式的结果不确定时采用 B 树索引，当函数或表达式的结果是固定的几个值时采用位图索引。

2. 管理索引的原则

使用索引的目的是为了提高系统的效率,但同时它也会增加系统的负担。在新的 SQL 标识中并不推荐使用索引,而是建议在创建表时用主键替代。为了防止使用索引后反而降低系统的性能,应该遵循一些基本原则。

(1) 小表不需要建立索引。

(2) 对于大表而言,如果经常查询的记录数目少于表中总记录数目的 1%时,可以创建索引。这个比例并不绝对,它与全表扫描速度成正比。

(3) 对于大部分列值不重复的列可建立索引。

(4) 对于基数大的列,适合建立 B 树索引,而对于基数小的列适合建立位图索引。

(5) 对于列中有许多空值,但是经常查询所有的非空值记录的列,应该建立索引。

(6) LONG 和 LONG RAW 列不能创建索引。

(7) 经常进行连接查询的列上应该创建索引。

(8) 在使用 CREATE INDEX 语句执行查询时,将最常查询的列放在其他列前面。

(9) 维护索引需要开销,特别是对表进行插入和删除操作时,因此要限制表中索引的数量。对于主要用于读的表,则索引多就有好处。但是,一个表如果经常被更改,则索引应该少一点。

(10) 在表中插入数据后创建索引,如果在装载数据之前创建索引,那么当插入每行时,Oracle 都必须更改每个索引。

12.3.2 创建索引

创建索引需要使用 CREATE INDEX 语句。在用户自己的方案上创建索引,需要 CREATE INDEX 系统权限,在其他用户的方案中创建索引需要 CREATE ANYINDEX 系统权限。另外,索引需要存储空间,因此,还必须在保存索引的表空间中有配额,或者具有 UNLIMITED TABLESPACE 系统权限。

CREATE INDEX 语句创建索引的语法如下:

```
CREATE UNIUQE | BITMAP INDEX <schema>.<index_name>
    ON <schema>.<table_name>
        (<column_name> | <expression> ASC | DESC,
<column_name> | <expression> ASC | DESC,…)
    TABLESPACE <tablespace_name>
    STORAGE <storage_settings>
    LOGGING | NOLOGGING
 COMPUTE STATISTICS
    NOCOMPRESS | COMPRESS<nn>
    NOSORT | REVERSE
    PARTITION | GLOBAL PARTITION<partition_setting>
```

上述语法的参数说明如下。

(1) UNIQUE|BITMAP 指定 UNIQUE 为唯一值索引,BITMAP 为位图索引,省略为

B 树索引。

（2）<column_name>|<expression>ASC|DESC 可以对多列进行联合索引，expression 表示"基于函数的索引"。

（3）TABLESPACE 指定存放索引的表空间（索引和原表不在一个表空间时效率更高）。

（4）STORAGE 可进一步设置表空间的存储参数。

（5）LOGGING|NOLOGGING 是否对索引产生重做日志（大表尽量使用 NOLOGGING 来减少占用空间并提高效率）。

（6）COMPUTE STATISTICS 创建新索引时收集统计信息。

（7）NOCOMPRESS|COMPRESS<nn>是否使用"键压缩"（使用键压缩可以删除一个键列中出现的重复值）。

（8）NOSORT|REVERSENOSORT 表示与表中相同的顺序创建索引，REVERSE 表示相反顺序存储索引值。

（9）PARTITION|NOPARTITION 可以在分区表和未分区表上对创建的索引进行分区。

【范例 15】

为 emp 表的 deptno 列创建默认的 B 树索引。代码如下。

```
CREATE INDEX index_de1 ON emp(deptno);
```

创建索引完成后，可以从 user_objects 查看创建的表与索引，如果只查看索引，那么需要通过 WHERE 条件指定 object_type 列的值。代码如下。

```
SELECT object_name,object_type FROM user_objects WHERE object_type=
'INDEX';
```

索引分离于表，作为一个单独的个体存在，除了可以根据单个字段创建索引，也可以根据多列创建索引。Oracle 要求创建索引最多不可超过 32 列。

【范例 16】

创建名称为 index_de2 的 B 树索引，该索引根据 ename 和 deptno 列进行创建。代码如下。

```
CREATE INDEX index_de2 ON emp(ename,deptno);
```

【范例 17】

创建名称为 index_empname 的函数索引，该索引在 ename 列上使用 LOWER()函数时起作用。代码如下。

```
CREATE INDEX index_empname ON emp(LOWER(ename));
```

12.3.3 修改索引

当需要修改已创建的索引时，可以使用 ALTER INDEX 语句，但是用户必须具有其修改权限。

其他的数据库对象

1. 重命名索引

可以使用 ALTER INDEX 语句实现重命名索引。简单语法如下：

```
ALTER INDEX oldindex RENAME TO newindex;
```

【范例18】
下面的语句将 index_empname 重命名为 index_de3。

```
ALTER INDEX index_empname RENAME TO index_de3;
```

2. 合并索引

表在使用一段时间后，由于用户不断对其进行更新操作，而每次对表的更新一定会伴随着索引的改变。因此，在索引中会产生大量的碎片，从而降低索引的使用效率。可以通过合并索引或重建索引的方法清理碎片。

合并索引就是将 B 树叶子节点中的存储碎片合并在一起，从而提高存取效率，但这种合并并不会改变索引的物理组织结构。合并索引需要使用 ALTER INDEX 语句的 COALESCE 选项。语法如下：

```
ALTER INDEX index_name COALESCE;
```

3. 重建索引

重建索引相当于删除原来的索引，然后再创建一个新的索引。重建索引需要使用 ALTER INDEX 语句的 REBUILD 选项。语法如下：

```
ALTER INDEX index_name REBUILD
```

合并索引和重建索引都能消除索引碎片，但是两者在使用上有明显的区别。
（1）合并索引不能将索引移动到其他表空间，但重建索引可以。
（2）合并索引代价降低，无须额外存储空间，但重建索引恰恰相反。
（3）合并索引只能在 B 树的同一子树中合并，不改变树的高度，但重建索引重建整个 B 树，可能会降低树的高度。

12.3.4 删除索引

不需要索引时，可以通过 DROP INDEX 语句将索引删除。除了这种情况下，当满足以下任意一种情况时，也需要将索引删除。
（1）当索引中包含损坏的数据块或碎片过多时，应删除索引，然后再重建。
（2）如果移动了表的数据，将导致索引无效，此时应删除索引，然后再重建。
（3）当在表中装载大量数据时，Oracle 也会向索引增加数据，为了加快装载速度，可以在装载之前删除索引，在装载完毕后重新创建索引。
DROP INDEX 删除索引的语法如下：

```
DROP INDEX index_name;
```

【范例 19】

使用 DROP INDEX 语句删除 index_de3 索引。

```
DROP INDEX index_de3;
```

12.4 序列

序列是 Oracle 数据库中很重要的一个对象，利用它可以生成唯一的整数。一般使用序列自动地生成主键值，一个序列的值是由特殊的 Oracle 程序自动生成，因此序列避免了在应用层实现序列而引起的性能瓶颈。

12.4.1 创建序列

Oracle 序列允许同时生成多个序列号，而每一个序列号是唯一的。当一个序列号生成时，序列是递增的，独立于事务的提交或回滚。允许设计默认序列，不需指定任何子句。该序列为上升序列，由 1 开始，增量为 1，没有上限。

创建序列需要使用 CREATE 语句，基本语法如下：

```
CREATE SEQUENCE sequence        //创建序列名称
    [INCREMENT BY n]
    //递增的序列值是 n，如果 n 是正数就递增,如果是负数就递减，默认是 1
    [START WITH n]              //开始的值,递增默认是 minvalue 递减是 maxvalue
    [{MAXVALUE n | NOMAXVALUE}]        //最大值
    [{MINVALUE n | NOMINVALUE}]        //最小值
    [{CYCLE | NOCYCLE}]                //循环|不循环
    [{CACHE n | NOCACHE}];             //分配并存入到内存中
```

从上述语法中可以发现，对于一个序列的创建，可以根据要求定义不同的定义属性。但是本节主要利用下面的语法创建序列：

```
CREATE SEQUENCEsequence;
```

【范例 20】

下面的代码创建名称为 seq_test1 的序列。

```
CREATE SEQUENCE seq_test1;
```

创建序列完成后，可以通过 user_sequences 数据字典查看序列的基本信息。如果在创建时不指定序列的属性，那么将在创建时使用默认值。

【范例 21】

查询 user_sequences 数据字典中 MIN_VALUE、MAX_VALUE、INCREMENT_BY 和 CACHE_SIZE 属性的值。语句和输出结果如下。

```
SELECT MIN_VALUE,MAX_VALUE,INCREMENT_BY,CACHE_SIZE FROM user_sequences;
MIN_VALUE   MAX_VALUE   INCREMENT_BY      CACHE_SIZE
---------   ---------   ----------        ----------
1           1.0000E+28  1                 20
```

> **注 意**
>
> 由于序列的真正数值为缓存中所保存的内容，因此当数据库实例重新启动时，缓存中所保存的数据就会消失，这样在进行序列操作时就有可能出现跳号的问题，造成序列值的不连贯。如果要避免这个问题，可以使用 NOCACHE 声明为不缓存。

12.4.2 使用序列

创建序列就是为了使用，如果开发人员要使用一个已经创建完成的序列，则可以使用序列中提供的两个伪列进行操作。

1. CURRVAL 伪列

CURRVAL 伪列表示当前序列已增长的结果，重复调用多次后序列内容不会有任何变化，同时当前序列的大小（LAST_NUMBER）不会改变。使用方法如下。

```
序列名称.CURRVAL;
```

2. NEXTVAL 伪列

NEXTVAL 伪列表示取得一个序列的下一次增长值，每调用一次，序列都会自动增长。使用方法如下。

```
序列名称.NEXTVAL;
```

> **注 意**
>
> 在序列的操作中，只有当用户每一次使用序列（调用 NEXTVAL 属性之后）才真正地创建了这个序列，而此后用户才可以调用 CURRVAL 属性取得当前的序列内容。

【范例 22】

调用 NEXTVAL 属性操作序列。语句和输出结果如下。

```
SELECT seq_test1.NEXTVAL FROM dual;
NEXTVAL
--------------
1
```

再次调用 NEXTVAL 属性时，其值将自动加 1，（INCREMENT_BY 的设置）变成 2。第三次调用 NEXTVAL 属性时，值将变成 3。调用 CURRVAL 属性获取当前序列的结果。语句和输出结果如下。

307

```
SELECT seq_test1.CURRVAL FROM dual;
CURRVAL
--------------
2
```

【范例 23】

序列可以作为自动增长数据列来使用。实现步骤如下。

（1）使用 CREATE 语句创建 basetest 数据表，该表包含 btid 和 btname 两个列，其中 btid 为主键，btname 列不能为空，实现代码不再显示。

（2）使用 INSERT INTO 在 basetest 表中插入数据，代码如下。

```
INSERT INTO basetest VALUES(seq_test1.NEXTVAL,'我在测试');
```

（3）将上述代码重复执行两次，然后使用 SELECT 语句查询 basetest 表中的数据。语句和输出结果如下。

```
SELECT * FROM basetest;
BTID    BTNAME
-----   --------------
4       我在测试
5       我在测试
```

从上述输出结果可以发现，basetest 表中的 btid 列由于使用序列控制，因此按照指定的步长进行自动地增长。

12.4.3 修改序列

序列本身是一个数据库对象，只要是数据库对象，在创建之后都可以对其进行修改。修改时需要使用 ALTER SEQUENCE 语句，语法如下：

```
ALTER SEQUENCE sequence
    [INCREMENT BY n]
    [START WITH n]
    [{MAXVALUE n | NOMAXVALUE}]
    [{MINVALUE n | NOMINVALUE}]
    [{CYCLE | NOCYCLE}]
    [{CACHE n | NOCACHE}];
```

修改序列时需要注意以下三点。

（1）必须是序列的拥有者或对序列有 ALTER 权限。

（2）只有将来的序列值会被改变。

（3）改变序列的初始值只能通过删除序列之后重建序列的方法实现。

【范例 24】

修改 seq_test1 序列，通过 INCREMENT BY 指定递增的序列值为 1000。代码如下。

```
ALTER SEQUENCE seq_test1 INCREMENT BY 1000;
```

修改完成后使用 INSERT INTO 在 basetest 表中插入数据。代码如下。

```
INSERT INTO basetest VALUES(seq_test1.NEXTVAL,'我还在测试');
```

由于将序列的步长指定为 1000，因此插入数据时的主键将会从 1005 开始添加。重新查询 basetest 表中的数据，语句和输出结果如下。

```
SELECT * FROM basetest;
BTID    BTNAME
-----   --------------
4       我在测试
5       我在测试
1005    我还在测试
```

12.4.4　删除序列

删除序列与删除视图和索引　样简单，需要通过 DROP SEQUENCE 语句实现，然后在该语句之后跟序列名。

【范例 25】

删除名称为 seq_test1 的序列，代码如下。

```
DROP SEQUENCE seq_test1;
```

删除之后，序列不能再被引用。代码如下。

```
SELECT seq_test1.NEXTVAL FROM dual;
```

当执行上述代码时，将出现如下提示。

```
ORA-02289: 序列不存在
```

12.4.5　自动序列

为了方便用户生成的数据表的流水编号，Oracle 数据库从 12c 版本开始提供类似于 MySQL 和 SQL Server 数据库那样的自动增长列，这种增长列实际上也是一个序列，只是这个序列对象的定义由数据库自己控制。

1.　创建自动序列

开发人员可以在创建表时创建自动序列，它通过 GENERATED BY DEFAULT AS IDENTITY 语句实现，该语句使用的参数就是创建序列时需要使用的参数。语法如下：

```
CREATE TABLE table_name(
column_name, column_type GENERATED BY DEFAULT AS IDENTITY([INCREMENT BY
n] [START WITH n] [{MAXVALUE n | NOMAXVALUE}] [{MINVALUE n | NOMINVALUE}]
[{CYCLE | NOCYCLE}] [{CACHE n | NOCACHE}]),
```

```
column_name, column_type
);
```

【范例 26】

下面创建一个 id 列在未提供时由 Oracle 填充的表，指定初始值为 100，自动递增序列为 10。代码如下。

```
CREATE TABLE t1(
id NUMBER GENERATED BY DEFAULT AS IDENTITY(START WITH 100 INCREMENT BY 10),
first_name varchar2(30)
);
```

创建完成后在 t1 表中插入两条数据，代码如下。

```
INSERT INTO t1(first_name) VALUES('lily');
INSERT INTO t1(first_name) VALUES('lucy');
```

插入完成后查询 t1 表中的数据，语句和输出结果如下。

```
SELECT * FROM t1;
ID    FIRST_NAME
---   ------------------
100   lily
110   lucy
```

【范例 27】

除了使用 GENERATED BY DEFAULT AS IDENTITY 语句外，还可以直接使用 GENERATED AS IDENTITY 生成自动增长序列。代码如下。

```
CREATE TABLE t2
(
id NUMBER GENERATED AS IDENTITY,
first_name varchar2(30)
);
```

2. 删除自动序列

自动序列依赖于数据表的存在而存在，如果在执行数据表的删除操作时没有设置 PURGE 参数，那么表删除后序列依然会被保留，这个时候不能利用 DROP SEQUENCE 语句删除序列，因此必须使用清空回收站的方式才可以删除。

清空回收站，那么自动序列将删除。语句如下。

```
PURGE recyclebin;
```

提示

在删除表时，建议开发人员增加上 PURGE 参数，例如 DROP TABLE mytest PURGE。另外，无论是本节介绍的序列，或者是 12.3 节介绍的索引，它们都可以通过 SQL Developer 工具进行创建、删除和修改等修改操作，如果有需要可以参考 12.2 节，这里不再对它们进行详细介绍。

12.5 同义词

Oracle 数据库中提供了同义词管理的功能。同义词是数据库方案对象的一个别名，经常用于简化对象访问和提高对象访问的安全性。在使用同义词时，Oracle 数据库将它翻译成对应方案对象的名字。与视图类似，同义词并不占用实际存储空间，但是在数据字典中保存了同义词的定义。

12.5.1 同义词概述

在一些商业数据库中，有时根据信息系统的设计或开发者为了增加易读性，故意定义一些很长的表名（也可能是其他的对象）。这样虽然增加了易读性，但在引用这些表或对象时就不那么方便，也容易产生输入错误。另外，在实际的商业公司里，一些用户觉得某一个对象名有意义也很好记，但另一些用户可能觉得另一个名字更有意义。

Oracle 数据库系统提供的同义词（Synonym）就是用来解决以上的难题的。同义词是数据库方案对象的一个别名，经常用于简化对象访问和提高对象访问的安全性。在使用同义词时，Oracle 数据库将它翻译成对应方案对象的名字。与视图类似，同义词并不占用实际存储空间，只有在数据字典中保存了同义词的定义。在 Oracle 数据库中的大部分数据库对象（如表、视图、同义词、序列、存储过程和包等），数据库管理员都可以根据实际情况为它们定义同义词。

1. 同义词的分类

Oracle 同义词有两种类型，分别是公有 Oracle 同义词和私有 Oracle 同义词。

（1）公有 Oracle 同义词由一个特殊的用户组 Public 所拥有。顾名思义，数据库中所有的用户都可以使用公有同义词。公有同义词往往用来标示一些比较普通的数据库对象，这些对象往往大家都需要引用。

（2）私有 Oracle 同义词是跟公有同义词所对应的，由创建它的用户所有。当然，这个同义词的创建者，可以通过授权控制其他用户是否有权使用属于自己的私有同义词。

2. 同义词的作用

Oracle 数据库的同义词有以下三个作用。

（1）多用户协同开发中，可以屏蔽对象的名字及其持有者。如果没有同义词，当操作其他用户的表时，必须通过 "user 名.object 名" 的形式，采用了 Oracle 同义词之后就可以隐蔽掉 user 名。需要注意的是，public 同义词只是为数据库对象定义了一个公共的别名，其他用户能否通过这个别名访问这个数据库对象，还要看是否已经为这个用户授权。

（2）为用户简化 SQL 语句。上面的一条作用其实就是一种简化 SQL 的体现，同时如果自己建的表的名字很长，可以为这个表创建一个 Oracle 同义词来简化 SQL 开发。

（3）为分布式数据库的远程对象提供位置透明性。

12.5.2 创建同义词

开发人员可以自己动手创建同义词，创建时需要使用 CREATE 语句。语法如下：

```
CREATE [PUBLIC] SYNONYM name FOR object;
```

其中，name 表示同义词名称，而 object 表示数据库对象。

【范例 28】

下面为 emp 表创建名称为 emp_1 的同义词。

```
CREATE SYNONYM emp_1 FOR c##scott.emp;
```

注 意

开发人员如果要创建同义词，那么必须使用管理员身份登录，或者是具备创建同义词的相关权限。例如，执行 CONN sys/change_on_install AS SYSDBA 语句。

同义词与视图、索引一样，都属于数据库对象，因此可以直接通过 user_synonysms 这个数据字典表查询所创建的同义词。

【范例 29】

从 user_synonysms 数据字典表中查询 emp_1 同义词是否已经创建。语句和输出结果如下。

```
SELECT * FROM user_synonyms WHERE synonym_name='EMP_1';
SYNONYM_NAME   TABLE_OWNER    TABLE_NAME    DB_LINK    ORIGIN_CON_ID
------------   -----------    ----------    -------    -------------
EMP_1          C##SCOTT       EMP                      1
```

【范例 30】

同义词创建完成后，可以像查询表中的数据那样使用同义词。代码如下。

```
SELECT * FROM emp_1;
```

执行上述代码，如图 12-6 所示。

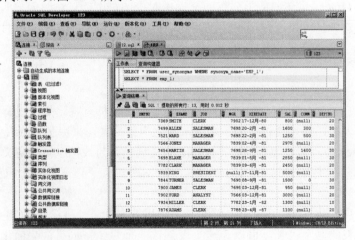

图 12-6 使用 emp_1 同义词

12.5.3 删除同义词

删除同义词需要使用 DROP 语句，语法如下：

```
DROP [PUBLIC] SYNONYM 同义词;
```

【范例 31】

下面使用 DROP 语句删除前面创建的 emp_1 同义词。

```
DROP SYNONYM emp_1;
```

12.6 Oracle 伪列

在 Oracle 数据库中为了实现完整的关系数据库的性能，专门为用户提供了许多伪列，像本章使用的 CURRVAL 和 NEXTVAL 就是两个默认提供的操作伪列，在第 4 章单表查询前 N 条记录时使用到的 ROWNUM 也是伪列，在第 8 章中使用的 SYSDATE 和 SYSTIMESTAMP 也属于伪列。这些伪列并不是用户在建立数据库对象时由用户完成的，而是 Oracle 自动帮助用户建立的，用户只需要按照要求使用即可。

除了上面提到的伪列外，Oracle 还提供了一种伪列，即 ROWID。本节简单介绍两个伪列，即 ROWNUM 伪列和 ROWID 伪列。

1. ROWNUM 伪列

ROWNUM 伪列通常用于以下三个操作。

（1）取出一个查询的第一条记录。

（2）取出一个查询的前 N 条记录。

（3）动态地为查询分配一个数字行号。

关于 ROWNUM 伪列取出记录的信息这里不再解释，因为在第 8 章中已经介绍过，这里只演示 ROWNUM 如何动态地为查询分配一个数字行号。

【范例 32】

查询 emp 表中的前三条记录，并且为这些记录自动分配行号。语句和输出结果如下。

```
SELECT ROWNUM,empno,ename,sal FROM emp WHERE ROWNUM<=3;
ROWNUM    EMPNO    ENAME     SAL
-------   -----    -------   --------
1         7369     SMITH     800
2         7499     ALLEN     1600
3         7521     WARD      1250
```

2. ROWID 伪列

在数据表中每一行所保存的记录，实际上 Oracle 都会默认为每行记录分配一个唯一的地址编号，而这个编号就是通过 ROWID 进行表示的，所有的数据都利用 ROWID 进行数据定位。

【范例 33】

查询 emp 表中前 4 条数据的信息，包括 ROWID 列、empno 列、ename 列和 sal 列。语句和输出结果如下。

```
SELECT ROWID,empno,ename,sal FROM emp WHERE ROWNUM<=4;
ROWID                  EMPNO ENAME    SAL
----------------       ----- ---- --  ----------
AAAWdoAAGAAAADGAAA     7369  SMITH    800
AAAWdoAAGAAAADGAAB     7499  ALLEN    1600
AAAWdoAAGAAAADGAAC     7521  WARD     1250
AAAWdoAAGAAAADGAAD     7566  JONES    2975
```

从上述输出结果可以发现，每一行的 ROWID 是不一样的，都表示唯一的一条记录。下面以上述第一条数据的 ROWID 列的值为例介绍它的组成。包括数据对象号（使用 AAAWdo 表示）、相对文件号（AAG）、数据块号（AAAADG）和数据行号（AAA）。

DBMS_ROWID 包中定义了多个函数，使用该包中的函数可以从某一个 ROWID 中获取数据对象号、相对文件号、数据块号和数据行号。

【范例 34】

分别利用 DBMS_ROWID 包中的函数获取指定 ROWID 的组成部分的信息。语句和输出结果如下。

```
SELECT ROWID,DBMS_ROWID.rowid_object(ROWID) 数据库对象,
DBMS_ROWID.rowid_relative_fno(ROWID) 相对文件号,
DBMS_ROWID.rowid_block_number(ROWID) 数据块号,
DBMS_ROWID.rowid_row_number(ROWID) 数据行号 FROM dept;
ROWID                 数据对象号 相对文件号 数据块号 数据行号
----------------      ------- ------- ----- - --------
AAAWdoAAGAAAADGAAA     92008     6       198    0
AAAWdoAAGAAAADGAAB     92008     6       198    1
AAAWdoAAGAAAADGAAC     92008     6       198    2
AAAWdoAAGAAAADGAAD     92008     6       198    3
```

使用 ROWID 可以定位一个数据库中的任何数据行。因为一个段只能存放在一个表空间内，所以通过使用数据对象号，Oracle 服务器可以找到包含数据行的表空间。之后使用表空间中的相对文件号就可以确定文件，再利用数据块号就可以确定包含所需数据行的数据块，最后使用行号就可以定位数据行的行目录项。

12.7 实验指导——利用 ROWID 删除重复数据

由于开发人员的操作失误，可能导致某一个数据表中存在多个重复的数据，如果要删除这些数据可以有多种方法，本节简单介绍如何利用 ROWID 删除重复数据。完整的实现步骤如下。

（1）从 emp 表中读取前 4 行数据并插入到新创建的 myemp 表中，如果该表已存在，需要将其删除。代码如下。

```
DROP TABLE myemp PURGE;
CREATE TABLE myemp AS SELECT empno,ename,job,sal FROM emp WHERE ROWNUM<=4;
```

（2）读取 myemp 表中的数据，语句和输出结果如下。

```
SELECT ROWID,empno,ename,job,salFROM myemp;
ROWID                 EMPNO   ENAME     JOB          SAL
------------------    -----   -------   ----------   ---------
AAAWgzAAGAAAAF7AAA    7369    SMITH     CLERK        800
AAAWgzAAGAAAAF7AAB    7499    ALLEN     SALESMAN     1600
AAAWgzAAGAAAAF7AAC    7521    WARD      SALESMAN     1250
AAAWgzAAGAAAAF7AAD    7566    JONES     MANAGER      2975
```

（3）在 myemp 表中插入三条数据，代码如下。

```
INSERT INTO myempVALUES(7369,'SMITH','CLERK',800);
INSERT INTO myempVALUES(7369,'SMITH','CLERK',800);
INSERT INTO myempVALUES(7499,'ALLEN','SALESMAN',1600);
```

（4）提交插入的数据并重新查询表中的记录，此时的输出结果如下。

315

```
ROWID                 EMPNO   ENAME    JOB          SAL
------------------    ------  -----    ----------   ----------
AAAWgzAAGAAAAF7AAA    7369    SMITH    CLERK        800
AAAWgzAAGAAAAF7AAB    7499    ALLEN    SALESMAN     1600
AAAWgzAAGAAAAF7AAC    7521    WARD     SALESMAN     1250
AAAWgzAAGAAAAF7AAD    7566    JONES    MANAGER      2975
AAAWgzAAGAAAAF/AAA    7369    SMITH    CLERK        800
AAAWgzAAGAAAAF/AAB    7369    SMITH    CLERK        800
AAAWgzAAGAAAAF/AAC    7499    ALLEN    SALESMAN     1600
```

比较上述输出结果与第（2）步的输出结果，可以发现，最后添加的三条记录已经在 myemp 表中存在过，因此，这些数据是重复的，需要将它们删除。

（5）统计出哪些员工是最早保留的信息。需要对 myemp 表中的数据进行分组，然后使用 MIN()函数查询最小的 ROWID。语句和输出结果如下。

```
SELECT MIN(ROWID),empno,ename,sal FROM myemp GROUP BY empno,ename,sal;
MIN(ROWID)            EMPNO   ENAME    SAL
---------------       ------  ------   ---------
AAAWgyAAGAAAAF7AAB    7499    ALLEN    1600
AAAWgyAAGAAAAF7AAC    7521    WARD     1250
AAAWgyAAGAAAAF7AAD    7566    JONES    2975
AAAWgyAAGAAAAF7AAA    7369    SMITH    800
```

（6）从上述输出结果可以发现，上述查询结果的数据正是最后删除重复数据之后该有的内容，而此时也可以确定删除的条件，即 ROWID 不是以上查询结果返回的 ROWID。

语句如下。

```
DELETE FROM myemp WHERE ROWID NOT IN
(SELECT MIN(ROWID) FROM myemp GROUP BY empno);
```

执行上述语句时，输出如下结果。

```
3 行已删除
```

（7）从上个步骤的输出结果中可以看出，已经成功地将重复数据删除了。重新执行 SELECT 语句查询 myemp 表中的数据，语句和输出结果不再显示。

12.8 使用 FETCH 子句

FETCH 子句是 Oracle 12c 版本中专门提供的用于执行分页显示操作的语句。在 SELECT 语句中，FETCH 放在整体查询语句的最后位置，使用 FETCH 可以完成三种操作。

1. 获取前 N 条记录

使用 FETCH 子句获取前 N 条记录时的语法如下：

```
FETCH FIRST 行数 ROW ONLY;
```

【范例 35】

下面的语句获取 emp 表中的前两条记录。

```
SELECT * FROM emp FETCH FIRST 2 ROW ONLY;
```

下面的语句的效果等价于上述语句。

```
SELECT * FROM emp WHERE ROWNUM<=2;
```

2. 获取指定范围的记录

使用 FETCH 子句获取指定范围的记录时需要使用以下语句。

```
OFFSET 开始位置 ROWS FETCH NEXT 个数 ROWS ONLY;
```

获取指定范围的记录时，开始位置（指定开始的行）从 0 开始，即开始位置为 0 时，表示从第一条记录开始，然后取出指定个数的记录。如果要从第三条记录开始获取，那么需要将开始位置指定为 2。

【范例 36】

下面的语句获取 emp 表中的第 6 条和第 7 条记录。

```
SELECT * FROM emp OFFSET 5 ROWS FETCH NEXT 2 ROW ONLY;
```

使用指定范围的语句也可以获取前 N 条记录，这时将开始位置指定为 0 即可。如下语句的效果等价于范例 35 中的语句。

```
SELECT * FROM emp OFFSET 0 ROWS FETCH NEXT 2 ROW ONLY;
```

3. 按照百分比获取记录

按照百分比获取记录需要使用以下语句。

```
FETCH NEXT 百分比 PERCENT ROWS ONLY;
```

将上述语句中的百分比设置为 20 时，表示获取 20% 的记录。假设数据库中存在 200 条记录，20% 的记录即表示获取 40 条记录。

【范例 37】

获取 emp 表中 15% 的记录，语句和输出结果如下。

```
SELECT empno,ename,sal FROM emp FETCH NEXT 15 PERCENT ROWS ONLY;
EMPNO ENAME     SAL
----- -------- ----------
7369  SMITH    800
7499  ALLEN    1600
```

本范例获取表中 15% 的记录，13 行记录的 15% 为 1.95，所以获取两条记录。

思考与练习

一、填空题

1. _____ 子句保证视图的创建条件不能被更改。

2. 按列的多少、索引值是否唯一和索引数据的组织形式对索引进行分类时，可以将其分为单列索引和复合索引、B 树索引、_____ 以及函数索引。

3. 在序列中使用 _____ 伪列时，表示取得序列的下一次增长值。

4. 同义词包括公有 Oracle 同义词和 _____ 两类。

5. ROWID 伪列的值组成包括数据对象号、_____、数据块号和数据行号 4 部分。

二、选择题

1. 执行 _____ 语句时，即使视图不存在也可以创建视图。

 A. CREATE FORCE VIEW

 B. CREATE NOFORCE VIEW

 C. CREATE OR REPLACE VIEW

 D. CREATE VIEW

2. 执行 _____ 语句表示创建位图索引。

 A. CREATE UNIUQE INDEX

 B. CREATE BITMAP INDEX

 C. CREATE BTREE INDEX

 D. CREATE INDEX

3. 在 Oracle 数据库中创建序列时，使用 _____ 指定递增的序列值。

 A. CYCLE

 B. CACHE

 C. INCREMENT BY

 D. START WITH

4. ROWNUM 伪列的作用不包括 _____。

 A. 获取查询中的第一行记录

B. 获取查询中的前 N 条记录

C. 获取查询中指定范围的记录，如第 3~5 条记录

D. 动态地查询分配一个数字行号

5. 假设当前 mytest 表中存在 20 条记录，如果要获取前 5 条记录，那么不可以使用选项 _____ 的语句。

A. SELECT * FROM mytest WHERE ROWNUM<=5;

B. SELECT * FROM mytest FETCH FIRST 5 ROW ONLY;

C. SELECT * FROM mytestOFFSET 0ROWS FETCH NEXT 5ROWS ONLY;

D. SELECT * FROM mytestFETCH NEXT 5%PERCENT ROWS ONLY;

6. 通过 SQL 语句创建公有的同义词时需要使用 _____ 关键字。

A. PUBLIC

B. PRIVATE

C. FINAL

D. FETCH

三、简单题

1. 简单说出创建、删除和查看视图时的相关语句。

2. 索引的分类有哪些？在 Oracle 中如何创建和删除索引？

3. 什么是序列？如何创建自动序列？

4. Oracle 数据库中包括哪些伪列？这些伪列分别用来做什么？

第 13 章　数据库安全性管理

对任何企业组织来说，数据的安全性最为重要。安全性主要是指允许那些具有相应的数据访问权限的用户能够登录到 Oracle 数据库并访问数据以及对数据库对象实施各种权限范围内的操作，但是要拒绝所有的非授权用户的非法操作。因此，安全性管理与用户管理是密不可分的。本章介绍 Oracle 数据库的安全性管理，着重介绍用户管理、权限管理和角色管理三部分内容。

本章学习要点：

❑ 掌握用户的管理基本操作
❑ 了解预定义用户
❑ 熟悉概要文件的基本操作
❑ 了解系统权限和对象权限
❑ 掌握 GRANT 和 REVOKE 的使用
❑ 掌握角色的基本操作
❑ 了解预定义角色

13.1　用户管理

用户即 User，通俗地讲就是访问 Oracle 数据库的人。在 Oracle 中，可以对用户的各种安全参数进行控制，以维护数据库的安全性，这些概念包括模式、权限、角色、存储设置和数据库审计等。每个用户都有一个口令，使用正确的用户和口令才能登录到数据库进行数据存取。

本节主要介绍如何使用 SQL 语句操作用户，包括用户的创建、修改和删除等内容。

13.1.1　创建用户

在 Oracle 12c 中，对用户分为两类，即 Commons User（公有用户）和 Local User（本地用户）。之所以这样划分，其目的是为了 Oracle 云平台的创建，同时两类用户的保存内存不同，其中 Commons User 保存在了 CDB 中，而 Local User 保存在了 PDB 中。一个 CDB 下会包含多个 PDB。如果是 CDB 用户，必须使用"C##"或"c##"开头（本章主要介绍 CDB）；如果是 PDB 用户，则不需要使用"C##"或"c##"开头。

创建用户需要使用 CREATE USER 语句，基本语法如下：

```
CREATE USER 用户名 IDENTIFIED BY 密码
[DEFAULT TABLESPACE 表空间名称]
[TEMPORARY TABLESPACE 表空间名称]
```

```
[QUOTA 数字 [K|M] | UNLIMITED ON 表空间名称
QUOTA 数字[K|M] | UNLIMITED ON 表空间名称…]
[PROFILE 概要文件名称 | DEFAULT]
[PASSWORD EXPIRE]
[ACCOUNT LOCK | UNLOCK];
```

上述语法的参数说明如下。

（1）CREATE USER 用户名 IDENTIFIED BY 密码

创建用户同时为其指定密码，创建时用户名和密码不能使用 Oracle 的关键字（如 CREATE 和 DROP），也不能以数字开头，如果要设置数字，需要将数字使用 "" 声明。

（2）DEFAULT TABLESPACE 表空间名称

可选选项，用户存储默认使用的表空间，当用户创建对象没有设置表空间时，就将保存在此处指定的表空间下，这样可以和系统表之间进行区分。

（3）TEMPORARY TABLESPACE 表空间名称

可选选项，用户使用的临时表空间。

（4）QUOTA 数字 [K|M] | UNLIMITED ON 表空间名称

可选选项，用户在表空间上的使用限额，可以指定多个表空间的限额，如果设置为 UNLIMITED，则表示不设置限额。

（5）PROFILE 概要文件名称 | DEFAULT

可选选项，用户操作的资源文件，如果不指定则使用默认配置资源文件。

（6）PASSWORD EXPIRE

用户密码失效，则在第一次使用时必须修改密码。

（7）ACCOUNT LOCK | UNLOCK

用户是否为锁定状态，LOCK 表示锁定，UNLOCK 为默认值，表示未锁定。

【范例 1】

创建名称为 c##test1 的新用户，密码为 000000。语句如下。

```
CREATE USER c##test1 IDENTIFIED BY 000000;
```

【范例 2】

创建名称为 c##test2 的新用户，密码为 000000，并且设置用户密码失效，强制用户修改密码。语句如下。

```
CREATE USER c##test2 IDENTIFIED BY 000000 PASSWORD EXPIRE;
```

【范例 3】

创建名称为 c##test3 的新用户，密码为 000000，设置用户密码失效，强制用户修改密码，且该用户处于锁定状态。语句如下。

```
CREATE USER c##test3 IDENTIFIED BY 000000 PASSWORD EXPIRE ACCOUNT LOCK;
```

注意

新创建的用户并不能直接使用，因为它不具有 CREATE SESSION 系统权限。因此，在创建数据库用户后，通常需要使用 GRANT 语句为用户授权该权限。

13.1.2　查看用户

当用户创建完成后，开发人员可以通过 dba_users 数据字典查看所有数据库用户的详细信息。如果只查看某一个数据库用户的详细信息，那么可以在 WHERE 子句中指定 username 列的值。

【范例 4】

查询 c##test1 用户的详细信息，这里只查看 username 列、user_id 列、default_tablespace 列、temporary_tablespace 列、created 列、lock_date 列以及 profile 列，并为部分列进行重命名。语句和输出结果如下。

```
SELECT username,user_id,default_tablespace dt,temporary_tablespace
tt,created,lock_date ld,profile p
FROM dba_users WHERE username='C##TEST1';
USERNAME  USER_ID    DT      TT      CREATED   LD    P
--------- --------  ------  ----   -------    ---  ---------
C##TEST   1104      USERS   TEMP    18-8月    -14   DEFAULT
```

从上述输出结果可以发现，c##test1 用户的 lock_data 列信息为 null，这是因为该用户并非锁定用户，如果是锁定用户，那么 lock_data 列的值会变为锁定日期。

【范例 5】

查询 c##test3 用户的信息，这里只查看 lock_data 列的值。语句和输出结果如下。

```
SELECT username,user_id,lock_date FROM dba_users WHERE username=
'C##TEST3';
USERNAME  USER_ID  LOCK_DATE
--------  -------  -----------
C##TEST3  106      18-8月 -14
```

提示

每一个用户都存在着多个可操作的表空间，可以通过 dba_ts_quotas 数据字典查询一个用户所使用的表空间配额。

13.1.3　修改用户

除了创建和查询用户外，开发人员还可能对用户进行操作，如修改用户的密码或者修改用户的表空间配额等。

1. 修改用户密码

创建用户需要使用 CREATE USER 语句，而修改用户则需要 ALTER USER 语句。基本语法如下：

```
ALTER USER 用户名 IDENTIFIED BY 新密码;
```

【范例 6】

修改 c##test1 用户的密码，将"000000"修改为"111111"。代码如下。

```
ALTER USER c##test1 IDENTIFIED BY 111111;
```

2. 使用户密码失效

开发人员在创建新用户时可以设置用户密码失效，如果创建用户时没有指定，那么在修改时指定也可以。

【范例 7】

修改 c##test1 用户的信息，让用户密码失效。代码如下。

```
ALTER USER c##test1 PASSWORD EXPIRE;
```

执行上述语句完成后，当使用 c##teset1 用户登录时，强制用户更改密码，如图 13-1所示。

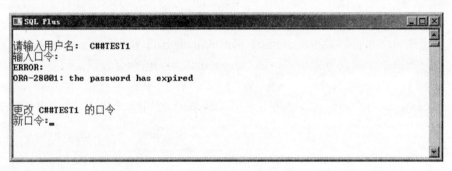

图 13-1　使密码失效

3. 修改用户表空间配额

大多数情况下，数据库使用的时间越长，所需要保存的数据量就越大，此时就可以利用 ALTER 语句修改用户在表空间上的配额。修改语法如下：

```
ALTER USER 用户名 QUOTA 数字 [K|M] UNLIMITED ON 表空间名称;
```

【范例 8】

修改 c##test1 用户的信息，指定该用户的表空间配额。代码如下。

```
ALTER USER c##test1 QUOTA 30M ON system QUOTA 40M ON users;
```

修改完成后可以执行以下语句查看用户的表空间配额。

```
SELECT * FROM dba_ts_quotas WHERE username='C##TEST1';
```

执行上述语句的输出结果如下。

```
TABLESPACE_NAME USERNAME BYTES MAX_BYTES BLOCKS MAX_BLOCKS DROPPED
```

-------	-------	------	------	----	------	-------
SYSTEM	C##TEST1	0	31457280	0	3840	NO
USERS	C##TEST1	0	41943040	0	5120	NO

4．修改锁定状态

如果要禁止某个用户访问 Oracle 数据库，那么最好的方式是锁定该用户，而不是删除该用户。锁定用户并不影响用户所拥有的对象和权限，它们依然存在，只是暂时不能以该用户的身份访问系统。当解除锁定后，该用户可以正常地访问系统，按照自己原来的权限访问各种对象。控制用户的锁定状态时需要使用 ACCOUNT LOCK 或 ACCOUNT UNLOCK 子句。语法如下。

```
ALTER USER 用户名 ACCOUNT LOCK | UNLOCK;
```

【范例 9】

修改 c##test3 用户的锁定状态，将其解锁，即不再锁定该用户。代码如下。

```
ALTER USER c##test3 ACCOUNT UNLOCK;
```

修改完成可以重新执行以下语句查看用户的锁定状态。

```
SELECT LOCK_DATE FROM dba_users WHERE username='C##TEST3';
```

323

13.1.4 删除用户

当不再需要某一个用户时，开发人员可以执行 DROP USER 语句将其删除。如果用户在存在期间进行了数据库对象创建，则可以利用 CASCADE 子句删除模式中的所有对象。语法如下：

```
DROP USER 用户名 [CASCADE];
```

【范例 10】

下面的语句删除 c##test3 用户。

```
DROP USER c##test3;
```

注意

当一个用户被删除之后，此用户下的所有对象（如表、索引和子程序等）都会被删除，因此，在删除用户之前需要做好用户数据的备份。

13.1.5 预定义用户

Oracle 数据库提供了许多预定义用户，但是最常用的只有 sys 和 system 两个。

1. sys 用户

sys 是 Oracle 数据库自动创建的管理账户，并被授予 dba 角色，因此有该角色的相应权限。数据字典的基础表和视图都是存储在 sys 方案中，为了维护数据字典的完整性，在 sys 方案上的表只能由数据库来操作，任何人不能在 sys 方案中创建任何表。因为 sys 用户的权限比较大，因此应该保证角色多数用户不能用 sys 账户连接数据库。

2. system 用户

system 一般用于创建显示管理信息的表和视图，或被 Oracle 数据库选项和工具使用的内部表和视图。不要在 system 方案中存储并不用于数据管理的表。

13.2 概要文件

在创建用户时可以通过 PROFILE 指定概要文件，概要文件是口令限制、资源限制的命名集合。开发人员在建立 Oracle 数据库时，Oracle 会自动建立名为 DEFAULT 的 PROFILE，初始化的 DEFAULT 没有进行任何口令和资源限制。

13.2.1 创建概要文件

创建概要文件的语法如下：

```
CREATE PROFILE 概要文件名称 LIMIT 命令(s);
```

上述语法中 Oracle 12c 版本的"概要文件名称"必须使用"C##"或"c##"开头，否则会出现以下错误提示信息。

```
ORA-65140: invalid common profile name
```

命令包括口令限制命令和资源限制命令。如表 13-1 和表 13-2 所示分别对这两组命令的参数进行了说明，这些参数的取值可以是数字、UNLIMITED 或 DEFAULT。

表 13-1 口令限制命令的参数

参数名称	说明
FAILED_LOGIN_ATTEMPTS	当连续登录失败次数达到该参数指定值时，用户被加锁
PASSWORD_LIFE_TIME	口令的有效期（天），默认值为 UNLIMITED
PASSWORD_REUSE_TIME	口令被修改后原有口令隔多少天后可以被重新使用，默认值为 UNLIMITED
PASSWORD_REUSE_MAX	口令被修改后原有口令被修改多少次才允许被重新使用
PASSWORD_VERIFY_FUNCTION	口令校验函数
PASSWORD_LOCK_TIME	账户因 FAILED_LOGIN_ATTEMPTS 锁定时，加锁天数
PASSWORD_GRACE_TIME	口令过期后，继续使用原口令的宽限期（天）

表 13-2 资源限制命令的参数

参数名称	说明
SESSION_PER_USER	允许一个用户同时创建 SESSION 的最大数量
CPU_PER_SESSION	每一个 SESSION 允许使用 CPU 的时间数，单位为 ms
CPU_PER_CALL	限制每次调用 SQL 语句期间，CPU 的时间总量
CONNECT_TIME	每个 SESSION 的连接时间数，单位为 min
IDLE_TIME	每个 SESSION 的超时时间，单位为 min
LOGICAL_READS_PER_SESSION	为了防止笛卡儿积的产生，可以限定每一个用户最多允许读取的数据块数
LOGICAL_READS_PER_CALL	每次调用 SQL 语句期间，最多允许用户读取的数据库块数

【范例 11】

创建名称为 c##profile1 的概要文件，并指定连接登录失败次数为 10，口令的有效期为 6000 天，允许用户同时创建 SESSION 的最大数量为 10000。代码如下。

```
CREATE PROFILE c##profile1 LIMIT
FAILED_LOGIN_ATTEMPTS 10
PASSWORD_REUSE_TIME 6000
CPU_PER_SESSION 10000;
```

可以在创建用户时使用创建的概要文件，使用时有以下几点注意事项。

（1）建立 PROFILE 时，如果只设置了部分口令或资源限制选项，其他选项会自动使用默认值（DEFAULT 的相应选项）。

（2）建立用户时，如果不指定 PROFILE 选项，Oracle 会自动将 DEFAULT 分配给相应的数据库用户。

（3）一个用户只能分配一个 PROFILE。如果要同时管理用户的口令和资源，那么在建立 PROFILE 时应该同时指定口令和资源选项。

（4）使用 PROFILE 管理口令时，口令管理选项总是处于被激活状态，但如果使用 PROFILE 管理资源，必须要激活资源限制。

13.2.2 查看概要文件

查看概要文件的完整信息时需要借助于 dba_profiles 数据字典。在 SQL Developer 中的执行语句和效果如图 13-2 所示。

13.2.3 修改概要文件

概要文件创建之后也可以修改，修改时需要使用 ALTER 语句。

【范例 12】

下面的语句修改概要文件连续登录失败时的最大次数。

```
ALTER PROFILE c##profile1 LIMIT FAILED_LOGIN_ATTEMPTS 3;
```

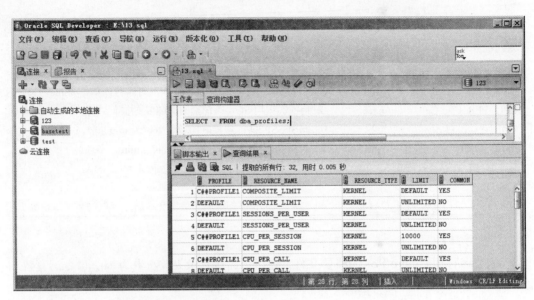

图 13-2　查看概要文件的完整信息

13.3.4　删除概要文件

删除概要文件非常简单，需要借助于 DROP PROFILE 语句。当概要文件被删除后，所有拥有此概要文件的用户自动将使用的概要文件变为 DEFAULT。语法如下：

```
DROP PROFILE 概要文件名称 [CASCADE];
```

【范例 13】

下面的语句删除前面范例中创建的名称为 c##profile1 的概要文件。

```
DROP PROFILE c##profile1;
```

13.3　权限管理

在前面已经提到过，用户在创建完成后不能使用，而是需要分配权限。如果为某个普通用户分配的权限过多，也可以收回该用户的权限，还可以查看用户拥有的权限。Oracle 数据库将权限分为两类，即系统权限和对象权限。

13.3.1　系统权限

系统权限是指在系统级控制数据库的存取和使用机制，即执行某种 SQL 语句的能力。例如，数据库管理员（DBA）是数据库系统中级别最高的用户，它拥有一切系统权限及各种资源的操作能力。

326

数据库安全性管理

1. 为用户授予系统权限

授予系统权限时需要使用 GRANT 关键字，基本语法如下：

```
GRANT sys_privilege[, sys_privilege ,…] TO [user_name|role_name|
PUBLIC] [WITH ADMIN OPTION];
```

其中，sys_privilege 表示将要授予的系统权限，多个权限之间使用逗号分隔。user_name 表示将要授予系统权限的用户名称。role_name 表示将要授予系统权限的角色。PUBLIC 将权限设置为公共权限。WITH ADMIN OPTION 表示用户可以将这种系统权限继续授予其他用户。

【范例 14】
为 c##test1 用户授予创建角色、创建用户和创建会话的权限。代码如下。

```
GRANT CREATE ROLE,CREATE USER,CREATE SESSION TO c##test1;
```

授予权限时，如果允许用户继续将权限授予其他用户，那么直接在语句结尾添加 WITH ADMIN OPTION 即可。代码如下。

```
GRANT CREATE ROLE,CREATE USER,CREATE SESSION TO c##test1 WITH ADMIN OPTION;
```

2. 查看用户的系统权限

授予权限之后，开发人员可以通过 dba_sys_privs 数据字典查看某一个用户的权限。

【范例 15】
下面的代码查询 c##test1 用户所拥有的权限。

```
SELECT * FROM dba_sys_privs WHERE GRANTEE='C##TEST1';
```

执行上述语句，输出结果如下。

```
GRANTEE    PRIVILEGE       ADMIN_OPTION   COMMON
--------   -----------     -------------  ----------------
C##TEST1   CREATE ROLE     YES            NO
C##TEST1   CREATE USER     YES            NO
C##TEST1   CREATE SESSION  YES            NO
```

从上述输出结果中可以发现，查询结果与范例 14 授予的权限一致，c##test1 用户具有 CREATE ROLE、CREATE USER 和 CREATE SESSION 这三个权限。

实际上，在 Oracle 数据库中有一百多种系统权限，并且不同的数据库版本相应的权限数也会增加，如表 13-3 所示列出了部分系统权限。

表 13-3 部分常用的系统权限

系统权限	说明	系统权限	说明
CREATE USER	创建用户	CREATE ROLE	创建角色
ALTER USER	修改用户	ALTER ANY ROLE	修改任意角色
DROP USER	删除用户	DROP ANY ROLE	删除任意角色

续表

系统权限	说明	系统权限	说明
CREATE PROFILE	创建概要文件	ALTER PROFILE	修改概要文件
DROP PROFILE	删除概要文件	CREATE SYNONYM	为用户创建同义词
SELECDT TABLE	使用用户表	UPDATE TABLE	修改用户表中的行
DELETE TABLE	为用户删除表行	CREATE TABLE	为用户创建表
ALTER TABLE	修改拥有的表	CREATE TABLESPACE	创建表空间
ALTER TABLESPACE	修改表空间	DROP TABLESPACE	删除表空间
CREATE SESSION	创建会话	ALTER SESSION	修改数据库会话
CREATE VIEW	创建视图	SELECT VIEW	使用视图
UPDATE VIEW	修改视图中的行	DELETE VIEW	删除视图行
CREATE SEQUENCE	创建序列	ALTER SEQUENCE	修改序列

提示

表 13-3 列出了部分权限，如果想要查询自己所拥有的全部权限，那么可以通过 session_privs 或者 user_sys_privs 数据字典查看。

3．取消用户的系统权限

授予权限需要使用 GRANT 关键字，而取消权限可以使用 REVOKE 关键字。语法如下：

```
REVOKE sys_privilege[,sys_privilege,…] FROM user_name;
```

【范例 16】

取消 c##test1 用户的 CREATE SESSION 权限。语句如下。

```
REVOKE CREATE SESSION FROM c##test1;
```

取消权限操作完成后，再次查看该用户拥有的权限。语句和输出结果如下。

```
SELECT * FROM dba_sys_privs WHERE GRANTEE='C##TEST1';
GRANTEE    PRIVILEGE     ADMIN_OPTION    COMMON
--------   ------------  -------------   ---------------
C##TEST1   CREATE ROLE   YES             NO
C##TEST1   CREATE USER   YES             NO
```

13.3.2　对象权限

对象权限是指在数据库中针对特定的对象执行的操作，即可以通过一个用户的对象权限，让其他用户来操作本用户中的所有授权的对象。在 Oracle 中一共定义了 8 种权限，对象和操作权限的说明如表 13-4 所示。

表 13-4 **Oracle** 数据库提供的对象权限

对象权限	表	序列	视图	子程序
INSERT（插入）	YES	NO	YES	NO
UPDATE（修改）	YES	NO	YES	NO
DELETE（删除）	YES	NO	YES	NO
SELECT（查询）	YES	YES	YES	NO
EXECUTE（执行）	NO	NO	NO	YES
ALTER（修改）	YES	YES	YES	NO
INDEX（索引）	YES	NO	YES	NO
REFERENCES（关联）	YES	NO	NO	NO

在表 13-4 中，第一列表示对象权限，而后面 4 列则表示对象是否具有指定的该权限。

1. 为用户授予对象权限

如果需要将对象权限授予某一个用户，那么也需要使用 GRANT 关键字。基本语法如下：

```
GRANT object_privilege|ALL[(column_name)] ON object_name TO [user_name|
role_name|PUBLIC] [WITH GRANT OPTION];
```

其中，object_privilege 表示对象权限，多个对象权限使用逗号进行分隔，使用 ALL 时表示所有的对象权限。column_name 表示对象中的列名称。object_name 表示指定的对象名称。user_name 表示接受权限的目标用户名称。WITH GRANT OPTION 选项表示允许用户将当前的对象权限继续授予其他用户。

【范例 17】

为 c##test1 用户授予 c##scott 用户 emp 表的增加和删除权限。语句如下。

```
GRANT INSERT,DELETE ON c##scott.emp TO c##test1;
```

执行上述语句成功后，以 c##test1 的身份进行登录，然后查询 emp 表的数据。由于该用户只有插入和删除 emp 表的权限，因此执行查询操作时会提示权限不足，如图 13-3 所示。

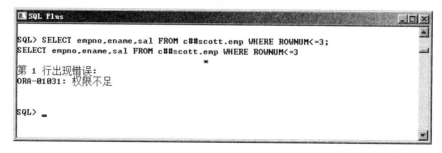

图 13-3 c##test1 用户查询 emp 表的数据

在 emp 表中插入一条数据，插入完成后再查询该条数据，如图 13-4 所示。从图 13-4 可以发现，已经成功地插入记录。

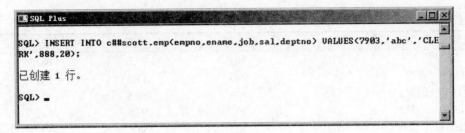

图 13-4　c##test1 用户在 emp 表中插入数据

2. 取消为用户授予的对象权限

取消为用户授予的对象权限需要使用 REVOKE 关键字。语法如下：

```
REVOKE object_privilege[,object_privilege,...]|ALL ON object_name FROM
[user_name | role_name | PUBLIC];
```

【范例 18】

取消 c##test 用户对 c##scott 用户 emp 表的 INSERT 权限。语句如下。

```
REVOKE INSERT ON c##scott.emp FROM c##test1;
```

取消权限成功后，可以重新向 emp 表中插入数据，这时提示用户权限不足，如图 13-5 所示。

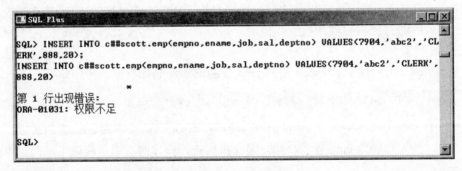

图 13-5　取消 c##test1 用户的 INSERT 权限后操作

> **注 意**
>
> 在取消对象权限时，与取消系统权限不同的是，当某个用户的对象权限被取消后，从该对象继续授权出去的对象权限也会被自动撤销。另外，用户不能自己为自己授权（GRANT）取消权限（REVOKE）。

13.4　角色管理

创建用户后为其分配权限是用户管理的基本操作，如果让一个用户进行正常操作，那么该用户肯定需要授予多个权限。现在问题出现了：假设现在有 200 个用户，而且让

数据库安全性管理

他们具有相同的权限，如果再分别针对这些用户授予权限则非常烦琐，这时可以将这些权限加入到角色中，通过角色进行维护即可。

角色就是指一组相关权限的集合，本节简单介绍角色的基本信息，如创建角色、查看角色和删除角色等。

13.4.1 创建角色

创建角色需要使用 CREATE ROLE 语句，但是创建者必须是数据库管理员或具有相应 CREATE ROLE 权限的用户。创建角色的语法如下：

```
CREATE ROLE role_name [NOT IDENTIFIED | IDENTIFIED BY role_password];
```

其中，role_name 表示要创建的角色名称，在 Oracle 12c 中的 CDB 下创建角色时，所创建的角色名称必须以 "C##" 或 "c##" 开头，否则会出现错误提示消息。消息内容如下。

```
公共用户名或角色名无效
```

NOT IDENTIFIED 是默认值，不需要任何的口令标记。IDENTIFIED BY role_password 表示创建角色时为其设置口令，该口令在角色激活时使用。

【范例 19】

下面的语句创建名称为 c##role_test_first 的普通角色。

```
CREATE ROLE c##role_test_first;
```

上述语句等价于下面的语句。

```
CREATE ROLE c##role_test_first NOT IDENTIFIED;
```

【范例 20】

创建名称为 c##role_test_second 的角色，指定该角色的名称为 role_test。代码如下。

```
CREATE ROLE c##role_test_second IDENTIFIED BY role_test;
```

13.4.2 角色授权

在角色创建之后，如果没有为角色授予权限，那么角色毫无用处。对于角色来说，既可以授予系统权限，也可以授予对象权限，还可以把另一个角色的权限授予给它。角色授权的简单语法如下：

```
GRANT role_privilege[,role_privilege,…] TO role_name;
```

【范例 21】

为 c##role_test_first 角色授予 CREATE SESSION、CREATE USER、CREATE TABLE 和 CREATE VIEW 这 4 个权限。代码如下。

```
GRANT CREATE SESSION,CREATE USER,CREATE TABLE,CREATE VIEW TO
c##role_test_first;
```

【范例 22】

为 c##role_test_second 角色授予 CREATE SESSION、CREATE INDEX 和 CREATE SEQUENCE 这三个权限。代码如下。

```
GRANT CREATE SESSION,CREATE ANY INDEX,CREATE SEQUENCE TO
c##role_test_second;
```

13.4.3　为用户授予角色

将某一个角色赋予用户的方法很简单，它与将权限赋予用户的方法相似，需要使用 GRANT 语句。简单语法如下：

```
GRANT role_name TO user_name;
```

【范例 23】

下面的语句将 c##role_test_first 角色授予 c##test1 用户。

```
GRANT c##role_test_first TO c##test1;
```

【范例 24】

下面的语句将 c##role_test_second2 角色授予 c##test2 用户。

```
GRANT c##role_test_second TO c##test2;
```

> **注意**
>
> 与授权操作一样，可以为一个用户同时指定多个角色，这些角色之间使用逗号进行分隔。指定多个角色之后，该用户自动拥有这些角色包含的所有权限。

13.4.4　修改角色密码

创建角色时可以设置角色密码，该密码是在角色启用时使用的。开发人员如果要设置或取消角色密码，可以利用 ALTER ROLE 语句实现。语法如下：

```
ALTER ROLE role_name [NOT IDENTIFIED | IDENTIFIED BY password];
```

【范例 25】

为 c##role_test_first 角色设置密码，指定其密码为 first。代码如下。

```
ALTER ROLE c##role_test_first IDENTIFIED BY first;
```

【范例 26】

取消 c##role_test_second 角色的密码。代码如下。

```
ALTER ROLE c##role_test_second NOT IDENTIFIED;
```

13.4.5 取消角色权限

取消角色权限时需要使用 REVOKE 关键字，其用法与授权一样。语法如下：

```
GRANT role_privilege[,role_privilege,…] FROM role_name;
```

【范例 27】

名称为 c##role_test_second 的角色拥有 CREATE SESSION、CREATE ANY INDEX 和 CREATE SEQUENCE 这三个权限。使用 REVOKE 取消该角色的 CREATE ANY INDEX 权限。语句如下。

```
REVOKE CREATE ANY INDEX FROM c##role_test_second;
```

试一试

> 从 REVOKE 语句中可以发现，可以同时取消某个角色的多个权限，多个权限之间使用逗号进行分隔。另外，可以取消某个用户的角色，取消用户角色的语法与取消角色权限类似，这里不再详细解释，感兴趣的读者可以亲自动手试一试。

13.4.6 删除角色

当某个角色不再使用时，可以直接使用 DROP 语句删除该角色。角色被删除之后，其拥有此角色的用户权限也将一起被删除。基本语法如下：

```
DROP ROLE role_name;
```

【范例 28】

直接使用 DROP 删除 c##role_test_second 角色。

```
DROP ROLE c##role_test_second;
```

13.4.7 查看角色

在 Oracle 数据库中，开发人员可以通过 dba_sys_privs 查看用户所拥有的权限，通过 dba_role_privs 查看用户所拥有的角色，通过 role_sys_privs 查看角色所拥有的权限。

【范例 29】

查看 c##test1 用户所拥有的角色。语句和输出结果如下。

```
SELECT * FROM dba_role_privs WHERE grantee='C##TEST1';
GRANTEE   GRANTED_ROLE      ADMIN_OPTION   DEFAULT_ROLE   COMMON
--------  --------------    -----------    --------       -------------
```

```
C##TEST1 C##ROLE_TEST_FIRST NO          NO              NO
```

【范例 30】

查看 c##role_test_first 角色拥有的权限。语句和输出结果如下。

```
SELECT * FROM role_sys_privs WHERE role='C##ROLE_TEST_FIRST';
ROLE                PRIVILEGE        ADMIN_OPTION   COMMON
------------------- ---------------- -------------- --------------
C##ROLE_TEST_FIRST  CREATE TABLE     NO             NO
C##ROLE_TEST_FIRST  CREATE SESSION   NO             NO
C##ROLE_TEST_FIRST  CREATE USER      NO             NO
C##ROLE_TEST_FIRST  CREATE VIEW      NO             NO
```

除了查询角色外，开发人员可以通过 SET 语句禁用当前会话中的所有角色。语句如下。

```
SET ROLE NONE;
```

禁用完成后，如果重新启用会话中的所有角色，可以使用以下语句。

```
SET ROLE ALL;
```

如果只启用某一个角色，而且该角色还存在密码，可以使用以下语句。

```
SET ROLE role_name IDENTIFIED BY password;
```

其中，role_name 表示要启用的角色名称；password 表示该角色的密码。

13.4.8 预定义角色

Oracle 数据库为了减轻管理员的负担，专门提供了一些预定义的角色，其说明如表 13-5 所示。

表 13-5　Oracle 数据库的预定义角色

角色名称	说明
EXP_FUL_DATABASE	导出数据库权限
IMP_FULL_DATABASE	导入数据库权限
SELECT_CATALOG_ROLE	查询数据字典权限
EXECUTE_CATALOG_ROLE	数据字典上的执行权限
DELETE_CATALOG_ROLE	数据字典上的删除权限
DBA	系统管理的相关权限
CONNECT	授予用户最典型的权限
RESOURCE	授予开发人员的权限

在表 13-5 列出的预定义角色中，CONNECT 和 RESOURCE 是两个最大的角色。在 SQL Developer 工具的查询窗口中查询这两个角色的权限，如图 13-6 所示。

图 13-6 CONNECT 和 RESOURCE 角色的权限

由于表 13-5 中的角色是 Oracle 数据库预定义的,因此开发人员在创建用户后,最简单的做法就是将这两个角色直接授权给用户,这样可以很方便地实现角色管理。

【范例 31】

下面的语句将 CONNECT 和 RESOURCE 角色授予 c##test1 用户。

```
GRANT CONNECT,RESOURCE TO c##test1;
```

13.5 实验指导——SQL Developer 操作用户

在本节之前,用户管理、概要文件权限管理以及角色管理的相关内容都是通过 SQL 语句实现的。实际上,使用 SQL Developer 工具也可以实现与上述内容相同的功能,而且使用该工具操作非常简单。步骤如下。

(1)打开 SQL Developer 工具后创建一个全新的连接,该连接以 sys 用户进行登录。

(2)在新创建的连接下找到【其他用户】节点并展开,可以在该节点下查看所有的用户信息。

(3)选择【其他用户】节点并右击,在弹出的快捷菜单中选择【创建用户】命令弹出【创建/编辑用户】对话框,如图 13-7 所示。

从图 13-7 中可以发现,开发人员已经在【创建/编辑用户】对话框的【用户】选项卡中输入用户名与口令,并且选中【账户已锁定】和【版本已启用】复选框。除了这些设置外,还可以在【用户】选项卡中选择默认表空间和临时表空间。

图 13-7 【创建/编辑用户】对话框

（4）打开图 13-7 的【角色】选项卡可以查看全部的角色，这些角色包括预定义角色和用户创建的角色，如果要为用户授予某个角色，直接选中角色之后的复选框即可，如图 13-8 所示。

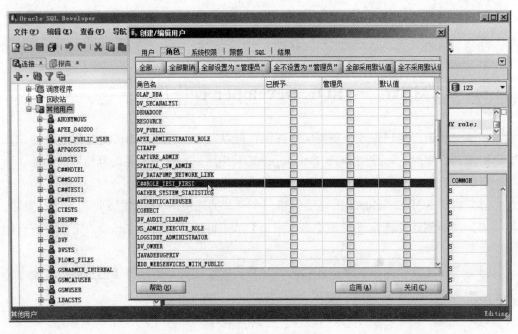

图 13-8 【角色】选项卡

（5）打开图 13-8 中的 SQL 选项卡可以查看与创建用户、角色、系统权限以及限额有关的 SQL 语句，如图 13-9 所示。

图 13-9　SQL 选项卡

（6）继续打开图 13-8 中的其他选项卡进行测试，如【系统权限】选项卡可以查看权限信息，【限额】选项卡可以设置表空间的额度，效果图不再显示。

思考与练习

一、填空题

1．Oracle 数据库常用的两个预定义用户是 sys 和_____。

2．创建概要文件需要执行_____语句。

3．为用户或角色授予权限时需要使用_____关键字。

4．指定用户系统权限时，设置_____表示允许用户将当前的权限继续授予其他用户。

5．执行以下语句可以取消 c##testuser 用户拥有的 c##roleuser 权限，其中横线处应该填写_____。

```
_____ c##roleuser FROM
c##testuser;
```

二、选择题

1．如果允许一个用户在 DOG_DATA 表空间使用 40MB 的磁盘空间，需要在 CREATE USER 语句中使用_____子句。

A．QUOTA
B．PROFILE
C．DEFAULT TABLESPACE
D．TEMPORARY TABLESPACE

2．当查询 dba_users 数据字典时，这个数据字典将显示_____。

A．数据库用户被创建的日期
B．当前用户在一个表空间上是否具有无限的份额
C．当前用户的表空间份额

D. 所有用户的表空间份额

3. 如果没有为创建的用户赋予任何的概要文件，那么将发生以下哪种情况？_____

A. 该用户不能创建

B. 该用户不能与数据库连接

C. 该用户没有赋予任何概要文件

D. 默认（DEFAULT）概要文件被赋予该用户

4. Oracle 数据库的对象权限不包括_____。

A. EXECUTE

B. CREATE VIEW

C. DELETE

D. SELECT

5. 将数据库中创建表的权限授予数据库用户 c##testuser 时，应该使用下面_____语句。

A. DENY CREATE TABLE FROM c##testuser;

B. REVOKE CREATE TABLE FROM c##testuser;

C. GRANT CREATE TABLE TO c##testuser;

D. GRANT c##testuser ON CREATE TABLE;

6. SET ROLE ALL 语句表示_____。

A. 禁用会话中的所有角色

B. 启用会话中的所有角色

C. 禁用所有与角色相关的会话

D. 启用所有与角色相关的会话

7. 在 Oracle 数据库的预定义角色中，_____角色表示授予开发人员的权限。

A. EXP_FUL_DATABASE

B. SELECT_CATALOG_ROLE

C. CONNECT

D. RESOURCE

8. 创建用户、创建角色和授权需要使用的语句依次是_____。

A. CREATE USER、CREATE ROLE、GRANT

B. CREATE USER、CREATE ROLE、REVOKE

C. CREATE ROLE、CREATE USER、GRANT

D. CREATE ROLE、CREATE USER、REVOKE

三、简答题

1. 简单说出创建、修改和删除用户的语句。

2. 简单说出概要文件的概念和语法。

3. 简单说出创建、查看和删除角色的语句。

4. Oracle 数据库的系统权限和对象权限有哪些？

338

第 14 章　数据库空间管理

Oracle 数据库系统有着清晰的逻辑结构和物理结构。Oracle 数据库的存储管理实际上是对数据库逻辑结构的管理，管理对象主要包括表空间、数据文件、段、区和数据库。而对数据库空间的管理主要表现在表空间的管理。本章详细介绍数据库表空间的管理。

本章学习要点：

- ❏ 了解表空间的作用和类型
- ❏ 理解表空间的状态
- ❏ 掌握表空间的创建
- ❏ 掌握默认表空间的设置
- ❏ 熟悉表空间的查询
- ❏ 掌握表空间的删除
- ❏ 掌握表空间名称和大小的修改
- ❏ 掌握表空间状态的切换
- ❏ 熟悉大文件表空间
- ❏ 熟悉临时表空间
- ❏ 熟悉还原表空间

14.1　认识表空间

Oracle 的体系结构分为逻辑结构和物理结构，在逻辑结构方面，Oracle 数据库被划分为多个表空间；在物理结构上，数据信息存储在数据文件中。一个数据库用户可以拥有多个表空间，一个表空间可以包含多个数据文件；相应地，一个表空间只能归属于一个用户，一个数据文件只能归属于一个表空间。本节介绍表空间的基础知识。

14.1.1　表空间简介

SQL Server 数据库与 Oracle 数据库之间最大的区别要属表空间的设计。Oracle 数据库开创性地提出了表空间的设计理念，这为 Oracle 数据库的高性能做出了不可磨灭的贡献。可以这么说，Oracle 中很多优化都是基于表空间的设计理念而实现的。

一个数据库在逻辑上由表空间组成，一个表空间包含一个或者多个操作系统文件，这些系统文件称为数据文件。

数据文件是 Oracle 格式的操作系统文件，例如扩展名为.dbf 的文件。数据文件的大小决定了表空间的大小，当表空间不足时就需要增加新的数据文件或者重新设置当前数据文件的大小，以满足表空间的增长需求。

表空间是 Oracle 数据库恢复的最小单位，容纳着许多数据库实体，如表、视图、索引、聚簇、回退段和临时段等。

每个 Oracle 数据库均有 SYSTEM 表空间，这是数据库创建时自动创建的。SYSTEM 表空间必须保持联机状态，因为其包含着数据库运行所要求的基本信息：关于整个数据库的数据字典、联机求助机制、所有回退段、临时段和自举段、所有的用户数据库实体、其他 Oracle 软件产品要求的表。

一个小型应用的 Oracle 数据库通常仅包括 SYSTEM 表空间，然而一个稍大型应用的 Oracle 数据库采用多个表空间会对数据库的使用带来更大的方便。表空间能够帮助 DBA 用户完成以下工作。

（1）决定数据库实体的空间分配。

（2）设置数据库用户的空间份额。

（3）控制数据库部分数据的可用性。

（4）分布数据于不同的设备之间以改善性能。

（5）备份和恢复数据。

用户创建数据库实体，不需要对给定的表空间拥有相应的权力。对一个用户来说，要操作一个 Oracle 数据库中的数据，需要拥有下列权限。

（1）被授予关于一个或多个表空间中的 RESOURCE 特权。

（2）被指定默认表空间。

（3）被分配指定表空间的存储空间使用份额。

（4）被指定默认临时段表空间，建立不同的表空间，设置最大的存储容量。

Oracle 中表空间的数量和大小没有严格限制，例如一个大小为 20GB 的表空间和大小为 10MB 的表空间可以并存，只是用户根据业务需求赋予的表空间功能不同。在这些表空间中有些是所有 Oracle 数据库必备的表空间：SYSTEM 表空间、临时表空间、还原表空间和默认表空间。

那些必备的表空间称为系统表空间，除此之外还有非系统表空间。对系统表空间和非系统表空间解释如下。

1．系统表空间

系统表空间是 Oracle 数据库系统创建时需要的表空间，这些表空间在数据库创建时自动创建，是每个数据库必需的表空间，也是满足数据库系统运行的最低要求。例如，系统表空间 SYSTEM 中存储数据字典或者存储还原段。

在用户没有创建非系统表空间时，系统表空间可以存放用户数据或者索引，但是这样做会增加系统表空间的 I/O，影响系统效果。

2．非系统表空间

非系统表空间是指用户根据业务需求而创建的表空间，它们可以按照数据多少、使用频率、需求数量等方面进行灵活的设置。这样一个表空间的功能就相对独立，在特定的数据库应用环境下可以很好地提高系统的效率。

通过创建用户自定义的表空间，如还原空间、临时表空间、数据表空间或者索引表空间，使得数据库的管理更加灵活、方便。

14.1.2　表空间状态属性

Oracle 为每个表空间都分配一个状态属性，通过设置表空间的状态属性，可以对表空间的使用进行管理。表空间状态属性有 4 种，分别是在线（ONLINE）、离线（OFFLINE）、只读（READ ONLY）和读写（READ WRITE），其中只读与读写状态属于在线状态的特殊情况。

1. 在线

当表空间的状态为 ONLINE 时，才允许访问该表空间中的数据。

2. 离线

当表空间的状态为 OFFLINE 时，不允许访问该表空间中的数据。例如，向表空间中创建表或者读取表空间中的表的数据等操作都将无法进行。这时可以对表空间进行脱机备份；也可以对应用程序进行升级和维护等。

3. 只读

当表空间的状态为 READ ONLY 时，虽然可以访问表空间中的数据，但访问仅限于阅读，而不能进行任何更新或删除操作，目的是为了保证表空间的数据安全。

4. 读写

当表空间的状态为 READ WRITE 时，可以对表空间进行正常访问，包括对表空间中的数据进行查询、更新和删除等操作。

14.2　创建和删除表空间

Oracle 数据库支持为用户分配磁盘空间，限制用户可以使用的存储空间，防止硬盘空间耗竭。这样的技术通过表空间来实现，一个表空间又可以添加多个数据文件，存储数据库对象：表、视图、函数等。

创建表空间并设置其大小，可以有效地限制用户的存储空间；而不需要再使用的表空间可以直接删除，并合理处置被删除表空间内的数据文件。本节介绍表空间的创建、查询和删除。

14.2.1　创建表空间

Oracle 在创建表空间时将完成两个工作，一方面是在数据字典和控制文件中记录新建的表空间信息。另一方面是在操作系统中创建指定大小的操作系统文件，并作为与表空间对应的数据文件。

创建表空间需要使用 CREATE TABLESPACE 语句，其基本语法如下：

```
CREATE [ TEMPORARY | UNDO ] TABLESPACE tablespace_name
[
    DATAFILE | TEMPFILE 'file_name' SIZE size K | M [ REUSE ]
    [
        AUTOEXTEND OFF | ON
        [ NEXT number K | M MAXSIZE UNLIMITED | number K | M ]
    ]
    [ , …]
]
[ MININUM EXTENT number K | M ]
[ BLOCKSIZE number K]
[ ONLINE | OFFLINE ]
[ LOGGING | NOLOGGING ]
[ FORCE LOGGING ]
[ DEFAULT STORAGE storage ]
[ COMPRESS | NOCOMPRESS ]
[ PERMANENT | TEMPORARY ]
[
    EXTENT MANAGEMENT DICTIONARY | LOCAL
    [ AUTOALLOCATE | UNIFORM SIZE number K | M ]
]
[ SEGMENT SPACE MANAGEMENT AUTO | MANUAL ];
```

语法中各参数的说明如下。

（1）TEMPORARY | UNDO

指定表空间的类型。TEMPORARY 表示创建临时表空间；UNDO 表示创建还原表空间；不指定类型，则表示创建的表空间为永久性表空间。

（2）tablespace_name

指定新表空间的名称。

（3）DATAFILE | TEMPFILE 'file_name'

指定与表空间相关联的数据文件。一般使用 DATAFILE，如果是创建临时表空间，则需要使用 TEMPFILE；file_name 指定文件名与路径。可以为一个表空间指定多个数据文件。

（4）SIZE size

指定数据文件的大小。

（5）REUSE

如果指定的数据文件已经存在，则使用 REUSE 关键字可以清除并重新创建该数据文件。如果文件已存在，但是又没有指定 REUSE 关键字，则创建表空间时会报错。

（6）AUTOEXTEND OFF | ON

指定数据文件是否自动扩展。OFF 表示不自动扩展；ON 表示自动扩展。默认情况下为 OFF。

（7）NEXT number

如果指定数据文件为自动扩展，则 NEXT 子句用于指定数据文件每次扩展的大小。

（8）MAXSIZE UNLIMITED | number

如果指定数据文件为自动扩展，则 MAXSIZE 子句用于指定数据文件的最大尺寸。如果指定 UNLIMITED，则表示大小无限制，默认为此选项。

（9）MININUM EXTENT number

指定表空间中的盘区可以分配到的最小的尺寸。

（10）BLOCKSIZE number

如果创建的表空间需要另外设置其数据块大小，而不是采用初始化参数 db_block_size 指定的数据块大小，则可以使用此子句进行设置。此子句仅适用于永久性表空间。

（11）ONLINE | OFFLINE

指定表空间的状态为在线（ONLINE）或离线（OFFLINE）。如果为 ONLINE，则表空间可以使用；如果为 OFFLINE，则表空间不可使用。默认为 ONLINE。

（12）LOGGING | NOLOGGING

指定存储在表空间中的数据库对象的任何操作是否产生日志。LOGGING 表示产生；NOLOGGING 表示不产生。默认为 LOGGING。

（13）FORCE LOGGING

此选项用于强制表空间中的数据库对象的任何操作都产生日志，将忽略 LOGGING 或 NOLOGGING 子句。

（14）DEFAULT STORAGE storage

指定保存在表空间中的数据库对象的默认存储参数。当然，数据库对象也可以指定自己的存储参数。

（15）COMPRESS | NOCOMPRESS

指定是否压缩数据段中的数据。COMPRESS 表示压缩；NOCOMPRESS 表示不压缩。数据压缩发生在数据块层次中，以便压缩数据块内的行，消除列中的重复值。默认为 COMPRESS。

提 示

对数据段中的数据进行压缩后，在检索数据时，Oracle 会自动对数据进行解压缩。这个过程不会影响数据的检索，但是会影响数据的更新和删除。

（16）PERMANENT | TEMPORARY

指定表空间中数据对象的保存形式。PERMANENT 表示持久保存；TEMPORARY 表示临时保存。

（17）EXTENT MANAGEMENT DICTIONARY | LOCAL

指定表空间的管理方式。DICTIONARY 表示采用数据字典的形式管理；LOCAL 表示采用本地化管理形式管理。默认为 LOCAL。

（18）AUTOALLOCATE | UNIFORM SIZE number

指定表空间中的盘区大小。AUTOALLOCATE 表示盘区大小由 Oracle 自动分配，此时不能指定大小；UNIFORM SIZE number 表示表空间中的所有盘区大小相同，都为指定值。默认为 AUTOALLOCATE。

（19）SEGMENT SPACE MANAGEMENT AUTO | MANUAL

指定表空间中段的管理方式。AUTO 表示自动管理方式；MANUAL 表示手动管理方式。默认为 AUTO。

【范例 1】

创建一个名称为 MYSPACE 的表空间，并设置表空间使用数据文件的初始大小为 20MB，每次自动增长 5MB，最大容量为 100MB。语句如下。

```
CREATE TABLESPACE MYSPACE
DATAFILE 'D:\ORACLEdata\MYSPACE.dbf'
SIZE 20M
AUTOEXTEND ON NEXT 5M
MAXSIZE 100M;
```

提示

如果为数据文件设置了自动扩展属性，则最好同时为该文件设置最大大小限制。否则，数据文件的体积将会无限增大。

344

14.2.2 设置默认表空间

在新建用户时，Oracle 会为用户分配永久性默认表空间 USERS，以及临时表空间 TEMP。如果所有用户都使用默认的表空间，无疑会增加 USERS 与 TEMP 表空间的负载压力和响应速度。

这时就可以修改用户的默认永久表空间和临时表空间。修改之前可通过数据字典 database_properties 查看当前用户所使用的永久性表空间与临时表空间的名称，如下。

```
SELECT property_name , property_value , description
FROM database_properties
WHERE property_name
IN ('DEFAULT_PERMANENT_TABLESPACE' , 'DEFAULT_TEMP_TABLESPACE');

PROPERTY_NAME              PROPERTY_VALUE      DESCRIPTION
-------------     ----------   ---------------   ---------------
DEFAULT_TEMP_TABLESPACE      TEMP     Name of default temporary tablespace
DEFAULT_PERMANENT_TABLESPACE  USERS   Name of default permanent tablespace
```

其中，default_permanent_tablespace 表示默认永久性表空间；default_temp_tablespace 表示默认临时表空间。它们的值即为对应的表空间名。

Oracle 允许使用非 USERS 表空间作为默认永久性表空间，使用非 TEMP 表空间作为默认临时表空间。设置默认表空间需要使用 ALTER DATABASE 语句，语法如下：

```
ALTER DATABASE DEFAULT [ TEMPORARY ] TABLESPACE tablespace_name;
```

如果使用 TEMPORARY 关键字，则表示设置默认临时表空间；如果不使用该关键字，则表示设置默认永久性表空间。

也可以为数据库实例指定一个默认临时表空间组，其形式与指定默认临时表空间类似，只不过是使用临时表空间组名代替临时表空间名，格式如下。

```
ALTER DATABASE DEFAULT TEMPORARY TABLESPACE 空间组名;
```

【范例 2】

假设要将 MYSPACE 表空间设置为默认永久性表空间，语句如下。

```
ALTER DATABASE DEFAULT TABLESPACE MYSPACE;
```

然后使用数据字典 database_properties 检查默认表空间是否设置成功。语句如下。

```
SELECT property_name,property_value,description
FROM database_properties
WHERE property_name='DEFAULT_PERMANENT_TABLESPACE';
```

上述代码的执行效果如下所示。

```
PROPERTY_NAME                        PROPERTY_VALUE   DESCRIPTION
--------------------                 ---------------  ---------------
DEFAULT_PERMANENT_TABLESPACE MYSPACE Name of default permanent tablespace
```

14.2.3 查询表空间信息

通过系统数据字典可以查询表空间的信息，包括表空间的名称、大小、类型、状态表空间中包含的数据文件等。系统数据字典 DBA_TABLESPACES 中记录了关于表空间的详细信息，其常用字段及其说明如表 14-1 所示。

表 14-1 DBA_TABLESPACES 常用字段及其说明

字段名称	说明
TABLESPACE_NAME	表空间名称
BLOCK_SIZE	表空间块大小
INITIAL_EXTENT	默认的初始值范围
NEXT_EXTENT	默认增量区段大小
MIN_EXTENTS	默认最小数量的区段
MAX_EXTENTS	默认最大数量的区段
PCT_INCREASE	区段默认增加的百分比
MIN_EXTLEN	表空间的最小程度的增量
STATUS	表空间的状态（脱机、联机、只读、读写）
CONTENTS	表空间的类型（永久、临时、撤销）
LOGGING	是否为表空间创建日志记录
FORCE_LOGGING	表空间日志记录模式
EXTENT_MANAGEMENT	表空间盘区的管理方式（词典、本地）
ALLOCATION_TYPE	表空间的盘区大小的分配方式
SEGMENT_SPACE_MANAGEMENT	段的管理方式（自动、手动）

【范例 3】

查看当前用户下的所有表空间的名称、空间块大小、状态、类型和管理方式等，代码如下。

```
SELECT TABLESPACE_NAME, BLOCK_SIZE, STATUS, CONTENTS, EXTENT_MANAGEMENT
FROM SYS.DBA_TABLESPACES;
```

上述代码的执行结果如下所示。

```
TABLESPACE_NAME      BLOCK_SIZE   STATUS    CONTENTS    EXTENT_MAN
---------------      ----------   -------   ---------   -------------
SYSTEM               8192         ONLINE    PERMANENT   LOCAL
SYSAUX               8192         ONLINE    PERMANENT   LOCAL
UNDOTBS1             8192         ONLINE    UNDO        LOCAL
TEMP                 8192         ONLINE    TEMPORARY   LOCAL
USERS                8192         ONLINE    PERMANENT   LOCAL
MYSPACE              8192         ONLINE    PERMANENT   LOCAL
已选择 6 行。
```

根据表空间对区段管理方式的不同，表空间有两种管理方式，分别是：数据字典管理的表空间和本地化管理的表空间。本地化管理的表空间之所以能提高存储效率，其原因主要有以下几个方面。

（1）采用位图的方式查询空闲的表空间、处理表空间中的数据块，从而避免使用 SQL 语句造成系统性能下降。

（2）系统通过位图的方式，将相邻的空闲空间作为一个大的空间块，实现自动合并磁盘碎片。

（3）区的大小可以设置为相同，即使产生了磁盘碎片，由于碎片是均匀统一的，也可以被其他实体重新使用。

表 14-1 中的字段只能够查询表空间的基本数据，无法查询表空间的剩余空间和数据文件等信息。向表空间中添加数据文件时需要确定当前表空间的剩余空间，可使用系统数据字典 DBA_FREE_SPACE 查询，其字段及其说明如表 14-2 所示。

表 14-2　DBA_FREE_SPACE 字段及其说明

字段名称	说明
TABLESPACE_NAME	表空间的名称
FILE_ID	数据文件标识 ID
BLOCK_ID	数据文件的块标识 ID
BYTES	数据文件的空间大小
BLOCKS	数据文件的块数，满足 BYTES = BLOCKS×8×1024
RELATIVE_FNO	相对文件标识

【范例 4】

查询当前用户下所有表空间的数据文件信息，代码如下。

```
SELECT * FROM DBA_FREE_SPACE;
```

上述代码的执行效果如下所示。

```
TABLESPACE_NAME    FILE_ID   BLOCK_ID    BYTES       BLOCKS     RELATIVE_FNO
---------------    -------   ---------   --------    --------   -----------
SYSTEM             1         99000       589824      72         1
SYSTEM             1         100608      4194304     512        1
SYSAUX             3         106464      262144      32         3
SYSAUX             3         107136      45088768    5504       3
UNDOTBS1           5         232         65536       8          5
UNDOTBS1           5         288         786432      96         5
--此处省略 UNDOTBS1 表空间的部分查询结果
UNDOTBS1           5         26496       66060288    8064       5
UNDOTBS1           5         34688       7340032     896        5
UNDOTBS1           5         35592       47120384    5752       5
UNDOTBS1           5         43392       377487360   46080      5
UNDOTBS1           5         90368       19922944    2432       .5
USERS              6         176         3801088     464        6
MYSPACE            11        128         19922944    2432       11
已选择 28 行。
```

上述查询结果包含 28 行记录。在创建新的表空间之前，上述查询语句查询出来 18
行记录，大多是 UNDOTBS1 表空间的记录，而添加了新的表空间之后，多出来 10 行记
录，其中 9 行是 UNDOTBS1 表空间的记录。UNDOTBS1 表空间是还原表空间，存放
UNDO 数据。添加表空间的同时，产生大量的 UNDO 数据。

DBA_FREE_SPACE 记录了表空间所包含的所有数据文件及其所占用的空间。计算
同一个表空间内所有数据文件的占用空间，结合 DBA_TABLESPACES 查询出来的表空
间大小，即可得出该表空间的空间占用量和剩余空间。

14.2.4　删除表空间

删除表空间将涉及表空间内的数据库对象，因此在删除时需要设置如何处理这些数
据库。删除表空间要求用户具有 DROP TABLESPACE 系统权限，使用 DROP
TABLESPACE 语句语法如下：

```
DROP TABLESPACE tablespace_name
[ INCLUDING CONTENTS [ AND DATAFILES ] ]
```

语法说明如下。

（1）tablespace_name：要删除表空间的名称。

（2）INCLUDING CONTENTS：表示删除表空间的同时，删除表空间中的所有数据
库对象。如果表空间中有数据库对象，则必须使用此选项。

（3）AND DATAFILES：表示删除表空间的同时，删除表空间所对应的数据文件。
如果不使用此选项，则删除表空间实际上仅是从数据字典和控制文件中将该表空间的有
关信息删除，而不会删除操作系统中与该表空间对应的数据文件。

【范例 5】

删除名为 DELSPACE 的表空间，代码如下。

```
DROP TABLESPACE DELSPACE;
```

警告

不能删除用户的默认永久表空间。

14.2.5 大文件表空间

大文件表空间是表空间的一种，大文件表空间可以存储更多的数据。普通表空间对应的文件最大可达 4M 个数据块大小，而大文件表空间可存储 4G 个数据块。但大文件表空间只能对应唯一一个数据文件或临时文件，而不是像普通表空间由多个文件组成。

提示

如果数据块的大小被设置为 8KB，则大文件表空间对应的文件最大可为 32TB；如果数据块的大小被设置为 32KB，则大文件表空间对应的文件最大可为 128TB。1TB = 1024GB。

创建大文件表空间有三种方法，无论哪种方法都需要使用 BIGFILE 关键字，如下所示。

1. 在创建数据库时定义大文件表空间

在创建数据库时定义大文件表空间，并把它作为默认表空间。语句如下。

```
CREATE DATABASE
SET DEFAULT BIGFILE TABLESPACE big_space_name
DATAFILE 'D:\Oracle\Files\mybigspace.dbf'
SIZE 1G;
```

一旦使用这种方法指定默认表空间为大文件表空间类型，那么以后创建的表空间都为大文件表空间，否则需要手动修改这个默认设置。

2. 在现有数据库中创建大文件表空间

如果数据库已经创建，则可以使用 CREATE BIGFILE TABLESPACE 语句创建大文件表空间。

例如，要创建一个名为 TESTBIGSPACE 的大文件表空间，可使用如下语句。

```
CREATE BIGFILE TABLESPACE testbigspace
DATAFILE 'D:\ORACLEdata\mybigspace.dbf'
SIZE 1G;
```

创建成功之后可通过数据字典 dba_data_files 验证表空间的大小信息。语句如下。

```
SELECT tablespace_name,file_name,bytes/(1024*1024*1024) G
FROM dba_data_files;
```

上述代码的查询效果如图 14-1 所示。

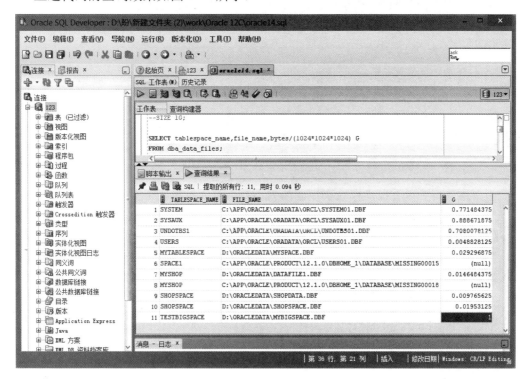

图 14-1   查看表空间信息

从结果可以看到，大文件表空间 TESTBIGSPACE 创建成功，其对应的 MYBIGSPACE.DBF 文件大小为 1GB。

3. 修改现有表空间为大文件表空间

通过改变默认表空间为大文件表空间，可以使再创建的表空间都为大文件表空间。

14.3   表空间的修改

表空间创建之后是可以修改的，如修改表空间的名称、大小、状态和修改数据表所归属的表空间等。大文件表空间与普通表空间的操作一样，可以使用相同方法修改大文件表空间的相关属性。

14.3.1   修改表空间名称

在 Oracle 10g 以前的版本中，更改表空间名字是几乎不可能的事情，需要删除再重新添加。Oracle 10g 之后的版本可直接使用下列语句修改表空间名称。

```
ALTER TABLESPACE 原名称 RENAME TO 新名称;
```

【范例 6】

修改 MYSPACE 表空间的名称为 MYTABLESPACE,代码如下。

```
ALTER TABLESPACE MYSPACE RENAME TO MYTABLESPACE;
```

14.3.2 修改表空间大小

表空间的大小是在创建时已经定义的,随着数据的增加,表空间可能无法承担更多的数据,此时需要对表空间的大小进行修改。修改表空间的大小语法如下:

```
ALTER DATABASE DATAFILE '表空间地址' RESIZE 空间大小;
```

由上述代码可以看出,修改表空间的大小并不需要指出表空间的名称,但是需要指出表空间所存放的地址。

【范例 7】

范例 1 中创建 MYSPACE 表空间地址为 "D:\ORACLEdata\MYSPACE.dbf",那么修改该地址下的文件大小,即可修改已经被重新命名的 MYTABLESPACE 表空间。修改 MYTABLESPACE 表空间的大小为 30MB,代码如下。

```
ALTER DATABASE DATAFILE 'D:\ORACLEdata\MYSPACE.dbf' RESIZE 30M;
```

查询 MYTABLESPACE 表空间内数据文件的信息,代码如下。

```
SELECT * FROM dba_free_space WHERE tablespace_name='MYTABLESPACE';
```

上述代码的执行效果如下所示。

TABLESPACE_NAME	FILE_ID	BLOCK_ID	BYTES	BLOCKS	RELATIVE_FNO
MYTABLESPACE	11	128	30408704	3712	11

上述执行效果与范例 4 的效果相比,MYTABLESPACE(范例 4 中的 MYSPACE)表空间 BYTES 值和 BLOCKS 值都增加了,表空间的大小被修改。

除了修改表空间本身的属性,也可以修改数据表所归属的表空间。移动数据表到新的表空间,格式如下:

```
ALTER TABLE 表的名称 MOVE TABLESPACE 表空间的名称;
```

14.3.3 切换脱机和联机状态

表空间有脱机状态和联机状态,在 14.1.2 节有简单介绍。表空间的脱机状态和联机状态是可以切换的,表现如下。

(1)如果要将表空间修改为 ONLINE 状态,可以使用如下语法的 ALTER

TABLESPACE 语句。

```
ALTER TABLESPACE 表空间的名称 ONLINE;
```

（2）如果要将表空间修改为 OFFLINE 状态，可以使用如下语法的 ALTER TABLESPACE 语句。

```
ALTER TABLESPACE 表空间的名称 OFFLINE parameter;
```

上述代码中，parameter 表示将表空间切换为 OFFLINE 状态时可以使用的参数，参数有如下几个选项。

1. NORMAL

指定表空间以正常方式切换到 OFFLINE 状态。如果以这种方式切换，Oracle 会执行一次检查点，将 SGA 区中与该表空间相关的脏缓存块全部写入数据文件中，最后关闭与该表空间相关联的所有数据文件。默认情况下使用此方式。

2. TEMPORARY

指定表空间以临时方式切换到 OFFLINE 状态。如果以这种方式切换，Oracle 在执行检查点时不会检查数据文件是否可用，这会使得将该表空间的状态切换为 ONLINE 状态时，可能需要对数据库进行恢复。

3. IMMEDIATE

指定表空间以立即方式切换到 OFFLINE 状态。如果以这种方式切换，Oracle 不会执行检查点，而是直接将表空间设置为 OFFLINE 状态，这会使得将该表空间的状态切换为 ONLINE 状态时，必须对数据库进行恢复。

4. FOR RECOVER

指定表空间以恢复方式切换到 OFFLINE 状态。如果以这种方式切换，数据库管理员可以使用备份的数据文件覆盖原有的数据文件，然后再根据归档重做日志将表空间恢复到某个时间点的状态。所以，此方式经常用于对表空间进行基于时间的恢复。

【范例 8】

创建 ONLINE 状态的表空间名为 SPACE1，创建 OFFLINE 状态的表空间名为 SPACE2，查看这两个表空间的状态，修改 SPACE1 状态为 OFFLINE，修改 SPACE2 状态为 ONLINE，再次查看表空间状态，步骤如下。

（1）首先创建 SPACE1 和 SPACE2 表空间，省略 SPACE1 的创建步骤，SPACE2 表空间的创建代码如下。

```
CREATE TABLESPACE SPACE2
DATAFILE 'D:\ORACLEdata\SPACE2.dbf'
SIZE 10M
AUTOEXTEND ON NEXT 5M
MAXSIZE 50M
```

```
OFFLINE;
```

（2）查看这两个表空间的状态，语句如下。

```
SELECT TABLESPACE_NAME, BLOCK_SIZE, STATUS, CONTENTS, EXTENT_MANAGEMENT
FROM SYS.DBA_TABLESPACES WHERE TABLESPACE_NAME='SPACE1' OR TABLESPACE_
NAME='SPACE2';
```

其查看效果如下所示。

```
TABLESPACE_NAME  BLOCK_SIZE STATUS  CONTENTS    EXTENT_MAN
--------------   ---------- ------- ----------- --------------
SPACE1           8192       ONLINE  PERMANENT   LOCAL
SPACE2           8192       OFFLINE PERMANEN    TLOCAL
```

（3）修改 SPACE1 状态为 OFFLINE，修改 SPACE2 状态为 ONLINE，代码如下。

```
ALTER TABLESPACE SPACE1 OFFLINE;
ALTER TABLESPACE SPACE2 ONLINE;
```

（4）再次查看两个表空间的状态，效果如下。

```
TABLESPACE_NAME  BLOCK_SIZE STATUS  CONTENTS    EXTENT_MAN
---------------  ---------- ------- ---------- ----------------
SPACE1           8192       OFFLINE PERMANENT   LOCAL
SPACE2           8192       ONLINE  PERMANEN    TLOCAL
```

14.3.4 切换只读和读写状态

除了可以修改表空间的脱机和联机状态，还可以修改表空间的只读状态和读写状态，表现如下。

1．切换为只读状态

要将表空间修改为 READ ONLY 状态，可以使用如下语法的 ALTER TABLESPACE 语句。

```
ALTER TABLESPACE tablespace_name READ ONLY;
```

不过，将表空间的状态修改为 READ ONLY 之前，需要注意如下事项。

（1）表空间必须处于 ONLINE 状态。

（2）表空间不能包含任何事务的还原段。

（3）表空间不能正处于在线数据库备份期间。

2．切换为读写状态

要将表空间修改为 READ WRITE 状态，可以使用如下语法的 ALTER TABLESPACE 语句。

```
ALTER TABLESPACE tablespace_name READ WRITE;
```

修改表空间的状态为 READ WRITE，也需要保证表空间处于 ONLINE 状态。

注 意

无法将 Oracle 系统 system、temp 等表空间的状态设置为 OFFLINE 或 READ ONLY（除了 users 表空间以外）。

14.4 临时表空间

在 Oracle 数据库中，临时表空间适用于特定会话活动，例如用户会话中的排序操作。排序的中间结果需要存储在某个区域，这个区域就是临时表空间。临时表空间的排序段是在实例启动后第一个排序操作时创建的。

默认情况下，所有用户都使用 TEMP 作为临时表空间。但是也允许使用其他表空间作为临时表空间，这需要在创建用户时进行指定。

14.4.1 创建临时表空间

临时表空间是使用当前数据库的多个用户共享使用的，临时表空间中的区段在需要时按照创建临时表空间时的参数或者管理方式进行扩展。临时文件中只存储临时数据，并且在用户操作结束后，系统将删除临时文件中存储的数据。

使用临时表空间需要注意以下事项。

（1）临时表空间只能用于存储临时数据，不能够存储永久性数据。如果在临时表空间中存储永久性数据，将会出现错误。

（2）临时表空间中的文件为临时文件，所以数据字典 dba_data_files 不再记录有关临时文件的信息。如果想要查看临时表空间的信息，可以查询 dba_temp_files 数据字典。

（3）临时表空间的盘区管理方式都是 UNIFORM，所以在创建临时表空间时，不能使用 AUTOALLOCATE 关键字指定盘区的管理方式。

创建临时表空间时需要使用 TEMPORARY 关键字，并且与临时表空间对应的临时数据文件由 TEMPFILE 关键字指定，也就是说临时表空间中不再使用数据文件，而使用临时数据文件。

临时表空间中的临时数据文件也是.DBF 格式的数据文件，但是这个数据文件与普通表空间或者索引的数据文件有很大不同，主要体现在如下几个方面。

（1）临时数据文件总是处于 NOLOGGING 模式，因为临时表空间中的数据都是中间数据，只是临时存放的。它们的变化不需要记录在日志文件中，因为这些变化本身也不需恢复。

（2）临时数据文件不能设置为只读（READ ONLY）状态。

（3）临时数据文件不能重命名。

（4）临时数据文件不能通过 ALTER DATABASE 语句创建。

（5）数据库恢复时不需要临时数据文件。

（6）使用 BACKUP CONTROLFILE 语句时并不产生任何关于临时数据文件的信息。

（7）使用 CREATE CONTROLFILE 语句不能设置临时数据文件的任何信息。

（8）在初始化参数文件中，有一个名为 SORT_AREA_SIZE 的参数，这是排序区的容量大小。为了优化临时表空间中排序操作的性能，最好设置 UNIFORM SIZE 为该参数的整数倍。

【范例 9】

创建一个名称为 TEMPSPACE 的临时表空间，并设置临时表空间使用临时数据文件的初始大小为 10MB，每次自动增长 5MB，最大大小为 30MB，代码如下。

```
CREATE TEMPORARY TABLESPACE TEMPSPACE
TEMPFILE 'D:\ORACLEdata\tempspace.dbf'
SIZE 10M
AUTOEXTEND ON NEXT 5M MAXSIZE 30M;
```

临时表空间创建之后可以执行如下操作：增加临时数据文件、修改临时数据文件的大小、修改临时数据文件的状态、切换临时表空间和删除临时表空间等，其操作方法与普通表空间一样，这里不再介绍。

需要注意的是，在删除前必须确保当前的临时表空间不在使用状态。通常在删除默认的临时表空间之前先创建一个临时表空间，并切换至新的临时表空间。

14.4.2 临时表空间组

Oracle 11g 引入临时表空间组来管理临时表空间，一个临时表空间组中可以包含一个或者多个临时表空间，临时表空间组具有如下特点。

（1）一个临时表空间组必须由至少一个临时表空间组成，并且无明确的最大数量限制。

（2）如果删除一个临时表空间组的所有成员，该组也自动被删除。

（3）临时表空间的名字不能与临时表空间组的名字相同。

（4）在给用户分配一个临时表空间时，可以使用临时表空间组的名字代替实际的临时表空间名；在给数据库分配默认临时表空间时，也可以使用临时表空间组的名字。

（5）由于 SQL 查询可以并发使用几个临时表空间进行排序操作，因此 SQL 查询很少会出现排序空间超出，避免临时表空间不足所引起的磁盘排序问题。

（6）可以在数据库级指定多个默认临时表空间。

（7）一个并行操作的并行服务器将有效地利用多个临时表空间。

（8）一个用户在不同会话中可以同时使用多个临时表空间。

创建临时表空间组使用 GROUP 关键字，语法如下：

```
CREATE TEMPORARY TABLESPACE 临时表空间组所包含的表空间
TEMPFILE '表空间地址'
SIZE 10M
TABLESPACE GROUP 临时表空间组名称;
```

上述代码只是创建了含有一个临时表空间的临时表空间组，向临时表空间组中添加临时表空间，只需在创建表空间的时候指定临时表空间组即可，其语法与上述语法一样。若需要将已经存在的表空间放在临时表空间组之中，使用如下语句。

```
ALTER TABLESPACE 临时表空间名称 TABLESPACE GROUP 临时表空间组名称;
```

删除临时表空间组相当于删除组成临时表空间组的所有临时表空间，也可使用为指定的临时表空间修改所属的临时表空间组来删除表空间组中的指定表空间。

删除临时表空间组中的表空间，语法如下：

```
DROP TABLESPACE 临时表空间名称 INCLUDING CONTENTS AND DATAFILES;
```

可以使用 dba_tablespace_groups 数据字典查询临时表空间组的信息，其中，group_name 字段表示临时表空间组名称，tablespace_name 字段表示所包括的表空间名称。

【范例10】

创建临时表空间 MYTEMP1 并添加到 MYTEMPGROUP 临时表空间组中，创建 MYTEMP2 也添加到 MYTEMPGROUP 临时表空间组中，将范例9中的 TEMPSPACE 添加到临时表空间组中，查看该空间组中的表空间记录，删除表空间组中的 TEMPSPACE 表空间，步骤如下。

（1）创建临时表空间 MYTEMP1 并添加到 MYTEMPGROUP 临时表空间组中，代码如下。

```
CREATE TEMPORARY TABLESPACE MYTEMP1
TEMPFILE 'D:\ORACLEdata\MYTEMP1.dbf'
SIZE 10M
TABLESPACE GROUP MYTEMPGROUP;
```

（2）创建 MYTEMP2 也添加到 MYTEMPGROUP 临时表空间组中，代码如下。

```
CREATE TEMPORARY TABLESPACE MYTEMP2
TEMPFILE 'D:\ORACLEdata\MYTEMP2.dbf'
SIZE 10M
TABLESPACE GROUP MYTEMPGROUP;
```

（3）将 TEMPSPACE 添加到临时表空间组中，代码如下。

```
ALTER TABLESPACE TEMPSPACE TABLESPACE GROUP MYTEMPGROUP;
```

（4）查看 MYTEMPGROUP 临时表空间组中的表空间，代码如下。

```
SELECT * FROM dba_tablespace_groups;
```

上述代码的执行效果如下所示。

```
GROUP_NAME                          TABLESPACE_NAME
------------------------            ------------------------------
MYTEMPGROUP                         TEMPSPACE
MYTEMPGROUP                         MYTEMP1
```

```
MYTEMPGROUP                    MYTEMP2
```

（5）删除 MYTEMPGROUP 临时表空间组中的 TEMPSPACE 表空间，代码如下。

```
ALTER TABLESPACE TEMPSPACE TABLESPACE GROUP '';
```

上述代码相当于将 TEMPSPACE 表空间放在了空白临时表空间组中。可使用如下语句删除 MYTEMPGROUP 临时表空间组中的 TEMPSPACE 表空间。

```
DROP TABLESPACE MYTEMP1 INCLUDING CONTENTS AND DATAFILES;
```

14.5　还原表空间

Oracle 数据库允许多个用户同时查询共享数据，那么在数据被修改的时候将无法实现数据的一致性。为此 Oracle 提供了还原表空间用于存放还原段，在还原段中存放更改前的数据。

14.5.1　管理还原表空间

对还原表空间的管理包括对还原表空间的创建、修改数据文件、切换默认还原表空间和删除还原表空间等，如下所示。

1.　创建还原表空间

在 Oracle 中可以使用 CREATE UNDO TABLESPACE 语句创建还原表空间，语法与创建表空间的语法一样，只是使用 CREATE UNDO TABLESPACE 语句替代了 CREATE TABLESPACE 语句。需要注意的是，Oracle 对还原表空间有如下几点限制。

（1）还原表空间只能使用本地化管理表空间类型，即 EXTENT MANAGEMENT 子句只能指定 LOCAL（默认值）。

（2）还原表空间的盘区管理方式只能使用 AUTOALLOCATE（默认值），即由 Oracle 系统自动分配盘区大小。

（3）还原表空间的段的管理方式只能为手动管理方式，即 SEGMENT SPACE MANAGEMENT 只能指定 MANUAL。如果是创建普通表空间，则此选项默认为 AUTO，而如果是创建还原表空间，则此选项默认为 MANUAL。

还原表空间的管理与其他表空间的管理一样，都涉及修改其中数据文件、切换表空间以及删除表空间等操作。

2.　修改还原表空间的数据文件

由于还原表空间主要由 Oracle 系统自动管理，所以对还原表空间的数据文件的修改也主要限于以下几种形式。

（1）为还原表空间添加新的数据文件。

（2）移动还原表空间的数据文件。

（3）设置还原表空间的数据文件的状态为 ONLINE 或 OFFLINE。

提 示

以上几种修改同样通过 ALTER TABLESPACE 语句实现，与普通表空间的修改一样，这里不重复介绍。

3．切换还原表空间

一个数据库中可以有多个还原表空间，但数据库一次只能使用一个还原表空间。默认情况下，数据库使用的是系统自动创建的 undotbs1 还原表空间。如果要将数据库使用的还原表空间切换成其他表空间，需要使用 ALTER SYSTEM 语句修改参数 undo_tablespace 的值，如下所示。

```
ALTER SYSTEM SET undo_tablespace = '默认还原表空间的名称';
```

切换还原表空间后，数据库中新事务的还原数据将保存在新的还原表空间中。

注 意

如果切换时指定的表空间不是一个还原表空间，或者该还原表空间正在被其他数据库实例使用，将切换失败。

4．修改撤销记录的保留时间

在 Oracle 中还原表空间中还原记录的保留时间由 undo_retention 参数决定，默认为 900s。900s 之后，还原记录将从还原表空间中清除，这样可以防止还原表空间的迅速膨胀。修改保留时间语法如下：

```
ALTER SYSTEM SET undo_retention =保留时间;
```

使用 SHOW PARAMETER 语句可以查看修改后的 undo_retention 参数值，语法如下：

```
SHOW PARAMETER undo_retention;
```

注 意

undo_retention 参数的设置不只对当前使用的还原表空间有效，而是应用于数据库中所有的还原表空间。

5．删除还原表空间

删除还原表空间同样需要使用 DROP TABLESPACE 语句，但删除的前提是该还原表空间此时没有被数据库使用。如果需要删除正在被使用的还原表空间，则应该先进行还原表空间的切换操作。

删除还原表空间代码如下。

```
DROP TABLESPACE 还原表空间的名称 INCLUDING CONTENTS AND DATAFILES;
```

14.5.2　更改还原表空间的方式

Oracle 支持两种管理还原表空间的方式：还原段撤销管理（Rollback Segments Undo，RSU）和自动撤销管理（System Managed Undo，SMU）。其中，还原段撤销管理是 Oracle 的传统管理方式，要求数据库管理员通过创建还原段为撤销操作提供存储空间，这种管理方式不仅麻烦而且效率也低；自动撤销管理是由 Oracle 系统自动管理还原表空间。

一个数据库实例只能采用一种撤销管理方式，该方式由 undo_management 参数决定，可以使用 SHOW PARAMETER 语句查看该参数的信息，代码如下。

```
SHOW PARAMETER undo_management;
```

上述代码的执行效果如下所示。

```
NAME                         TYPE         VALUE
---------------------------- ----------- -------------------
undo_management              string       AUTO
```

如果参数 undo_management 的值为 AUTO，则表示还原表空间的管理方式为自动撤销管理；如果为 MANUAL，则表示为还原段撤销管理。

1．自动撤销管理

如果选择使用自动撤销管理方式，则应将参数 undo_management 的值设置为 AUTO，并且需要在数据库中创建一个还原表空间。默认情况下，Oracle 系统在安装时会自动创建一个还原表空间 undotbs1。系统当前所使用的还原表空间由参数 undo_tablespace 决定。

除此之外，还可以设置还原表空间中撤销数据的保留时间，即用户事务结束后，在还原表空间中保留撤销记录的时间。保留时间由参数 undo_retention 决定，其参数值的单位为 s。

使用 SHOW PARAMETER undo 语句，可以查看当前数据库的还原表空间的设置，如下所示。

```
SHOW PARAMETER undo;
```

上述代码的执行效果如下所示。

```
NAME                         TYPE         VALUE
---------------------------- ---------- -----------------------
temp_undo_enabled            boolean      FALSE
undo_management              string       AUTO
undo_retention               integer      900
undo_tablespace              string       UNDOTBS1
```

提示

如果一个事务的撤销数据所需的存储空间大于还原表空间中的空闲空间，则系统会使用未到期的撤销空间，这会导致部分撤销数据被提前从还原表空间中清除。

2. 还原段撤销管理

如果选择使用还原段撤销管理方式，则应将参数 undo_management 的值设置为 MANUAL，并且需要设置下列参数。

（1）rollback_segments：设置数据库所使用的还原段名称。

（2）transactions：设置系统中的事务总数。

（3）transactions_per_rollback_segment：指定还原段可以服务的事务个数。

（4）max_rollback_segments：设置还原段的最大个数。

14.6 实验指导——管理表空间

本章综合介绍了表空间的创建和管理，本节结合本章内容，创建表空间并执行一系列的操作来管理表空间，要求如下。

（1）创建名为 SHOPING 的脱机表空间，初始大小为 10MB，每次自动增长 5MB，最大大小为 30MB。

（2）修改表空间为联机状态。

（3）修改表空间的名称为 MYSHOP。

（4）修改表空间为只读状态。

（5）修改表空间大小为 20MB。

（6）创建名为 SHOPTEMP 的临时表空间和名为 SHOPTEMPS 的临时表空间组。

（7）创建名为 SHOPTEMPSPACE 的临时表空间。

（8）将 SHOPTEMPSPACE 表空间放在 SHOPTEMPS 临时表空间组中。

实现上述要求，步骤如下。

（1）创建名为 SHOPING 的脱机表空间，初始大小为 10MB，每次自动增长 5MB，最大大小为 30MB，代码如下。

```
CREATE TABLESPACE SHOPING
DATAFILE 'D:\ORACLEdata\SHOPING.dbf'
SIZE 10M
AUTOEXTEND ON NEXT 5M
MAXSIZE 30M
OFFLINE;
```

（2）修改表空间为联机状态，代码如下。

```
ALTER TABLESPACE SHOPING ONLINE;
```

（3）修改表空间的名称为 MYSHOP，代码如下。

```
ALTER TABLESPACE SHOPING RENAME TO MYSHOP;
```

（4）修改表空间为只读状态，代码如下。

```
ALTER TABLESPACE MYSHOP READ ONLY;
```

（5）此时查询表空间的信息，代码如下。

```
SELECT TABLESPACE_NAME, BLOCK_SIZE, STATUS, CONTENTS, EXTENT_MANAGEMENT
FROM SYS.DBA_TABLESPACES;
```

上述代码的执行效果如下所示。

```
TABLESPACE_NAME    BLOCK_SIZE    STATUS      CONTENTS     EXTENT_MAN
-------------      -----------   --------    ---------    -----------
SYSTEM             8192          ONLINE      PERMANENT    LOCAL
SYSAUX             8192          ONLINE      PERMANENT    LOCAL
UNDOTBS1           8192          ONLINE      UNDO         LOCAL
TEMP               8192          ONLINE      TEMPORARY    LOCAL
USERS              8192          ONLINE      PERMANENT    LOCAL
MYTABLESPACE       8192          ONLINE      PERMANENT    LOCAL
SPACE1             8192          OFFLINE     PERMANENT    LOCAL
SPACE2             8192          ONLINE      PERMANENT    LOCAL
TEMPSPACE          8192          ONLINE      TEMPORARY    LOCAL
MYTEMP2            8192          ONLINE      TEMPORARY    LOCAL
MYSHOP             8192          READ ONLY   PERMANENT    LOCAL

已选择 11 行。
```

（6）修改表空间大小为 20MB。由于当前表空间处于只读状态，因此需要先修改其状态为读写状态再修改大小，代码如下。

```
ALTER TABLESPACE MYSHOP READ WRITE;
ALTER DATABASE DATAFILE 'D:\ORACLEdata\SHOPING.dbf' RESIZE 20M;
```

（7）创建名为 SHOPTEMP 的临时表空间和名为 SHOPTEMPS 的临时表空间组，代码如下。

```
CREATE TEMPORARY TABLESPACE SHOPTEMP
TEMPFILE 'D:\ORACLEdata\SHOPTEMP.dbf'
SIZE 10M
TABLESPACE GROUP SHOPTEMPS;
```

（8）创建名为 SHOPTEMPSPACE 的临时表空间，代码如下。

```
CREATE TEMPORARY TABLESPACE SHOPTEMPSPACE
TEMPFILE 'D:\ORACLEdata\SHOPTEMPSPACE.dbf'
SIZE 10M;
```

（9）将 SHOPTEMPSPACE 表空间放在 SHOPTEMPS 临时表空间组中，代码如下。

```
ALTER TABLESPACE SHOPTEMPSPACE TABLESPACE GROUP SHOPTEMPS;
```

思考与练习

一、填空题

1. Oracle 数据库必备的表空间有：SYSTEM 表空间、_____、还原表空间和默认表空间。

2. 表空间状态属性有 4 种，分别是在线、离线、_____和读写。

3．创建表空间时使用_____关键字设置表空间的初始大小。

4．大文件空间最大可存储_____个数据块。

5．默认情况下，所有用户都使用_____作为临时表空间。

二、选择题

1．下列说法错误的是_____。

    A．大文件表空间可以存储更多的数据，能够拥有更多的数据文件或临时文件

    B．临时数据文件不能设置为只读状态

    C．临时数据文件不能通过 ALTER DATABASE 语句创建

    D．临时表空间只能用于存储临时数据，不能够存储永久性数据

2．将表空间修改为 OFFLINE 状态时可以使用参数来设置检查点，下列参数不正确的是_____。

    A．NORMAL

    B．TEMPORARY

    C．IMMEDIATE

    D．RECOVER

3．下列关于临时表空间的说法错误的是_____。

    A．可以在数据库级指定多个默认临时表空间

    B．一个并行操作的并行服务器将有效地利用多个临时表空间

    C．一个用户在不同会话中可以同时使用多个临时表空间

    D．临时表空间组中的临时表空间全部

删除之后，临时表空间将保留组名

4．下列关于还原表空间的说法错误的是_____。

    A．还原表空间只能使用本地化管理表空间类型

    B．还原表空间的盘区管理方式只能使用 AUTOALLOCATE，即由 Oracle 系统自动分配盘区大小

    C．还原表空间一直处于 ONLINE 状态

    D．还原表空间的段的管理方式只能为手动管理方式

5．关于 Oracle 两种管理还原表空间的方式，错误的是_____。

    A．两种管理还原表空间的方式为 RSU 和 SMU

    B．还原段撤销管理是 Oracle 的传统管理方式，要求数据库管理员通过创建还原段为撤销操作提供存储空间

    C．还原段撤销管理方式不仅麻烦而且效率低

    D．自动撤销管理是由 Oracle 系统自动管理还原表空间

三、简答题

1．表空间有几种类型？这几种类型的表空间有什么区别和作用？

2．表空间相关的操作有哪些？简述表空间的相关操作。

3．表空间的状态有哪些？这些状态下表空间分别有哪些操作限制？

4．如何设置用户的默认表空间？

第15章 数据库文件管理

Oracle 文件系统存储了数据库核心信息和数据库数据等重要记录。其中，数据文件存储了数据库中的数据表、视图等对象；控制文件记录数据库的详细信息；重做日志文件记录了数据库中的操作和数据变化等。

文件系统在 Oracle 数据库中占有重要地位，本章介绍 Oracle 中的文件管理，主要介绍控制文件、重做日志文件和数据文件的管理。

本章学习要点：

❑ 了解 Oracle 文件系统中各个文件的作用
❑ 掌握控制文件的创建和查看
❑ 理解控制文件的备份和恢复
❑ 掌握重做日志文件的创建和查看
❑ 掌握重做日志文件的管理
❑ 掌握数据文件的创建
❑ 掌握数据文件的管理

15.1 数据库文件概述

数据文件记录数据库中的数据对象信息，控制文件关系到数据库的正常运行，而如果数据库出现问题则需要使用日志文件进行恢复。本节简单介绍这几种文件的概述。

15.1.1 控制文件

每一个数据库都拥有控制文件,控制文件里记录的是对数据库物理结构的详细信息，如数据库的名称、数据文件的名字和存在位置、重做日志文件的名字和存储位置和数据库创建的时间标识等。

每当 Oracle 数据库的实例启动的时候，数据库系统就会通过控制文件来识别，要想执行数据库的操作，必须需要哪些数据文件和重做日志文件，以及这些数据文件和重做日志文件都存储在什么位置。Oracle 系统利用控制文件打开数据库文件、日志文件等文件从而最终打开数据库。

当数据库的物理构成发生改变的时候，控制文件会自动记录这些变化，而在数据库需要恢复的时候使用这些记录。

Oracle 可以使用多重的控制文件，也就是说它可以同时维护多个完全一样的控制文件，这么做就是为了防止数据文件损坏而造成的数据库故障。比如 Oracle 同时维护三个控制文件，当其中有一个控制文件出问题了，把出问题的删了，再复制一份没有问题的就可以了。

控制文件是 Oracle 数据库最重要的物理文件，它以一个非常小的二进制文件存在，保存了如下内容。

（1）数据库名和标识。

（2）数据库创建时的时间戳。

（3）表空间名。

（4）数据文件和日志文件的名称和位置。

（5）当前日志文件序列号。

（6）最近检查点信息。

（7）恢复管理器信息。

控制文件在数据库启动的 MOUNT 阶段被读取，一个控制文件只能与一个数据库相关连，即控制文件与数据库是一对一关系。由此可以看出控制文件的重要性，所以需要将控制文件放在不同硬盘上，以防止控制文件的失效造成数据库无法启动，控制文件的大小在 CREATE DATABASE 语句中被初始化。

在数据库启动时会首先使用默认的规则找到并打开参数文件，参数文件中保存了控制文件的位置信息（也包含内存配置等信息）；打开控制文件，然后通过控制文件中记录的各种数据库文件的位置打开数据库，从而启动数据库到可用状态。

当成功启动数据库后，在数据库的运行过程中，数据库服务器可以不断地修改控制文件中的内容。所以在数据库被打开阶段，控制文件必须是可读写的。但是只有数据库服务器可以修改控制文件中的信息。

由于控制文件关系到数据库的正常运行，所以控制文件的管理非常重要。控制文件的管理策略主要有：使用多路复用控制文件和备份控制文件。

1．使用多路复用控制文件

所谓多路复用控制文件，实际上就是为一个数据库创建多个控制文件，一般将这些控制文件存放在不同的磁盘中进行多路复用。

Oracle 一般会默认创建三个包含相同信息的控制文件，目的是为了当其中一个受损时，可以调用其他控制文件继续工作。

2．备份控制文件

备份控制文件比较好理解，就是每次对数据库的结构做出修改后，重新备份控制文件。例如，对数据库的结构进行如下修改操作之后备份控制文件。

（1）添加、删除或者重命名数据文件。

（2）添加、删除表空间或者修改表空间的状态。

（3）添加、删除日志文件。

15.1.2　重做日志文件

每个 Oracle 数据库都拥有一组或多组重做日志文件，每一组包括两个或者多个重做日志文件。而重做日志又是由一条一条的重做记录组成的，所有也被称为重做记录。

重做日志的主要作用就是记录所有的数据变化，当一个故障导致被修改过的数据没有从内存中永久地写到数据文件里，那么数据的变化是可以从重做日志中获得的，从而保证了对数据修改的不丢失。

为了防止重做日志自身的问题导致故障，Oracle 拥有多重重做日志功能，可以同时保存多组完全相同的重做日志在不同的磁盘上。

重做日志里的信息只是用于恢复由于系统或者介质故障所引起的数据没法写入数据文件的数据。比如突然断电导致数据库的关闭，那么内存中的数据就不能写入到数据文件中，内存中的数据就会丢失。

当数据库重新启动时丢失的数据是可以被恢复的，从最近的重做日志中读取丢失信息然后应用到数据文件中，这样就把数据库恢复到断电前的状态。在恢复操作中，恢复重做日志信息的过程叫作前滚。

在数据库运行过程中，用户更改的数据会暂时存放在数据库调整缓冲区中，而为了提高数据库的读写速度，数据的变化不会立即写到数据文件中，要等到数据库调整缓冲区中的数据达到一定的量或者满足一定条件时，DBWR 进程才会将变化了的数据提交到数据库。

如果在 DBWR 把数据更改写到数据文件之前发生了宕机，那么数据库高速缓冲区中的数据就会全部丢失，如果在数据库重新启动后无法恢复用户更改的数据，将造成数据不完整和丢失。而日志文件就是把用户变化的数据首先保存起来，其中，LGWR 进程负责把用户更改的数据先写到日志文件中（术语为日志写优先）。这样在数据库重新启动时，Oracle 系统会从日志中读取这些变化了的数据，将用户更改的数据提交到数据库中，并写入数据文件。

为了提高磁盘效率，防止日志文件的损坏，Oracle 数据库实例在创建完后就会自动创建三组日志文件。默认每个日志文件组中只有一个成员，但建议在实际应用中应该每个日志文件组至少有两个成员，而且最好将它们放在不同的物理磁盘上，以防止一个成员损坏了，所有的日志信息就不见的情况发生。

Oracle 中的日志文件组是循环使用的，当所有日志文件组的空间都被填满后，系统将转换到第一个日志文件组。而第一个日志文件组中已有的日志信息是否被覆盖，取决于数据库的运行模式。

15.1.3 数据文件

每一个 Oracle 数据库都要有一个或者多个物理的数据文件，这些数据文件里存储的就是 Oracle 数据库里的数据。

然而表、索引等其实都是数据库的逻辑结构，这些表和索引都被物理地存储在了数据文件里面。数据文件有如下三个特性。

（1）一个数据文件只能属于一个数据库。

（2）数据库中的数据文件可以被设置成自动增长。（当数据库的空间用完的时候，数据库中的数据文件就会自动增长，比如原来 1GB 的数据文件自动变成了 2GB 的数据文件。）

（3）一个或者多个数据文件就组成了数据库的一个逻辑单元，叫作表空间。

数据文件里的数据，在需要的时候就会被读取到 Oracle 的缓冲区中，比如当查看一天数据时，而这条数据恰好又不在 Oracle 的缓冲区中，那么 Oracle 就会把这条数据从数据文件中读取到 Oracle 的缓冲区中来。

当更改或者新增一条数据时，也不是马上就写到数据文件里面，这么做是为了减少对磁盘的访问，提高效率，数据先存储在缓冲区，然后再一次都写入数据文件，这个过程由一个 DBWN 后台进程来控制。

15.2 管理控制文件

了解了这三种数据库文件，接下来详细介绍这几种数据库文件。本节首先来介绍控制文件的管理，包括控制文件的创建、查看、备份和恢复等。

15.2.1 创建控制文件

在 Oracle 中可以使用 CREATE CONTROLFILE 语句创建控制文件，语法如下：

```
CREATE CONTROLFILE
REUSE DATABASE " database_name "
[ RESETLOGS | NORESETLOGS ]
[ ARCHIVELOG | NOARCHIVELOG ]
MAXLOGFILES number
MAXLOGMEMBERS number
MAXDATAFILES number
MAXINSTANCES number
MAXLOGHISTORY number
LOGFILE
    GROUP group_number logfile_name [ SIZE number K | M ]
    [ ,…]
DATAFILE
    datafile_name [ ,…] ;
```

对上述语法中的关键字说明如下。

（1）database_name：数据库名。

（2）RESETLOGS | NORESETLOGS：表示是否清空日志。

（3）ARCHIVELOG | NOARCHIVELOG：表示日志是否归档。

（4）MAXLOGFILES：表示最大的日志文件个数。

（5）MAXLOGMEMBERS：表示日志文件组中最大的成员个数。

（6）MAXDATAFILES：表示最大的数据文件个数。

（7）MAXINSTANCES：表示最大的实例个数。

（8）MAXLOGHISTORY：表示最大的历史日志文件个数。

（9）LOGFILE：为控制文件指定日志文件组。

（10）GROUP group_number：表示日志文件组编号。日志文件一般以组的形式存在。可以有多个日志文件组。

（11）DATAFILE：为控制文件指定数据文件。

Oracle 数据库在启动时需要访问控制文件，这是因为控制文件中包含数据库的数据文件与日志文件信息。也因此，在创建控制文件时需要指定与数据库相关的日志文件与数据文件。

创建新的控制文件，除了需要了解创建的语法以外，还需要做一系列准备工作。因为在创建控制文件时，有可能会在指定数据文件或日志文件时出现错误或遗漏，所以需要先对数据库中的数据文件和日志文件有一个认识。创建控制文件的一般步骤如下。

（1）查看数据库中的数据文件和重做日志文件信息，了解文件的路径和名称。

（2）关闭数据库。

（3）备份前面查询出来的所有数据文件和重做日志文件。

（4）启动数据库实例，但不打开数据库。

（5）创建新的控制文件。在创建时指定前面查询出来的所有数据文件和日志文件。

（6）修改服务器参数文件 SPFILE 中参数 CONTROL_FILES 的值，让新创建的控制文件生效。

上述步骤中涉及多种操作技术，以下对这些技术进行说明。

（1）查看数据文件地址需要查询 V$DATAFILE 数据字典。

（2）查看重做日志文件需要查询 V$LOGFILE 数据字典。

（3）关闭数据库需要使用 SHUTDOWN IMMEDIATE 语句。

（4）启动数据库实例使用 STARTUP NOMOUNT 命令。

（5）修改参数 CONTROL_FILES 的值，需要通过 V$CONTROLFILE 数据字典查询控制文件信息，再根据查询结果为 CONTROL_FILES 赋值。

【范例 1】

创建一个控制文件，具体步骤如下。

（1）首先通过 V$DATAFILE 数据字典查询数据文件的信息，代码如下。

```
SQL> SELECT name FROM v$datafile;
```

上述代码的执行效果如下所示。

```
NAME
----------------------------------------------------
C:\APP\ORACLE\ORADATA\ORCL\SYSTEM01.DBF
C:\APP\ORACLE\ORADATA\ORCL\PDBSEED\SYSTEM01.DBF
C:\APP\ORACLE\ORADATA\ORCL\SYSAUX01.DBF
C:\APP\ORACLE\ORADATA\ORCL\PDBSEED\SYSAUX01.DBF
C:\APP\ORACLE\ORADATA\ORCL\UNDOTBS01.DBF
C:\APP\ORACLE\ORADATA\ORCL\USERS01.DBF
```

数据库文件管理

```
C:\APP\ORACLE\ORADATA\ORCL\PDBORCL\SYSTEM01.DBF
C:\APP\ORACLE\ORADATA\ORCL\PDBORCL\SYSAUX01.DBF
C:\APP\ORACLE\ORADATA\ORCL\PDBORCL\SAMPLE_SCHEMA_USERS01.DBF
C:\APP\ORACLE\ORADATA\ORCL\PDBORCL\EXAMPLE01.DBF
D:\ORACLEDATA\MYSPACE.DBF


NAME
-------------------------------------------------------
D:\ORACLEDATA\SPACE1.DBF
D:\ORACLEDATA\SHOPING.DBF

已选择 13 行。
```

上述执行效果分成了两部分，下面的两个地址是已经被删除的表空间留下的文件，可以不考虑。

（2）可以通过 **V$LOGFILE** 数据字典查询日志文件的信息，代码如下。

```
SQL> SELECT * FROM v$logfile;
```

上述代码的执行效果如图 15-1 所示。

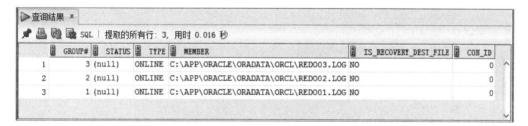

图 15-1　查询日志文件信息

（3）关闭数据库，需要使用 sysdba 角色，操作如下。

```
SQL> CONNECT AS sysdba
请输入用户名：sys
输入口令：
已连接。
SQL> SHUTDOWN IMMEDIATE;
数据库已经关闭。
已经卸载数据库。
ORACLE 例程已经关闭。
```

（4）备份前面查询出来的所有数据文件和日志文件。备份的方式有很多种，建议采用操作系统的冷备份方式。

（5）使用 **STARTUP NOMOUNT** 命令启动数据库实例，但不打开数据库，代码如下。

```
SQL> STARTUP NOMOUNT;
```

（6）创建新的控制文件。在创建时指定前面查询出来的所有数据文件和日志文件，代码如下。

```
CREATE CONTROLFILE
REUSE DATABASE 'orcl'
NORESETLOGS
NOARCHIVELOG
MAXLOGFILES 50
MAXLOGMEMBERS 3
MAXDATAFILES 50
MAXINSTANCES 5
MAXLOGHISTORY 449
logfile
group 3 'C:\APP\ORACLE\ORADATA\ORCL\REDO03.LOG' size 50m,
group 2 'C:\APP\ORACLE\ORADATA\ORCL\REDO02.LOG' size 50m,
group 1 'C:\APP\ORACLE\ORADATA\ORCL\REDO01.LOG' size 50m
datafile
'C:\APP\ORACLE\ORADATA\ORCL\SYSTEM01.DBF',
'C:\APP\ORACLE\ORADATA\ORCL\PDBSEED\SYSTEM01.DBF',
'C:\APP\ORACLE\ORADATA\ORCL\SYSAUX01.DBF',
'C:\APP\ORACLE\ORADATA\ORCL\PDBSEED\SYSAUX01.DBF',
'C:\APP\ORACLE\ORADATA\ORCL\UNDOTBS01.DBF',
'C:\APP\ORACLE\ORADATA\ORCL\USERS01.DBF',
'C:\APP\ORACLE\ORADATA\ORCL\PDBORCL\SYSTEM01.DBF',
'C:\APP\ORACLE\ORADATA\ORCL\PDBORCL\SYSAUX01.DBF',
'C:\APP\ORACLE\ORADATA\ORCL\PDBORCL\SAMPLE_SCHEMA_USERS01.DBF',
'C:\APP\ORACLE\ORADATA\ORCL\PDBORCL\EXAMPLE01.DBF',
'D:\ORACLEDATA\MYSPACE.DBF';
```

 提 示

上述控制文件创建语句中的 myoracle 是笔者的数据库实例名称。

（7）修改服务器参数文件 SPFILE 中参数 CONTROL_FILES 的值，让新创建的控制文件生效。

首先通过 V$CONTROLFILE 数据字典了解控制文件的信息，其代码和执行效果如下。

```
SQL> SELECT name FROM v$controlfile;
NAME
------------------------------------------------------
C:\APP\ORACLE\ORADATA\ORCL\CONTROL01.CTL
C:\APP\ORACLE\FAST_RECOVERY_AREA\ORCL\CONTROL02.CTL
```

然后修改参数 CONTROL_FILES 的值，让它指向上述几个控制文件，其代码和执行效果如下。

数据库文件管理

```
SQL> ALTER system SET CONTROL_FILES=
  2  ' C:\APP\ORACLE\ORADATA\ORCL\CONTROL01.CTL',
  3  ' C:\APP\ORACLE\FAST_RECOVERY_AREA\ORCL\CONTROL02.CTL'
  4  scope = spfile;
系统已更改。
```

（8）最后使用 ALTER DATABASE OPEN 命令打开数据库，如下。

```
SQL> ALTER DATABASE OPEN;
数据库已更改。
```

注 意

如果在创建控制文件时使用了 RESETLOGS 选项，则应该使用如下命令打开数据库：
ALTER DATABASE OPEN RESETLOGS。

15.2.2 查看控制文件信息

查看控制文件需要使用 sysdba 角色，Oracle 提供了三个数据字典来查看不同的控制文件信息：v$controlfile、v$parameter 和 v$controlfile_record_section。

1. v$controlfile

v$controlfile 包含所有控制文件的名称和状态信息。

【范例 2】
使用 v$controlfile 查询控制文件信息，代码如下。

```
SELECT * FROM v$controlfile;
```

上述代码的执行效果如图 15-2 所示。

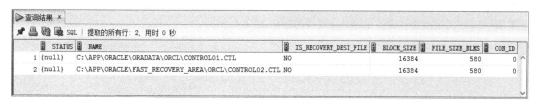

	STATUS	NAME	IS_RECOVERY_DEST_FILE	BLOCK_SIZE	FILE_SIZE_BLKS	CON_ID
1	(null)	C:\APP\ORACLE\ORADATA\ORCL\CONTROL01.CTL	NO	16384	580	0
2	(null)	C:\APP\ORACLE\FAST_RECOVERY_AREA\ORCL\CONTROL02.CTL	NO	16384	580	0

图 15-2 控制文件基本信息

系统默认的控制文件是三个，但由于范例 1 创建并使用了新的控制文件，替代了原有的文件，因此只有两个控制文件生效。

2. v$parameter

v$parameter 包含系统的所有初始化参数，其中包括与控制文件相关的参数 control_files。查询 v$parameter 中的内容，其效果如图 15-3 所示。

查询结果 ×

SQL | 已提取 50 行，用时 0.065 秒

	NUM	NAME	TYPE	VALUE	DISPLAY_VALUE	ISDEFAULT	ISSES_MODIFIABLE	ISSYS_MODIFIABLE	ISPDB_MODIFIABLE	ISINS
1	40	lock_name_space	2	(null)	(null)	TRUE	FALSE	FALSE	FALSE	FALSE
2	41	processes	3	300	300	FALSE	FALSE	FALSE	FALSE	FALSE
3	42	sessions	3	472	472	TRUE	FALSE	IMMEDIATE	TRUE	TRUE
4	43	timed_statistics	1	TRUE	TRUE	TRUE	TRUE	IMMEDIATE	TRUE	TRUE
5	44	timed_os_statistics	3	0	0	TRUE	TRUE	IMMEDIATE	TRUE	TRUE
6	45	resource_limit	1	FALSE	FALSE	TRUE	FALSE	IMMEDIATE	TRUE	TRUE
7	46	license_max_sessions	3	0	0	TRUE	FALSE	IMMEDIATE	FALSE	TRUE
8	47	license_sessions_warning	3	0	0	TRUE	FALSE	IMMEDIATE	FALSE	TRUE
9	88	cpu_count	3	2	2	TRUE	FALSE	IMMEDIATE	FALSE	TRUE
10	94	instance_groups	2	(null)	(null)	TRUE	FALSE	FALSE	FALSE	FALSE
11	99	event	2	(null)	(null)	TRUE	FALSE	FALSE	FALSE	FALSE
12	111	sga_max_size	6	1728053248	1648M	TRUE	FALSE	FALSE	FALSE	FALSE
13	118	use_large_pages	2	TRUE	TRUE	TRUE	FALSE	FALSE	FALSE	FALSE

图 15-3 系统参数

3．v$controlfile_record_section

v$controlfile_record_section 包含控制文件中各个记录文档段的信息，控制文件中记录文档的类型（TYPE）、每条记录的大小（RECORD_SIZE）、记录段中可以存储的记录条数（RECORDS_TOTAL）以及记录段中已经存储的记录条数（RECORDS_USED）等。查询 v$controlfile_record_section 中的内容，其效果如图 15-4 所示。

查询结果 ×

SQL | 提取的所有行：41，用时 0.041 秒

	TYPE	RECORD_SIZE	RECORDS_TOTAL	RECORDS_USED	FIRST_INDEX	LAST_INDEX	LAST_RECID	CON_ID
1	DATABASE	316	1	1	0	0	0	0
2	CKPT PROGRESS	8180	8	0	0	0	0	0
3	REDO THREAD	256	5	1	0	0	0	0
4	REDO LOG	72	50	3	0	0	0	0
5	DATAFILE	520	50	18	0	0	10	0
6	FILENAME	524	2300	16	0	0	0	0
7	TABLESPACE	68	50	16	0	0	5	0
8	TEMPORARY FILENAME	56	50	0	0	0	0	0
9	RMAN CONFIGURATION	1108	50	0	0	0	0	0
10	LOG HISTORY	56	584	1	1	1	1	0
11	OFFLINE RANGE	200	81	0	0	0	0	0

图 15-4 控制文件中各个记录文档段的信息

15.2.3 备份/恢复控制文件

为了进一步降低因控制文件受损而影响数据库正常运行的可能性，确保数据库的安全，DBA 需要在数据库结构发生改变时，立即备份控制文件。

如果数据库中有一个或者多个控制文件丢失或者出错，可以根据控制文件的损坏程度进行不同的恢复处理。接下来分别介绍控制文件的备份和恢复。

1．控制文件的备份

Oracle 允许将控制文件备份为二进制文件或者脚本文件。

（1）备份为二进制文件

备份为二进制文件，实际上就是复制控制文件。这需要使用 ALTER DATABASE BACKUP CONTROLFILE 语句，在指定位置创建备份的二进制文件。

如将 orcl 数据库的控制文件备份为二进制文件 orcl_control.bkp，代码如下。

```
ALTER DATABASE BACKUP CONTROLFILE
TO 'D:\ORACLEdata\orcl_control.bkp';
```

（2）备份为脚本文件

备份为脚本文件，实际上也就是生成创建控制文件的 SQL 脚本。生成的脚本文件将自动存放到系统定义的目录中，并由系统自动命名。该目录由 user_dump_dest 参数指定，可以使用 SHOW PARAMETER 语句查询该参数的值。

【范例3】

将 orcl 数据库的控制文件备份为脚本，语句如下。

```
ALTER DATABASE BACKUP CONTROLFILE TO TRACE ;
```

系统自动为脚本文件命名的格式为 "<sid>_ora_<spid>.trc"，其中，<sid>表示当前会话的标识号，<spid>表示操作系统进程标识号。例如，上述示例生成的脚本文件名称为 orcl_ora_4780.trc。

2．恢复控制文件

在数据库中如果有一个或者多个控制文件丢失或者出错，就可以根据以下几种损坏程度进行不同的恢复处理。

1）部分控制文件损坏的情况

如果数据库正在运行，应先关闭数据库，再将完整的控制文件复制到已经丢失或者出错的控制文件的位置，但是要更改该丢失或者出错控制文件的名字。如果存储丢失控制文件的目录也被破坏，则需要重新创建一个新的目录用于存储新的控制文件，并为该控制文件命名。此时需要修改数据库初始化参数中控制文件的位置信息。

2）控制文件全部丢失或者损坏的情况

此时应该使用备份的控制文件重建控制文件，这也是为什么 Oracle 强调在数据库结构发生变化后要进行控制文件备份的原因。恢复的步骤如下。

（1）以 sysdba 身份连接到 Oracle，使用 SHUTDOWN IMMEDIATE 命令关闭数据库。

（2）在操作系统中使用完好的控制文件副本覆盖损坏的控制文件。

（3）使用 STARTUP 命令启动并打开数据库。执行 STARTUP 命令时，数据库以正常方式启动数据库实例，加载数据库文件，并且打开数据库。

3）手动重建控制文件

在使用备份的脚本文件重建控制文件时，通过 TRACE 文件重新定义数据库的日志文件、数据文件、数据库名及其他一些参数信息。然后执行该脚本重新建立一个可用的控制文件。

15.2.4 移动和删除控制文件

控制文件会遇到需要移动或删除的情况，如磁盘出现故障，导致应用中的控制文件所在物理位置无法访问，那么就需要移动控制文件。以下分别介绍控制文件的移动和删除。

1．移动控制文件

移动控制文件，实际上就是改变服务器参数文件 SPFILE 中的参数 CONTROL_FILES 的值，让该参数指向一个新的控制文件路径。在移动控制文件时首先需要找出控制文件的位置，接着修改路径，最后重启数据库才能生效。

【范例 4】

利用图 15-2 中查询出来的控制文件地址，将当前控制文件移动到 D 盘 ORACLEdata 文件夹下，代码如下。

```
ALTER SYSTEM SET control_files=
'C:\APP\ORACLE\ORADATA\ORCL\CONTROL01.CTL',
'C:\APP\ORACLE\FAST_RECOVERY_AREA\ORCL\CONTROL02.CTL'
SCOPE=SPFILE;
```

使用 SHUTDOWN IMMEDIATE 命令关闭数据库，并使用 STARTUP 命令启动并打开数据库，步骤省略。

2．删除控制文件

删除控制文件之前需要修改参数 control_files 所指向的控制文件，否则将无法删除正在使用的控制文件。而且在删除的时候需要使用 SHUTDOWN IMMEDIATE 命令关闭数据库，使用 STARTUP 命令启动并打开数据库，从磁盘上物理地删除指定的控制文件。

15.2.5 多路复用控制文件

在 Windows 操作系统中，如果注册表文件被损坏了，就会影响操作系统的稳定性。严重的话，会导致操作系统无法正常启动。而控制文件对于 Oracle 数据库来说，其作用就好像是注册表一样重要。如果控制文件出现了意外的损坏，那么此时 Oracle 数据库系统很可能无法正常启动。为此作为 Oracle 数据库管理员，务必要保证控制文件的安全。

在实际工作中，数据库管理员可以通过备份控制文件来提高控制文件的安全性。但是当控制文件出现损坏时，如果通过备份文件来恢复，会出现数据库在一段时间内的停机。因此管理员最好采用多路复用来保障控制文件的安全。

在采用多路复用的情况下，当某个控制文件出现损坏时，系统会自动启用另外一个没有问题的控制文件来启动数据库，避免出现停机的状况。

多路复用的原理其实很简单，就是在数据库服务器上将控制文件存放在多个磁盘分区或者多块硬盘上。数据库系统在需要更新控制文件的时候，就会自动同时更新多个控制文件。如此，当其中一个控制文件出现损坏时，系统会自动启用另外的控制文件。

通过把控制文件存放在不同的硬盘上，数据库管理员就能够避免数据库出现单点故障的风险。当采用多路复用技术启用多个控制文件时，数据库在更新控制文件时会同时更新这些控制文件。

在采用多路复用的时候，最好不要将控制文件放置在网络上的服务器中。因为如果系统在更新控制文件时刚好碰到网络性能不好甚至网络中断的情况，那么这个控制文件的更新就需要耗用比较长的时间。

如在 Windows 操作系统下安装 Oracle 数据库，其默认情况下就启用了多路复用技术。不过这个多路复用技术不是很合理。默认状态将其余的两个控制文件副本保存在同一个分区的同一个目录下，万一这台服务器的硬盘出现了故障，由于控制文件保存在同一个硬盘中，多路复用就失去了意义。为此最好将控制文件保存在不同的硬盘中，以提高控制文件的安全性。

在 Windows 操作系统下要实现多路复用控制文件是比较简单的，只需要通过几个简单的步骤就可以完成。

（1）修改系统参数 control_files。

在 Oracle 数据库系统中，是通过这个初始化参数来打开控制文件的。即这个初始化参数中指定有多少个控制文件，分别存放在哪里，到时候数据库就会更新多少控制文件。不过需要注意的是，一般数据库在使用时，只打开一个控制文件。所以要启用多路复用时，首先需要使用 ALTER SYSTEM 命令来设置这个初始化参数，以便在管理员指定的位置添加控制文件。其具体格式为。

```
ALTER SYSTEM control_files '控制文件1','控制文件2'
```

需要注意的是，这里的控制文件都需要使用绝对路径。

（2）关闭数据库以及相关服务。

这个初始化参数设置以后，还需要关闭数据库以及相关服务后才能够进行下一步的操作。所以最好在数据库投入生产使用之前，就做好控制文件多路复用的准备。否则后续再进行调整的话，就不得不付出数据库停机的代价。使用 SHUTDOWN 命令关闭数据库之后，还需要在操作系统的服务管理窗口中关闭相关的服务。

（3）复制控制文件并改名。

为了确保所有控制文件能够互为镜像，完全相同，最好能够在关闭数据库的情况下，将原先的控制文件复制到一个新的位置，然后进行重命名。

（4）重新启动数据库与相关的服务。

启动数据库之后，需要注意手工启动服务窗口中的相关选项。还可以重新启动一下操作系统，系统会在重新启动的过程中自动启用相关的 Oracle 数据库服务。数据库重新启动之后，多路复用的控制文件就可以使用了。

上述过程需要注意以下几点。

（1）步骤（3）中的路径和控制文件的名字，必须同第（1）步指定的路径和名字相同。

（2）在使用 ALTER SYSTEM 更改初始化参数的时候，一定要把原先的控制文件信息带上。默认情况下，Oracle 数据库已经有了三个控制文件。如果数据库管理员还需要在其他硬盘上多采用两个控制文件，那么在 ALTER SYSTEM 语句中必须加入 5 条信息，原先的控制文件信息必须也带上。否则数据库系统会直接采用后面加上的两个控制文件来代替。

（3）需要考虑多路复用控制文件的存储位置。至少要将控制文件放置在不同的硬盘上或者分区上。具体来说，控制文件的每个副本都应该保存在不同的磁盘驱动器上。也就是说可以将控制文件的副本存储在每个存储有重做日志文件组成员的硬盘驱动器上。

（4）这个控制文件的默认存储位置在不同的操作系统中是不同的，为此如果要在不同的操作系统上复制控制文件时，就需要通过上面的查询语句来查询当前生效的控制文件。

15.3 重做日志文件

重做日志主要记录所有的数据变化，在数据还原时有个依据，本节详细介绍重做日志的相关知识。

15.3.1 重做记录和回滚段

重做日志记录用户对数据的操作，主要由重做记录和回滚段构成。重做记录实质就是记录所有做过的操作。如果用户做了一个 INSERT 操作，那么重做日志里面就记录了这条 SQL。Oracle 提供了 LOGMINER 工具，可以解析重做记录，可以看出里面记录的就是做过的操作。重做记录的主要作用就是维护数据持久性，在出现实例恢复的时候用于重演。另外备份和恢复中，重做记录和归档日志是非常重要的。

至于回滚段，也就是 UNDO，主要用于回滚和一致性读。例如，当用户做 UPDATE 操作的时候，首先会把修改前的记录复制一份到 UNDO，假如另一个会话的查询是在用户做更新还未提交之前发起的，那么涉及修改的记录会根据 SCN 时间到 UNDO 里面查，那么查出的就是更新前的数据。回滚就直接把 UNDO 的数据复制回来。

15.3.2 查看重做日志文件

通常可以使用三个数据字典查看日志组的信息，分别是 V$LOG、V$LOGFILE 和 V$LOG_HISTORY。

V$LOG 数据字典包含控制文件中的日志文件信息：日志文件组的编号、成员数目、当前状态和上一次写入的时间，有如下几个常用字段。

（1）group#：重做日志组的组号。

（2）sequence#：重做日志的序列号，供将来数据库恢复时使用。

（3）members：重做日志组成员的个数。

（4）bytes：重做日志组成员的大小。

（5）archived：是否归档。

（6）status：状态，有 INACTIVE、ACTIVE、CURRENT 和 UNUSED 这几个种常用状态。

（7）first_time：上一次写入的时间。

status 字段的 4 种状态含义如下。

（1）INACTIVE 表示实例恢复不用的联机重做日志组。

（2）ACTIVE 表示该联机重做日志文件是活动的但不是当前组，在实例恢复时需要这组联机重做日志。

（3）CURRENT 表示当前正在写入的联机重做日志文件组。

（4）UNUSED 表示 Oracle 服务器从未写过该联机重做日志文件组，这是重做日志刚被添加到数据库中的状态。

V$LOGFILE 数据字典包含日志文件组及其成员信息，在 15.2.1 节曾使用该数据字典查询日志组和日志路径。其 status 字段表示日志状态，有如下几种取值。

（1）stale：说明该文件内容为不完整的。

（2）空白：说明该日志正在使用。

（3）invalid：说明该文件不能被访问。

（4）deleted：说明该文件已经不再使用。

V$LOG_HISTORY 数据字典包含日志历史信息，主要记录控制文件与归档日志的信息，其主要字段如下所示。

（1）recid：控制文件记录的 ID。

（2）stamp：控制文件记录时间。

（3）thread#：归档日志线程号。

（4）sequence#：归档日志序列号。

（5）first_time：归档日志中的第一项的时间（最低 SCN）。

（6）first_change#：日志中最低 SCN。

（7）next_change#：日志中最高 SCN。

15.3.3 创建重做日志文件组

Oracle 建议一个数据库实例一般需要两个以上的重做日志文件组，如果重做日志文件组太少，可能会导致系统的事务切换频繁，这样就会影响系统性能。创建重做日志文件组的语法如下：

```
ALTER DATABASE database_name
ADD LOGFILE [GROUP group_number]
(file_name [, file_name [, …]])
[SIZE size] [REUSE];
```

上述语法中主要参数的含义如下。

（1）database_name：数据库实例名称。

（2）group_number：重做日志文件组编号。

（3）file_name：重做日志文件名称。

（4）size：重做日志文件大小，单位为 KB 或 MB。

（5）REUSE：如果创建的重做日志文件已经存在，则使用该关键字可以覆盖已有文件。

【范例 5】

向 orcl 数据库中添加一个重做日志文件组 GROUP 4，含有两个重做日志文件成员 redo01.log 文件与 redo02.log 文件，大小都是 10MB，语句如下。

```
ALTER DATABASE orcl ADD LOGFILE GROUP 4
(
'D:\ORACLEdata\redo01.log',
'D:\ORACLEdata\redo02.log'
)
size 10m;
```

若没有指定重做日志所属的重做日志组，Oracle 会自动为这个新重做日志组生成一个编号，即在原来重做日志组编号的基础上加 1。重做日志文件组的编号应尽量避免出现跳号情况，例如，重做日志文件组的编号为 1、3、5、…，这会造成控制文件的空间浪费。

如果在创建重做日志文件组时，组中的重做日志成员已经存在，则 Oracle 会提示错误信息。若需要替换原有的重做日志成员，可以在创建语句后面使用 REUSE 关键字，如下所示。

```
ALTER DATABASE orcl ADD LOGFILE GROUP 4
(
'D:\ORACLEdata\redo01.log',
'D:\ORACLEdata\redo02.log'
)
size 10m REUSE;
```

注 意

使用 REUSE 关键字可以替换已经存在的重做日志文件，但是该文件不能已经属于其他重做日志文件组，否则无法替换。

如果一个重做日志组不再需要可以将其删除，在删除重做日志组时需要注意如下几点。

（1）一个数据库至少需要两个日志文件组。

（2）重做日志文件组不能处于使用状态。

（3）如果数据库运行在归档模式下，应该确定该重做日志文件组已经被归档。

删除重做日志文件组的语法格式如下：

```
ALTER DATABASE [database_name]
DROP LOGFILE GROUP group_number ;
```

【范例 6】

将范例 5 中创建的重做日志组 GROUP 4 删除，代码如下。

```
ALTER DATABASE orcl
DROP LOGFILE
GROUP 4;
```

提示

　　使用这种方式删除日志组之后，仅仅是从 Oracle 中移除对该日志组的关联信息。而日志组包含的日志文件仍然存在，需要手动删除这些文件。

15.3.4　管理重做日志组成员

　　重做日志组成员（重做日志文件）是重做日志组的成员，在一个重做日志组中至少有一个重做日志文件，并且同一重做日志组的不同重做日志文件可以分布在不同的磁盘目录下。在同一个重做日志组中的所有重做日志文件大小都相同。本节将讲解如何添加、删除和重新定义重做日志组成员。

1．添加成员

　　重做日志组成员在创建重做日志组创建时就指定了，当然也可以向已存在的重做日志组中添加重做日志文件成员。添加时同样需要使用 ALTER DATABASE 语句，其语法如下：

```
ALTER DATABASE [database_name]
ADD LOGFILE MEMBER
file_name [ ,…] TO GROUP group_number;
```

　　新加的重做日志文件与该组其他成员的大小一致。

【范例 7】

　　使用 REUSE 关键字重新创建范例 5 中的重做日志组，向创建的重做日志文件组中添加一个新的重做日志文件成员，如下所示。

```
ALTER DATABASE orcl
ADD LOGFILE MEMBER
'D:\ORACLEdata\redo03.log'
TO GROUP 4;
```

2．删除成员

　　如果一个重做日志成员不需要了，可以将其删除。通常所做的日志维护就是删除和重建日志成员的过程。对于一个损坏的重做日志，即使没有发现重做日志切换时无法成功，数据库最终也会挂起。

在删除重做日志成员时要注意，并不是所有的重做日志成员都可以删除。Oracle 对删除操作有如下限制。

（1）如果要删除的重做日志成员是重做日志组中最后一个有效的成员，则不能删除。

（2）如果重做日志组正在使用，则在重做日志切换之前不能删除日志组中的成员。

（3）如果数据库正运行在 ARCHIVELOG 模式下，并且要删除的重做日志成员所属的重做日志组没有被归档，则该组的重做日志成员不能被删除。

删除重做日志文件成员的语法如下：

```
ALTER DATABASE [database_name]
DROP LOGFILE MEMBER file_name [ , … ]
```

【范例 8】

删除 GROUP 4 中的 redo03.log 重做日志文件成员，代码如下。

```
ALTER DATABASE orcl
DROP LOGFILE MEMBER
'D:\ORACLEdata\redo03.log';
```

3. 重定义成员

重定义重做日志文件成员，是指使用新的重做日志替代原有的重做日志组中的一个重做日志文件。要改变重做日志文件的位置或名称，必须拥有 ALTER DATABASE 系统权限。

在改变重做日志文件的位置和名称之前，或者对数据库做出任何结构上的改变之前，需要完整地备份数据库，以防在执行重新定位时出现问题。作为预防，在改变重做日志文件的位置和名称后，应立即备份数据的控制文件。

重定义成员的操作需要关闭数据库执行，并使用 STARTUP MOUNT 重新启动数据库，但不打开，使用 ALTER DATABASE database_name RENAME FILE 的子句修改日志文件的路径与名称。重定义成员的语法格式如下：

```
ALTER DATABASE [database_name]
RENAME FILE
old_file_name TO new_file_name;
```

其中，old_file_name 表示日志文件组中原有的日志文件成员；new_file_name 表示要替换成的日志文件成员。

【范例 9】

使用范例 8 中移除的 redo03.log 文件重定义 GROUP 4 文件组中的 redo02.log 重做日志文件，代码如下。

```
ALTER DATABASE orcl
RENAME FILE
'D:\ORACLEdata\redo02.log'
TO
'D:\ORACLEdata\redo03.log';
```

15.3.5 切换重做日志组

日志切换是指停止向某个重做日志文件组写入而向另一个联机的重做日志文件组写入。在日志切换的同时，还要产生检查点操作，还有一些信息被写入控制文件中。

每次日志切换都会分配一个新的日志顺序号，归档时也将顺序号进行保存。每个联机或归档的重做日志文件都通过它的日志顺序号进行唯一标识。

当 LGWR 进程停止向某个重做日志文件写入而开始向另一个联机重做日志文件写入的那一刻，称为日志切换。日志有三种切换方式，如下所示。

（1）重做日志文件组容量满的时候，会发生日志切换。

（2）以时间指定日志切换的方式：如以一个星期或者一个月作为切换的单位，这样就不用理会是否写满。

（3）强行日志切换：出于数据库维护的需要，如当发现存放数据重做日志的硬盘容量快用完时，需要换一块硬盘，此时，就需要在当前时刻，进行日志的切换动作。

强行日志切换可使用 ALTER SYSTEM SWITCH LOGFILE 语句，当发生日志切换时，系统会在后台完成 checkpoint 的操作，以保证控制文件、数据文件头、日志文件头的 SCN 一致，是保持数据完整性的重要机制。

强行产生检查点有两种方式，一种使用 ALTER SYSTEM CHECK 语句，一种是设置参数 fast_start_mttr_target 来强制产生检查点，如 fast_start_mttr_target =900 表示实例恢复的时间不会超过 900s。

【范例 10】

使用 ALTER SYSTEM SWITCH LOGFILE 语句切换当前日志组是 group 4，代码如下。

```
ALTER SYSTEM SWITCH LOGFILE;
```

接下来查询当前重做日志组状态，代码和执行效果如下。

```
SQL> SELECT group# , status FROM v$log ;
   GROUP#   STATUS
----------- -----------------
        1    INACTIVE
        2    INACTIVE
        3    ACTIVE
        4    CURRENT
```

15.3.6 重做日志模式

日志信息循环写入重做日志文件，即写满一个文件换下一个文件。在向原来的重做日志文件中循环写入日志信息时，存在两种处理模式：归档模式和非归档模式。

（1）非归档模式不需要数据库进行自动备份。

（2）归档模式下，当重做日志改写原有的重做日志文件以前，数据库会自动对原有的日志文件进行备份。

可以使用 ARCHIVE LOG LIST 语句查看数据库重做日志文件的归档方式，其代码和执行效果如下所示。

```
SQL> ARCHIVE LOG LIST;
数据库日志模式          非存档模式
自动存档               禁用
存档终点               USE_DB_RECOVERY_FILE_DEST
最早的联机日志序列       40
当前日志序列            43
```

从查询结果可以看出，数据库当前运行在非归档模式下。数据库默认设置运行于非归档模式，这样可以避免对创建数据库的过程中生成的日志进行归档，从而缩短数据库的创建时间。

在数据库成功运行后，数据库管理员可以根据需要修改数据库的运行模式。修改数据库的运行模式使用如下语句。

```
ALTER DATABASE ARCHIVELOG | NOARCHIVELOG ;
```

其中，ARCHIVELOG 表示归档模式；NOARCHIVELOG 表示非归档模式。

修改数据库运行模式，需要关闭数据库才能修改，关闭和使用 STARTUP MOUNT 命令启动数据库的方法可参考范例 1。

要了解归档模式还需要了解归档目标，归档目标就是指存放归档日志文件的目录。一个数据库可以有多个归档目标。

在创建数据库时，默认设置的归档目标可以通过 db_recovery_file_dest 参数查看，其查看语句和执行结果如下所示。

```
SQL> SHOW PARAMETER db_recovery_file_dest ;

NAME                         TYPE        VALUE
----------------             ----------  --------------------
db_recovery_file_dest        string      C:\app\oracle\fast_recovery_area
db_recovery_file_dest_size   big integer 6930M
```

其中，db_recovery_file_dest 表示归档目录；db_recovery_file_dest_size 表示目录大小。

数据库管理员也可以通过 log_archive_dest_N 参数设置归档目标，其中，N 表示 1~10 的整数，也就是说可以设置 10 个归档目标。

提示

> 为了保证数据的安全性，一般将归档目标设置为不同的目录。Oracle 在进行归档时，会将日志文件组以相同的方式归档到每个归档目标中。

设置归档目标的语法形式如下。

```
ALTER SYSTEM SET
```

```
log_archive_dest_N = ' { LOCATION | SERVER } = directory ' ;
```

其中，directory 表示磁盘目录；LOCATION 表示归档目标为本地系统的目录；SERVER 表示归档目标为远程数据库的目录。

通过参数 log_archive_format，可以设置归档日志名称格式。其语法形式如下：

```
ALTER SYSTEM SET log_archive_firmat = ' fix_name%S_%R.%T '
SCOPE = scope_type ;
```

语法说明如下。

（1）fix_name%S_%R.%T

其中，fix_name 是自定义的命名前缀；%S 表示日志序列号；%R 表示联机重做日志（RESETLOGS）的 ID 值；%T 表示归档线程编号。

注意

log_archive_format 参数的值必须包含%S、%R 和%T 匹配符。

（2）SCOPE = scope_type

SCOPE 有三个参数值：MEMORY、SPFILE 和 BOTH。其中，MEMORY 表示只改变当前实例运行参数；SPFILE 表示只改变服务器参数文件 SPFILE 中的设置；BOTH 则表示两者都改变。

15.4 数据文件

在第 14 章中曾介绍了表空间和数据文件的关系：一个数据库在逻辑上由表空间组成，一个表空间包含一个或者多个数据文件，一个数据文件又包含一个或多个数据库对象。本节介绍数据文件的使用。

15.4.1 创建数据文件

每一个数据文件都要归属于表空间，因此创建数据文件需要在指定的表空间创建。向表空间中增加数据文件需要使用 ALTER TABLESPACE 语句，并指定 ADD DATAFILE 子句，语法如下：

```
ALTER TABLESPACE tablespace_name
ADD DATAFILE
file_name SIZE number K | M
    [
        AUTOEXTEND OFF | ON
        [ NEXT number K | M MAXSIZE UNLIMITED | number K | M ]
    ]
[ , …];
```

对上述代码中的关键字和参数解释如下。

（1）tablespace_name：表示表空间的名称。

（2）file_name：表示数据文件的名称。

（3）number K | M：表示数据文件的大小，可以使用 KB 或 MB 作为数据文件大小的单位。

（4）AUTOEXTEND OFF | ON：指定数据文件是否自动扩展。OFF 表示不自动扩展；ON 表示自动扩展。默认情况下为 OFF。

（5）NEXT number：如果指定数据文件为自动扩展，则 NEXT 子句用于指定数据文件每次扩展的大小。

（6）MAXSIZE UNLIMITED | number：如果指定数据文件为自动扩展，则 MAXSIZE 子句用于指定数据文件的最大大小。如果指定 UNLIMITED，则表示大小无限制，默认为此选项。

【范例 11】

在 MYSHOP 表空间下创建两个数据文件分别为 datafile1.dbf 和 datafile2.dbf，放在 D 盘 ORACLEdata 文件夹下。其中，datafile1.dbf 初始大小为 10MB、自动扩展 5MB、最大为 30MB；datafile2.dbf 最大大小为 20MB，代码如下。

```
ALTER TABLESPACE MYSHOP
ADD DATAFILE
'D:\ORACLEdata\datafile1.dbf'
SIZE 10M
AUTOEXTEND ON NEXT 5M MAXSIZE 30M ,
'D:\ORACLEdata\datafile2.dbf'
SIZE 10M
AUTOEXTEND ON NEXT 5M MAXSIZE 20M ;
```

15.4.2 查看数据文件信息

可以使用 dba_data_files 数据字典查看数据文件的详细信息，包括数据文件的路径、标识、所属的表空间、数据文件大小和文件状态等数据。其常用字段及其说明如表 15-1 所示。

表 15-1 dba_data_files 常用字段及其说明

字段名称	说明
FILE_NAME	数据文件名称
FILE_ID	数据文件标识 ID
TABLESPACE_NAME	数据文件归属的表空间
BYTES	数据文件的空间大小
BLOCKS	数据文件的块数，满足 BYTES = BLOCKS×8×1024
STATUS	文件状态

续表

字段名称	说明
RELATIVE_FNO	相对文件标识。FILE_ID 在整个数据库中是唯一的；RELATIVE_FNO 在整个表空间中是唯一的，在数据库中不唯一。一个表空间中的最大文件数量为 1023，所以，一旦超过该极限，则 RELATIVE_FNO 将重新计算
AUTOEXTENSIBLE	自动扩展的标记，可以设定数据文件随着表空间内的方案对象增长而动态增长
MAXBYTES	最大的数据文件的大小
MAXBLOCKS	最大的块数
INCREMENT_BY	数据文件自动扩展数据块的个数
USER_BYTES	数据文件的可用空间，等于数据文件的大小减去数据块的大小
USER_BLOCKS	数据使用的块数

【范例 12】

查询当前数据库下所有的数据文件信息，代码如下。

```
SELECT * FROM dba_data_files;
```

上述代码的执行效果如图 15-5 所示。

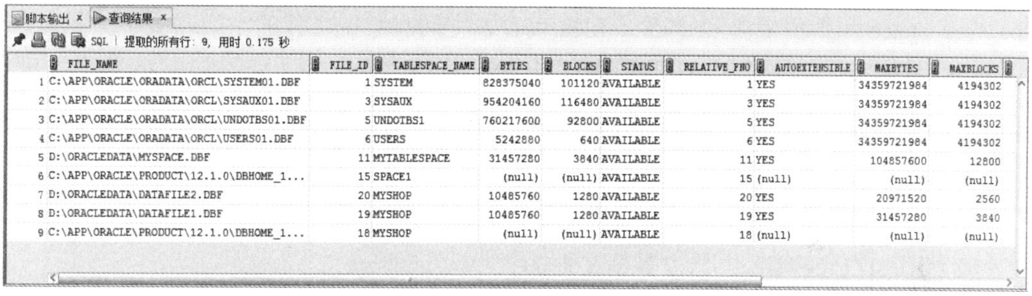

	FILE_NAME	FILE_ID	TABLESPACE_NAME	BYTES	BLOCKS	STATUS	RELATIVE_FNO	AUTOEXTENSIBLE	MAXBYTES	MAXBLOCKS
1	C:\APP\ORACLE\ORADATA\ORCL\SYSTEM01.DBF	1	SYSTEM	828375040	101120	AVAILABLE	1	YES	34359721984	4194302
2	C:\APP\ORACLE\ORADATA\ORCL\SYSAUX01.DBF	3	SYSAUX	954204160	116480	AVAILABLE	3	YES	34359721984	4194302
3	C:\APP\ORACLE\ORADATA\ORCL\UNDOTBS01.DBF	5	UNDOTBS1	760217600	92800	AVAILABLE	5	YES	34359721984	4194302
4	C:\APP\ORACLE\ORADATA\ORCL\USERS01.DBF	6	USERS	5242880	640	AVAILABLE	6	YES	34359721984	4194302
5	D:\ORACLEDATA\MYSPACE.DBF	11	MYTABLESPACE	31457280	3840	AVAILABLE	11	YES	104857600	12800
6	C:\APP\ORACLE\PRODUCT\12.1.0\DBHOME_1...	15	SPACE1	(null)	(null)	AVAILABLE	15	(null)	(null)	(null)
7	D:\ORACLEDATA\DATAFILE2.DBF	20	MYSHOP	10485760	1280	AVAILABLE	20	YES	20971520	2560
8	D:\ORACLEDATA\DATAFILE1.DBF	19	MYSHOP	10485760	1280	AVAILABLE	19	YES	31457280	3840
9	C:\APP\ORACLE\PRODUCT\12.1.0\DBHOME_1...	18	MYSHOP	(null)	(null)	AVAILABLE	18	(null)	(null)	(null)

图 15-5 数据文件信息

如图 15-5 所示，使用 dba_data_files 查找出了 MYSHOP 表空间有三个数据文件，范例 11 所创建的两个数据文件的标识是 19 和 20，图中查询出了这两个文件的当前大小、是否自动扩展、最大的大小等信息。由于查询量较大，图 15-5 只展示了部分字段的数据。

15.4.3 删除数据文件

由于数据文件是表空间的一部分，因此不能够直接删除数据文件，哪怕当前数据文件处于脱机状态。

想要删除数据文件，首先要删除数据文件所在的表空间，再找到文件路径进行手动删除；否则将导致整个数据库无法打开。

可以使用修改表空间的方式来移走一个空的数据文件，并且相应的数据字典信息也会清除，代码如下。

```
ALTER TABLESPACE 表空间名称 DROP DATAFILE 数据文件名称;
```

【范例 13】

删除范例 11 中的空白数据文件 D:\ORACLEdata\datafile2.dbf，代码如下。

```
ALTER TABLESPACE MYSHOP DROP DATAFILE 'D:\ORACLEdata\datafile2.dbf';
```

 警告

上述代码只能删除空白的数据文件，若数据文件中有数据，上述操作将提示错误。

15.4.4 修改数据文件大小和状态

修改数据文件包括修改数据文件的名称、位置、大小、自动扩展性以及数据文件的状态，本节介绍修改数据文件大小和状态。

1. 修改表空间中数据文件的大小

如果表空间所对应的数据文件都被写满，则无法再向该表空间中添加数据。这时，可以通过修改表空间中数据文件的大小来增加表空间的大小。在修改之前可通过数据库 dba_free_space 和数据字典 dba_data_files 查看表空间和数据文件的空间和大小信息。

修改数据文件需要使用 ALTER DATABASE 语句，语法如下：

```
ALTER DATABASE DATAFILE file_name RESIZE newsize K | M;
```

语法说明如下。

（1）file_name：数据文件的名称与路径。

（2）RESIZE newsize：修改数据文件的大小为 newsize。

【范例 14】

修改 datafile1.dbf 数据文件的大小为 15MB，代码如下。

```
ALTER DATABASE
DATAFILE 'D:\ORACLEdata\datafile1.dbf'
RESIZE 15M;
```

2. 修改表空间中数据文件的自动扩展性

将表空间的数据文件设置为自动扩展，目的是为了在表空间被填满后，Oracle 能自动为表空间扩展存储空间，而不需要管理员手动修改。

数据文件的扩展性除了在添加时指定外，也可以使用 ALTER DATABASE 语句修改其自动扩展性，语法如下：

```
ALTER DATABASE
DATAFILE file_name
AUTOEXTEND OFF | ON
    [ NEXT number K | M MAXSIZE UNLIMITED | number K | M ]
```

【范例 15】

修改 datafile1.dbf 数据文件最大的大小为 35MB，代码如下。

```
ALTER DATABASE
DATAFILE 'D:\ORACLEdata\datafile1.dbf'
AUTOEXTEND ON NEXT 5M MAXSIZE 35M;
```

datafile1.dbf 数据文件经过修改之后，查看该文件的大小和扩展大小，代码如下。

```
SELECT FILE_NAME,TABLESPACE_NAME,BYTES,MAXBYTES FROM dba_data_files;
```

上述代码的执行效果中，省略其他数据文件的信息，datafile1.dbf 数据文件信息如下。

FILE_NAME TABLE	SPACE_NAME	BYTES	MAXBYTES
D:\ORACLEDATA\DATAFILE1.DBF	MYSHOP	15728640	36700160

3. 修改表空间中数据文件的状态

设置数据文件状态的语法如下：

```
ALTER DATABASE
DATAFILE file_name ONLINE | OFFLINE | OFFLINE DROP
```

其中，ONLINE 表示联机状态，此时数据文件可以使用；OFFLINE 表示脱机状态，此时数据文件不可使用，用于数据库运行在归档模式下的情况；OFFLINE DROP 与 OFFLINE 一样用于设置数据文件不可用，但它用于数据库运行在非归档模式下的情况。

提 示

如果将数据文件切换成 OFFLINE DROP 状态，则不能直接将其重新切换回 ONLINE 状态。

15.4.5 修改数据文件的位置

数据文件是存储于磁盘中的物理文件，它的大小受到磁盘大小的限制。如果数据文件所在的磁盘空间不够，则需要将该文件移动到新的磁盘中保存。

移动数据文件首先要设置其所归属的表空间为脱机状态，接着手动移动数据文件，最后修改表空间中数据文件的路径和名称。

【范例 16】

假设要移动 orclspace 表空间中的数据文件 orclspace1.dbf，具体步骤如下。

（1）修改 orclspace 表空间的状态为 OFFLINE，如下。

```
SQL> ALTER TABLESPACE orclspace OFFLINE;
```

（2）在操作系统中将磁盘中的 orclspace1.dbf 文件移动到新的目录中，例如，移动到 E:\oraclefile 目录中。文件的名称也可以修改，例如修改为 myoraclespace.dbf。

（3）使用 ALTER TABLESPACE 语句，将 orclspace 表空间中 orclspace1.dbf 文件的原名称与路径修改为新名称与路径。语句如下。

```
SQL> ALTER TABLESPACE orclspace
  2  RENAME DATAFILE 'D:\oracle\files\orclspace1.dbf'
  3  TO
  4  'E:\oraclefile\myoraclespace.dbf';
```

（4）修改 orclspace 表空间的状态为 ONLINE，如下。

```
SQL> ALTER TABLESPACE orclspace ONLINE;
```

检查文件是否移动成功，也就是检查 orclspace 表空间的数据文件中是否包含新的数据文件。使用数据字典 dba_data_files 查询 orclspace 表空间的数据文件信息，如下。

```
SQL> SELECT tablespace_name , file_name
  2  FROM dba_data_files
  3  WHERE tablespace_name = 'MYSPACE';
```

15.5 实验指导——数据文件管理

本章主要介绍了 Oracle 数据库中文件系统的管理，包括控制文件、重做日志文件和数据文件。其中，最为常用的是数据文件，本节综合介绍数据文件的管理，要求如下。

（1）创建表空间名为 SHOPSPACE。

（2）创建 SHOPSPACE 表空间下的数据文件 shopdata，原始大小为 5MB，不支持扩展。

（3）在 SHOPSPACE 表空间下创建表，来为表空间中的数据文件添加数据。

（4）创建 SHOPSPACE 表空间下的数据文件 shopdata2，原始大小为 5MB。

（5）修改 shopdata 的初始大小并设置其为 10MB 支持扩展，扩展大小为 5MB、最大为 30MB。

（6）查看 SHOPSPACE 表空间下的数据文件。

（7）删除 shopdata2 数据文件并再次查看 SHOPSPACE 表空间下的数据文件。

实现上述操作，步骤如下。

（1）创建表空间名为 SHOPSPACE。

```
CREATE TABLESPACE SHOPSPACE
DATAFILE 'D:\ORACLEdata\SHOPSPACE.dbf'
SIZE 20M
AUTOEXTEND ON NEXT 5M
MAXSIZE 100M;
```

（2）创建 SHOPSPACE 表空间下的数据文件 shopdata，原始大小为 5MB，不支持扩展。

```
ALTER TABLESPACE SHOPSPACE
```

```
ADD DATAFILE
'D:\ORACLEdata\shopdata.dbf'
SIZE 5M
AUTOEXTEND OFF;
```

（3）在 SHOPSPACE 表空间下创建表，由于 SHOPSPACE 表空间不是当前系统默认的表空间，因此首先需要创建表，接着需要将表转移到 SHOPSPACE 表空间下，步骤省略。

（4）创建 SHOPSPACE 表空间下的数据文件 shopdata2，原始大小为 5MB。

```
ALTER TABLESPACE SHOPSPACE
ADD DATAFILE
'D:\ORACLEdata\shopdata2.dbf'
SIZE 5M
AUTOEXTEND OFF;
```

（5）修改 shopdata 的初始大小为 10MB，并设置其支持扩展，扩展大小为 5MB、最大为 30MB。

```
ALTER DATABASE
DATAFILE 'D:\ORACLEdata\shopdata.dbf'
RESIZE 10M;
ALTER DATABASE
DATAFILE 'D:\ORACLEdata\shopdata.dbf'
AUTOEXTEND ON NEXT 5M MAXSIZE 30M;
```

（6）查看 SHOPSPACE 表空间下的数据文件，其代码和执行结果如下所示。

```
SQL> SELECT FILE_NAME,TABLESPACE_NAME,BYTES,MAXBYTES FROM dba_data_files
WHERE TABLESPACE_NAME='SHOPSPACE';

FILE_NAME                      TABLESPACE_NAME       BYTES       MAXBYTES
------------------------       -------------------   ---------   ------------
D:\ORACLEDATA\SHOPSPACE.DBF    SHOPSPACE             20971520    104857600
D:\ORACLEDATA\SHOPDATA.DBF     SHOPSPACE             10485760    31457280
D:\ORACLEDATA\SHOPDATA2.DBF    SHOPSPACE             5242880     0
```

（7）删除 shopdata2 数据文件，代码如下。

```
ALTER TABLESPACE SHOPSPACE DROP DATAFILE 'D:\ORACLEdata\shopdata2.dbf';
```

（8）再次查看 SHOPSPACE 表空间下的数据文件，代码省略。其效果如下所示。

```
FILE_NAME                      TABLESPACE_NAME      BYTES       MAXBYTES
-----------                    ----------           -----       --------
D:\ORACLEDATA\SHOPSPACE.DBF    SHOPSPACE            20971520    104857600
D:\ORACLEDATA\SHOPDATA.DBF     SHOPSPACE            10485760    31457280
```

思考与练习

一、填空题

1. 记录数据库的名称、数据文件的名字和存在位置的文件是_____。

2. 包含数据库对象的文件是_____。

3. 后缀名是 CTL 的文件是_____。

4. 重做日志文件的后缀名是_____。

二、选择题

1. 需要关闭数据库创建的是_____。

    A. 控制文件

    B. 重做日志文件

    C. 数据文件

    D. 表空间

2. 包含日志文件组的编号、成员数目、当前状态和上一次写入时间信息的是_____。

    A. V$LOG

    B. V$LOGFILE

    C. V$LOG_HISTORY

    D. V$LOG_FILE

3. 包含日志历史信息，主要记录控制文件与归档日志的信息的是_____。

    A. V$LOG

    B. V$LOGFILE

    C. V$LOG_HISTORY

    D. V$LOG_FILE

4. 下列说法错误的是_____。

    A. 控制文件需要关闭数据库才能够删除

    B. 数据库默认是非归档模式

    C. 非归档模式不需要数据库进行自动备份

    D. 数据文件包含数据库对象，若这些对象都不需要了，可直接删除这个数据文件

三、简答题

1. 简述什么是多路复用控制文件。

2. 简述重做日志文件的作用。

3. 简述控制文件的作用。

4. 数据文件可执行的操作有哪些？具体要如何实现？

第 16 章　医药销售管理系统

通过本章之前的学习，相信读者一定掌握了 Oracle 的各种数据库操作。包括最基础的 Oracle 安装和配置，到 SQL 语句的应用和 PL/SQL 编程，还有数据库安全、空间和文件的管理。

作为本书的最后一章，本章将对医药销售管理系统进行需求分析，然后绘制出流程图和 E-R 图，并最终在 Oracle 12c 中实现。具体实现包括表空间和用户的创建、创建表和视图、编写存储过程和触发器，并在最后对数据进行测试。

本章学习要点：

❑ 熟悉医药销售系统用到的实体及关联
❑ 熟悉 E-R 图到关系模型的转换方法
❑ 掌握医药销售系统所需表空间和用户的创建
❑ 掌握创建表时指定表名、列名、数据类型和约束的方法
❑ 掌握视图、普通存储过程和带参数存储过程以及触发器的创建
❑ 熟悉视图、存储过程和触发器的测试方法

16.1　系统需求分析

开发药品进销存管理系统可以很大程度上方便管理人员对药品的管理，实现药品管理的高效化和统一化。为便于管理，根据现阶段的应用需求的开发目标设计药品进销存数据库管理系统，实现药品采购、库存和销售管理的功能，完成对药品从采购到销售的流水作业的数据管理功能。

需求分析阶段就是分析用户的需求，这也是设计数据库的起点。药品进销存管理系统是定位于中型药房的管理人员，方便他们简化药品作业的流程。在设计需求分析这个阶段，主要确定药品进销存的业务流程、数据流程，以及要实现的功能、目标，还要用来判定设计结果是否符合实际和实用，达到最初的设计目标，就是进一步完善药品管理系统的功能，使销售服务更加方便，也能在很大程度上减轻工作者的负担。

药品进销存管理的主要目标是通过药品销售的整个作业流程管理和控制及对库存数据有效的统计和分析，以保证管理的畅通，使决策人员及早发现问题，采取相应措施，调整管理方式。同时，通过数据的分析可以获得当前市场信息，也便于管理人员不断地进行管理的优化和提高管理水平。

整个药品进销存的流程主要包括药品的采购，库存管理和销售。经过进一步的分析，详细的业务流程图如图 16-1 所示。

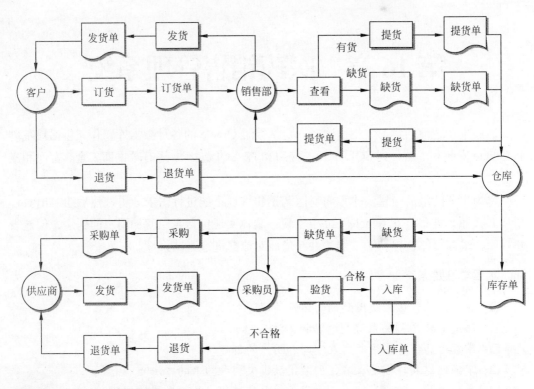

图 16-1 系统业务流程图

16.2 具体化需求

需求分析是设计数据库的起点,需求分析的结果是否准确地反映了用户的实际要求,将直接影响到后面各个阶段的设计,并影响到设计结果是否合理地被使用。

本节将在需求分析结果的基础上进行更具体的细化,主要包括绘制系统的 E-R 图和转换为关系模型。

16.2.1 绘制 E-R 模型

将需求分析得到的用户需求抽象为信息结构(概念模型)的过程要能充分地反映事物与事物之间的联系,是对现实世界的一个真实模拟。在需求分析阶段得到的应用需求首先抽象为信息世界的结构才能更好地用某一数据库系统实现这些需求。而 E-R 模型是概念模型的最有力工具。

本节将针对医药销售系统在业务流程图的基础上逐一设计划分 E-R 图,再将所有的 E-R 图综合成系统的总 E-R 图。具体步骤如下。

(1)首先是使用该系统的公司员工实体,主要属性有编号、姓名和性别,如图 16-2 所示。

(2)仓库实体的属性主要有编号、类别和地址,如图 16-3 所示。

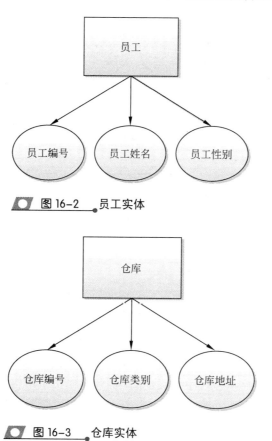

图 16-2 员工实体

图 16-3 仓库实体

（3）供应商实体的属性主要有编号、姓名、地址和电话，如图 16-4 所示。

（4）客户实体的属性主要有编号、姓名、性别和电话，如图 16-5 所示。

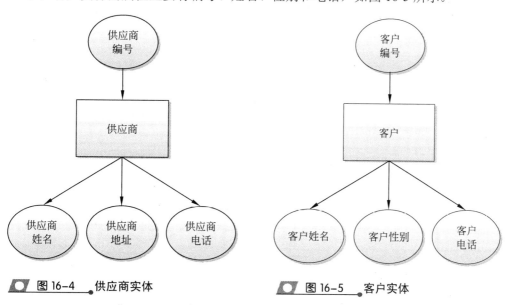

图 16-4 供应商实体

图 16-5 客户实体

（5）药品实体的属性主要有名称、分类、单价、保质期和剂型，如图 16-6 所示。

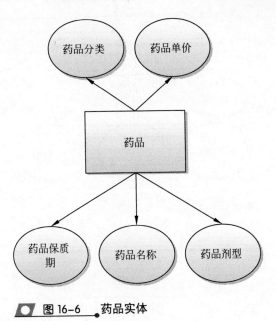

○ 图 16-6 药品实体

（6）经过上面几个步骤，在医药数据库中 5 个实体的主要属性就划分完成了，接下来分析实体之间的关联。在医药销售系统中药品是核心，下面首先分析客户、药品和员工三者之间的关系：客户从系统中购买药品，而药品由员工销售给客户，如图 16-7 所示。

○ 图 16-7 系统关联图 1

（7）药品在销售的过程中需要从仓库中减少库存。如图 16-8 所示为药品、仓库和库管理员之间的关联。

○ 图 16-8 系统关联图 2

（8）如果仓库的药品库存不足，则需要员工向供应商进行采购。如图 16-9 所示为供应商、药品和员工之间的关联。

○ 图 16-9 系统关联图 3

（9）综合以上各部分的 E-R 图，然后采用逐步集成的方法合并这些 E-R 图，并消除不必要的冗余和冲突，最终形成的 E-R 图如图 16-10 所示。

医药销售管理系统

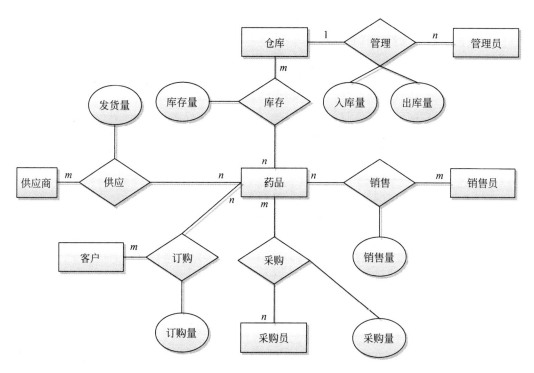

图 16-10 系统整体 E-R 图

16.2.2 转换为关系模型

将 E-R 图转换为关系模型的规则是，实体的属性作为关系的属性，实体的码作为关系的码。而实体之间的联系由于存在多种情况，在转换时需要遵循如下原则。

1. $m:n$ 联系

转换为一个关系模式。与该联系相连的各实体的码以及联系本身的属性均转换为关系的属性，而关系的码为各实体码的组合。

2. $1:n$ 联系

转换为一个独立的关系模式，也可以与 n 端对应的关系模式合并。如果转换为一个独立的关系模式，则与该联系相连的各实体的码以及联系本身的属性均转换为关系的属性，而关系的码为 n 端实体的码。

3. $1:1$ 联系

转换为一个独立的关系模式，也可以与任意一端对应的关系模式合并。三个或三个以上实体间的一个多元联系可以转换为一个关系模式。与该多元联系相连的各实体的码以及联系本身的属性均转换为关系的属性，而关系的码为各实体码的组合。

4．有相同码的关系模式可直接合并。

在本系统中顾客与客房的联系方式为 $1:n$（一对多），因此可以将其之间的联系与 n 端实体客房合并，也可以独立作为一种关系模式，我们选择将其作为独立的关系模式。由于顾客与客房物品，消费项目的联系方式为 $n:n$（多对多），可以将其之间的联系转化为独立的关系模式。

药品进销存系统涉及的关系主要有：供应厂家和药品为 $m:n$（多对多）的关系，将它们之间的联系转换为独立的关系模式。仓库和药品的关系为 $1:n$（1 对多），将其之间的联系与 n 端实体合并。职工和仓库的关系为 $1:n$（一对多）的关系，也将其之间的联系与 n 端实体合并。客户和药品之间的联系为 $m:n$（多对多）的关系，将它们之间的联系转换为独立的关系模式。

如下所示为经过转换后的关系模型，其中，加粗显示的字体为关系的主键，加下划线的是外键。

1．供应商

供应商（**供应商编号**，供应商名称，供应商地址，供应商电话）

2．药品

药品（**药品名称**，药品分类，药品剂型，药品单价，药品保质期）

3．员工

员工（**员工编号**，员工姓名，员工性别）

4．仓库

仓库（**仓库编号**，仓库类别，仓库地址）

5．客户

客户（**客户编号**，客户姓名，客户性别，客户电话）

6．采购

采购（**采购单编号**，供应商编号，药品名称，员工编号，采购量，采购日期）

7．发货

发货（**发货单编号**，供应商编号，药品名称，员工编号，发货量，发货日期）

8．客户订药

客户订药（**订药单编号**，客户编号，药品名称，员工编号，订药量，订药日期）

9．销售

销售（**销售单编号**，客户编号，药品名称，员工编号，销售量，销售日期）

10. 入库

入库（**入库单编号**，药品名称，仓库编号，员工编号，入库量，入库日期）

11. 出库

出库（**出库单编号**，药品名称，仓库编号，员工编号，出库量，出库日期）

12. 报损

报损（**报损单编号**，药品名称，仓库编号，员工编号，报损量，报损原因）

13. 盘存

盘存（**盘存单编号**，药品名称，仓库编号，员工编号，盘存量）

14. 采购退货

采购退货（**来购退货单编号**，供应商编号，药品名称，员工编号，退货量，退货原因）

15. 客户退货

客户退货（**客户退货单编号**，客户编号，药品名称，员工编号，退货量，退货原因）

16.3 数据库设计

完成系统实体建模之后，系统由概念阶段到逻辑设计阶段的工作就结束了。那么接下来进入数据库的设计阶段，具体的工作就是将逻辑设计阶段的结果在数据库系统中进行实现，这包括创建用户、表空间、创建表、创建视图和存储过程等工作。

下面所有的操作都是以 Oracle 12c 为环境在 SQL Developer 工具中进行的，并且所有操作都以语句的形式完成。

16.3.1 创建表空间和用户

在第 14 章中详细介绍了如何在 Oracle 中管理表空间。本系统中创建的表空间名称为 MEDICINE_TS，默认保存在系统 G 盘 medicine 目录下。MEDICINE_TS 表空间文件的初始大小为 15MB，自动增长率也是 15MB，最大大小为 150MB，对盘区的管理方式为 UNIFORM 方式。

具体创建语句如下。

```
CREATE TABLESPACE MEDICINE_TS
    DATAFILE 'G:\medicine\MEDICINE_TS.DBF' SIZE 15M
    AUTOEXTEND ON NEXT 15M MAXSIZE 150M
    EXTENT MANAGEMENT LOCAL UNIFORM SIZE 800K;
```

在执行上述代码时要使用 system 用户登录，使用其他用户创建表空间时，该用户必须具有创建表空间的权限。执行完成之后在 G:\medicine 目录下将看到 MEDICINE_TS.DBF 文件，说明创建成功。

在第 13 章中详细介绍了 Oracle 中数据库的安全管理。出于安全考虑，在系统中针对上面创建的表空间创建一个用户。用户名称为 C##medicine，密码为 123456，使用的默认表空间为 MEDICINE_TS，临时表空间为 TEMP。

创建用户需要具有 CREATE USER 权限，可以在 system 用户下执行。具体语句如下。

```
CREATE USER C##medicine
    IDENTIFIED BY 123456
    DEFAULT TABLESPACE "MEDICINE_TS"
    TEMPORARY TABLESPACE "TEMP"
    QUOTA 30M ON MEDICINE_TS;
```

为了方便后面的使用，还需要对 C##medicine 用户授予其他权限。语句如下。

```
GRANT CONNECT TO C##medicine WITH ADMIN OPTION;
GRANT RESOURCE TO C##medicine WITH ADMIN OPTION;
GRANT CREATE ANY VIEW TO C##medicine;
GRANT UNLIMITED TABLESPACE TO C##medicine;
```

● 16.3.2 创建数据表

根据 16.2.2 节最终转换后的关系模型，可以将医药销售管理系统划分为 15 个表。在执行如下创建数据表的语句之前，首先需要使用 16.3.1 节创建的 C##medicine 用户登录 Oracle 数据库。第 3 章中详细介绍了如何创建表，为表添加约束，以及管理表。

（1）创建供应商基本信息表 Supplier 保存供应商的信息，包括供应商编号、名称、地址和联系电话。具体语句如下所示。

```
CREATE TABLE Supplier(
  Supnumber varchar2(10) primary key,
  Supname varchar2(30) not null,
  Supadress varchar2(40) not null,
  Supphone varchar2(20)
);
```

（2）创建药品基本信息表 Goods 保存药品的信息，包括药品名称、分类、剂型、单价和保质期。具体语句如下所示。

```
CREATE TABLE Goods(
  Gname varchar2(30) primary key,
  Gkind varchar2(20),
  Gtype varchar2(20),
  Gprice number not null,
  Gshelf date
);
```

医药销售管理系统

（3）创建仓库基本信息表 Hourse 保存仓库的信息，包括仓库编号、类别和地址。具体语句如下所示。

```
CREATE TABLE Hourse(
  Hounumber varchar2(10) primary key,
  Houkind varchar2(10),
  Houaddr varchar2(20)
);
```

（4）创建员工基本信息表 Employer 保存员工的信息，包括员工编号、姓名和类别。具体语句如下所示。

```
CREATE TABLE Employer(
  Empnumber varchar2(10) primary key,
  Empname varchar2(10),
  Empkind varchar2(10)
);
```

（5）创建客户基本信息表 Customer 保存客户的信息，包括客户编号、姓名、性别和联系电话。具体语句如下所示。

```
CREATE TABLE Customer(
  Cusnumber varchar2(10) primary key,
  Cusname varchar2(10) not null,
  Cussex varchar2(2) check(Cussex in('男', '女')),
  Cusphone varchar2(20)
);
```

（6）创建采购信息表 Buylist，包括采购单编号、供应商编号、药品名称、员工编号、采购量和采购日期，具体结构如表 16-1 所示。

表 16-1 　 Buylist 表结构

列名	数据类型	约束	主外键	说明
BuyNumber	varchar2(10)	not null	主键	采购单编号
SupNumber	varchar2(10)	not null	外键	供应商编号
GName	varchar2(30)	not null	外键	药品名称
EmpNumber	varchar2(10)	not null	外键	员工编号
BuyLiang	int	not null		采购量
BuyDate	date			采购日期

（7）创建发货信息表 Sendlist，包括发货单编号、供应商编号、药品名称、员工编号、发货量和发货日期，具体结构如表 16-2 所示。

表 16-2 　 Sendlist 表结构

列名	数据类型	约束	主外键	说明
SendNumber	varchar2(10)	not null	主键	发货单编号
SupNumber	varchar2(8)	not null	外键	供应商编号
Gname	varchar2(30)	not null	外键	药品名称

列名	数据类型	约束	主外键	说明
EmpNumber	varchar2(10)	not null	外键	员工编号
SendLiang	number	not null		发货量
SendDate	date			发货日期

（8）创建采购退货信息表 Sbacklist，包括采购退货单编号、供应商编号、药品名称、员工编号、退货量和退货原因，具体结构如表 16-3 所示。

表 16-3　**Sbacklist** 表结构

列名	数据类型	约束	主外键	说明
SbackNumber	varchar2(10)	not null	主键	采购退货单编号
SupNumber	varchar2(10)	not null	外键	供应商编号
Gname	varchar2(30)	not null	外键	药品名称
EmpNumber	varchar2(10)	not null	外键	员工编号
SbackLiang	number	not null		退货量
SbackReas	varchar2(30)			退货原因

（9）创建客户退货信息表 Cbacklist，包括客户退货单编号、客户编号、药品名称、员工编号、退货量和退货原因，具体结构如表 16-4 所示。

表 16-4　**Cbacklist** 表结构

列名	数据类型	约束	主外键	说明
CbackNumber	varchar2(10)	not null	主键	客户退货单编号
Cusmumber	varchar2(10)	not null	外键	客户编号
Gname	varchar2(30)	not null	外键	药品名称
EmpNumber	varchar2(10)	not null	外键	员工编号
CbackLiang	number	not null		退货量
CbackReas	varchar2(30)			退货原因

（10）创建销售信息表 Salelist，包括销售单编号、客户编号、药品名称、员工编号、销售量和销售日期，具体结构如表 16-5 所示。

表 16-5　**Salelist** 表结构

列名	数据类型	约束	主外键	说明
SaleNumber	varchar2(10)	not null	主键	销售单编号
Cusmumber	varchar2(10)	not null	外键	客户编号
Gname	varchar2(30)	not null	外键	药品名称
EmpNumber	varchar2(10)	not null	外键	员工编号
SaleLiang	number	not null		销售量
SaleDate	date			销售日期

（11）创建客户订药销售信息表 Dyaolist，包括订药单编号、客户编号、药品名称、员工编号、订药量和订药日期，具体结构如表 16-6 所示。

医药销售管理系统 ————

▦ 表 16-6　**Dyaolist 表结构**

列名	数据类型	约束	主外键	说明
DyNumber	varchar2(10)	not null	主键	订药单编号
Cusmumber	varchar2(10)	not null	外键	客户编号
Gname	varchar2(30)	not null	外键	药品名称
EmpNumber	varchar2(10)	not null	外键	员工编号
DyLiang	number	not null		订药量
DyDate	date			订药日期

（12）创建药品入库信息表 Inlist，包括入库单编号、药品名称、仓库编号、员工编号、入库量和入库日期，具体结构如表 16-7 所示。

▦ 表 16-7　**Inlist 表结构**

列名	数据类型	约束	主外键	说明
InNumber	varchar2(10)	not null	主键	入库单编号
Gname	varchar2(30)	not null	外键	药品名称
HounNumber	varchar2(10)	not null	外键	仓库编号
EmpNumber	varchar2(10)	not null	外键	员工编号
InLiang	number	not null		入库量
InDate	date			入库日期

（13）创建药品出库信息表 Outlist，包括出库单编号、药品名称、仓库编号、员工编号、出库量和出库日期，具体结构如表 16-8 所示。

▦ 表 16-8　**Outlist 表结构**

列名	数据类型	约束	主外键	说明
OutNumber	varchar2(10)	not null	主键	出库单编号
Gname	varchar2(30)	not null	外键	药品名称
HounNumber	varchar2(10)	not null	外键	仓库编号
EmpNumber	varchar2(10)	not null	外键	员工编号
OutLiang	number	not null		出库量
OutDate	date			出库日期

（14）创建药品损坏的汇总信息表 Lostlist，包括报损单编号、药品名称、仓库编号、员工编号、报损量和报损原因，具体结构如表 16-9 所示。

▦ 表 16-9　**Lostlist 表结构**

列名	数据类型	约束	主外键	说明
LostNumber	varchar2(10)	not null	主键	报损单编号
Gname	varchar2(30)	not null	外键	药品名称
HounNumber	varchar2(10)	not null	外键	仓库编号
EmpNumber	varchar2(10)	not null	外键	员工编号
LostLiang	number	not null		报损量
LostReas	varchar2(30)			报损原因

（15）创建药品库存盘点的信息表 Panclist，包括盘存单编号、药品名称、仓库编号、

员工编号和盘存量，具体结构如表 16-10 所示。

表 16-10 Panclist 表结构

列名	数据类型	约束	主外键	说明
PancNumber	varchar2(10)	not null	主键	盘存单编号
Gname	varchar2(10)	not null	外键	药品名称
HounNumber	varchar2(30)	not null	外键	仓库编号
EmpNumber	varchar2(10)	not null	外键	员工编号
PancLiang	number	not null		盘存量

16.3.3 创建视图

视图是建立在数据表基础上的一种虚拟表，第 12 章中详细介绍了视图的使用。本系统中需要建立两个视图，第一个视图用于查询仓库中需要报损的药品名称和数量，创建语句如下。

```
CREATE OR REPLACE VIEW v_baosun
AS
SELECT  Gname,Lostliang FROM Lostlist;
```

第二个视图用于从仓库中查询药品的名称和库存量，创建语句如下。

```
CREATE OR REPLACE VIEW V_pancun
AS
SELECT Gname,Pancliang from Panclist;
```

16.3.4 创建存储过程

一个存储过程由一系列 PL/SQL 语句组成，经过编译后保存在数据库中。因此，存储过程比普通 PL/SQL 语句执行更快，且可以多次调用。这是存储过程的定义，在第 10 章中详细讲解了 Oracle 中存储过程的创建、调用和编写方法。

在本系统中存储过程共有 6 个，用于帮助用户快速完成某项业务操作。

（1）创建一个存储过程 proc_get_sbacklist 实现可以根据编号查看退货单信息，实现语句如下。

```
CREATE OR REPLACE PROCEDURE proc_get_sbacklist(p_sknumber sbacklist.
sbacknumber%type)
IS
 v_sbacknumber sbacklist.sbacknumber%type;
 v_supnumber sbacklist.supnumber%type;
 v_gname sbacklist.gname%type;
 v_empnumber sbacklist.empnumber%type;
 v_sbackliang sbacklist.sbackling%type;
 v_sbackreas sbacklist.sbackreas%type;
```

医药销售管理系统

```
  BEGIN
   SELECT sbacknumber,supnumber,gname,empnumber,sbackling,sbackreas
   INTO v_sbacknumber,v_supnumber, v_gname,v_empnumber,v_sbackliang,
   v_sbackreas
   FROM sbacklist
   WHERE sbacknumber=p_sknumber;
 DBMS_OUTPUT.put_line(v_sbacknumBer||'---'||v_supnumber||'---'||v_gname
 ||'---'||v_empnumber||'---'||v_sbackliang||'---'||v_sbackreas);
 END;
```

（2）创建一个存储过程 proc_add_goods 实现向药品信息表 goods 中添加一行数据，
实现语句如下。

```
CREATE OR REPLACE PROCEDURE proc_add_goods (
  v_gname  goods.gname%type,
  v_gkind  goods.gkind%type,
  v_gtype  goods.gtype%type,
  v_gprice goods.gprice%type,
  v_gshelf goods.gshelf%type
)
IS
BEGIN
    INSERT INTO goods(gname,gkind,gtype,gprice,gshelf)
    VALUES(v_gname,v_gkind,v_gtype,v_gprice,v_gshelf);
    commit;
END;
```

（3）创建一个存储过程 proc_del_goods 实现根据药品名称从药品信息表 goods 中删
除信息，实现语句如下。

```
CREATE OR REPLACE PROCEDURE proc_del_goods (v_gname goods.gname%type)
IS
BEGIN
  DELETE FROM goods WHERE gname=v_gname;
  commit;
END ;
```

（4）创建一个存储过程 proc_order_Sale 实现按药品销售排序输出药品名称和销量，
实现语句如下。

```
CREATE OR REPLACE PROCEDURE proc_order_Sale
IS
  v_gname goods.gname%type;
  v_saleliang salelist.saleliang%type;
  cursor c1 is SELECT goods.gname,saleliang FROM salelist,goods
          WHERE goods.gname=salelist.gname
          ORDER BY Saleliang DESC;
BEGIN
    OPEN c1;
```

```
    LOOP
        FETCH c1 INTO v_gname,v_saleliang;
        EXIT WHEN c1%notfound;
        DBMS_OUTPUT.put_line(v_gname||'---'||v_saleliang);
    END LOOP;
     CLOSE c1;
  END;
```

（5）创建一个存储过程 proc_Update_inlist 实现更新指定药品名称的库存数量，实现语句如下。

```
CREATE OR REPLACE PROCEDURE proc_Update_inlist (v_gname in inlist.
gname%type)
IS
BEGIN
  UPDATE inlist SET inliang=inliang+100 WHERE v_gname=gname;
  commit;
END ;
```

（6）创建一个存储过程 proc_get_goods_bytype 实现根据剂型输出药品的入库数量，实现语句如下。

```
CREATE OR REPLACE PROCEDURE proc_get_goods_bytype(v_type goods.
gtype%type)
IS
    v_gname inlist.gname%type;
    v_inliang inlist.inliang%type;
    cursor c1 is  SELECT inlist.gname, inliang  FROM goods,inlist
          WHERE goods.gname=inlist.gname AND gtype =v_type;
BEGIN
    OPEN c1;
    LOOP
        FETCH c1 INTO v_gname,v_inliang;
        EXIT WHEN c1%notfound;
        DBMS_OUTPUT.put_line(v_gname||'---'|| v_inliang);
    END LOOP;
    CLOSE c1;
  END;
```

16.3.5　创建触发器

触发器是用户定义在数据表上的一类由事件驱动的 PL/SQL 过程。触发器的定义可以更加便捷地实现数据的操作，增加数据操作的灵活性，对数据有更大的控制能力。第 11 章中详细介绍了 Oracle 中触发器的概念、创建和管理方法。

在本系统中触发器主要用来实现对数据的约束条件，如进货量、药品入库时保质期的检测等。

（1）创建一个触发器实现禁止在 Cbacklist 表中删除客户编号为"C_01"的退货记录，具体实现语句如下。

```
CREATE OR REPLACE TRIGGER trig_DenyDelete_C01
  BEFORE DELETE ON cbacklist
  FOR EACH ROW
BEGIN
    IF (:OLD.cusnumber='C_01')THEN
    RAISE_APPLICATION_ERROR(-20001,'错误：禁止删除 C_01 的退货记录！');
  END IF;
 END ;
```

（2）创建一个触发器实现在药品入库时检测入库量不能小于 400，具体实现语句如下。

```
CREATE OR REPLACE TRIGGER trig_check_inliang
  BEFORE insert ON inlist
  FOR EACH ROW
BEGIN
  IF (:new.inliang<400)THEN
    RAISE_APPLICATION_ERROR(-20001,'错误：入库量不能小于 400！');
  END IF;
END;
```

（3）创建一个触发器实现在更新药品价格时，如果价格小于 1 就将价格设置为 1，具体实现语句如下。

```
CREATE OR REPLACE TRIGGER trig_check_goodsprice
  BEFORE insert or update ON goods
  FOR EACH ROW
BEGIN
  IF(:new.gprice<1)THEN
    :new.gprice :=1;
  END IF;
END;
```

（4）创建一个触发器实现禁止添加保质期到 2014 年的药品，具体实现语句如下。

```
CREATE OR REPLACE TRIGGER trig_denyInsert_goods_2014
  BEFORE INSERT ON  goods
  FOR EACH ROW
BEGIN
  IF(:new.gshelf<to_date('2014-1-1','YYYY-MM-DD'))THEN
   RAISE_APPLICATION_ERROR(-20001,'错误：药品已过期！');
  END IF;
END ;
```

（5）创建一个触发器实现禁止药品的采购量小于 100，具体实现语句如下。

```
CREATE OR REPLACE TRIGGER trig_check_buyliang
```

```
     BEFORE INSERT ON buylist
     FOR EACH ROW
   BEGIN
     IF (:new.buyliang<100)THEN
        RAISE_APPLICATION_ERROR(-20001,'错误：采购量不能小于100！');
     END IF;
   END;
```

16.4 数据库测试

至此，已经完成了医药销售管理系统从无到有的需求分析、功能细化、划分业务和数据流和建模过程，并在 Oracle 中将该系统的数据库实现了。

接下来，可以先向各个表中添加一些测试数据，然后调用 16.3 节编写的视图、存储过程和触发器对系统进行业务逻辑的测试，从而验证每个功能是否符合要求。

16.4.1 测试视图

在 16.3.3 节中创建了两个视图，下面分别对它们进行测试。测试之前必须先使用 C##medicine 用户登录到 Oracle，同时为使结果更加直观地显示，还需要使用 Oracle 的 SQL Developer 工具（第 2 章介绍了该工具）。

假设要查看仓库中需要报损的药品名称和数量信息，可以调用 v_baosun 视图，执行结果如图 16-11 所示。

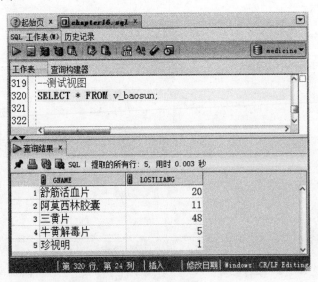

图 16-11　测试 v_baosun 视图

假设要查看仓库中查询药品的名称和库存量信息，可以调用 v_pancun 视图，执行结果如图 16-12 所示。

医药销售管理系统

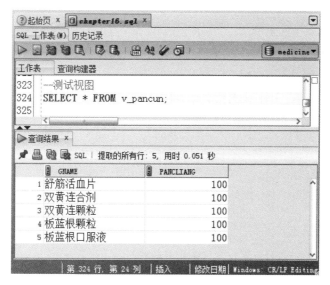

图 16-12   测试 **v_pancun** 视图

16.4.2   测试存储过程

本节将对 16.3.4 节创建的存储过程进行调用以测试是否可以正常运行。首先调用 proc_get_sbacklist()存储过程查询编号为 "SB-04" 的退货单信息，语句如下。

```
EXEC proc_get_sbacklist('SB-04');
```

执行结果如图 16-13 所示。接下来调用 proc_get_goods_bytype()存储过程查询剂型为 "普通片" 的药品入库量，执行结果如图 16-14 所示。

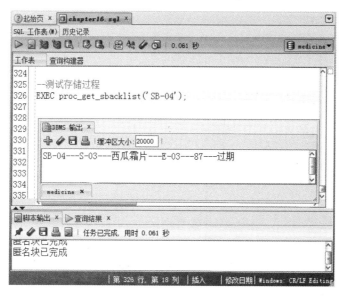

图 16-13   查询退货单信息

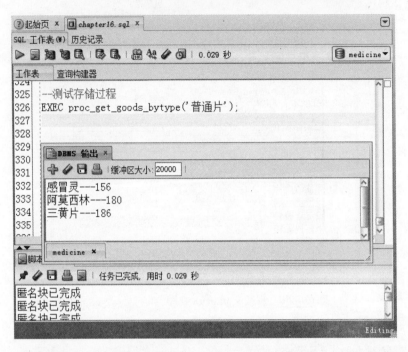

图 16-14　查询入库信息

调用 proc_order_Sale()存储过程查看药品的销量排行榜，执行结果如图 16-15 所示。

假设要更新名称为"感冒灵"的药品入库量，可以调用 proc_update_inlist()存储过程。

如图 16-16 所示为调用该存储过程前后入库量的变化。

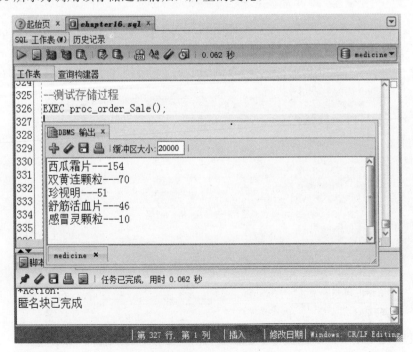

图 16-15　查询药品销量排行榜

医药销售管理系统

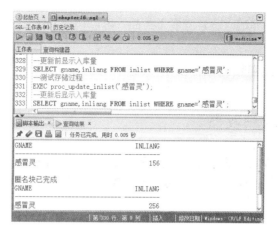

图 16-16　查询入库信息

假设要添加一个新的药品信息，可以调用 proc_add_goods()存储过程。该存储过程需要 5 个参数，具体调用语句如下。

```
--测试存储过程
DECLARE
    p_gname varchar2(30):='感冒胶囊';
    p_gkind varchar2(10):='处方药';
    p_gtype varchar2(10):='颗粒';
    p_gprice number:=2.1;
    p_gshelf date:= to_date('2015-11-1','YYYY-MM-DD');
BEGIN
    proc_add_goods(p_gname,p_gkind,p_gtype,p_gprice,p_gshelf);
END;
--查询添加的药品信息
SELECT * FROM goods WHERE gname='感冒胶囊';
```

上述语句最后使用 SELECT 语句查询了添加的药品信息，执行结果如图 16-17 所示。

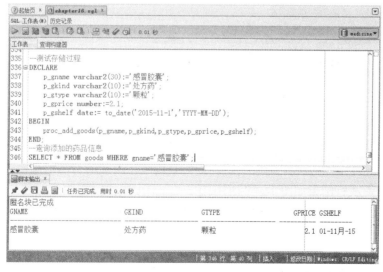

图 16-17　测试添加药品存储过程

假设要删除上面添加的"感冒胶囊"药品，可以调用 proc_del_goods()存储过程，语句如下。

```
EXEC proc_del_goods('感冒胶囊');
```

16.4.3　测试触发器

本节将对 16.3.5 节创建的触发器进行测试。首先测试 trig_DenyDelete_C01 触发器，它的作用是禁止在 Cbacklist 表中删除客户编号为"C_01"的退货记录。测试语句如下。

```
DELETE CbackList WHERE cusnumber='C_01';
```

当执行上述语句时会激活 trig_DenyDelete_C01 触发器，由于 cusnumber 为 C_01 所以会阻止删除操作，输出错误提示，如图 16-18 所示。

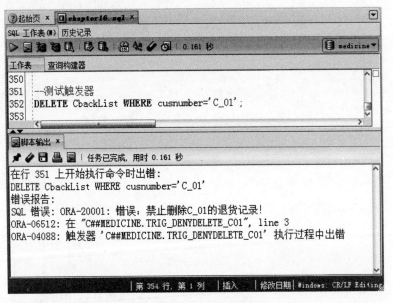

图 16-18　测试 trig_DenyDelete_C01 触发器

下面添加一个价格小于 1 的药品信息测试 trig_check_goodsprice 触发器，语句如下。

```
INSERT INTO Goods
VALUES('一针','处方药','普通片',0.5,to_date('2014-12-4','YYYY-MM-DD'));
```

执行不会报错，将会成功添加一行。此时查询刚才添加的药品信息，会发现价格自动会修改为 1，执行结果如图 16-19 所示。

接下来创建一个保质期为 2013 年 1 月 7 日的药品信息测试 trig_denyInsert_goods_2014 触发器，语句如下。

```
INSERT INTO Goods
VALUES('泻立停','处方药','普通片',3,to_date('2013-1-7','YYYY-MM-DD'));
```

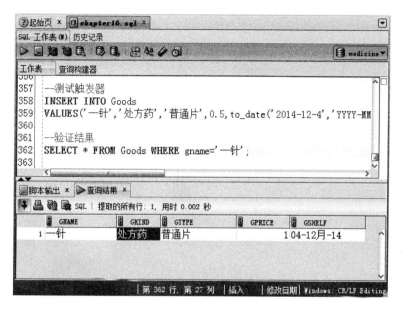

图 16-19 测试 **trig_check_goodsprice** 触发器

由于药品已经过期，所以触发器会阻止添加并提示错误信息。

添加一个药品入库信息并将入库量设置为 350 以测试 trig_check_inliang 触发器。语句如下。

```
INSERT INTO inlist
VALUES('I-06','三黄片','H-01','E-06',300,to_date('2014-12-4',
'YYYY-MM-DD'));
```

最后测试一下采购量不能小于 100 的 trig_check_buyliang 触发器，语句如下。

```
INSERT INTO Buylist
VALUES('B-04','S-04','保和丸','E-04',50,to_date('2014-11-12',
'YYYY-MM-DD'));
```

上述语句执行后，由于满足触发器的条件，所以会报错并阻止操作。

附录　思考与练习答案

第 1 章　Oracle 12c 简介

一、填空题

1. 标准版 1
2. 数据库主服务
3. PGA
4. 数据库缓冲区
5. 服务器进程
6. 配置参数文件

二、选择题

1. C
2. B
3. B
4. D

第 2 章　Oracle 数据库管理工具

一、填空题

1. 1521
2. tnsnames.ora
3. lsnrctl status
4. DESC
5. DEFINE
6. DISCONNECT

二、选择题

1. D
2. D
3. A
4. A

第 3 章　创建和管理表

一、填空题

1. 数字类型
2. 索引组织表
3. 堆组织表
4. 虚拟
5. 外部表

二、选择题

1. C
2. B
3. C
4. A
5. A
6. D

第 4 章　单表查询

一、填空题

1. *
2. AS
3. DISTINCT
4. DESC
5. HAVING

二、选择题

1. C
2. D
3. C
4. A
5. C
6. B

第 5 章　多表查询和子查询

一、填空题

1. 全外连接
2. 自连接
3. INTERSECT
4. INNER JOIN

二、选择题

1. C
2. B
3. D
4. A
5. D
6. C
7. B

第 6 章　更新数据

一、填空题

1. INSERT
2. SET
3. TRUNCATE

二、选择题

1. A
2. B
3. A
4. C

5. A

第 7 章 PL/SQL 编程基础

一、填空题

1. DECLARE   2. CONSTANT
3. %TYPE   4. 120
5. /   6. GOTO
7. 隔离性

二、选择题

1. B   2. A
3. C   4. A
5. D

第 8 章 内置函数

一、填空题

1. 123EFG321   2. G3
3. CONCAT()   4. TRUNC()
5. SYSDATE
6. DROP FUNCTION

二、选择题

1. A   2. D
3. B   4. C
5. B

第 9 章 PL/SQL 记录与集合

一、填空题

1. RECORD
2. fullname.firstname
3. 关联数组   4. CREATE TYPE
5. VARRAY   6. list.trim(4)

二、选择题

1. C   2. D
3. A   4. D

5. D   6. B
7. D   8. B
9. A

第 10 章 存储过程和包

一、填空题

1. CALL   2. IN
3. stu_name   4. all_source
5. drop package pkg_admin

二、选择题

1. A   2. B
3. D   4. D
5. D

第 11 章 触发器和游标

一、填空题

1. TRIGGER
2. FOR EACH ROW
3. ON DATABASE
4. DELETING
5. OPEN cur_find(20,30)
6. REF CURSOR

二、选择题

1. B   2. A
3. C   4. B
5. A   6. C
7. A

第 12 章 其他的数据库对象

一、填空题

1. WITH CHECK OPTION
2. 位图索引
3. NEXTVAL
4. 私有 Oracle 同义词
5. 相对文件号

二、选择题

1. A　　　　　2. B
3. C　　　　　4. C
5. D　　　　　6. A

第 13 章　数据库安全性管理

一、填空题

1. system
2. CREATE PROFILE
3. GRANT
4. WITH ADMIN OPTION
5. REVOKE

二、选择题

1. A　　　　　2. A
3. D　　　　　4. B
5. C　　　　　6. B
7. D　　　　　8. A

第 14 章　数据库空间管理

一、填空题

1. 临时表空间　　2. 只读
3. SIZE　　　　　4. 4G
5. TEMP

二、选择题

1. A　　　　　2. D
3. D　　　　　4. C
5. A

第 15 章　数据库文件管理

一、填空题

1. 控制文件　　2. 数据文件
3. 控制文件　　4. LOG

二、选择题

1. A　　　　　2. A
3. C　　　　　4. D